中國近代建築史料匯編（第二輯）

中國近代建築史料匯編 編委會 編

第十一册

同濟大學出版社
TONGJI UNIVERSITY PRESS

第十一册目録

中國近代建築史料匯編（第一輯）

中國建築

第二卷　第六期

THE CHINESE ARCHITECT

內政部登記證警字第二九五五號
中華郵政特准掛號認為新聞紙類

民國二十三年六月份
中國建築師學會出版

第二卷第六期

大中機製磚瓦股份有限公司

製造廠浦東南匯縣下沙鎮

本公司因鑒於建築事業日新月異料材選擇尤關重要特聘專門技師購置德國最新式機器精製各種青紅磚瓦及空心磚等品質堅韌色澤鮮明自應銷以來已蒙各界推爲上乘樂予採購茲略舉一二以資參攷其他惠顧諸君因限於篇幅不克一一備載諸希鑒諒是幸

大中磚瓦公司附啟

曾經購用敝公司出品各戶台銜列后

本埠

工部局巡捕房	新蓀記承造	平涼路
國立中央實驗館	和興公司承造	兆豐花園
四行儲蓄會	陶馥記承造	英大馬路
墾業銀行	趙新泰承造	北京路
南京飯店	新金記祥號承造	山西路
開成造酸公司	王銳記承造	軍工路
景雲大廈	惠記興承造	北京路
麵粉交易所	元和長記承造	民國路
業廣公司	陳馨記承造	歐嘉路
法教堂	吳仁記承造	勞神父路
七層公寓	吳仁記承造	靄飛路
百老匯大廈	新仁記承造	百老匯路
錦興大廈	新森泰承造	河南路
雷斯德工藝學院	久泰錦記承造	熙華德路
揚子飯店	潘榮記承造	雲南路
申新第九廠	協盛承造	東京路
南成都路工部局	新蓀記承造	南成都路

外埠

中央飯店	新金記承造	南京
金陵大學	利源建築公司承造	南京
航空學校	新金記康號承造	杭州
太古堆棧	嗬蘭治港公司	廈門
中國銀行	錦生記承造	青島

所出各品儲有大批現貨以備各界採用如蒙定製各色異樣磚瓦亦可照辦備有樣品如蒙索閱即當送奉

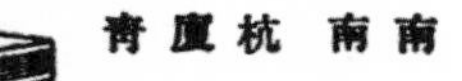

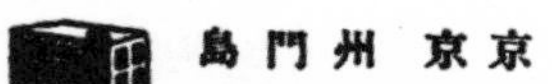

駐滬批發所

英租界牛莊路德興里四號　電話九〇三一一

DAH CHUNG TILE & BRICK MAN'F WORKS.

Sales Dept. 4 Tuh Shing Lee, Newchwang Road, Shanghai.

TELEPHONE 90311

益中福記機器瓷電公司

建築師及業主營造廠應請儘量採用全國獨家出品

益中國貨釉面牆磚

面積平整；色澤美麗；品質堅固

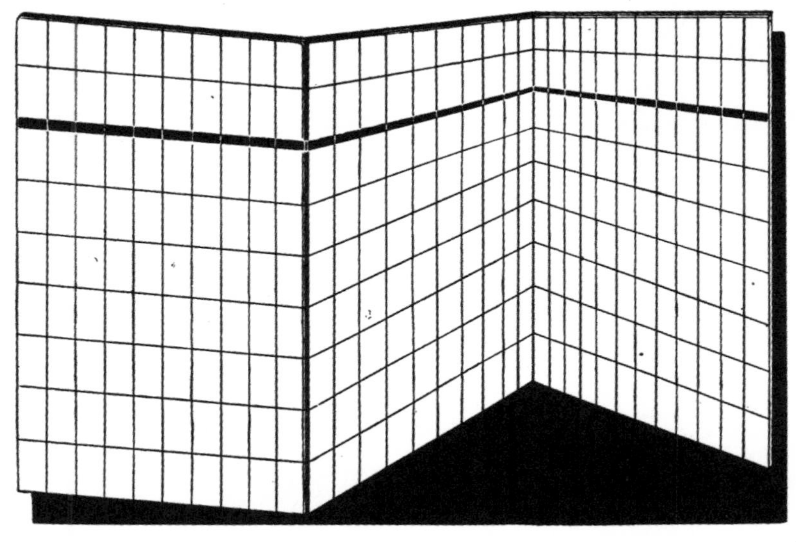

採用本公司出品釉牆磚一部份工程如下

四行儲蓄會靜安寺路大廈——南京交通部

南京郵政總局——愚園路愚谷村

其他各式瑪賽克瓷磚鋼精踏步磚無不應有盡有欲知詳情

請向……本事務所漢口路一一〇號

電話 一四四〇八 一六七〇六接洽

Chinese National Electric & Pottery Co.

Office: No. 110 Hankow Road, Shanghai. Tel—14408—16706 Cable: Chinateng

上海開山礦磚公司

震旦大學教堂之一瞥

曹河涇曹氏墓園之一亭

地址：上海九江路二百十號　電話：一九九二五

獨家經售宜興中國釉面磚瓦公司出品

▼出品項目

西班瓦，琉璃瓦，中山瓦，紅黑缸磚，及各色釉面牆等。

▼採用者

張靜江先生之湯山別墅，孫哲生先生之南京寓舍，實業部之農業試驗所，南京江海關，南京郵務總局，南京中央研究院，黃金榮先生之黃家花園，上海曹氏墓園，張嘯林先生杭州之莫干山別墅，法國總會，佘山教堂，震旦大學教堂，上海懿德公寓，上海峻嶺寄廬等等，採用敝公司之出品者計有五十多處，奈限於篇幅，恕不一一刊出。

CATHAY QUARRY TILE CO.,

210 Kiukiang Road　Tel. 19925

承辦

興業瓷磚股份有限公司

百樂門全部美術地牆瓷磚

花式層出不窮　市上絕無僅有
且其品質優良　色澤歷久如新

出品項目
- 美術鋪地瓷磚
- 美術牆磚
- 防滑踏步磚
- 羅馬式瓷磚
- 缸磚

本外埠各大工程大半鋪用本公司出品均極滿意備有各種美術瓷磚圖樣足供參考并可隨時設計服務週詳信譽卓著如蒙光顧無不竭誠歡迎

事務所：上海河南路五〇五號
電話：第九五六六六號

THE NATIONAL TILE CO., LTD.

Manufacturer of all Kinds of Wall & Floor Tiles

505 HONAN ROAD, SHANGHAI

TELEPHONE 95666

1,000 LEAKY ROOFS REPAIRED FREE OF LABOUR CHARGES

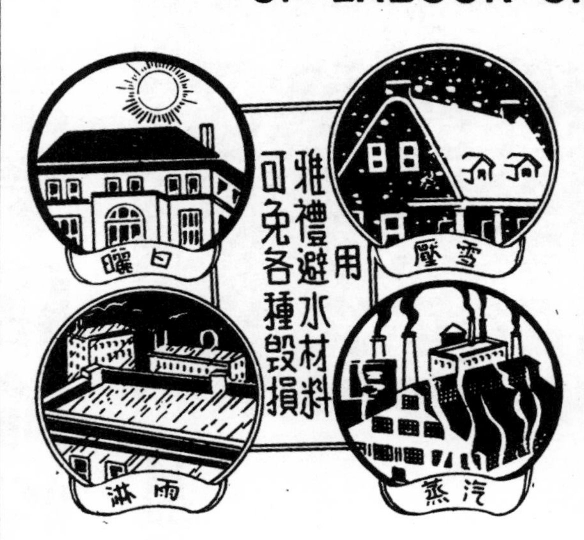

"Yali Asphaltite" (black or red) & "Yali Colloid" (colourless, for concrete roofs) are the two excellent materials that have made watertight hundreds of leaky roofs in Shanghai. As a demonstration of the effectiveness of these products, our Engineering Dept. is prepared to waterproof 1,000 leaky roofs (concrete, corrugated iron, felt, paper, etc.) free of labour charges. The amount of material required for

Concrete Roofs (colourless or black) is from $5 up per fong

Corrugated Iron Roofs (Black or red) is from $3.50 up per fong

ALL WITH GUARANTEES.

Besides roofs, we are engineers for waterproofing leaky basements, pits, water tanks, swimming pools, walls, floors, etc. under any condition, and have perfected many basement jobs which others had failed.

Descriptive booklet and pamphlet on our 12 Yali Specialties on application.

YALI CHEMICAL WORKS

Room 612 Continental Emporium　　Tel. 90051

SHANGHAI

送做屋頂一千隻

本廠出品之樹葉牌「雅禮避水漆」及「膠珞油」爲屋頂避漏之聖品。早已有口皆碑。玆爲推廣國貨並證明功效起見。自九月一日起。如有漏水屋頂（無論新舊水泥平台屋頂。油氈碎石屋頂。新舊白鐵屋頂等）本廠工程部均可代爲負責修理。並給保單。不取工資。以一千隻爲限。（外埠另加旅費）。

雅禮避水漆　價目每加侖洋叁元二角五分

雅禮膠珞油　價目每加侖洋四元二角

每方地位約需一加侖左右

除屋頂外。本廠工程部。可代修各種潮濕地坑。墻垣。地板。水塔。水池等。完工之工程已有百餘處。請問各著名建築師。當知言之不虛。

本廠除上述之避水漆及膠珞油外。出品有避水漿。避水粉（新水泥建築用）紙筋漆（嵌縫用）避潮漆。透明避水漆（修漏水墻垣用）保地精（水泥地面用）快燥精。萬用黑漆及保木油等拾餘種。欲知詳細用法。請惠臨本廠營業部。自當竭誠奉告。

上海南京路大陸商場六樓

雅禮製造廠

電話九〇〇五一號

本社啟事

本社自遷入上海銀行大樓四百〇五號以來業已數月尚有多數讀者通信仍書大陸商場舊址並有書銀行公會一〇八號者此後通信務祈更正以免延悞為荷

本刊建築工程叢書第一種出版預告

上海公共租界房屋建築章程

（上海公共租界工部局訂）

楊肇煇
王　進　合譯

本書長十吋半闊七吋半厚

約一百二十頁定價每冊一元

預約八折本年十月底出版

中國建築

第二卷　　第六期

民國二十三年六月出版

目　次

著　述

插　圖

南京衛生設施實驗處正面圖

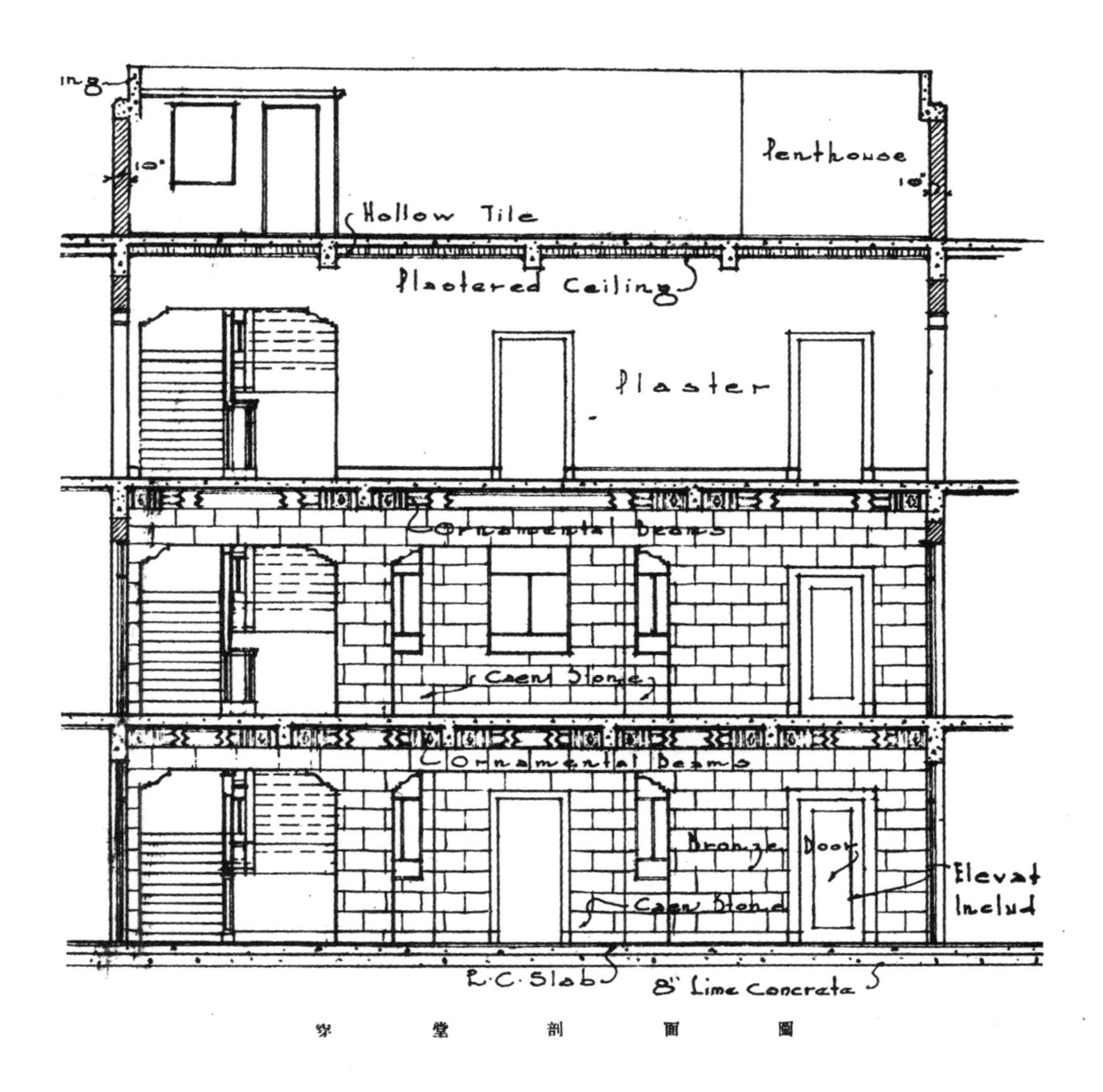
Penthouse
Hollow Tile
Plastered Ceiling
Plaster
Ornamental Beams
Caen Stone
Ornamental Beams
Bronze Door
Elevat
Includ
Caen Stone
R.C. Slab
8" Lime Concrete

穿堂剖面圖

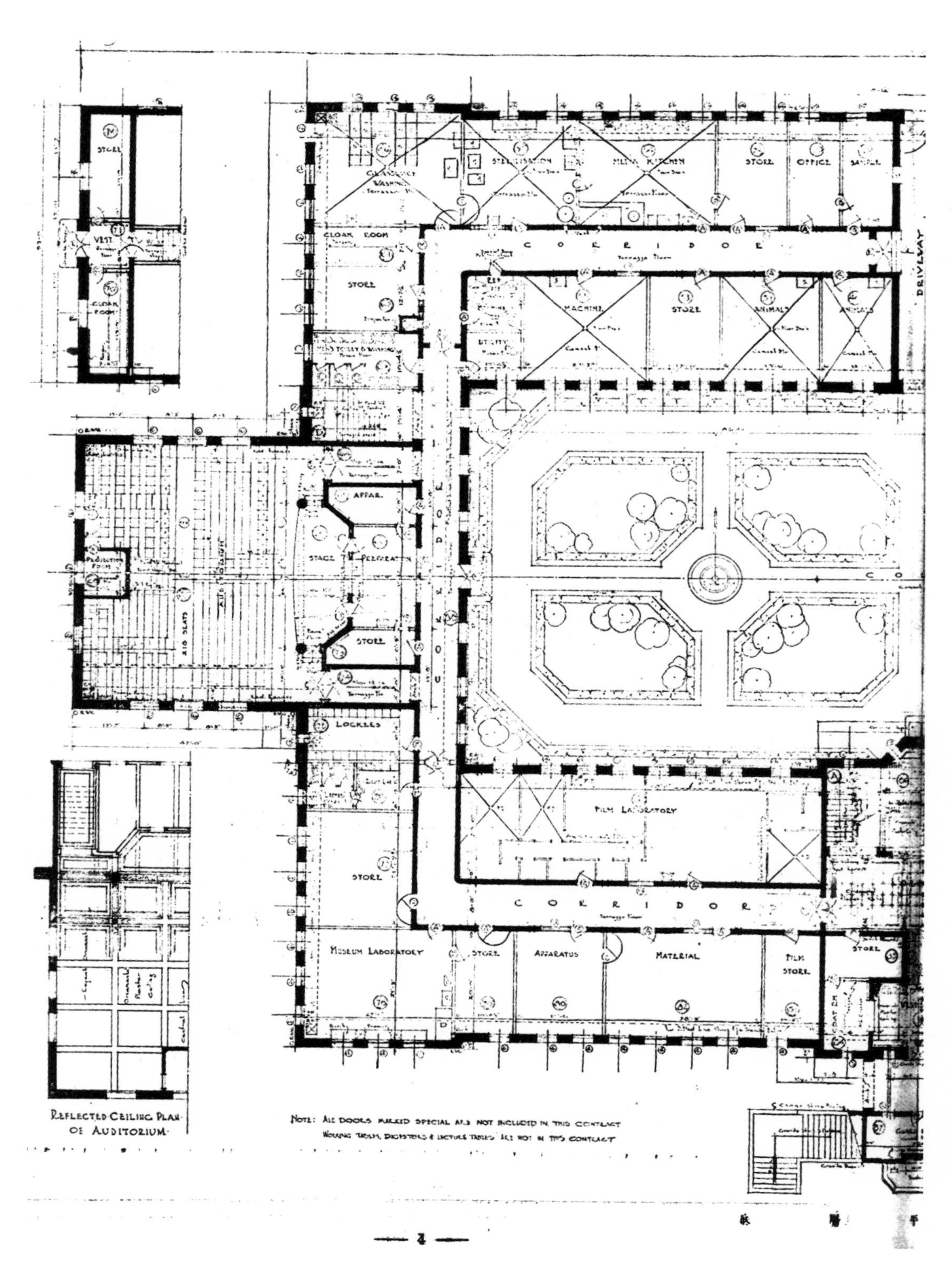
STORE
CLOAK ROOM
OFFICE
CORRIDOR
DRIVEWAY
MACHINE
ANIMALS
UTILITY
APPAR.
STAGE
PREPARATION
PROJECTION ROOM
410 SEATS
LOCKERS
FILM LABORATORY
MUSEUM LABORATORY
APPARATUS
MATERIAL
FILM STORE
REFLECTED CEILING PLAN OF AUDITORIUM
NOTE: ALL DOORS MARKED SPECIAL ARE NOT INCLUDED IN THIS CONTRACT

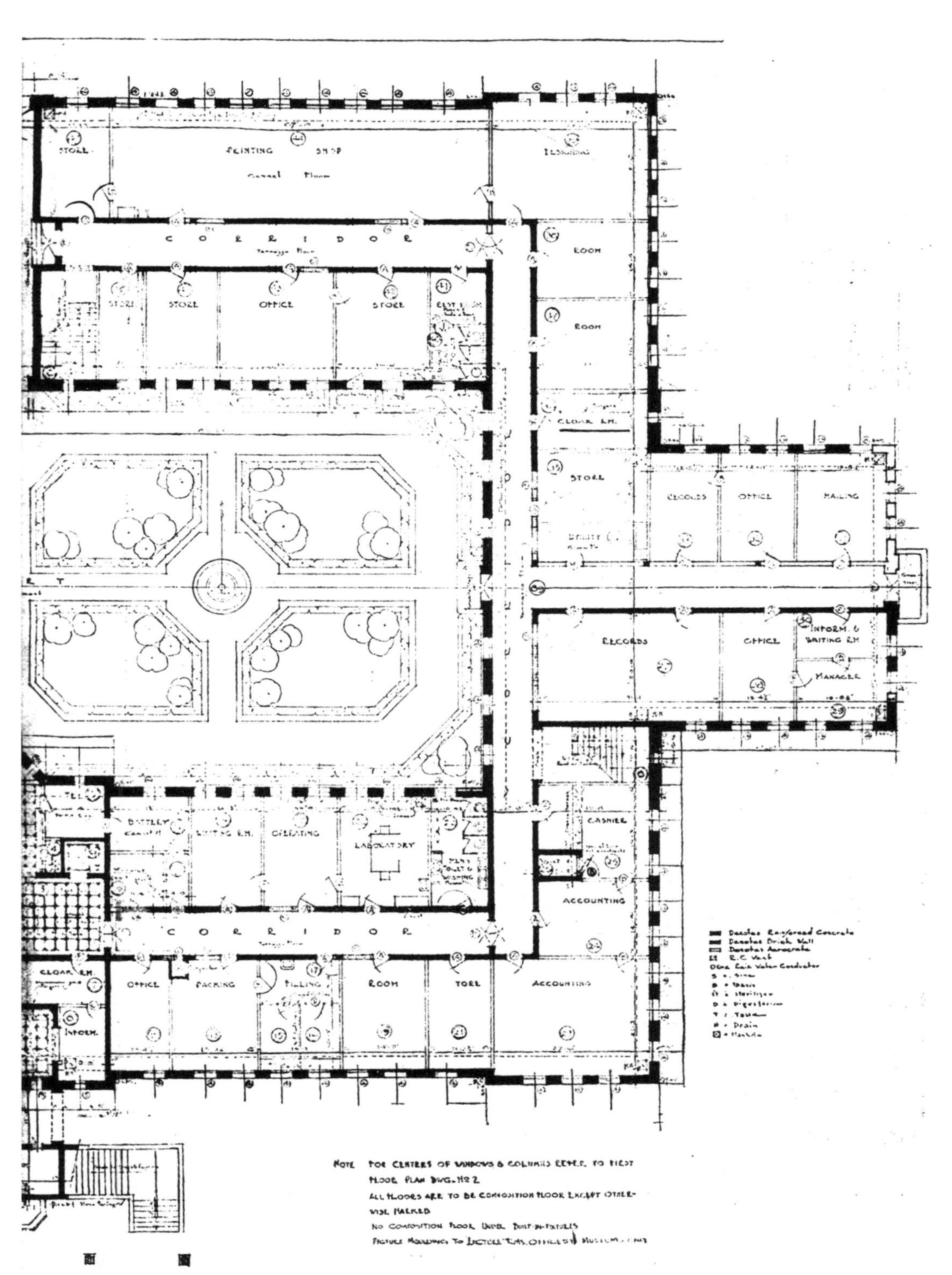
STORE
PRINTING SHOP
TRANSFORMER
CORRIDOR
ROOM
STORE
STORE
OFFICE
STORE
ROOM
CLOAK RM.
STORE
RECORDS
OFFICE
MAILING
RECORDS
OFFICE
INFORM. & WAITING RM.
MANAGER
BATTERY
WAITING RM.
OPERATING
LABORATORY
CASHIER
ACCOUNTING
CORRIDOR
CLOAK RM.
OFFICE
PACKING
FILLING
ROOM
STORE
ACCOUNTING
INFORM.
NOTE FOR CENTERS OF WINDOWS & COLUMNS REFER TO FIRST
FLOOR PLAN DWG. No 2
ALL FLOORS ARE TO BE COMPOSITION FLOOR EXCEPT OTHER-
WISE MARKED
NO COMPOSITION FLOOR UNDER BUILT-IN-FIXTURES

面　圖

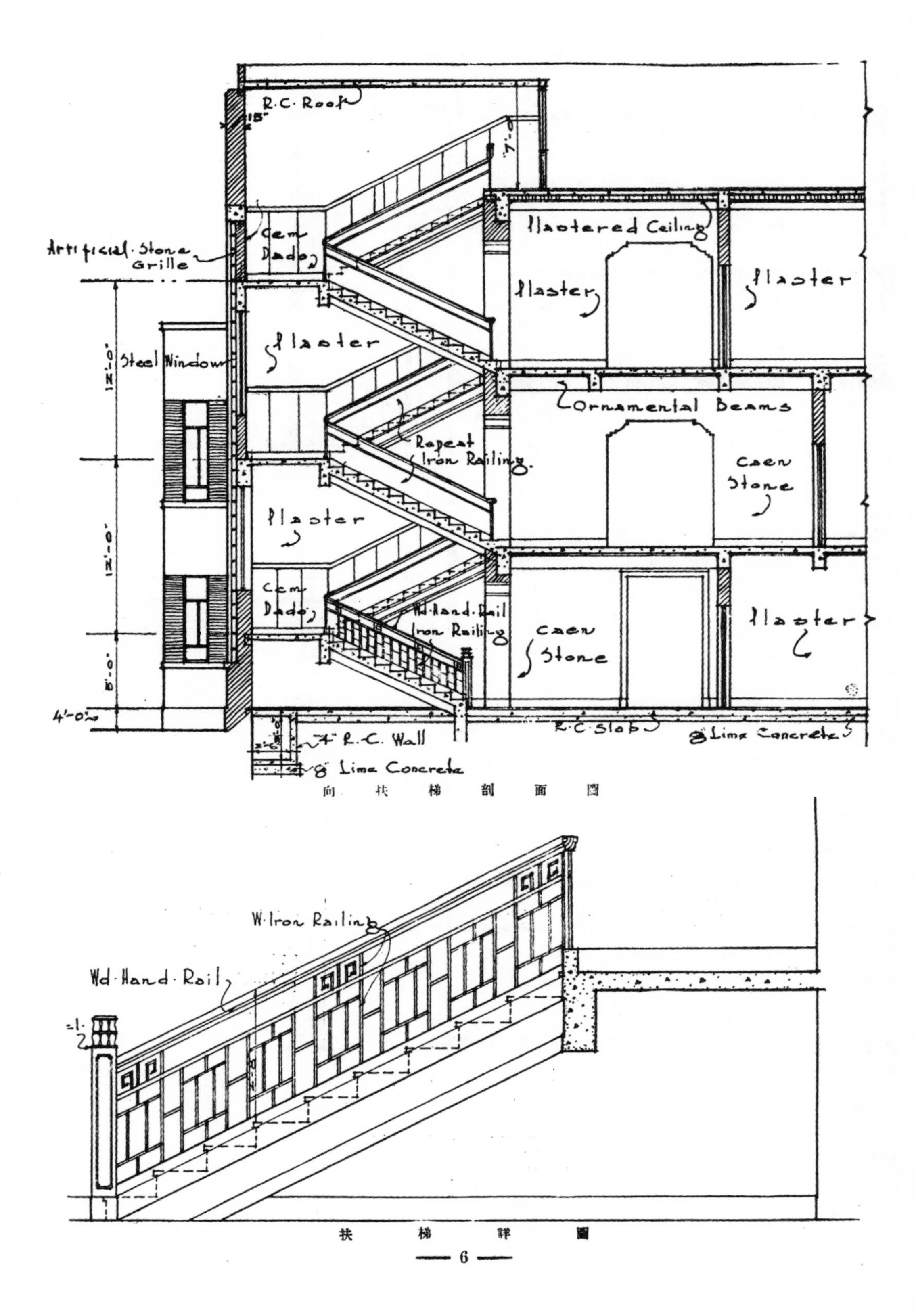
R.C. Roof
15"
Artificial Stone Grille
Cem Dado
Plastered Ceiling
Plaster
Plaster
Steel Window
Plaster
Ornamental Beams
Repeat Iron Railing
Caen Stone
Plaster
Cem Dado
Wd. Hand Rail Iron Railing
Caen Stone
Plaster
4'-0"
4" R.C. Wall
R.C. Slab
8" Lime Concrete
8" Lime Concrete
W. Iron Railing
Wd. Hand Rail

向扶梯剖面圖

扶梯詳圖

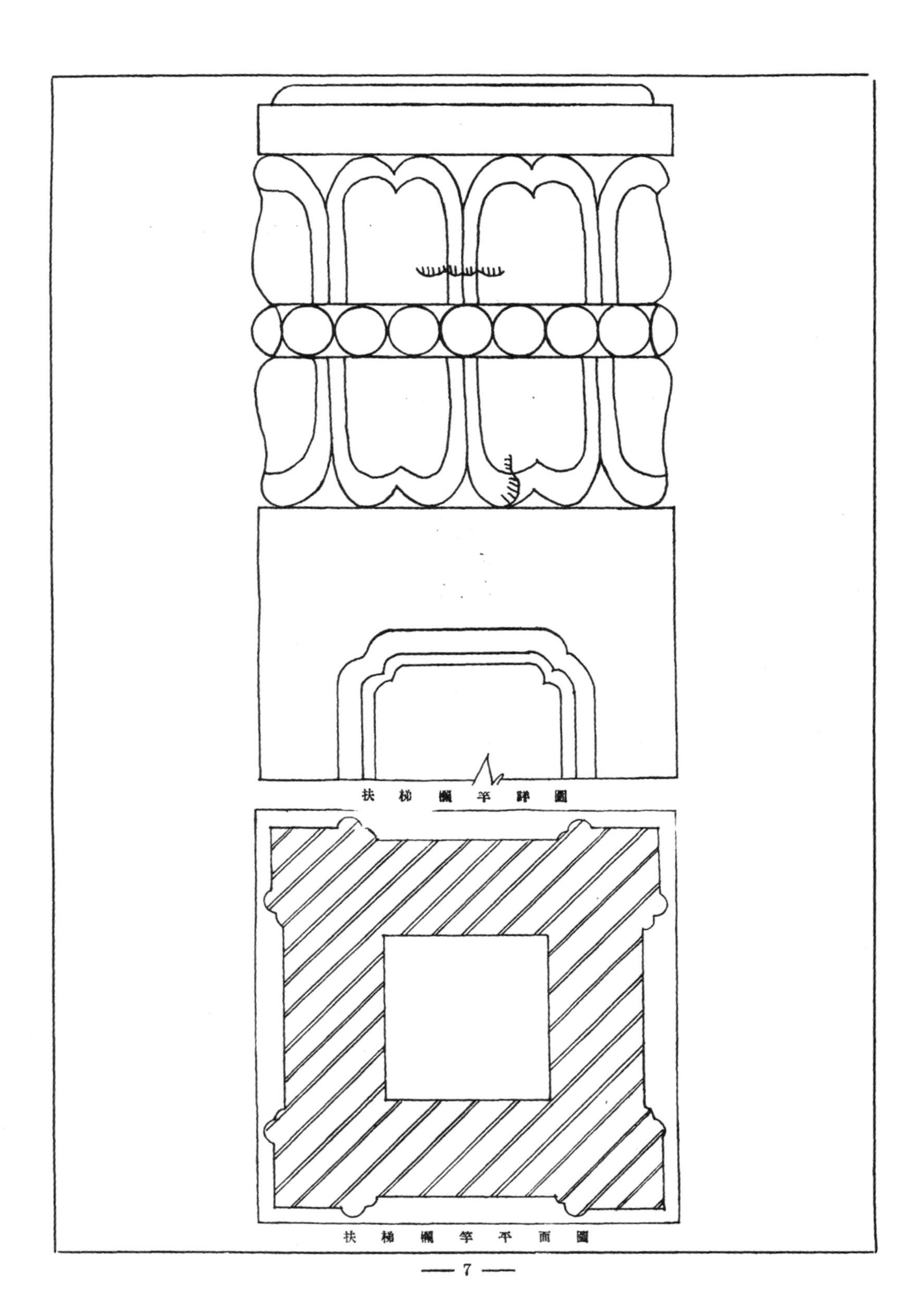

扶梯欄竿詳圖

扶梯欄竿平面圖

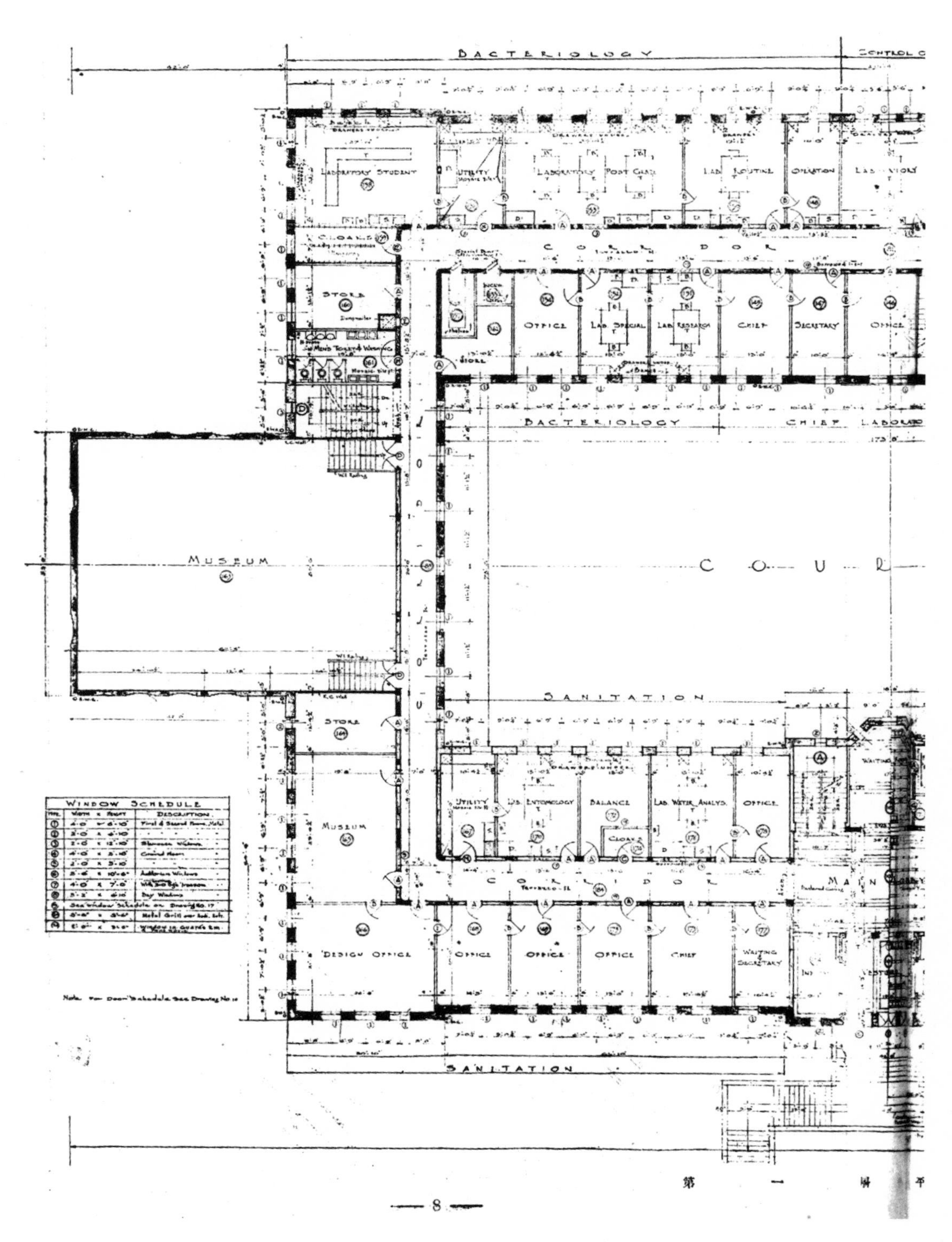
BACTERIOLOGY
LABORATORY STUDENT
UTILITY
LABORATORY POST GRAD.
LAB. ROUTINE
OPERATION
CLOAKS
CORRIDOR
STORE
OFFICE
LAB. SPECIAL
LAB. RESEARCH
CHIEF
SECRETARY
MEN'S TOILET & WASHING
BACTERIOLOGY
CHIEF LABORA
MUSEUM
COUR
SANITATION
UTILITY
LAB. ENTOMOLOGY
BALANCE
LAB. WATER ANALYS.
CLOAKS
STORE
MUSEUM
CORRIDOR
MAIN
WAITING
DESIGN OFFICE
OFFICE
OFFICE
OFFICE
CHIEF
WAITING SECRETARY
SANITATION
WINDOW SCHEDULE
WIDTH x HEIGHT
DESCRIPTION
Ground Room
Auditorium Windows
Bay Windows
See window schedule on Drawing No. 17
Metal Grill over Sub. Ent.
Note. For Door Schedule See Drawing No. 10
第 一 層 平

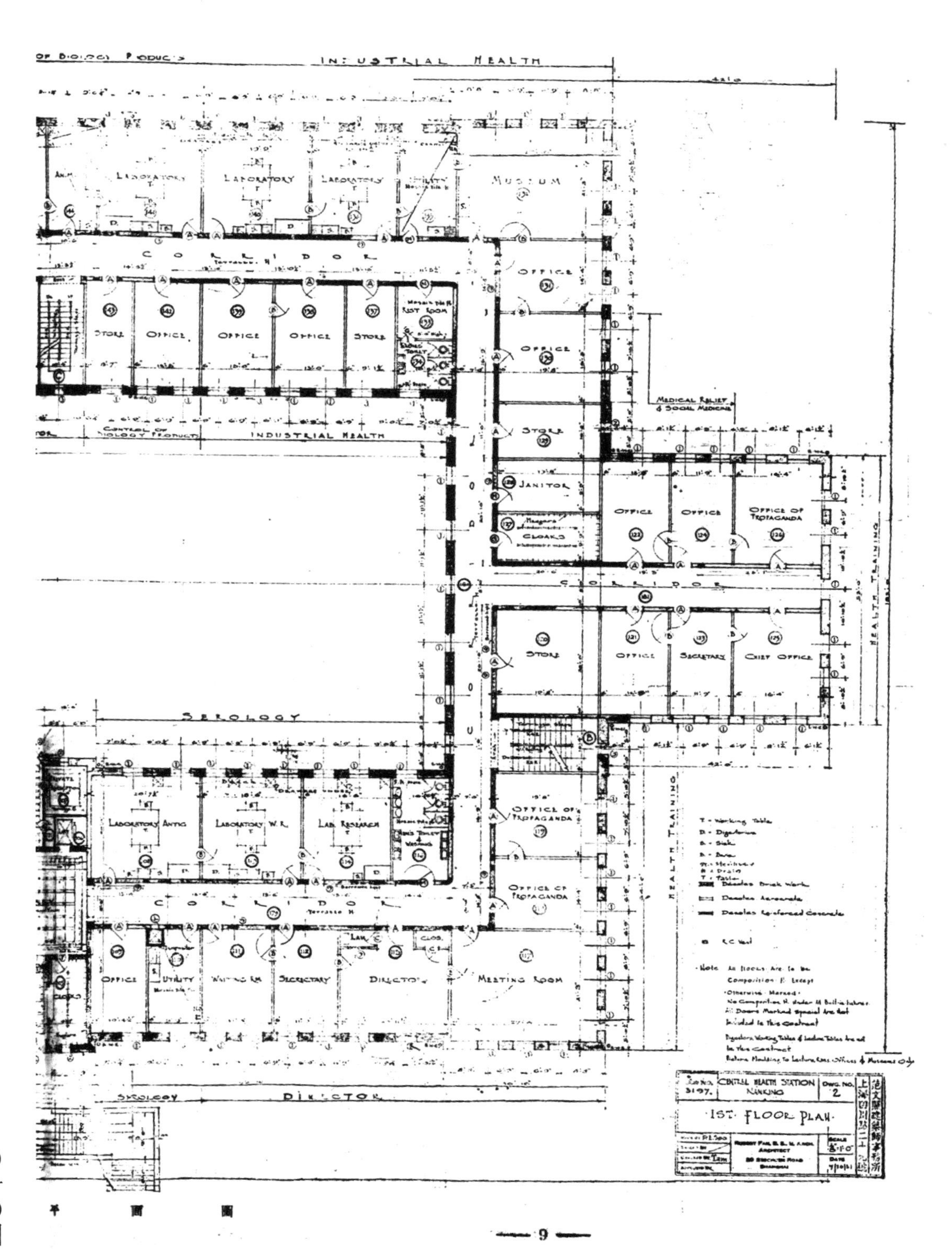
INDUSTRIAL HEALTH
LABORATORY
MUSEUM
CORRIDOR
STORE
OFFICE
REST ROOM
MEDICAL RELIEF & SOCIAL MEDICINE
JANITOR
CLOAKS
OFFICE OF PROPAGANDA
SECRETARY
CHIEF OFFICE
HEALTH TRAINING
SEROLOGY
LABORATORY ANTIG
LABORATORY W.R.
LAB. RESEARCH
UTILITY
WAITING RM
DIRECTOR
MEETING ROOM
CENTRAL HEALTH STATION NANKING
1ST FLOOR PLAN

平　面　圖

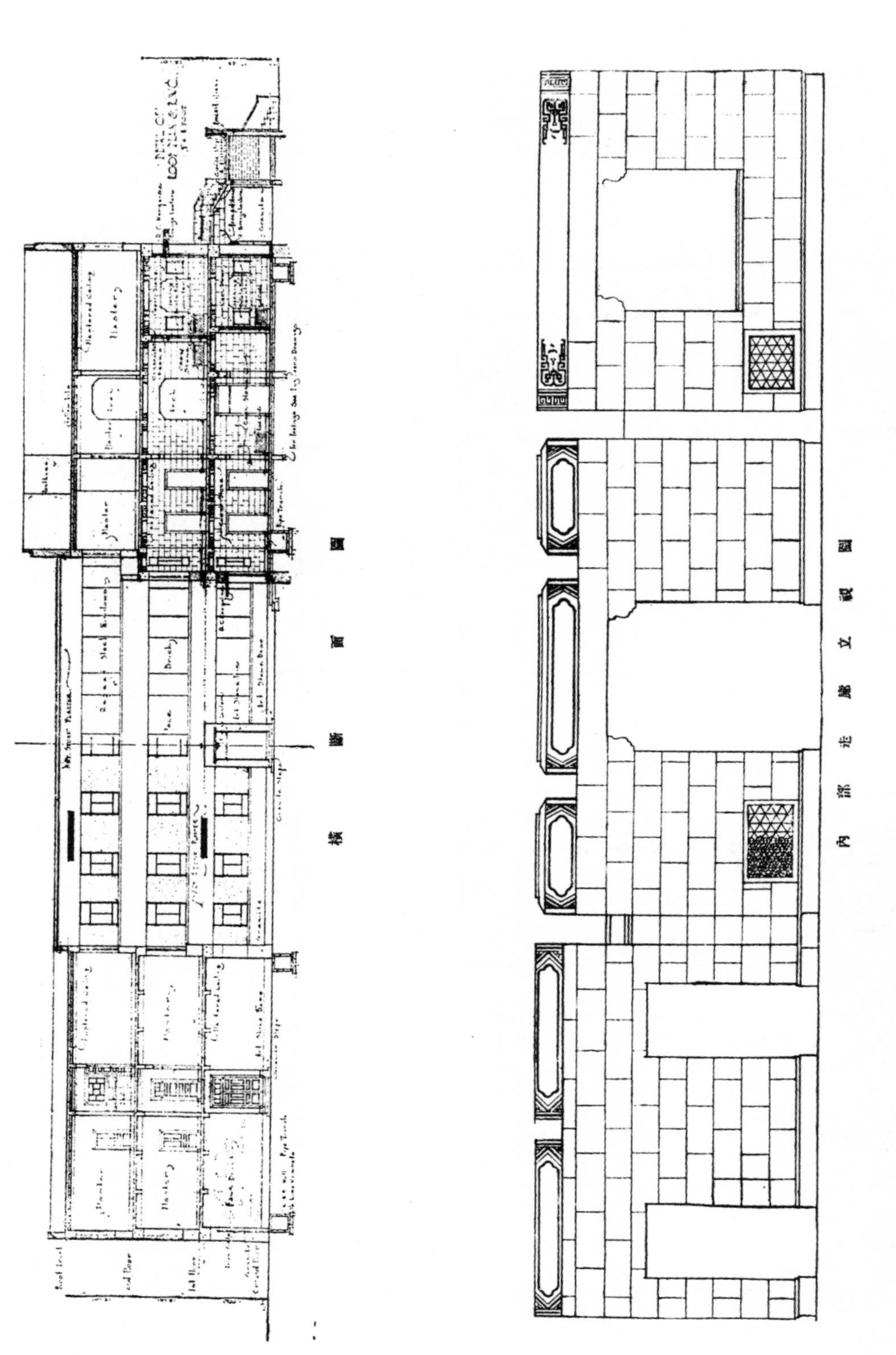

橫斷面圖

內部走廊立視圖

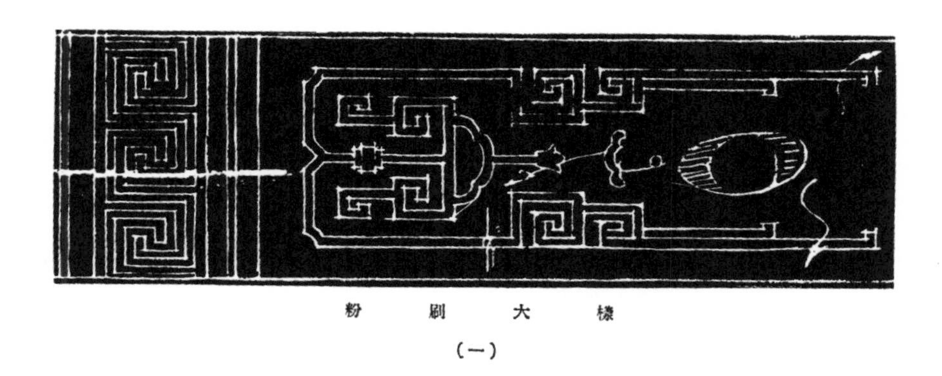

粉刷大樣

（一）

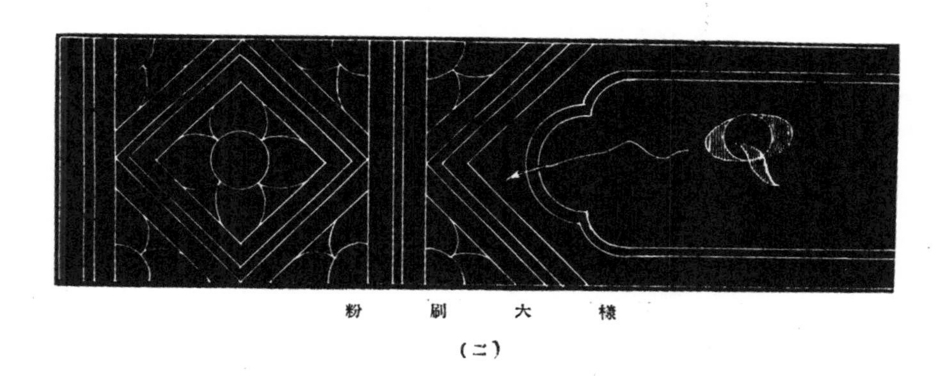

粉刷大樣

（二）

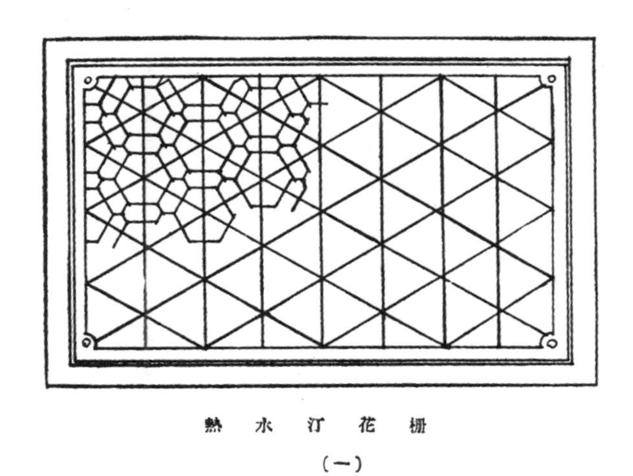

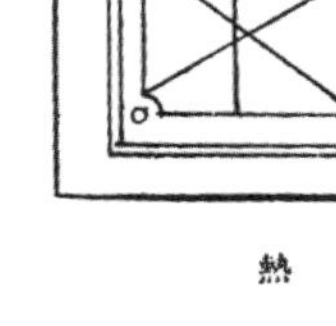

熱水汀花柵

（一）

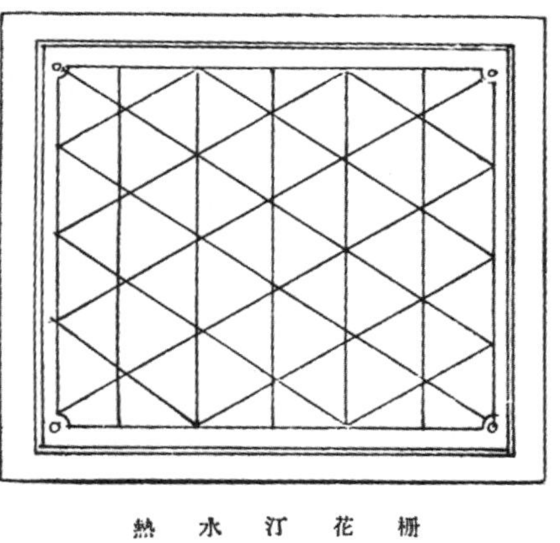

熱水汀花柵

（二）

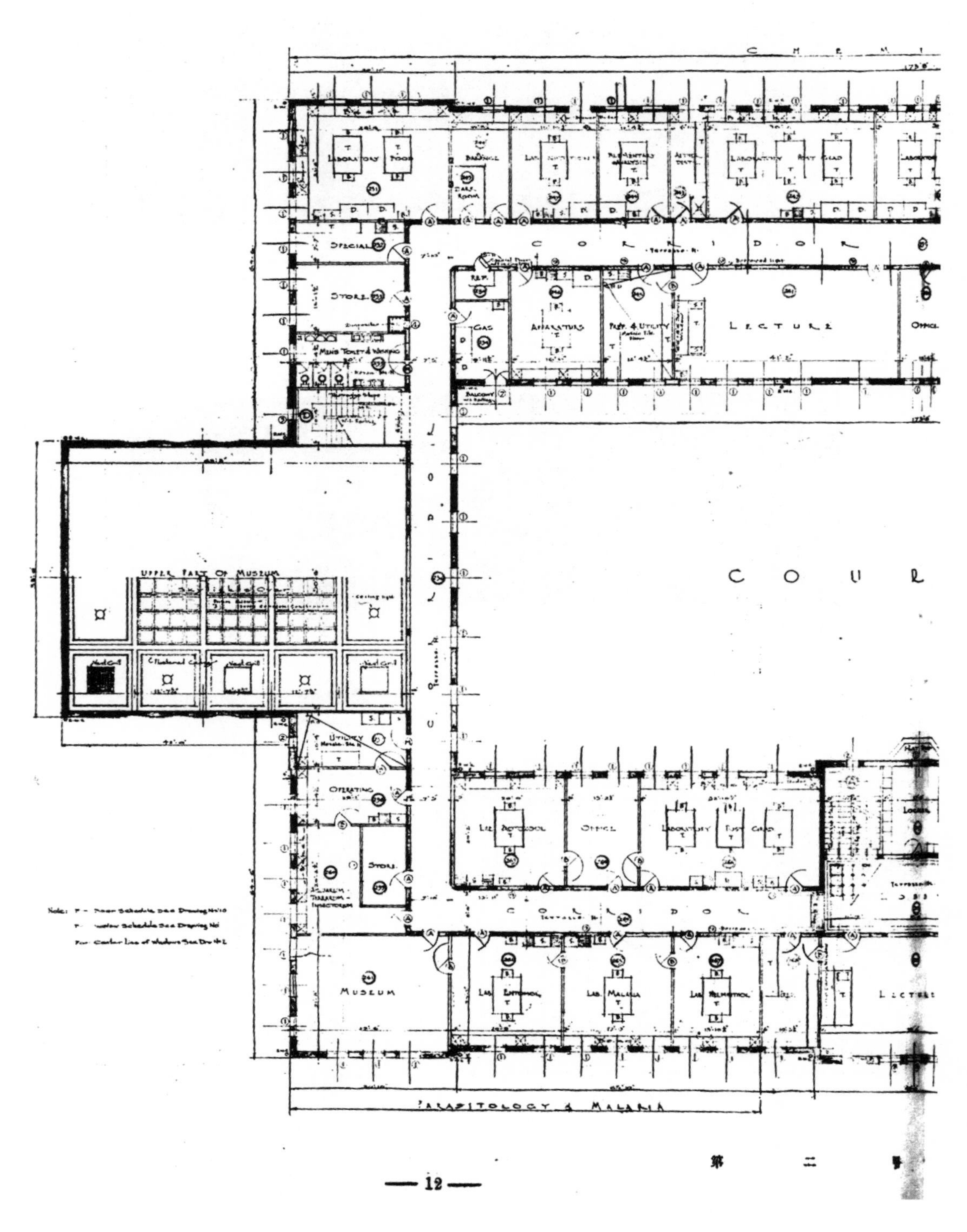
CORRIDOR
LABORATORY POOL
LECTURE
COURT
UPPER PART OF MUSEUM
SPECIAL
STORE
MENS TOILET & WASHING
GAS
APPARATUS
PREP. & UTILITY
OFFICE
UTILITY
OPERATING
STORE
MUSEUM
LAB. MALARIA
LABORATORY POST GRAD
PARASITOLOGY & MALARIA
第 二

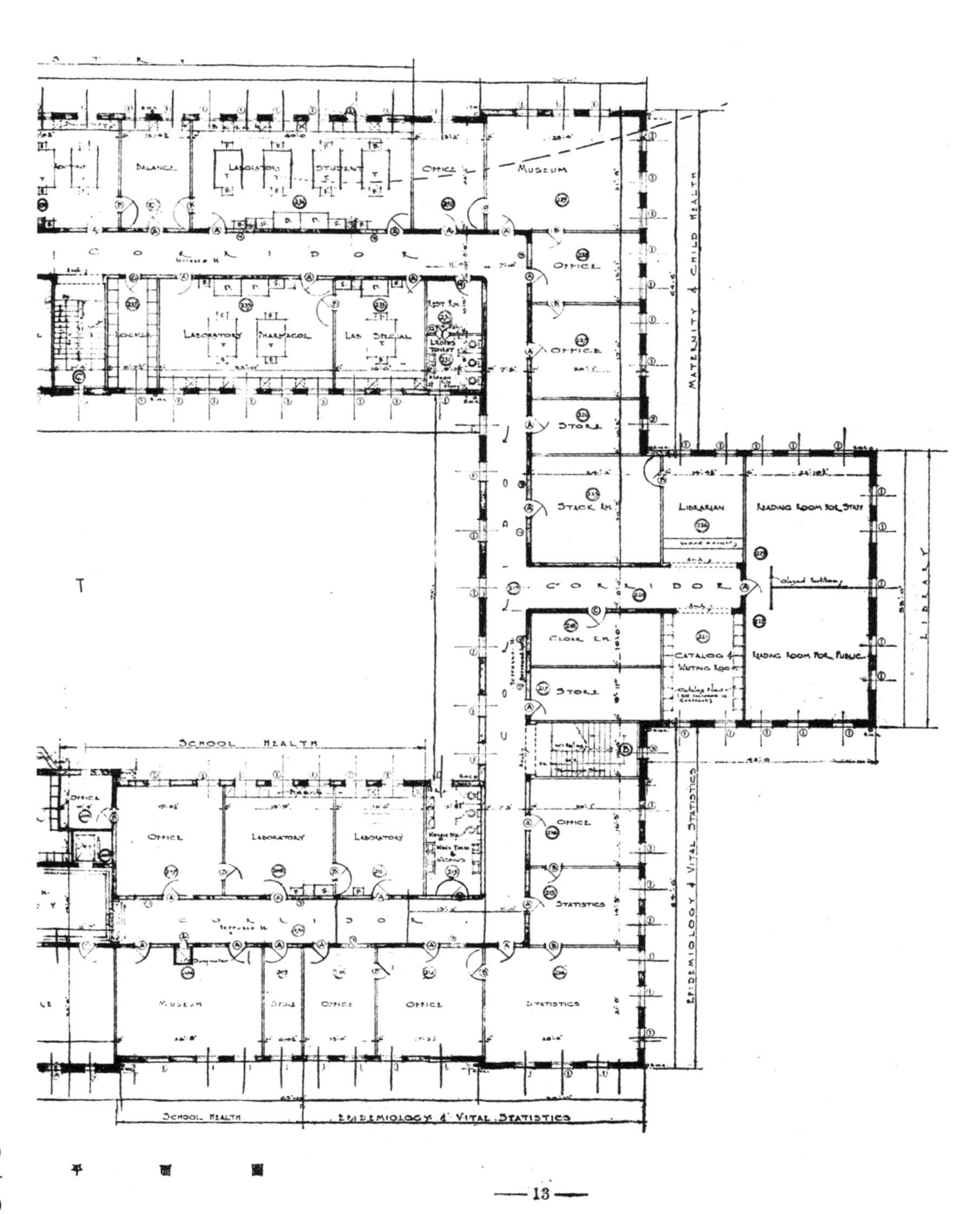
CORRIDOR
BALANCE
LABORATORY
STUDENT
OFFICE
MUSEUM
OFFICE
OFFICE
STORE
MATERNITY & CHILD HEALTH
LOCKER
LABORATORY
PHARMACOL
LAB. SPECIAL
REST RM.
LADIES TOILET
STACK RM.
LIBRARIAN
READING ROOM FOR STAFF
CORRIDOR
CLOAK RM.
STORE
CATALOG & WRITING ROOM
READING ROOM FOR PUBLIC
LIBRARY
SCHOOL HEALTH
OFFICE
OFFICE
LABORATORY
LABORATORY
OFFICE
STATISTICS
CORRIDOR
MUSEUM
STORE
OFFICE
OFFICE
STATISTICS
EPIDEMIOLOGY & VITAL STATISTICS
SCHOOL HEALTH
EPIDEMIOLOGY & VITAL STATISTICS

平面圖

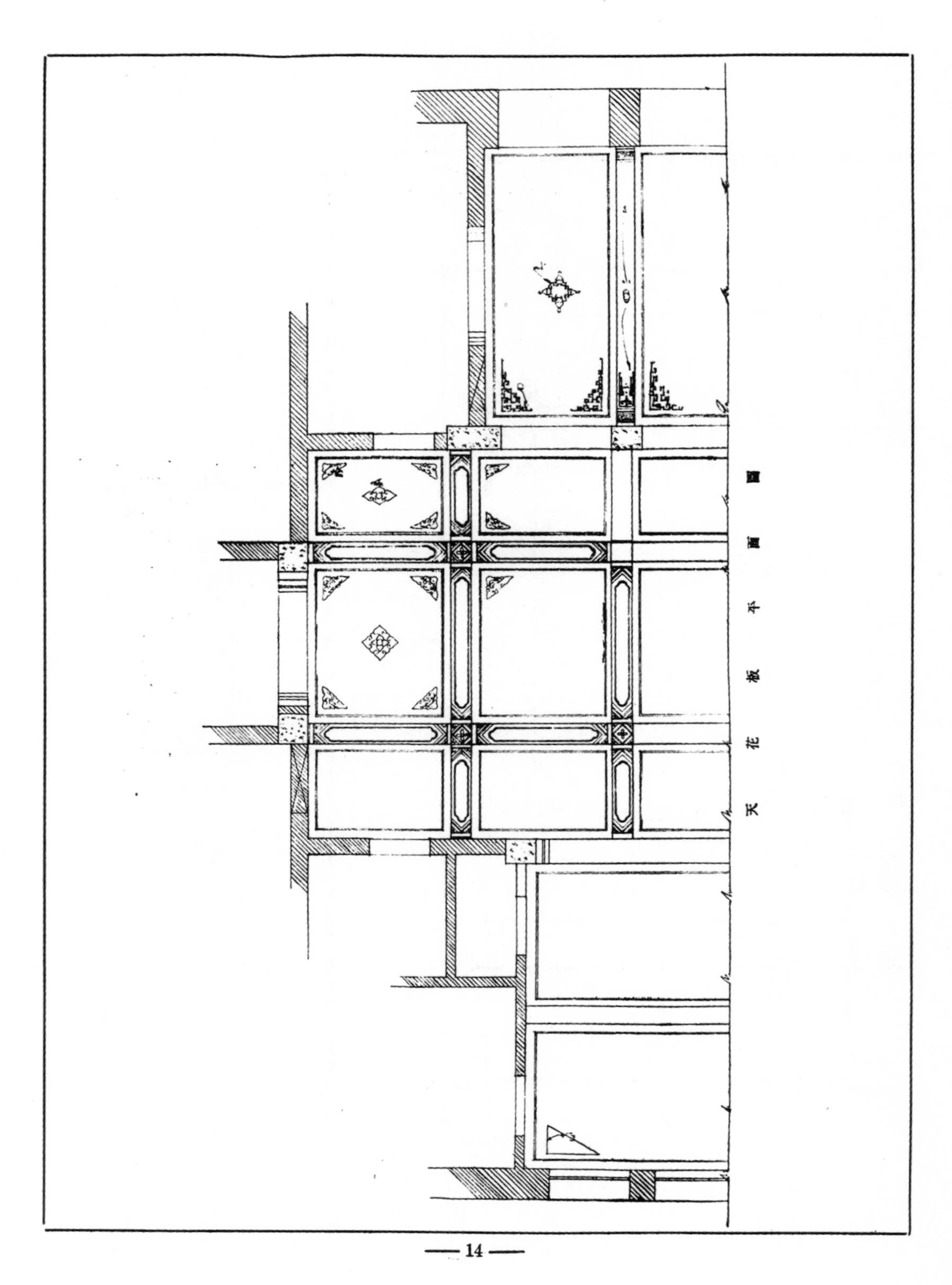
天花板平面圖

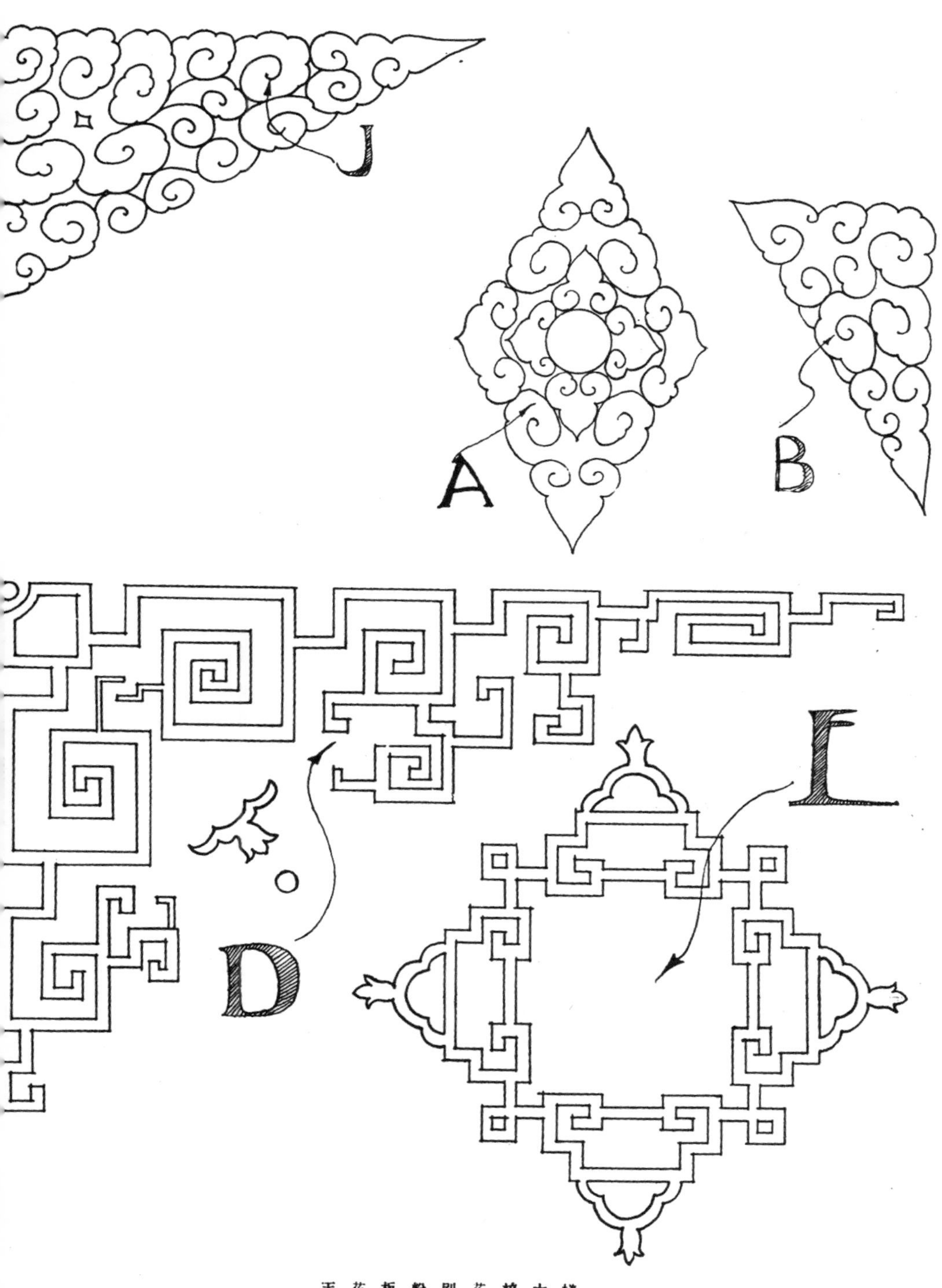

天花板粉刷花紋大樣

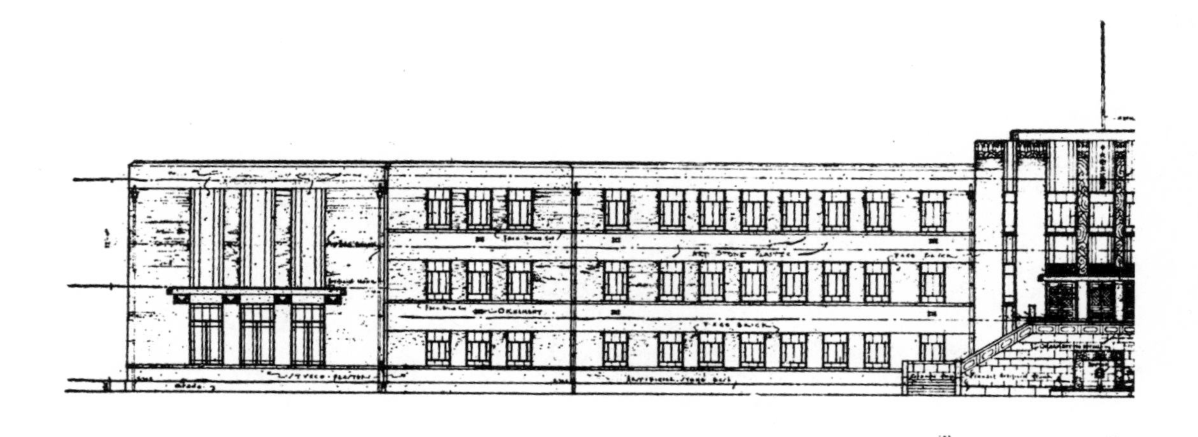

正　　面

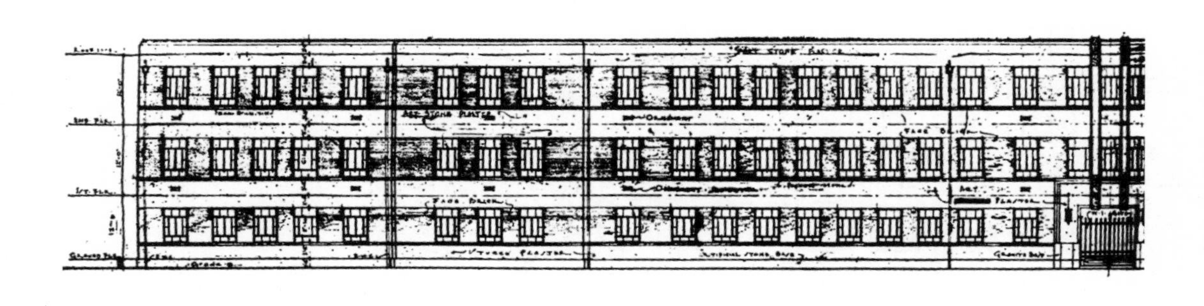

背　　面

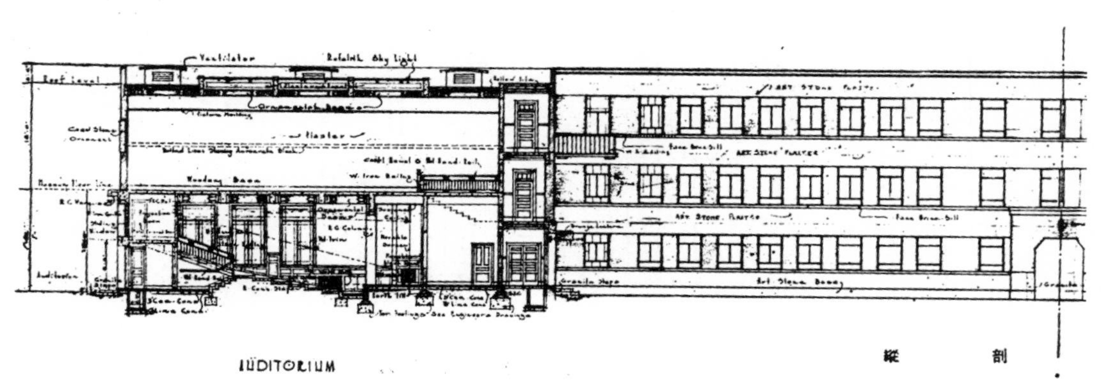

縱　　剖

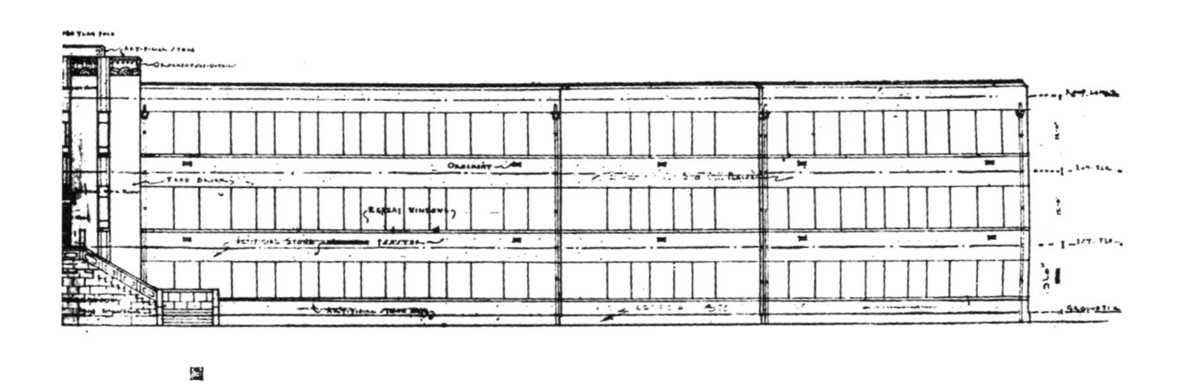

圖

Art Stone
Plaster
Windows Exposed
Teck Brick
Ornament

圖

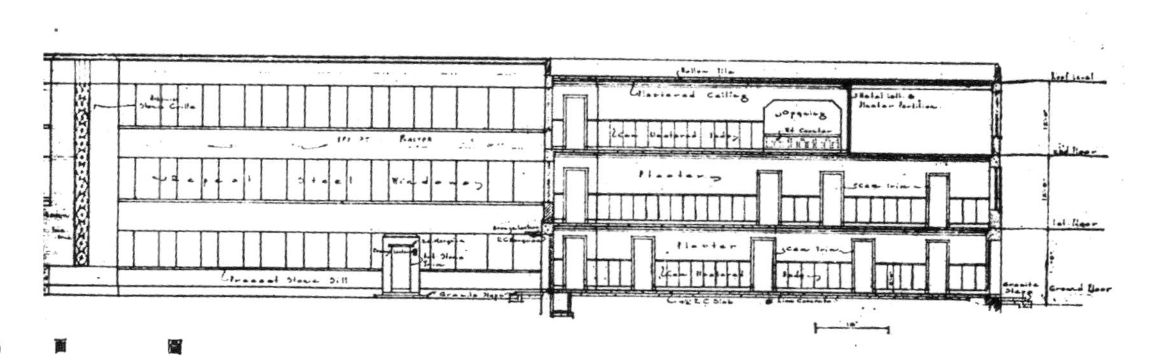

面 圖

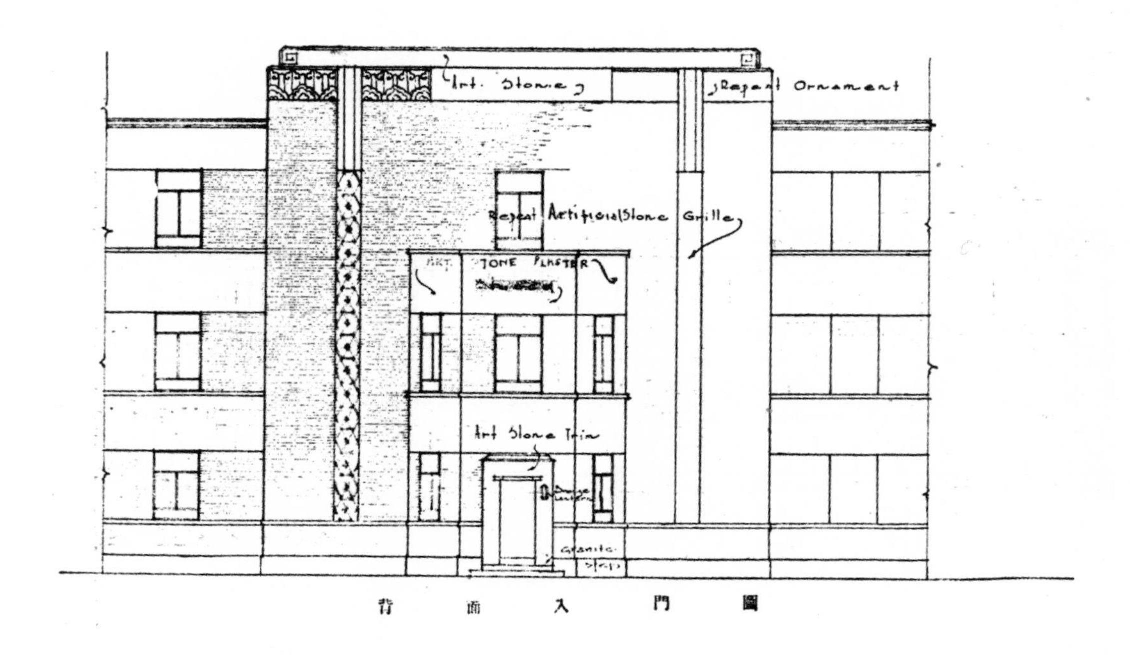
Art. Stone
Repeat Ornament
Repeat Artificial Stone Grille
Art Stone Trim
Granite

背面入門圖

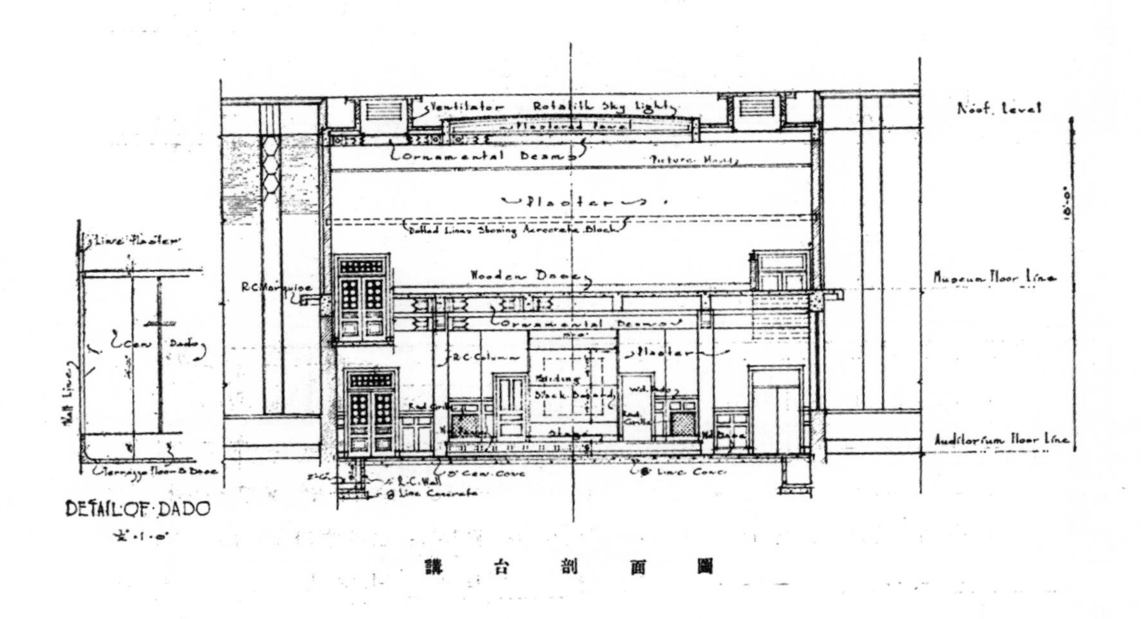
Ventilator
Roof Level
Plastered Panel
Ornamental Beams
Plaster
Wooden Door
Museum Floor Line
Ornamental Beams
R.C. Column
Plaster
Auditorium Floor Line
R.C. Wall
DETAIL OF DADO

講台剖面圖

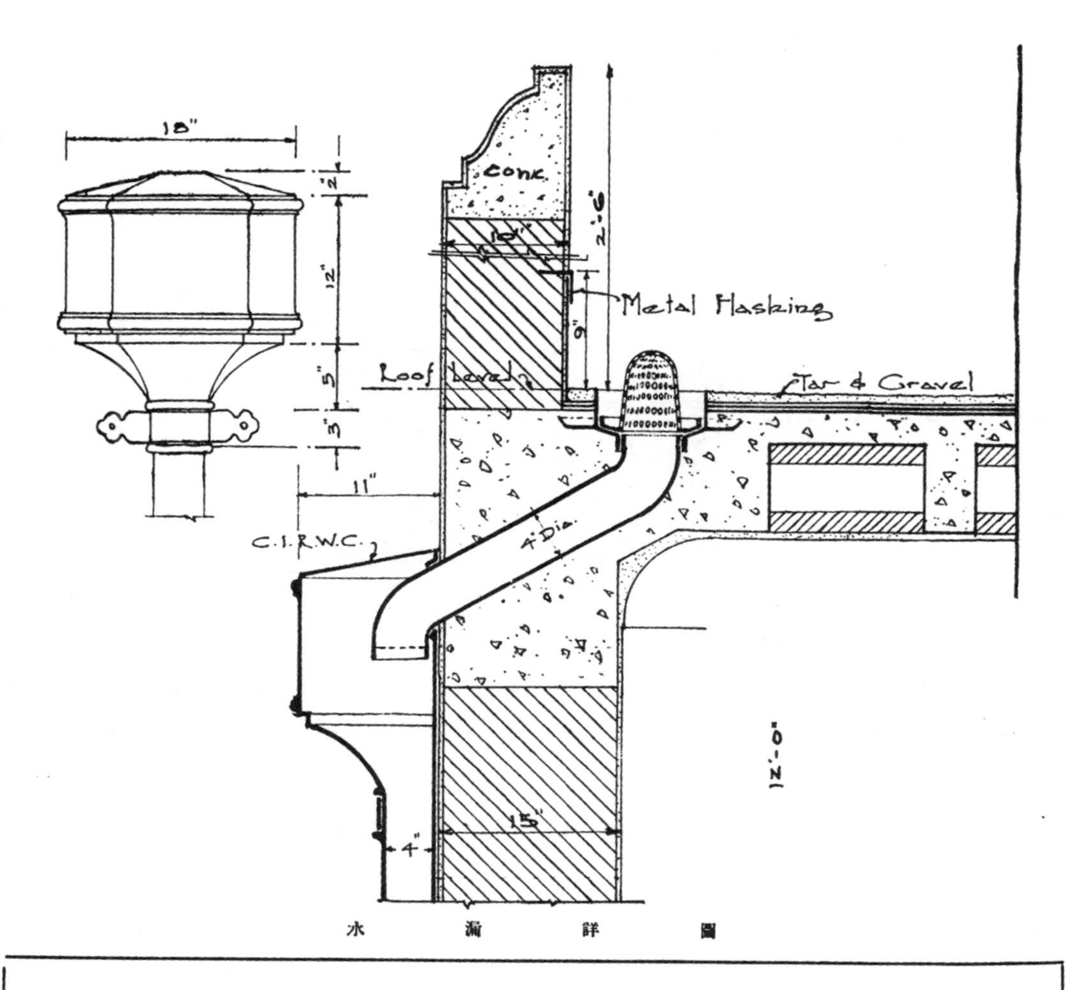
18"
2"
12"
5"
3"
11"
Conc.
10"
2'-6"
9"
Metal Flashing
Roof Level
Tar & Gravel
4" Dia.
C.I.R.W.C.
4"
15"
12'-0"

水漏詳圖

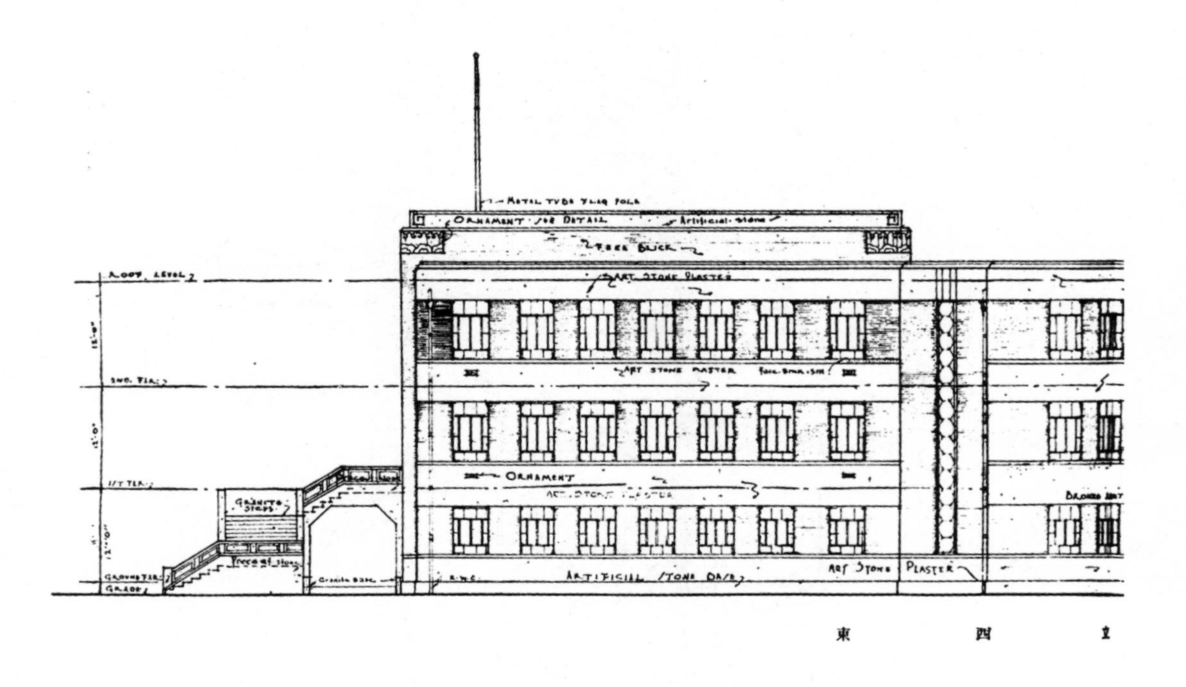
ORNAMENT
FACE BRICK
ROOF LEVEL
ART STONE PLASTER
ORNAMENT
GRANITE STEPS
ARTIFICIAL STONE DADO
ART STONE PLASTER

東　西　立

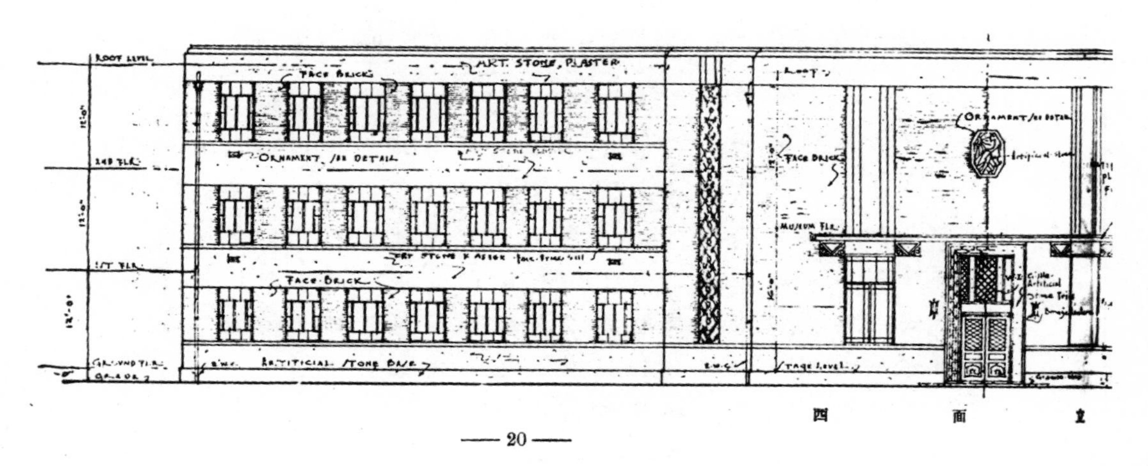
ROOF LEVEL
FACE BRICK
ART. STONE PLASTER
ORNAMENT / SEE DETAIL
FACE BRICK
ARTIFICIAL STONE DADO
ORNAMENT / SEE DETAIL
MUSEUM FLR.

西　面　立

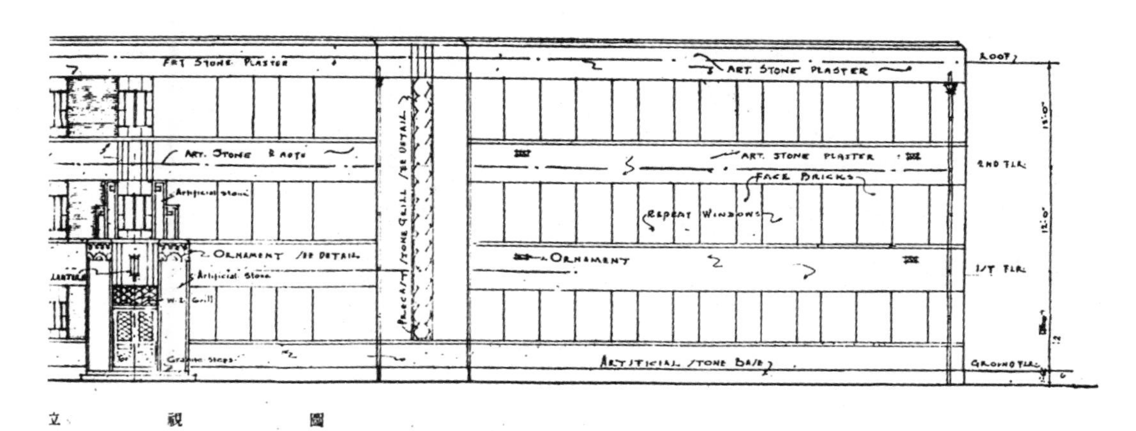
ART. STONE PLASTER
ART. STONE PLASTER
ROOF
2ND FLR.
1ST FLR.
ORNAMENT
REPEAT WINDOWS
FACE BRICKS
ARTIFICIAL STONE BASE
W. I. Grill
Artificial Stone
PRECAST STONE GRILL SEE DETAIL

立視圖

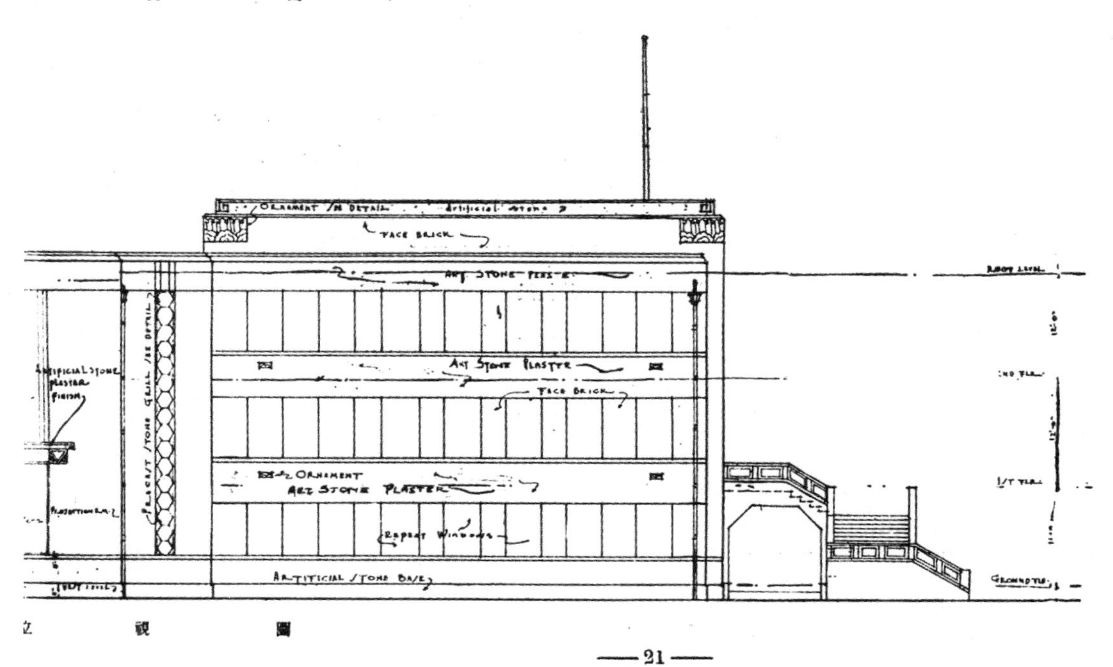
FACE BRICK
ART STONE PLASTER
FACE BRICK
ORNAMENT
ART STONE PLASTER
REPEAT WINDOWS
ARTIFICIAL STONE BASE
PRECAST STONE GRILL SEE DETAIL
ROOF LEVEL
2ND FLR.
1ST FLR.

立視圖

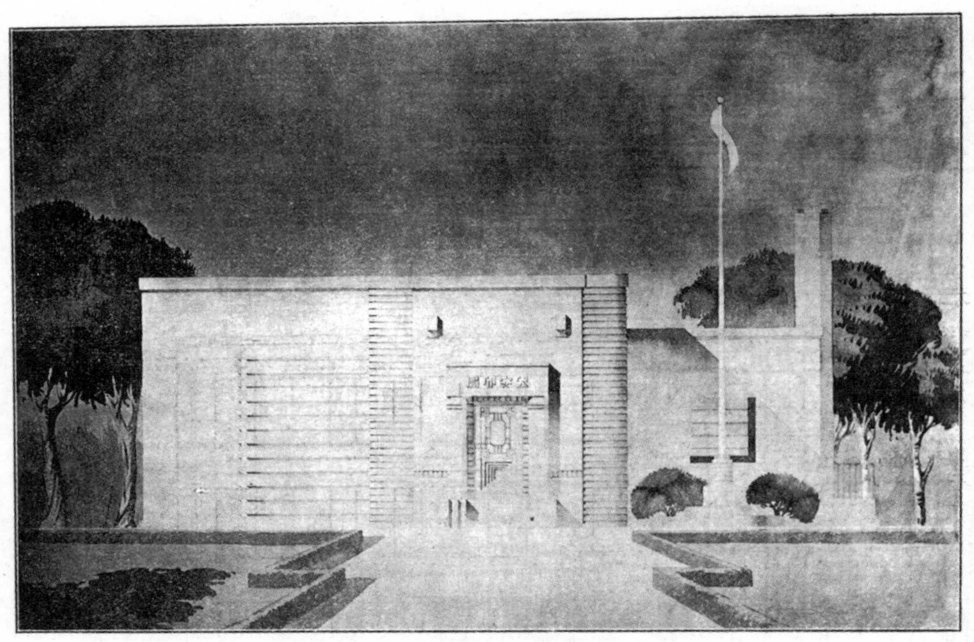

東北大學建築系佟明春繪公安分局正面圖

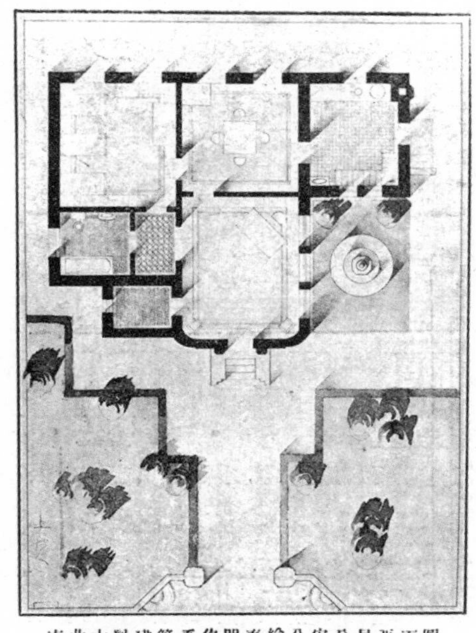

東北大學建築系佟明春繪公安分局平面圖

公安分局

某城以人口增加，爲愼重治安起見，於某重要區設公安分局一所，計需分局長辦公室一間，戶口調查處一間，各科辦公室，警士室，飯廳，廚房，臥室等，均爲本題的需要條件。

比例尺：——

正面圖 $1'' = 1'-0''$

平面圖 $\frac{1''}{16} = 1'-0''$

斷面圖 $\frac{1''}{16} = 1'-0''$

東北大學建築系蕭鼎華繪市府立面圖

小城市市政府

某小城市，以交通便利，工商業日益發達。市長鑑於市府辦公室不敷應用，擇地於風景佳麗處，擬建新屋一所，點綴務求古雅，以適合中國風味為準則。所需條件如下：

1. 禮堂一間　約容三四百人。

2. 總辦公廳一間。

3. 會議廳二間。

4. 民政廳，財政廳，建設廳，教育廳，各一間。

比例尺：——

正面圖	$\frac{1''}{8}=1'-0''$
一二層平面圖	$\frac{1''}{16}=1'-0''$
斷面圖	$\frac{1''}{16}=1'-0''$

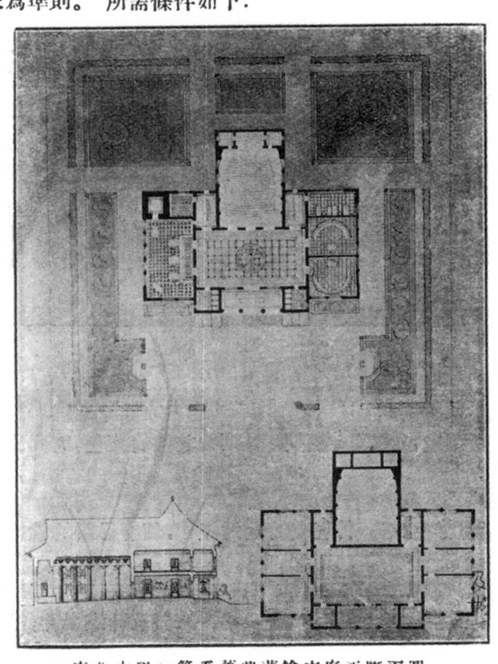

東北大學建築系蕭鼎華繪市府平斷面圖

建築正軌

（續）

石麟炳

第七章　着色

着色在英美叫 Rendering，一張圖案的最後成功，着色佔有大部份效率，因爲着色可以表現建築物各部份的形狀，凹凸伸縮，均可一目了然。　着色的種類很多，有的用水彩，有的用純墨，有的用鉛筆，並有用混和方法者，各隨自己意志而定。　初次着色，以用純墨者爲多，其實純墨着色，不是一件容易事，因爲墨一落紙上，即不易擦掉；筆勢不靈活，圖案即要呆板；尤於風景之點綴上，難得光線適當，靈活生動。　此必須經驗上之功夫，非一朝一夕所可奏效也。　水彩着色，對於顏色之冷暖上，應十分注意。　建築物上顏色，多取暖色，陰影之處，則以深紫色較爲醒目。　天藍而樹綠，此則普通常識，但能雜少許他色點綴，便覺生動耳。

用純墨着色，須先將磨成墨汁濾過，然後應用。　濾墨之法，用一柔軟線編之小繩索，浸於墨汁中，一端置於水平線較低之盤內（圖三十三），則純淨之墨汁，將受繩索之毛細管作用而吸收，漸次滴於盤內。　此種墨汁，光澤透明，用之極感便利。　凡用純墨着色，層次務須清楚，由漸而入，始可深淺適宜。　若用水彩，則按其性質施色，時間上可較用純墨爲經濟。

圖三十三

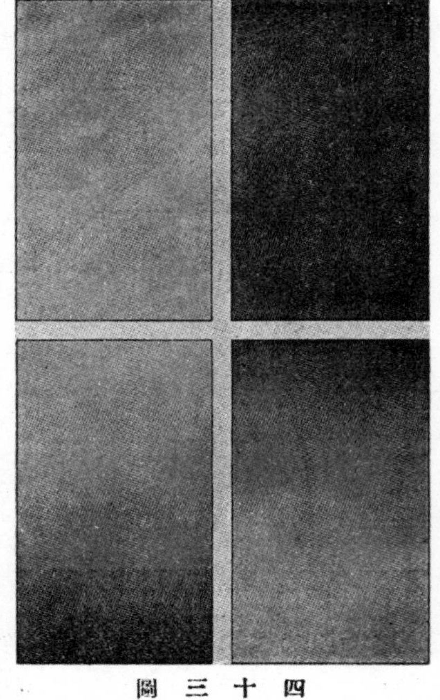

圖三十四

練習着色，是一件耗費時間的工作，須有忍耐的性格和不撓的毅力。　無論是水彩或是純墨，深淺一率的顏色是比較容易，由淺入深或由深入淺是比較難能。　因爲調和的顏色汁或墨汁，已經溶和到水乳不分，欲由淺入深，則須於進引之中逐漸增加顏色量，由深入淺，須逐漸增加水量，以溶和之顏色汁，忽加入不

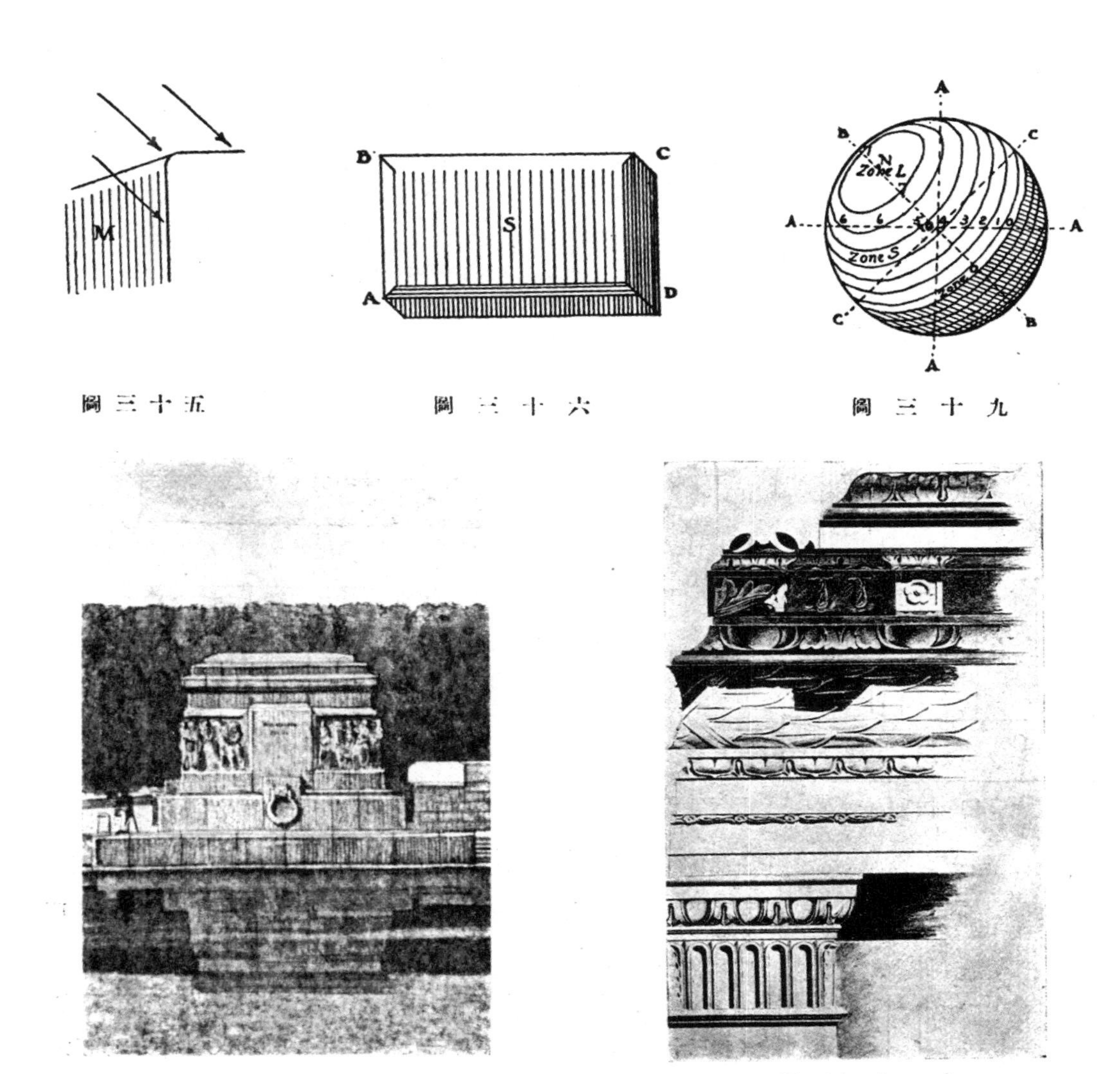

圖三十五　圖三十六　圖三十九

圖三十七　圖三十八

調和之新量，偶不愼重從事，足使繪圖紙上發生混亂現象，是應特別注意的。 圖三十四爲練習着色之初步宜注意及之。

着色應有一定程序，更應注意大體，不可將某一部份完成，其他部分尚未動筆。 因爲如此作法，足使圖案極不調和，而成一花花嵌工圖模樣。 最好的辦法，是首先作一普遍着色，然後逐步完成各大部份，其小部之陰影則須視全局情形而定其深淺。 着色行將完成之時，須時時將繪圖板豎起，審察各部是否已經完全滿意；因爲直立之圖樣，錯誤容易察出，不滿意處，可隨時改善，萬勿輕於從繪圖板上割下，致不易補救也。

對於陰影處之着色，亦應特別注意，因爲陰影處較日光處特暗，顏色之深度，很難一次審察清楚，故應用次第法着色，一次不足，再加一次，直至加到深度適當而後已。 建築物在陰影部份下面以受地面反光關係，多較

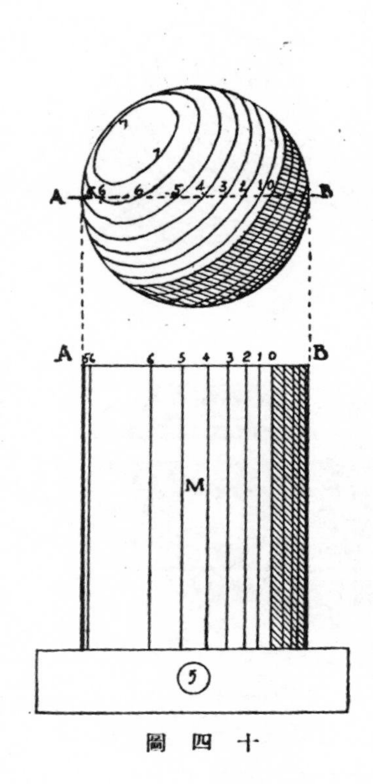

圖四十

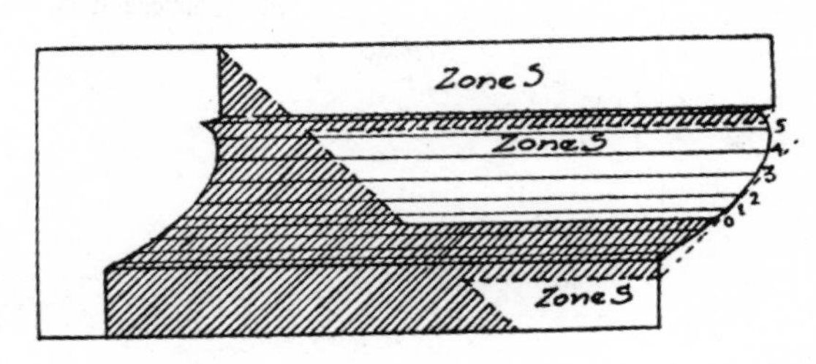

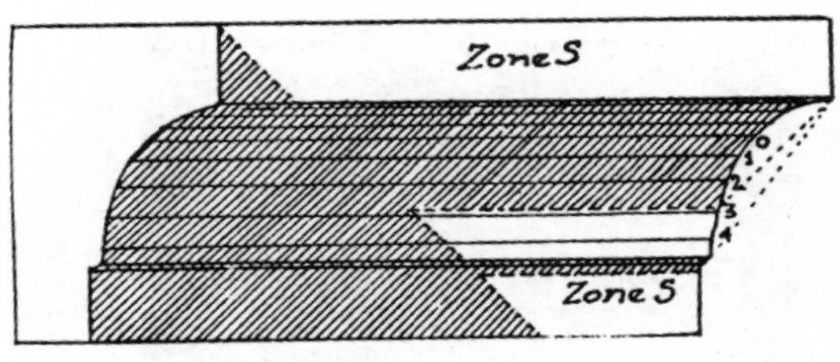

圖四十二

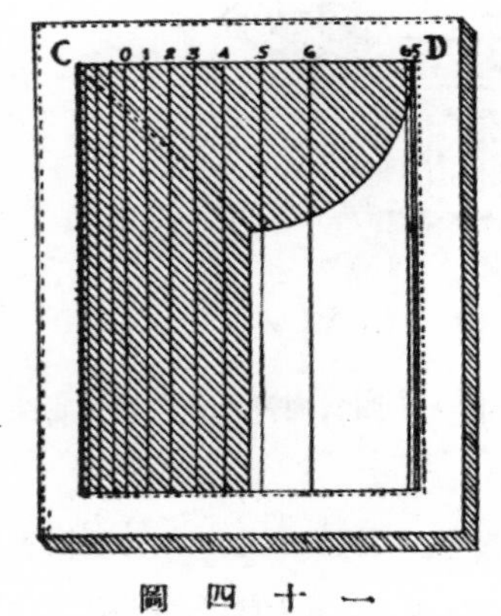

圖四十一

上部爲亮，故着色亦應稍淺，此種深淺，在圖案上很爲主要，可使圖案靈活而免呆板。圖案上之主要建築物，着色宜光潔醒目。配景則不要過於鋪張，致將人之視線引於不主要之處。

凡面均由邊線包括而成，因各面所受日光之強度不同，故顏色深淺亦異（圖三十五）。如某角石（圖三十六）之AB邊及BC邊爲受日光之面，CD邊及DA邊爲在陰影之面。凡受日光之面，上方及左方邊線（如圖三十六之AB及BC）要留極亮之邊，稱爲極度光（High Light）此處因受日光反射，務要使較全圖之任何部分爲亮。在一圖案上凡受日光之面，左方及上方邊線都要留此極度光（根三十七）。但在陰影之中，反光洽反乎此；故光亮部分宜在右方邊線及下方邊線（圖三十八）。

着色之深淺，大概可分爲三種：第一種爲極度光，幾乎不顯顏色，第二種爲受日光面，顏色清淡，第三種爲陰影，顏色最深。在平行之各面上，離視線愈近者，着色亦較淺，但以分出前後面爲度，不可相差太多，致感不調和耳。極度光處每次着色截留，勢嫌太麻煩，故着色時可以不留，而於着色完竣時，用橡皮及擦板擦出，則時間經濟許多。有石縫之圖案，在石縫上亦應留極度光，並使各種石塊深淺不等，以期靈活生動。

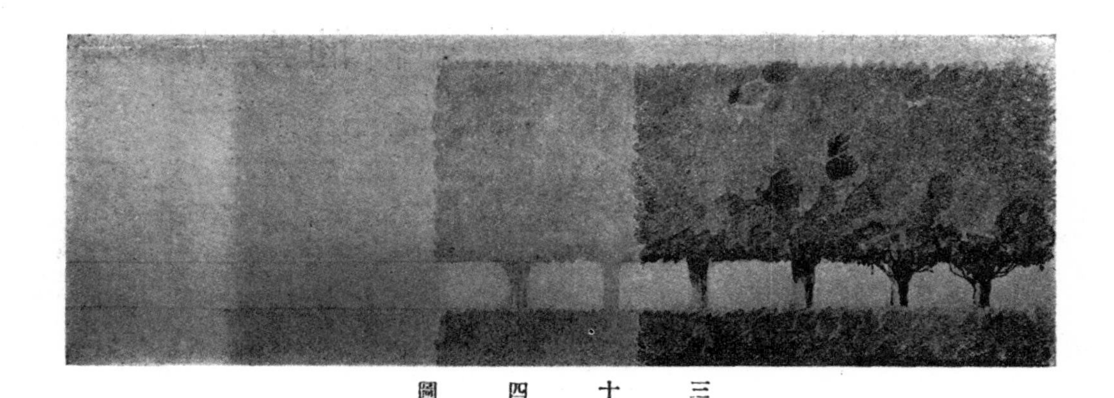

圖　四　十　三

在圖案上圓形體着色似乎較難，比例尺較小之圓體，可用毛筆二支一支蘸深色，一支蘸淺色，用深色筆着色後，再用淺色筆引此深色由深入淺，若一次不足，可繼續施行。 比例尺較大之圓體，用這種辦法很是危險，因爲面積一大，顧及難周，定難達到圓滿目的。 所以在大比例尺之圓形體着色時，宜施行分線法，將圓形體分成若干相等部分，距離愈近愈好，然後判定那一部分光線最強，卽着最淺之顏色或不着色，次留其光線較弱之部份，逐次截留，使陰影處之最深部分亦告完成，卽可顯示極圓滿的圓形體。 用純墨着色多以此法是尚，至於水彩着色，則可一二次成功，無須如次繁難也。

圓體陰影之投射，宜按日光散佈等光強原理使各種不同圓體，顯示不同陰影圖三十九爲一球形體，圖四十爲一圓柱體，圖四十一爲壁龕式，圖四十二爲各種不同之線脚，均表露不同之陰影。

樹木之着色乃作建築物本身上之點綴，故亦甚重要。 繪樹之步驟，宜按圖四十三方法進行。 起始用鉛筆輕輕作一線於頂端，第一次作一普遍着色，然後漸次加深起來，直至葉影畢具始告完成。

中國歷代宗教建築藝術的鳥瞰

（續）

孫宗文

九　宗教建築藝術作風的轉變

中國的建築史，在時間性上講：可分禮治時期；宗教時期和歐式時期。　可是拿宗教時期來講：建築式樣又可分自然神教式；佛教道教式及基督教式。　在中國建築作風轉變最明顯的，是在元、明、時代。　這一個時期；不但是由佛道教的作風轉變到基督教的作風；也可以說是東洋派作風改變成西洋派作風了。

自從蒙人入主中國，威名大振，在中國民族史上，倏然換了一副面目。　在中國的建築藝術史上，亦換了一個局面。　因爲當初元主任用外國人爲官吏，於是西方的科學如天文學、數學、醫學、以及建築術等，也漸漸地輸入。　當時意大利與法國的美術家，也先後到中國來做官，同時基督教亦傳布到中國。　教士約安（Joandu Monte Corvino）奉羅馬法王泥古拉氏（Nicholas）的命令，於西曆一千二百九十三年，由海道來中國，得元世祖的許可，宣傳教義。　其先在燕京建立教堂；其後又在杭州泉州及其他地方建立教堂。　當時元代的基督教建築，尚不十分普遍，直到明代，才漸漸地興盛了。　不過此時代的建築，已有一翻新式樣：一則歐洲科學家與美術家服官於元室；一則這時歐洲教堂的建築正是峨德式（Gothic）全盛時代，建築上受其影響不小。

歷元而至明，對於建築事業，則規定有專門的制度。太祖禁例九五間數，不准宮外建造，庶民房屋，祇許三間五架。　至英宗則略變祖制，間架多寡，悉聽人民自便；但九五間數，仍爲皇帝所專用。　明代的建築，現存的尚多，北平的天壇，當是明代重要建築之一。　清乾隆時，稍加修改，有明堂古制的遺意（圖六）。　壇址叫做圜丘，制圓南向三成，四出陛各九級，壇之上成徑九丈，取九數；二成徑十有五丈，取五數；三成徑二十一丈，取三七之數；上成爲一九，二成爲三五，三成爲三七，以全一三五七九天數；合九丈十五丈二十一丈共成四十五丈，以符合九五之義。　壇面磚數，皆用九重遞加環砌。　上成自一九起至九九，二成自九十至一百六十二，三成自一百七十一至二百四十三。　其他四周欄板，也與九數相合。　上成每面十八，四面計七十二；二成每面二十七，四面計一百零八；三成每面四十五，計一百八十，總計三百六十，以應合周天三百六十度數。　凡壇面甃砌和欄板欄柱，用青石琉璃。　乾隆時修理改用艾葉青石。

明永樂時，有西竺番僧板的達入中原朝貢，獻金剛寶座，上有五塔。　成主封爲大國師。　按金剛寶座，就是印度人紀念釋迦得道處所建的塔；於是成祖下詔修大正覺寺，使之主持。 成化年間又造大正覺塔，塔座高約三十尺，南北六十尺，東西五十尺，南北面各有圓門，原有梯可登，今已毀。 古物保管委員會有人駐守，可置一木梯攀登，座上建有五塔，居中者較高，共十三層，前有圓頂方亭；內有石梯，餘四座稍低，俱十一層。 就是現存北平西山的五塔寺（圖七）。 全體結構，莊嚴而帶秀麗，實是伽藍建築復活的代表作品。

圖　六

北平北天壽山，明陵的祖廟，也是明成祖時的建築，陵長約六里，巍立山坡，面臨深谷，偉麗壯觀，甬道兩旁立有石象，盡頭處建有三覆檐門樓一座；門樓內爲大院落，中有小殿，穿過小殿爲大祭殿，殿基用大理石砌，共三層，四面各三陛共九級，通於殿者三門，門上刻有花格，殿長七丈，內高三丈，上覆重簷，以大楠木柱支持共四列；每列八柱，柱圍約十二尺許，高六丈，中隔天花板，板離地約三丈餘，結構偉麗，雕飾豐美，當是有明一代傑作。

圖　七

中國的西洋建築，盛於明末清初，此時歐州教士傳教內地，已有相當成績，故而教堂建築，興盛一時。 在明萬曆二十八年，北平於時憲局東建立天主堂；乾隆四十一年重建。 堂制狹深，正面向外而若側面，頂如中國捲棚式而覆以瓦。 正面只啓一門牖。 說者謂其屋圓而穹，如城門洞，而明爽異常。 此爲基督教建築之唯一特點。 當時建築物用以作裝飾品者亦復不少；如噴水池、西洋牆以及西洋屏風之類，頗盛行一時。

清室重要建築：圓明園及頤和園，可稱代表作。 其中建築物的精麗巧妙。爲前代所未有。 圓明園中的瓷塔；萬壽山中的銅寺，精工秀雅。 因爲乾隆時意大利人 Attiret 和Castiglione 參與圓明園的工程；所以歐洲建築的法式，在這裏是盡量的應用了。 惜在咸豐十年，圓明園全部爲英法聯軍付之一炬矣！ 現據英人布謝爾 (S. W. Pushell) 所著Chinese Art 一書中說：有基督教徒王致誠郎世甯者，參預圓明園工程，創建歐式宮殿。 由是圓明園中井欄上之瑙藥，欄杆上之繪畫，同屏風上雕繪之甲胄徽章等物，始有意大利天主教的裝飾了。 清代除努力建造基督教式的建築外，一方面對於梵式建築，又非常努力。

所謂梵式建築卽西藏式的建築。牠的起源，係由於喇嘛教的勃興。故在中國宗教建築史上講，也是一項極重要的材料。牠在中國開始建築的時期，是在元世祖的時代，其最初的梵式建築，爲元世祖七年，建立的大護國仁寺。梵式建築最著名的首推北平北的居庸關，（圖八）和甘肅沙洲的莫高窟，可爲代表。原來居庸關有一洞，用大理石所砌成。在壁上刻滿了佛像和六字偈，拱門的中心石上雕有印度神鳥格饒得像，翼鳥人身，在其左右蟠以印度毒蛇，蜿蜒曲折，刻紋細緻深厚可稱精品。門內四角有大理石琢成的金剛像四尊，這是元至正五年的作品。莫高窟的中央有一四手觀音，坐蓮臺上，兩手合十作[illegible]禪狀，其餘二手一持荷花，一握念珠，首有光輪三重，頭頂中坐一小彌陀像，周圍並刻有漢文、梵文、西夏文、蒙古文、畏吾文、藏梵文：六體的六字偈，這是元至正八年的作品。

圖八　居庸關外部雕刻

滿清一代，梵式的建築，更爲盛行；因爲清代知有塞外懷柔之必要，就在順治四年，建立黃寺（圖九）在京城之北，以供養信奉佛教的西藏蒙古教徒，故當時喇嘛教在中國很是盛行。康熙時又仿照了拉薩達賴喇嘛所居的布達拉寺，在熱河也同樣的建築了一所布達拉寺。寺殿的牆盤旋而上，狀如螺殼，四周門戶窗牖不施雕飾，雍正卽位，又改建潛邸爲喇嘛寺，就是現在的雍和宮。宮中有一佛像，高達七丈，用南木雕成，莊嚴偉大。乾隆四十五年西藏班禪喇嘛來朝，發痘死於京城，乾隆帝建白塔寺於京，以留紀念。塔下有八角形的石基將班禪一生自降生以至病死的事蹟，一一刻在石上。風景、人物、鳥獸、等雕刻，富麗精巧實爲有清一代的傑作。

圖九

梵式建築不但爲中國具有光榮的建築藝術；並且又爲國際間極重視的一種建築藝術。在去年美國所舉行的支加哥百年進步展覽會中，也陳列着中國的建築物一座，而這座中國的建築物，既非佛教的作風，又非道教的作風，却是一座純粹梵式作風的喇嘛廟。這建築係仿照中國熱河行宮而造成的。

清代的著名建築物，除以上所舉幾種外，偉大的建築物，今尙存在的則有曲阜的孔廟、國子監的辟雍宮、祈年殿、（圖十）西山臥佛寺的牌坊、暢春園、香山寺、以及清陵等；在京外的建築物，則有熱河的避暑山莊，風景有

圖 十　祈年殿屋頂

三十六，鈎心鬬角，花樣翻新，爲清代有名的作品。

民國以來，破除迷信，諸事均尙實用，宗教建築，已成過渡時期，本文至此，已告終結。

十　結論

綜觀上文，關於中國歷代宗教建築藝術的大概，可見一斑。宗教建築除此之外，尙有回教建築，但因對於中國建築，影響甚小，故從簡略。爲閱者便利計，玆將歷代重要宗教建築物，列表如下，以供檢查。

中國歷代宗教重要建築一覽表

	時代	建築
禮治的—宗教的	太古時代	有巢氏構木爲巢、燧人氏傳教之臺、黃帝之合宮、
	唐　虞	堯之衢室、舜之總章、
	夏　代	桀之瑤臺、世室、鈞臺、
	商　代	紂之鹿臺、
	周　代	明堂、靈臺、家廟、
	秦　代	瑯琊臺、雲明臺、
	漢　代	通天臺、明堂、柏梁臺、孝堂山祠、武梁祠、神屋、雲臺、白馬寺、建初寺、浮屠寺、
	三　國	
	晉　代	瓦官寺、開業寺、莫高窟、千佛巖、
	南北朝	永寧寺塔、一柱觀、雲岡石窟、龍門石窟、石窟寺、
	隋　代	迷樓、法隆寺，
	唐　代	玄都觀、廟祠、淫祠、石幢、
	五　代	雷峯塔、浙西諸寺塔、煙霞洞、石屋洞、
	宋　代	開寶寺、龍門石像、嵩山少林寺、
	元　代	護國仁寺、
歐化的	明　代	天壇、大正覺寺、明陵祖廟、
	清　代	圓明園、頤和園、黃寺、布達拉寺、雍和宮、白塔寺、曲阜孔廟、辟雍宮、祈年殿、暢春園、香山寺、清陵、避暑山莊、

（完）

房屋聲學

（續）

唐璞譯

高等學校禮堂——今討論一演說音樂兩用之高等學校長方形禮堂，其容積爲460,000立方呎．因劣聲之故，每感痛苦，此種情形之基底，下列於第四表．

第四表　高等學校禮堂之聲學基底

材料	面積	係數	單位
硬粉刷	……32,100平方呎	× 0.025	= 803
木板包面 (wood sheathing)	……11,373平方呎	× 0.06	= 682
漆亮之木	……804平方呎	× 0.03	= 24
玻璃	……500平方呎	× 0.027	= 13.5
金屬	……744平方呎	× 0.01	= 7.4
通風孔	……280平方呎	× 1.00	= 280.0
座位	……2,000平方呎	× 0.1	= 200.0
軟木蓋面 (cork carpet)	……4,473平方呎	× 0.03	= 134.0
			總計 2144.0
平均聽衆	……670平方呎	× 4.6	= 3082
最多聽衆	……2,000平方呎	× 4.6	= 9200

如爲三分之一聽衆卽670人時，其吸聲爲2144＋3082＝5226單位，循環回聲時間計爲：

$$t=(.05\times 460,000)\div 5226=4.4\text{秒}$$

參照第十二圖曲線，容積460,000立方呎（立方根＝78.8）之大廳，按三分之一聽衆，其循環回聲爲2.6秒．如是則此會堂回聲頗劇，是須裝置吸聲材料以減其循環回聲至2.6秒方可．

$$a=(.05\times 460,000)\div 2.6=8850\text{單位}.$$

減去已有之5226單位，卽8850－5226＝3624，應加之單位也．如用一吋厚之毛毯，上塗油面，將需要3624÷.45＝8050平方呎之材料．但裝置此毯之適當地點頗難選擇，因其可用之面積有限，且其天花板部分已被格井分佔，而邊牆又爲窗門佈滿．若用二吋毛毯加以油面，其係數爲.60，需要3624÷.60＝6040平方呎．卽用此較小之吸聲材料面積，其堪供裝置之面，仍不能敷用，故當想到裝被座位之應用．此種裝被較平素之吸聲係數爲大．如此，每一革面裝被之座位爲1.5，可加於原有吸聲——2000×1.4＝2800單位．（此係數1.4用以代1.5，因座位表中已寫作0.1）如用裝被座位，則所置之毛毯數卽減至3624－2800＝824單位，或爲824÷.45＝1830平方呎之一吋毯．

十八圖及十九圖表示該會堂未經矯正及已經矯正之吸聲情形．須注意者，在未經矯正之會堂內，聽衆具有減小循環回聲之效力頗大，故最多聽衆時，聲學頗佳．如當少數聽衆時，則此會堂似不適用．反之，在已經矯正之會堂內，聽衆對於循環回聲時間之效力則小，此卽謂無論有無聽衆，其聲學亦佳也．

今以高等學校與小禮拜堂之情形比較之．卽知循環回聲時間之用於小禮拜堂者，較小於學校大會堂，是循環回聲時間乃依容積而變．十二及十三圖已繪明矣．至於小室如辦公室之用於交談速寫者，聲學上須甚寂靜，普通方法皆以二吋毛毯裝置於天花板全部，利用地氈收效亦佳．

教堂之大廳——因上述二會堂之形狀爲長方，且回聲甚少，實易矯正．至於第三種討論之情形，則爲一教堂之大廳，其中循環回聲之外尙有回聲．廳之容積爲242,000立方呎，立方根爲62.3，按平均聽衆到400

八，其適於演說音樂兩用之循環回聲時間為2.3秒。 連座褥及400聽衆在內，總計其廳內吸聲為3415單位。應用沙賓氏公式：

$$t = .05 \times 240{,}000 \div 3415 = 3.54 \text{ 秒}$$

此數較所需之數2.3為大，故須加吸聲以矯正之。 至研究大廳之形狀，乃知回聲之來，由於高曲度之平頂。 今以若干格之毛毡施用於此回聲之面上，結果循環回聲及回聲均減至甚微矣。 為得完全之矯正，更於石邊牆之各部懸以帷幔。

戲院之大廳——今發生一大廳內包括兩房間之新問題，即如戲院然，其主要大廳以一寬大台口與台樓相連。 在計算時，故須決定是否台樓亦在大廳容積之內。 由經驗得知假定台口為大廳內之一大窗，而臺樓內有常用傢俱佈景等設備，其吸聲係數約為.25時，可得佳果。 餘如大廳內凹室，以及樓廳下之一部，雖入廳之門在斷面上甚小，然均可按同一解法。

禮拜寺——言及禮拜寺之大廳，亦有相似之問題發生。 其內部可視為四個相連之室，即聖所，(Sanctuary) 大殿 (Nave) 兩配殿 (Transepts) 是也。 西圖之堅買姆氏禮拜寺 (St. James Cathedral in Seattle) 即按此假定而矯正者。 聖所乃當作一室，而具有若干吸聲材料，使之適宜於講道；大殿任其稍有循環回聲，以適宜於音樂，而配殿則取其適中之循環回聲時間。

關於聲之矯正，約翰先生 (Mr. John Graham)——即重修禮拜寺之建築師——曾言：在『工作未施行前，聲學甚劣，演講者幾不能令人聽其言，故其演說頗覺困難。 今經重修，乃與其他大廳相伯仲矣』。

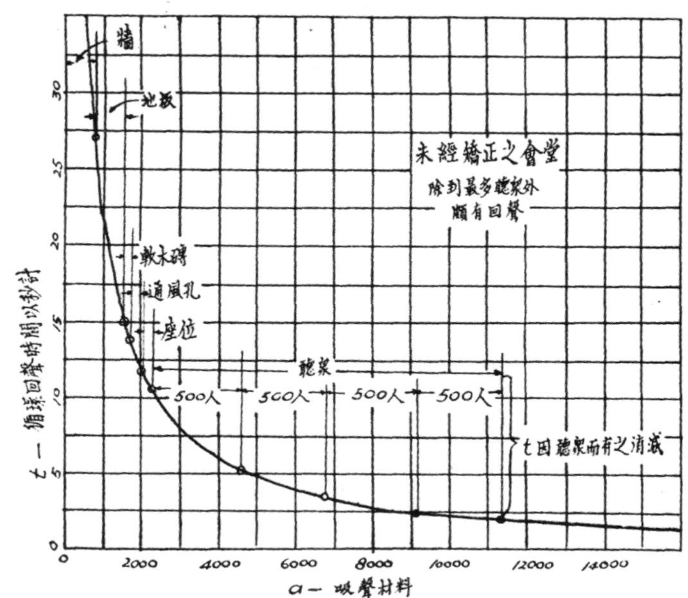

圖十八——繪會堂未經矯正之情形，表示最多聽衆能消減循環回聲時間至一適意之值。

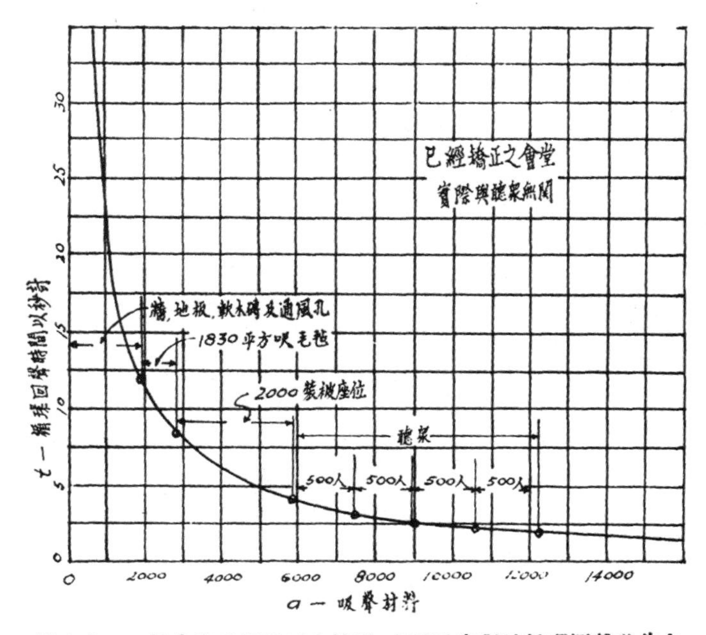

圖十九——繪會堂已經矯正之情形，表示聽衆對於循環回聲發生之效力甚微。

鋼骨水泥房屋設計

(續)

王　　進

距支持面x處之剪力Vx：

(1)$x>l_2$　　$Vx=P_1$

(2)x在l_2,l_3之間　　$Vx=P_1+P_2$

(3)$x<l_3$　　$Vx=P_1+P_2+P_3$

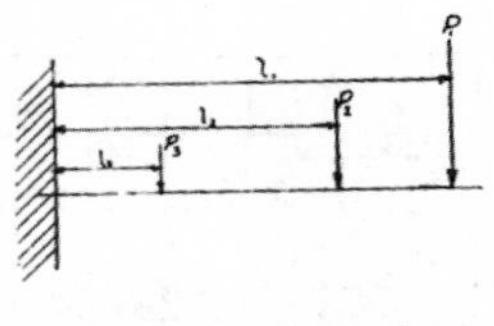

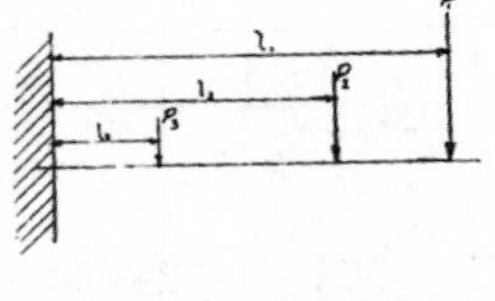

距支持面x處之灣冪Mx：

(1)$x>l_2$　　$Mx=P_1(l_1-x)=P_1l_1+P_1x$

(2)x在l_3與l_2之間　　$Mx=P_1(l_1-x)+P_2(l_2-x)$

$=P_1l_1+P_2l_2+(P_1+P_2)x$

(3)$x<l_3$　　$Mx=P_1(l_1-x)+P_2(l_2-x)+P_3(l_3-x)$

$=P_1l_1+P_2l_2+P_3l_3-(P_1+P_2+P_3)x$

最大灣冪在x=0處Mmax　$=P_1l_1+P_2l_2+P_3l_3$

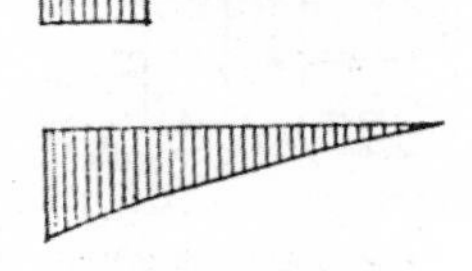

外懸單梁 (OVER-HANGING SIMPLE BEAMS)

(A)一端外懸——均佈載重

$R_1=\frac{1}{2}wl-\frac{1}{2}wm\left(\frac{m}{l}\right)$

$R_2=\frac{1}{2}wl+wm+\frac{1}{2}wm\left(\frac{m}{l}\right)$

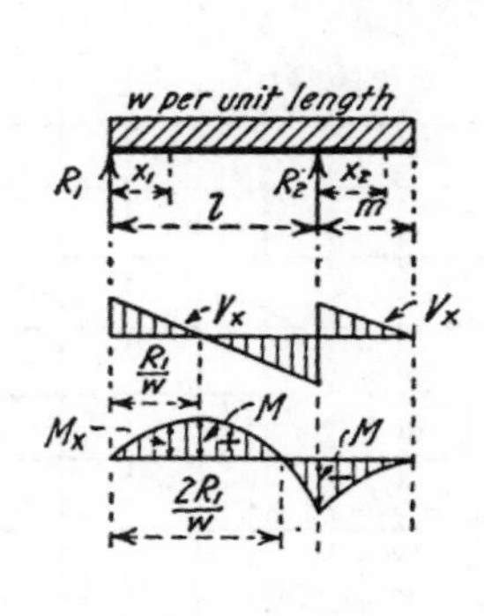

剪力：(1)在R_1與R_2間　　$Vx=R_1-wx_1$

(2)在R_2與懸端間　　$Vx=w(m-x_2)$

灣冪：(1)在R_1與R_2間　　$Mx=R_1X_1-\frac{1}{2}wx^2$

(2)在R_2與懸端間　　$Mx=\frac{w}{2}(m-x_1)^2$

最大正灣冪 $+Mmax=\frac{R_1^2}{2w}$　　在$x=\frac{R_1}{w}$處

最大負灣冪 $-Mmax=\frac{1}{2}wm^2$　　在$x=R_2$處

(B)一端外懸——集中載重

$R_1=\frac{P_1a-P_2m}{l}$

$R_2=\frac{P_1(l-a)+P_2(m+l)}{l}$

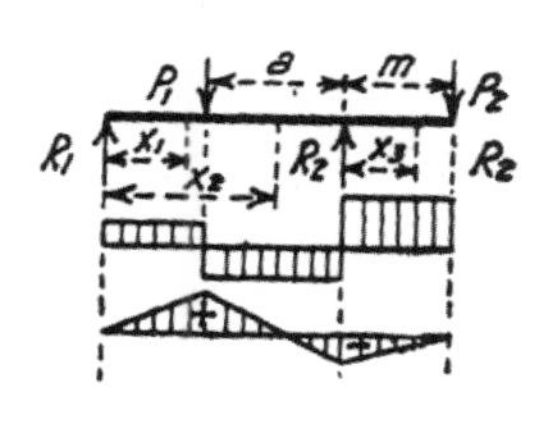

剪力：(1)在R_1與P_1間　　$V_x=R_1$

(2)在P_1與R_2間　　$V_x=R_1-P_1$

(3)在R_2與P_2間　　$V_x=P_2$

灣冪：(1)在R_1與P_1間　　$M_x=R_1X_1$

(2)在P_1與R_2間　　$M_x=R_1X_2-P_1(a+x_2-l)$

(3)在R_2與P_2間　　$M_x=P_2(m-x)$

(C)二端外懸——均佈載重

$$R_1=\frac{w}{2l}\left[(m+l)^2-n^2)\right]$$

$$R_2=\frac{w}{2l}\left[(n+l)^2-m^2)\right]$$

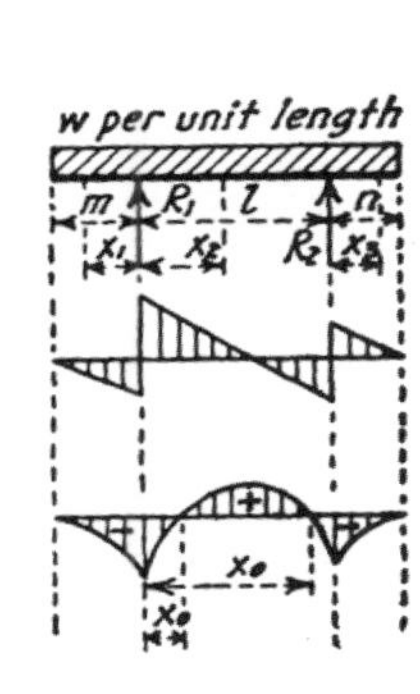

剪力：(1)在左端與R_1間　　$V_x=w(m-x_1)$

(2)在R_1與R_2間　　$V_x=R_1-w(m+x_2)$

(3)在R_2與右端間　　$V_x=w(n-x_3)$

(4)最大剪力　　$V=wm$　　或R_1-wm

灣冪：(1)在左端與R_1間　　$M_x=\frac{1}{2}w(m-x_1)^2$

(2)在R_1與R_2間　　$M_x=\frac{1}{2}w(m+x_2)^2-R_1X_2$

(3)在R_2與右端間　　$M_x=\frac{1}{2}w(n-x_3)^2$

(4)最大正灣冪　　$+M_{max}=R_1\left(\frac{R_1}{2w_2}-m\right)$在$X_2=\frac{R_1}{w}-m$處

(5)最大負灣冪　　$-M_{max}=\frac{1}{2}wm^2$在R_1處或$\frac{1}{2}wn^2$在R_2處

(D)二端外懸——兩端荷集中載重

$$R_1=\frac{P_1m-P_2n}{l}$$

$$R_2=\frac{P_2n-P_1m}{l}+P_2$$

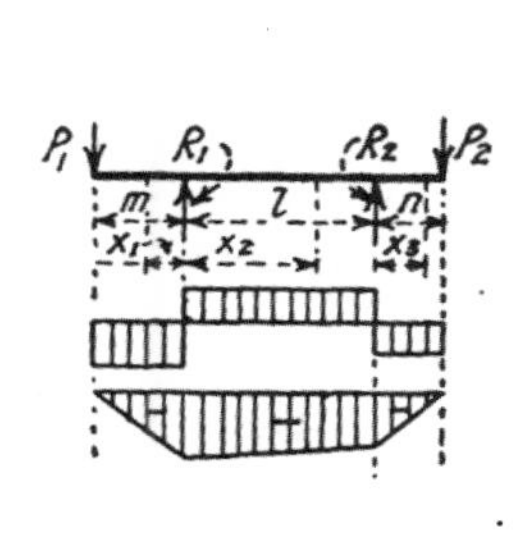

剪力：(1)在P_1與R_1間　　$V_x=P_1$

(2)在R_1與R_2間　　$V_x=P_1-R_1$

(3)在R_2與P_2間　　$V_x=P_2$

灣冪：(1)在P_1與R_1間　　$M_x=P_1(m-x_1)$

(2)在R_1與R_2間　　$M_x=P_1m+(P_1-R_1)X_2$

(3)在R_2與P_2間　　$M_x=P_2(n-x_3)$

(4)在R_1處　　$-M=P_1m$

(5)在R_2處　　$-M=P_2n$

(E)二端外懸——集中載重

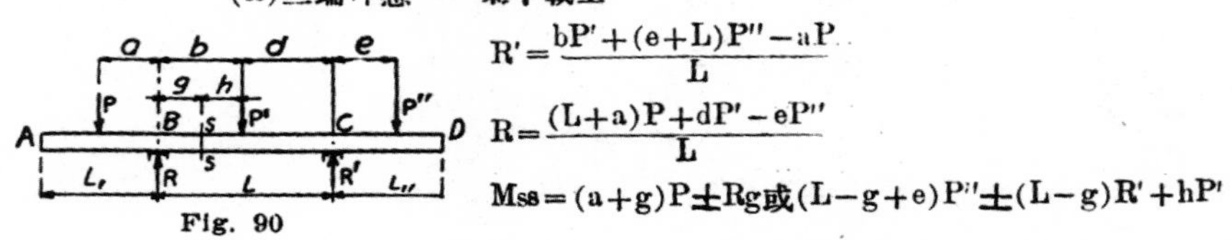

$$R'=\frac{bP'+(e+L)P''-aP}{L}$$

$$R=\frac{(L+a)P+dP'-eP''}{L}$$

$$M_{ss}=(a+g)P\pm Rg\text{或}(L-g+e)P''\pm(L-g)R'+hP'$$

Fig. 90

第二節　連續梁 (CONTINUOUS BEAM)

連續梁灣冪之求得悉依克廉潑登 (Clapeton) 三灣冪公式計因請先述克氏公式之演法如下：

(1)負荷集中載重之連續梁

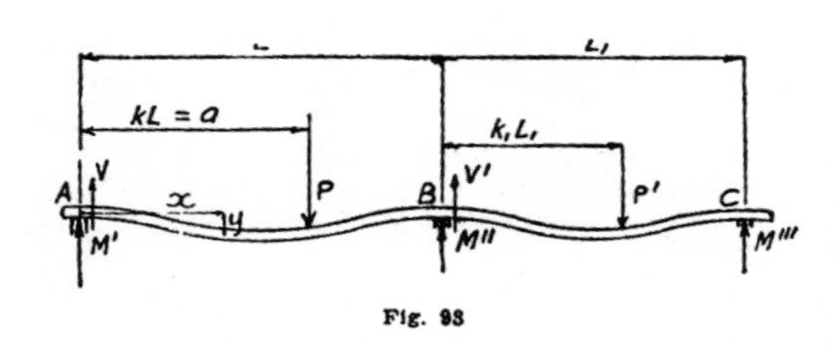

Fig. 93

上圖中設　　L＝AB梁之跨度

L_1＝BC梁之跨度

P＝AB梁上之集中載重距A點之距離為kL

P'＝BC梁上之集中載重距A點之距離為k_1L

M'＝支持點A處之灣冪

M''＝支持點B處之灣冪

M'''＝支持點C處之灣冪

V＝貼近支持點A右邊之剪力

V'＝貼近支持點B右邊之剪力

載重P左邊距A點X*任一斷面上之灣冪$M=M'+Vx$

但　　$$EI\frac{d^2y}{dx^2}=M=M'+Vx$$

∴　　$$EI\frac{dy}{dx}=M'x+\frac{Vx^2}{2}+C' \quad\cdots\cdots(1)$$

$$EIy=\frac{M'x^2}{2}+\frac{Vx^3}{6}+C'x+C''$$

但　　$x=0$時　　$y=0$　　故　　$C''=0$

∴　　$$EIy=\frac{M'x^2}{2}+\frac{Vx^3}{6}+C'x \quad\cdots\cdots(2)$$

載重P右邊距A點X之任一斷面上之灣冪$M=M'+Vx-P(x-kL)$

*註　克氏公式係依連續梁之全體等質而支持等高之承托物者為限其他非等質或支持點高低不一之梁之算法當另述之

但 $$EI\frac{d^2y}{dx^2}=M=M'+Vx-P(x-kL)$$

∴ $$EI\frac{dy}{dx}=M'x+\frac{Vx^2}{2}-\frac{Px^2}{2}+PkLx+C_1 \quad\cdots\cdots(3)$$

$$EIy=\frac{M'x^2}{2}+\frac{Vx^3}{6}-\frac{Px^3}{6}+\frac{PkLx^2}{2}+C_1x+C_{11} \quad\cdots\cdots(4)$$

當X＝kL時則(1),(2)兩式同爲在載重P下之灣冪

即 $$M'kL+\frac{Vk^2L^2}{2}+C'=M'kL+\frac{Vk^2L^2}{2}-\frac{Pk^2L^2}{2}+Pk^2L^2+C_1$$

或 $$C'=\frac{Pk^2L^2}{2}+C_1 \quad\cdots\cdots(5)$$

以(5)式中C'之值代入(2)式則得

$$EIy=\frac{M'x^2}{2}+\frac{Vx^3}{6}+\frac{Pk^2L^2x}{2}+C_1x \quad\cdots\cdots(6)$$

在(4)式中當x＝L' y＝O 故以L代x則得

$$O=\frac{M'L^2}{2}+\frac{VL^3}{6}-\frac{PL^3}{6}+\frac{PkL^3}{2}+C_1L+C_{11}$$

或 $$C_{11}=-\frac{M'L^2}{2}-\frac{VL^3}{6}+\frac{PL_3}{6}-\frac{PkL^3}{2}-C_1L \quad\cdots\cdots(7)$$

以(7)式中C_{11}之值代入(4)式得

$$EIy=\frac{M'x^2}{2}+\frac{Vx^3}{6}-\frac{Px^3}{6}+\frac{PkLx^2}{2}+C_1X$$
$$-\frac{M'L^2}{2}-\frac{VL^3}{6}+\frac{PL^3}{6}-\frac{PkL^3}{5}-C_1L \quad\cdots\cdots(8)$$

(6)式係表示載重P左邊梁上彈性曲綫之撓度(8)式係表示載重P右邊梁上彈性曲綫之撓度當x＝kL(即在載重P下)時(6)(8)兩式應完全相等故以kL＝x代入而相等之則得

$$C_1=\frac{Pk^3L^2}{6}-\frac{M'L}{2}-\frac{VL^2}{6}+\frac{PL^2}{6}-\frac{PkL^2}{2} \quad\cdots\cdots(9)$$

以(9)式代入(5)式則得

$$C'=\frac{Pk^2L}{2}-\frac{Pk^3L^2}{6}-\frac{M'L}{2}-\frac{VL^2}{6}+\frac{PL^2}{6}-\frac{PkL^2}{2} \quad\cdots\cdots(10)$$

再代入(7)式乃得

$$C_{11}=\frac{Pk^3L^3}{6} \quad\cdots\cdots(11)$$

至此所有常數皆已求得卽可由此而蛻成(12)至(15)各式：

以C'代入(1)式得

$$EI\frac{dy}{dx}=M'x+\frac{Vx^2}{2}+\frac{Pk^2L^2}{2}-\frac{Pk^3L^2}{6}-\frac{M'L}{2}-\frac{VL^2}{6}+\frac{PL^2}{6}-\frac{PkL^2}{2} \quad\cdots\cdots(12)$$

以C′代入(2)式得

$$EIy=\frac{M'x^2}{2}+\frac{Vx^3}{6}+\frac{Pk^2L^2x}{2}-\frac{Pk^3L^2x}{6}-\frac{M'Lx}{2}-\frac{VL^2x}{6}+\frac{PL^2x}{6}-\frac{PkL^2x}{2} \quad \cdots\cdots(13)$$

以C_1及C_{11}兩值代(3)(4)兩式得

$$EI\frac{dy}{dx}=M'x+\frac{Vx^2}{2}-\frac{Px^2}{2}+PkLx-\frac{Pk^3L^2}{6}-\frac{M'L}{2}-\frac{VL^2}{6}+\frac{PL^2}{6}-\frac{PkL^2}{2} \quad (14)$$

及

$$EIy=\frac{M'x^2}{2}+\frac{Vx^3}{6}-\frac{Px^3}{6}+\frac{PkLx^2}{2}-\frac{Pk^3L^2x}{6}$$

$$-\frac{M'Lx}{2}-\frac{VL^2x}{6}+\frac{PL^2x}{6}-\frac{PkL^2x}{2}+\frac{Pk^3L^3}{6} \quad \cdots\cdots(15)$$

上列(12)(13)兩式係在P之左邊者(14)(15)兩式係在P之右邊者諸四式者爲跨度A B上撓度之算字的表示，用同法以應用於BC跨度上則亦可得類似之四式所差者M,V,P,k,及L諸值之號誌略有不同耳

故BC上載重P′左邊之撓度公式如下：

$$EI\frac{dy}{dx}=M''x+\frac{V'x^2}{2}+\frac{P'k_1^2L_1^2}{2}-\frac{P'k_1^3L_1^2}{6}$$

$$-\frac{M''L_1}{2}-\frac{V'L_1^2}{6}+\frac{P'L_1^2}{6}-\frac{P'k_1L_1^2}{2} \quad \cdots\cdots(16)$$

$$EIy=\frac{M''x^2}{2}+\frac{V'x^3}{6}+\frac{P'k_1^2L_1^2x}{2}-\frac{P'k_1^3L_1^2x}{6}$$

$$-\frac{M''L_1x}{2}-\frac{V'L_1^2x}{6}+\frac{P'L_1^2x}{6}-\frac{P'k_1L_1^2x}{2} \quad \cdots\cdots(17)$$

BC上載重P′右邊之撓度公式如下：

$$EI\frac{dy}{dx}=M''x+\frac{V'x^2}{2}-\frac{P'x^2}{2}+P'k_1L_1x-\frac{P'k_1^3L_1^2}{6}$$

$$-\frac{M''L_1}{2}-\frac{V'L_1^2}{6}+\frac{P'L_1^2}{6}-\frac{P'k_1L_1^2}{2} \quad \cdots\cdots(18)$$

$$EIy=\frac{M''x^2}{2}+\frac{V'x^3}{6}-\frac{P'x^3}{6}+\frac{P'k_1L_1x^2}{2}-\frac{P'k_1^3L_1^2x}{6}$$

$$-\frac{M''L_1x}{2}-\frac{V'L_1^2x}{6}+\frac{P'L_1^2x}{6}-\frac{P'k_1L_1^2x}{2}+\frac{P'k_1^3L_1^3}{6} \quad \cdots\cdots(19)$$

今B處之灣冪 $M''=M'+VL-P(L-kL)$

$$V=\frac{M''-M'}{L}+P-Pk \quad \cdots\cdots(20)$$

代入(14)式

$$EI\frac{dy}{dx}=M'x+\frac{M''x^2}{2L}-\frac{M'x^2}{2L}-\frac{Pkx^2}{2}+PkLx-\frac{Pk^3L^2}{6}$$

$$-\frac{M'L}{2}-\frac{M''L}{6}+\frac{M'L}{6}-\frac{PkL^2}{3} \quad \cdots\cdots(21)$$

C處之灣冪 $M'''=M''+V'L_1-P'(L_1-k_1L_1)$

$$V' = \frac{M''' - M''}{L_1} + P' - P'k \cdots\cdots\cdots\cdots (22)$$

以V'之值代入(16)式

$$EI\frac{dy}{dx} = M''x + \frac{M'''x^2}{2L_1} - \frac{M''x^2}{2L_1} + \frac{P'x^2}{2} - \frac{P'k_1x^2}{2} + \frac{P'k_1{}^2L_1{}^2}{2}$$

$$- \frac{Pk_1{}^3L_1{}^2}{6} + \frac{P'k_1L_1{}^2}{6} - \frac{M''L_1}{2} - \frac{M'''L_1}{6} - \frac{M''L_1}{6} - \frac{P'k_1L_1{}^2}{2} \cdots\cdots (23)$$

(21)式係AB跨度上載重P右邊之撓度公式(23)式係BC跨度上載重P'左邊之撓度公式當(21)式中$x = L$而(23)式中$x = 0$時則(21)式却與(23)式相等故以L代(21)式中x之值而以0代(23)式中x之值而等之則得

$$\frac{M''L}{3} + \frac{M'L}{6} + \frac{PkL^2}{6} - \frac{Pk^3L^2}{6} = -\frac{M''L_1}{3} - \frac{M''L_1}{6} + \frac{P'k_1{}^2L_1{}^2}{2} - \frac{P'k_1{}^3L_1{}^2}{6} - \frac{Pk_1L_1{}^2}{3}$$

$$\therefore \quad M'L + 2M''(L + L_1) + M'''L_1 = -PL^2 - (k - k^3) - P'L_1{}^2(2k_1 - 3k_1{}^2 + k_1{}^3)$$

上式卽爲負荷集中載重之三灣冪公式但此式係每跨度上負荷一個集中載重而言故其通用之公式應寫作

$$M'L + 2M''(L + L^1) + M'''L_1 = -\Sigma PL^2(k - k^3) - \Sigma P'L_1(2k^1 - 3k_1{}^2 + k_1{}^3)$$

(2)負荷均佈載重之接連梁

w＝AB跨度上每尺之均佈載重

w'＝BC跨度上每尺之均佈載重

M'＝支持A處之灣冪

M''＝支持B處之灣冪

M''＝支持C處之灣冪

V＝貼近支持A右邊之剪力

V'＝貼近支持B右邊之剪力

距A點x處之灣冪 $\quad M = M' + Vx - \frac{wx^2}{2}$

$$\therefore \quad EI\frac{d^2y}{dx^2} = M' + Vx - \frac{wx^2}{2}$$

$$EI\frac{dy}{dx} = M'x + \frac{Vx^2}{2} - \frac{wx^3}{6} + C \cdots\cdots\cdots\cdots (24)$$

$$EIy = \frac{M'x^2}{2} + \frac{Vx^3}{6} - \frac{wx^4}{24} + Cx + C'$$

當$x = 0$時$y = 0$ $\quad \therefore \quad C' = 0$

$$\therefore \quad EIy = \frac{M'x^2}{2} + \frac{Vx^3}{6} - \frac{wx^4}{24} + cx$$

當$x = L$時$y = 0$ $\quad$ 以L代上式中之x則得

$$\frac{M'L^2}{2} + \frac{VL^3}{6} - \frac{wL^4}{24} + LC = 0$$

或 $$C = -\frac{M'L}{2} - \frac{VL^2}{6} + \frac{wL^3}{24}$$

以C之值代入(24)式則得

$$EI\frac{dy}{dx}=M'x+\frac{Vx^2}{2}-\frac{wx^3}{6}-\frac{M'L}{2}-\frac{VL^2}{6}+\frac{wL^3}{24}\quad\cdots\cdots(25)$$

距B點x處之灣冪 $M=M''+V'x-\frac{w'x^2}{2}$

$$\therefore\quad EI\frac{d^2y}{dx^2}=M''+V'x-\frac{wx^2}{2}$$

$$EI\frac{dy}{dx}=M''x+\frac{V'x^2}{2}-\frac{w'x^3}{6}+C\quad\cdots\cdots(26)$$

$$EIy=\frac{M''x^2}{2}+\frac{V'x^3}{6}-\frac{w'x^4}{24}+C_1x+C_{11}$$

但當$y=0$時$x=0$　故　$c_{11}=0$

$$\therefore\quad EIy=\frac{M''x^2}{2}+\frac{V'x^3}{6}-\frac{wx^4}{24}+C_1x$$

但當$x=L$時$y=0$　以L代上式中之x則得

$$\frac{M''LL_1{}^2}{2}+\frac{V'L_1{}^3}{6}-\frac{wL_1{}^4}{24}+C_1L_1=0$$

$$C_1=\frac{M''L_1}{2}-\frac{V'L_1{}^2}{6}+\frac{w'L_{1I}}{24}$$

以C_1之值代入(26)式則得

$$EI\frac{dy}{dx}=M''x+\frac{V'x^2}{2}-\frac{w'x^3}{6}-\frac{M'L_1}{2}-\frac{V'L_1{}^2}{6}+\frac{w'L_1{}^3}{24}\quad\cdots\cdots(27)$$

當(25)中$x=L_1$而(27)式中$x=x$時則兩式確相等蓋該兩彈性曲綫之共切綫在B處也故以L代(25)式中之x以O代(27)式中之x而相等之則得

$$12M'L+8VL^2-3wL^3=-12M''L_1-4V'L_1{}^2+w'L_1{}^3\quad\cdots\cdots(28)$$

∵B處之灣冪 $M''=M'+VL\frac{wL^2}{2}$

$$\therefore\quad V=\frac{M''-M'}{L}+\frac{wL}{2}\quad\cdots\cdots(29)$$

∵C處之灣冪 $M'''=M''+V'L_1-\frac{w'L_1{}^2}{2}$

$$\therefore\quad V'=\frac{M'''-M''}{L}+\frac{w'L_1}{2}\quad\cdots\cdots(30)$$

以(29)(30)兩式代入(28)式則得

$$M'L+2M''(L+L_1)+M'''L_1=-\frac{wL^3}{4}-\frac{w'L_1{}^3}{4}\quad\cdots\cdots(M)$$

上式卽爲負荷均佈載重之接連梁之三灣冪公式

玆爲便利讀者查考起見將接連梁各梁相互間灣冪，剪力，及Reaction之關係列表如下：

(A)

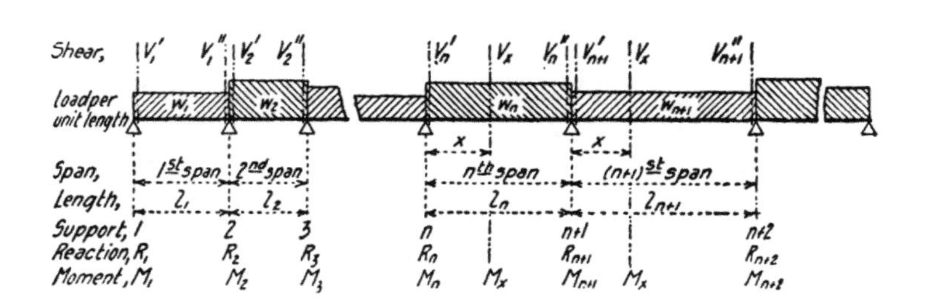

上圖中第n支持點及(n+1)支持點彎冪間之關係

(A) $$M_n l_n + 2M_{n+1}(l_n + l_{n+1}) + M_{n+2} l_{n+1} = -\frac{1}{4} w_n l^3_n - \frac{1}{4} w_{n+1} l^3_{n+1}$$

(B) 支持n右邊之剪力

$$Vn' = \frac{M_{n+1} - M_n}{l_n} + \frac{1}{2} w_n l_n$$

(C) 支持$_{n+1}$左邊之剪力

$$Vn'' = \frac{M_{n+1} - M_n}{l_n} - \frac{1}{2} w_n l_n$$

(D) 支持$_{n+1}$右邊之剪力

$$Vn''_{+1} = \frac{M_{n+2} - M_{n+1}}{l_n} + \frac{1}{2} w_{n+1} l_{n+1}$$

(E) n跨度內任一斷面上之剪力

$$Vx = Vn' - w_n X$$

(F) 支持$_{n+1}$處之反力REACTION

$$R_{n+1} = Vn'_{+1} - Vn'' \qquad (R_1 = V_1')$$

(G) n跨度內任一斷面上之彎冪

$$Mx = M_n + Vn'x - \frac{1}{2} w_n x^2$$

(I) n跨度內最大彎冪

$$M = M_n + \frac{Vn'^2}{2w_n}$$

當接連梁之各跨度皆相等時則

$$M_n + 4M_{n+1} + M_{n+2} = -\frac{1}{2} w l^2$$

(B)

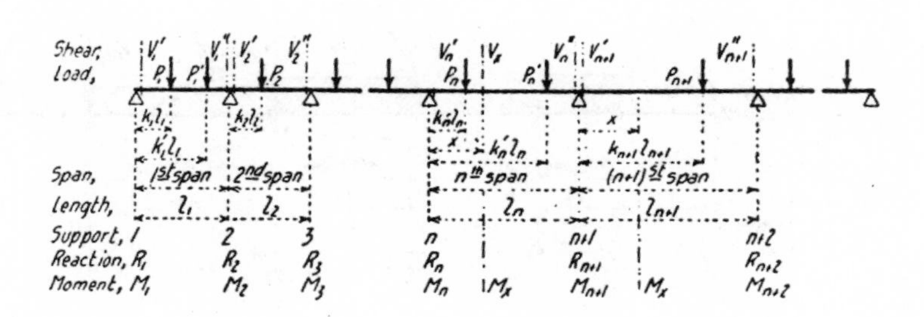

上圖中n支持與$_{n+1}$支持彎冪間之關係

(A) $M_n l_n + 2M_{n+1}(l_n + l_{n+1}) + M_{n+2} l_{n+1} = -\Sigma[P_n l_n^2(k_n - k_n^3)] - \Sigma[P_{n+1} l_n^2 +_1 (2k_{n+1} - 3k^2_{n+1} + k^3_{n+1})]$

(B) n支持右邊之剪力

$$V' = \frac{M_{n+1} - M_n}{l_n} + \Sigma[P_n(_1 - k_n)]$$

(C) $_{n+1}$支持左邊之剪力

$$Vn'' = \frac{M_{n+1} - Mn}{l_n} - \Sigma[P_n k_n]$$

(D) ($_{n+1}$)支持右邊之剪力

$$V'_{n+1} = \frac{M_{n+2} - M_{n+1}}{l_{n+1}} \Sigma[P_{n+1}(1 + k_{n+1})]$$

(E) ($_{n+1}$)支持處之反力(REACTION)

$$R_{n+1} = Vn' +_1 - Vn'' (R_1 = V'_1)$$

(F) n跨度中任一斷面上之剪力

$Vx = Vn' - \Sigma Pn$ 式中ΣPn爲支持點與該斷面間載中之和

(G) n跨度中任一斷面上之彎冪

$Mx = Mn + Vn'x - \Sigma[P_n(x - k_n l_n)]$式中$\Sigma[P_n(x - k_n l_n)]$爲n支持點與該斷面間所有各載重對於該斷面之彎冪之和

第九表

L. L.＝150#/□'

SPAN	d	TOTAL d	D.L.	M	K	p	As
4'—0"	2"	3"	38#/□'	301'#	75.3	.47%	.113□"
5'—0"	2½"	3½"	44	488	78	.48%	.147
5'—3"	2½"	3½"	44	535	85.6	.535%	.16
5'—6"	3"	4"	50	605	67.4	.42%	.151
5'—9"	3"	4"	50	660	73.5	.46%	.166
6'—0"	3"	4"	50	720	80	.50%	.18
6'—3"	3"	4"	50	780	86.7	.542%	.195
6'—6"	3½"	4½"	56	870	71	.444%	.186
6'—9"	3½"	4½"	56	940	77	.48%	.202
7'—0"	3½"	4½"	56	1,010	82.5	.515%	.216
7'—3"	3½"	4½"	56	1,085	88.6	.554%	.233
7'—6"	4"	5"	63	1,200	75	.47%	.225
7'—9"	4"	5"	63	1,280	80	.50%	.24
8'—0"	4"	5"	63	1,365	85.4	.535%	.257
8'—3"	4½"	5½"	69	1,490	73.6	.46%	.249
8'—6"	4½"	5½"	69	1,580	78	.488%	.264
8'—9"	4½"	5½"	69	1,680	83	.52%	.281
9'—0"	4½"	5½"	69	1,775	87.5	.546%	.295
9'—3"	5"	6"	75	1,930	77.2	.482%	.29
9'—6"	5"	6"	75	2,030	81.2	.507%	.304
9'—9"	5"	6"	75	2,140	85.6	.535%	.321
10'—0"	5½"	6½"	81	2,310	76.4	.477%	.315
10'—3"	5½"	6½"	81	2,425	80.3	.502%	.331
10'—6"	5½"	6½"	81	2,550	84.3	.527%	.348
10'—9"	5½"	6½"	81	2,670	88.3	.552%	.364
11'—0"	6"	7"	88	2,880	80	.50%	.36
11'—3"	6"	7"	88	3,010	83.7	.523%	.377
11'—6"	6"	7"	88	3,150	87.5	.547%	.394
11'—9"	6½"	7½"	94	3,370	80	.50%	.39
12'—0"	6½"	7½"	94	3,510	83	.52%	.406
12'—3"	6½"	7½"	94	3,660	87	.542%	.423
12'—6"	7"	8"	100	3,900	80	.50%	.42
12'—9"	7"	8"	100	4,070	83	.52%	.435
13'—0"	7"	8"	100	4,230	86.2	.54%	.454

第十表

L. L.＝200#/□

SPAN	d	TOTAL d	D.L.	M	K	p	As
4′—0″	2½″	3½″	44#/□′	390′#	62.5	.391%	.118□″
5′—0″	3″	4″	50	625	69.5	.435%	.157
5′—3″	3″	4″	50	690	76.6	.48%	.173
5′—6″	3″	4″	50	755	84	.525%	.189
5′—9″	3½″	4½″	56	846	69.2	.432%	.181
6′—0″	3½″	4½″	56	920	75	.47%	.197
6′—3″	3½″	4½″	56	1,000	81.6	.51%	.214
6′—6″	3½″	4½″	56	1,080	88	.55%	.231
6′—9″	4″	5″	63	1,200	75	.468%	.225
7′—0″	4″	5″	63	1,290	80.6	.505%	.242
7′—3″	4″	5″	63	1,385	86.5	.54%	.259
7′—6″	4½″	5½″	69	1,515	75	.47%	.254
7′—9″	4½″	5½″	69	1,615	80	.50%	.27
8′—0″	4½″	5½″	69	1,725	85.2	.532%	.287
8′—3″	5″	6″	75	1,875	75	.47%	.282
8′—6″	5″	6″	75	1,990	79 7	.50%	.30
8′—9″	5″	6″	75	2,110	84.5	.528%	.318
9′—0″	5″	6″	75	2,250	89	.556%	.334
9′—3″	5½″	6½″	81	2,410	80	.50%	.33
9′—6″	5½″	6½″	81	2,540	84	.525%	.346
9′—9″	5½″	6½″	81	2,670	88.3	.553%	.364
10′—0″	6″	7″	88	2,880	80	.50%	.36
10′—3″	6″	7″	88	3,020	84	.525%	.378
10′—6″	6″	7″	88	3,175	88	.55%	.396
10′—9″	6½″	7½″	94	3,400	80.5	.503%	.394
11′—0″	6½″	7½″	94	3,550	84	.525%	.41
11′—3″	6½″	7½″	94	3,720	88	.55%	.43
11′—6″	7″	8″	100	3,970	81	.506%	.425
11′—9″	7″	8″	100	4,140	84.5	.528%	.444
12′—0″	7″	8″	100	4,320	88	.55%	.42
12′—3″	7½″	8½″	106	4,580	81.5	.51%	.46
12′—6″	7½″	8½″	106	4,780	85	.532%	.48
12′—9″	7½″	8½″	106	4,980	88.5	.554%	.50
13′—0″	8″	9″	113	5,290	82.6	.516%	.495

建築用石概論

（續）

朱枕木

（三）吸水程度——沙岩之吸水也極深，若鬆者，可超過百分之十一度，而石英岩則比較結實，不過百分之一左右

（四）耐壓能力——沙岩及石英岩之耐壓能力，因不甚結實之故，僅在每方英吋九千磅至一萬二千磅之間，有時甚或不到此數。

（五）壽命——十五年後將開始脫落無用。

（六）耐火能力——沙岩之耐火，可達華氏一千五百度而無恙，惟是火後澆水，一澆即裂。

沙岩及石英岩之產地，比較爲多，秦半名山叢嶺，均屬此類，舉不勝舉，蘇州，杭州諸位遊山時儘能看到，良以其不甚值價，且無大用，故採者極稀，所用者不過磨石，臼石等石器之雕作耳。

第八節　石灰岩

石灰岩之應用於建築，除直接取用石塊外，更有製造石灰，水泥等用，是則雖有關乎建築，而不爲本文之討論所及矣。

石灰岩爲水成岩之一，故亦有層次，層次之厚薄，則頗不一致，上下兩層之厚薄姑弗論，而同層各處，亦大有差異，故石灰岩之佳者，其四週儘有不堪一用而無足異也。　且以質地鬆酥，更多節理，節理兩面，石質因經風化，而稍差於內層，亦爲必然之理，吾人不可因其石面之貌不揚而目爲劣貨，均宜注意。

石灰岩之成份，大都爲碳酸，鈣鹽，約佔百分之八十至九十八之間，其餘則爲碳酸鎂，氯化釸，氯化鐵，沙泥，水分等物。

石灰岩既含上開各物，其性質因之亦多特異。

顏色：隨其成份之不同而各異，其純粹碳酸鈣內，則現全白色，稍含鎂質者，則現青灰色，而含鐵質者，則現黃褐色，但節理處之曾經風化者，其色更深。

比重：介乎二.五至二.八之間。

吸水程度：石灰岩質既鬆輕，且又富於溶度，其吸度似亦甚高，然以其不能貯水，故吸水之程度，不過百分之二左右，即高亦少有過於百分之十以上者。

耐壓能力：最佳者不過每方英吋能承受九.〇〇〇磅至一二.〇〇〇磅之壓力。

耐火能力：石灰岩感受高溫達攝氏八〇〇度時，將成熟石灰而粉化；或不及此度時，亦能如他石之自動解散。

石灰岩之產地，最爲廣闊，其產額佔石類出產之冠，世界各國均有岩山，中國則各省全有，著名世界者，有棲霞石灰岩，岩脈遍蘇皖浙贛閩廣湘鄂而後有崙山岩者，則出於崑崙；龍潭有中國水泥廠，其所取當地之石灰岩，即棲霞一系，質地極純，碳酸鈣含量至百分之九十五又強云。

第九節　大理石

大理石爲建築用石中最美之裝飾物，其前身爲石灰岩，由於地質之變質而成；普通所用大理石有三類：(一)縞瑪腦，(二)蛇紋石，(三)大理石。

縞瑪瑙之成因有二：其一由於地下温泉，將石灰岩冲積溶化而變成；其一由於石灰岩之山洞中，經冷水冲積沉澱而成，雖兩者之來由各異，而性質確乃相同。

蛇紋石亦由於石灰岩之變質，其花紋顏色美無匹敵，作爲建築裝飾，尤推獨步，然質多鐵鎂雜物，且復不勝風化外蝕，不堪大用耳。

大理石卽爲石灰岩之變質結晶，而其結構則石理整齊，層次鮮明，層床斜度，平峭無一致，而節理則極少存在，因此可得大形石塊，而增高價值非淺。 其顏色有紅有紫，有黃有綠，有白有黑，非特色澤鮮艷抑且有怪巧之花紋，不加斧琢，而宛成天然圖畫，故可充建築面部之裝飾。 其吸水程度不及百分之一，可稱低極，然耐壓能力則亦極微，故不能使荷重負；其耐火能力之薄弱，一如石灰岩之一經高温卽將瓦解矣。

大理石之應用，全以裝飾爲主，在目前建築界中，如門楣，堂匾，奠基，落成碑，坟墓碣，紀念柱等，均有取之者。

大理石之出產，不若花岡石，石灰岩之夥，著名者，首推意大利，國內則以雲南之大理，大理石之名卽由於此，惜乎交通不便，運輸耗費，滬埠用者卽屬洋貨，利權外溢，良可嘆也。

第十節　石版岩

石版岩亦爲變質岩石，脫胎於黏土，泥版，層次極薄，採出可成版狀，故曰石版岩，有平行之線條，紋路極密；顏色則深黑者居多，以永久不退色者爲貴；其破折系數在每方吋七.〇〇〇磅至一〇.〇〇〇磅之間。 石版岩之種類有二：一爲黏土石版岩，現紫色，一爲雲母石版岩有紫，紅，綠，黑等色，視其所含礦物之色澤而定。 石版岩之應用，以鋪屋頂，地板，及覆壁爲多。

第十一節　其他石類

建築用石除上述主要各石外，尙不止此，如銅山(蘇)嶗山(魯)之正長石，泰山(魯)之片麻石；玉帶山(冀)鳳城山(遼)弟兄山(遼)之輝長石內蒙古，張家口，大同，綏遠一帶之玄武岩，亦均可用，以限於篇幅，且復不及上列各石之重要，因從略。

第十二節　結論

夫建築之用岩石，肇自初民，吾國典籍，羅馬古史，皆斑斑可稽；石屋，石器，均取於石，惟其所謂石屋者，或依山開穴，或叠石成壁耳，卽如現代苗區蠻域，穴居山中者，是非彼之石屋歟；石坑附近，居民之叠石砌壁者，是非彼之石屋歟，要知建築用石，由來固已極久，而且發展極廣，然而採石不易，運石更難，且也科學發達，工藝進步，建築之材料，日異而月新，非惟價格低廉，抑且應用合宜，於是建築用石，日就被遺，時至今日，僅爲少數偉大之建築及零星之裝飾所採用。 然而建築用石，其對於建築價值，能增高不少，美觀整齊之弗論，卽耐壓耐火之能力，及抵抗外來之侵蝕方面，亦較水泥灰磚等勝過多多，所差者價格較昂耳，設或交通便利運費低廉，則價目亦非不能減低者。 作者因見建築用石之或爲多數讀者所未悉，故特述是文，以資認識耳。

來函照登

謹啓者敝會茲據會員周順記等營造廠主具函到會報稱謂上年十月間有長源測繪公司主任全景琮君承接南市姜延澤蕊記藥號主姜敦三君在法租界蒲石路基地上建造西式住宅繪圖招標當時並令各廠主預繳押樣費洋叁百元正而所繳者竟有十餘家之多計收費洋叁千數百元之鉅當時均由全君付給正式收據爲憑詎屆開標之際而全君突然身故以致所繳押圖費迭次交涉竟無一人負責發還小本經商爲斯工程有在他處借貸應命者乃迄以工程無着費又不能收回如此感受困苦言之惻然是以來會請求設法保障救濟等情此事究屬如何懇請貴會查明賜覆竊查工程師每有承接設計之新工程招集敝同業領去圖樣章程開賬估計時例須繳納手續費敝同業每遇工程師囑托開賬既費精神又耗金錢而工程師則雙方均可收費受益多多相形之下不平孰甚查世界各國均無此例故嗣後敝同業對于承接工程估計開賬時所應繳之開賬手續費（該費擬應由業主負擔）以節勞逸而資持平伏思

貴會諸公均係明達之士對于敝會所擬辦法諒可贊表同情幸希

示復爲盼此致

中國建築師學會

上海市營造廠業同業公會謹啓

廿三年七月卅一日

中國建築師學會覆函

逕復者兩接來函關於押樣費糾葛一節茲經敝會常會討論咸以開賬手續費凡屬敝會會員向不收納至于押圖費則開標之後照數退還來函所述某測繪公司既無正式負責之人顯係未經立案登記如營造廠向此類公司交款領圖其責惟有該廠自負也此致

上海市營造廠業同業公會

中國建築師學會啓

中國建築師學會廿三年八月廿三日常會記錄擇要

（一）上海市營造廠業同業公會來函請求免收招標手續費由書記照復（復函見上文）

（二）會計報告會員中仍有始終未付會費者凡會員不在上海月份其月費可免繳

（三）書記提議凡未繳淸會費之會員不得發與實業部登記證明書通過

上海公共租界房屋建築章程

（上海公共租界工部局訂）

王　進　譯

第九十二條　一切磚牆及外包層,皆須與柱子,大料,樓板,及其他鋼骨水泥部份,緊相黏着,免致拆裂剝蝕。

第九十三條　分間牆之用鋼骨水泥做者,須符本章各條之規定;并其厚度至少不得小於八吋。

第九十四條　凡鋼骨水泥房屋之與貨棧或鋼架房屋相毘連者,則其中間之分間牆厚度,不得小於十三吋。

第九十五條　凡一切磚石工程及純水泥凝土部份,皆應按照本局一九一六年頒佈西式房屋建築規則第三章之規定,概用卜德蘭水泥做;但房屋內部內牆及分間牆之不荷載重,不受外力者,得依同章之規定用灰漿砌。

第五節　底脚

第九十六條　底脚下泥土上之載重力,每方尺不得過一七〇〇磅。

第九十七條　底脚內純水泥凝土之拌和,一切均應依照第一二一及一二二兩條之規定,其所受之壓力并不得大於每方吋十五噸。

第六節　保護層

第九十八條　所謂保護層,係鋼骨外面所包之凝土部分,其厚度自鋼條之外面起,量至凝土之表面。

第九十九條　垂直構股如柱子等,其保護層不得小於一吋半;或該構股內垂直鋼條之直徑。

第一〇〇條　梁之保護層,其厚度不得不小於一吋半,或梁內横向鋼條之直徑。

第一〇一條　樓板內拉力鋼條,壓力鋼條,剪力鋼條,或其他鐵筋外之保護層,皆不得小於一吋半,或各該鋼筋之直徑。

第八節　材料

水泥

第一〇二條　水泥均以卜德蘭水泥爲限,上等質料,黏結緩遲,并須與本局之規定標準相吻合。

第一〇三條　水泥之份量概以重量計,每九十磅作爲一立方尺。

砂

第一〇四條　黄砂須潔淨,而不得有汚穢雜質,如動物植物質,或地瀝青等,摻雜其間,質地須堅實,而以含有堅硬之硅石屑者爲上選。

第一〇五條　一切黄砂以能漏過八分之一英吋之篩眼者爲限。

第一〇六條　未拌之前,黄砂內不准摻有石子或其他粗粒料。

粗粒料

第一〇七條　泥凝土內除水泥黄砂及清水而外,其他一切成份皆稱爲粗粒料。

第一〇八條　粗粒料應含有卵石，或質地堅硬緻密之碎石，如花崗石，玄武岩，級形石，或其他堅硬適當之粒料，但應潔淨，不得含有害雜質，如粘土，有機質，及瀝青等。

第一〇九條　如有用下列各項材料，作爲拌和混凝土之粒料者，皆爲本規則所不許：

(一)渣——包括煤渣，煤灰，焦煤，炭屑，鎔滓及其他類似之物料。

(二)爐滓——包括銅滓，鐵滓，及其他銷五金時所遺之渣滓等。

(三)硫酸鹽——石膏等。

(四)青石，含鎂粉石，大理石，及其他炭酸鈣鹽類。

(五)鹽

第一一〇條　石子均須於應用之前淘洗透淨。

第一一一條　粗粒料之最大者，須能漏過一寸方之篩眼，而停留在八分之一英吋之篩眼上。

粗粒料之大小，得依該凝土之用途，而酌爲減小。

第一一二條　粗粒料在其規定之範圍內，得任意異其大小，但按照第九十八至一〇二條之規定，其最大者，應以能在澆搗時，穿過鋼條與鋼骨間之空隙者爲限。

第一一三條　假所用粗粒料係海棉狀物質，則在拌和之前，應將該項粗粒料用水浸透。

混　凝　土

第一一四條　爲測定混凝土之抵抗力起見，應將同樣之混凝土，製成每邊卄米之小立方體十個，加以試驗。該項小立方體，須安置於空氣中，經卄八日之久，頭十天日，并應每日澆水兩次，在二十八日內其溫應保持在55°－65°F之間。

第一一五條　混凝土拌和時，應先將水泥，黃砂，與石子三者，乾拌至色澤均勻，然後加水拌透。

第一一六條　澆搗梁，柱及牆時，混凝土應分層落下，每層至厚四吋，用鐵棒夯實，再澆第二層。

第一一七條　混凝土拌和之後，應即倒入模型，乘其尙未開始凝結之前，用鐵棒等搥實，使混凝土能達到在該項配合成份下，可能之最大密度。

第一一八條　用鋼筋之混凝土，其所含黃砂之容積，不得大於所含水泥之容積之二倍，而粗粒料之容積，亦不得大於所含黃砂之容積之二倍，此乃以機器拌者而言，倘用人工拌和，則所含水泥之份量，應增加百份之二十。

第一一九條　混凝土（無鋼筋者）之拌時含有水百份之十四者，經過二十八日後之極限抵壓力，不得小於每方吋二千磅；其拌時含有水份百份之八者，則其極限抵壓力，不得小於每方吋二千五百磅。

第一二〇條　底脚內所用純水泥凝土，其所含砂之容積，不得過所含水泥之容積之一倍半，而所含粗粒料之容積，則不得過所含砂之容積之二倍。

第一二一條　上條內所述水泥凝土之極限抵壓力，不得小於每方吋一千五百磅。

鋼　筋

第一二二條　一切鋼筋，俱應與本規則有關係鋼鐵之各項規定相符合，

第一二三條　一切鋼筋，在澆搗凝土之前，將浮面銹皮，蝕鱗，灰塵，及石灰漬等擦除務淨。

第一二四條　拉力鋼條不得用煆合法搭接。

第一二五條　承包人或監工員應隨時供給有力之憑證，證明所用材料之合於標準必要時，並應聽從本局之指示進行試驗。

第一二六條　鋼骨兩端灣頭之半徑，不得小於鋼骨直徑之二倍，其餘灣曲處之半徑，不得小於鋼骨直徑之五倍，鋼條直徑之在五分($\frac{5''}{8}$)以上者，其二端之灣頭不得冷灣。

第九節　試驗

第一二七條　鋼骨混凝土建築任何部份，如發現工程不合情事，經本局派員驗看，認爲有加以試驗之必要時，得於完工四十五日後，指揮匠目或其他負責人員進行試驗，倘驗得有不能勝任之部份，應遵令立即拆去重做，至能符合本規則各項之規定時爲止。

第一二八條　梁之二端固定，而跨度爲有效深度之廿倍者，負荷均佈載重後之撓度 (Deflection) 不得超過跨度之六百分之一，其他梁之撓度，則視其跨度與深度之比，二端支持之情形及所負荷載重之如何，而依比例計算之。

第一二九條　試驗樓板，屋面，及其他鋼骨混凝土部份時，所安置之載重，不得大於各該構股計算時所擬載重之一倍半，凡梁，樓板，或其他構股之在凝結起始之第一星期內，經歷冰霜者，試驗時所應安置之載重，不得小於各該構股計算時所擬載重之一倍半。

第一三〇條　任何部份，本局稽查要求欲加以試驗時，應於澆搗四十五日後遵照試驗，但試驗時所安置之載重不得大於計算時所擬載重之一倍半，該項載重并應留置二十四小時之久。

第十節　殼子

第一三一條　本規則所稱殼子，包括一切模子板，撐頭，及其他澆搗混凝土時，所應有之臨時支撐。

第一三二條　一切殼子板之厚薄大小，均以能在混凝土澆搗搥實及凝結時，保持堅固而不致走動者爲度。

第一三三條　一切撐頭等，均應支撐於底脚與下層構股上，使得支撐堅實，而不致損及建築之強度。

第一三四條　一切殼子拆卸之時，不得受震動，致或有損及構股之強度。

第一三五條　在拆卸梁或樓板下部之殼子時，應先將該梁或樓板下柱子之殼子，卸去一部份，以便驗看。

第十一節　人工

第一三六條　一切鋼筋，悉應按照鋼骨大樣所示尺寸，位置，灣紮安放。

第一三七條　每一構股應繼續不斷一氣澆成。

第一三八條　凡混凝土欲與已經凝結之部份，連成一氣者，應將已經凝結部份之表面斬毛　洗刷潔淨，用水浸

透，先蓋水泥與黄砂對半之灰漿一層。

第一三九條　凡凝土澆搗後，如遇天氣乾燥，應行設法免致其凝結太速澆搗後，第一星期內應每日澆水，常持微濕。

第一四〇條　天氣嚴寒温度在華氏表39°以下，不得澆落凝土，如必欲澆搗時，應設法保護，免受冰凍之虞。

第一四一條　混凝土或灰漿之已經冰膠者，不得再用，否則應候其全行溶解後，重爲敲碎，淘洗清淨，用篩子篩過，備作粗粒料之用。

第一四二條　鋼骨凝土之任部份，不得隨意鑿孔留眼，以免減少其載重能力。

第一四三條　鋼骨混凝土部份，得嵌入焦煤屑或其他避燃材料，但以不致換及其強度爲限，計算大料，柱及樓板等之斷面時，并不得將該嵌入之材料之面積計入。

第一四四條　不在就地澆搗之鋼骨混凝土部份，須待其凝結三星期後，方能運至工場裝置，非俟其凝結廿八日後，并不得加荷載重其上。

關於鋼骨三和土章程完

鋼 鐵 工 程

第一節 總綱

第一條 凡房屋之結構爲構架式者,則無論其構架係鋼構架,或鋼骨水泥構架,所用鋼鐵,皆應與本章各項規定相符合。 但各該房屋之建築,應以能不背本局西式房屋建築規則所載各節爲限。

第二條 房屋構架之各構股,以及承托構架之牆垣,均應能勝任按照第四章及本章各節所規定,而計算之應受靜載重及活載重。

第三條 所用鋼鐵構架房屋內一切樓板扶梯,(包括四周圍牆在內),均應用避燃材料建造,幷應以避燃材料支持之。

第四條 凡擬建,添造,或更改鋼鐵構架式房屋之應受本章各條之規定者,均應按照本局一九一六年西式房屋建築規例之規定,來局請照。 幷:(a)凡遇新建築房屋,應具備平面圖,穿宮圖,注明所用材料,幷計算書一份,載明各項安全載重及材料應力,以憑審核,如該項圖樣所示或有不明,該項計算書,或有欠妥之處,請照人應遵從本局稽查員之指示,隨時補送完備圖樣,及計算書,(b)凡遇加添修改或其他工程,亦應具備平面圖,穿宮圖,及計算書送局審核。

單位應力

第五條 各鋼鐵構股(柱子除外)之單力應力,不得超過下表之規定。

	單力應力 噸/方吋			
	拉力	壓力	剪力	承托力(BEARING)
生鐵	1.5	8	1.5	10
熟鐵	5	5	4	7
鋼	7.5	7.5	5.5	11

第六條 生鐵及鋼柱之安全載重,不得超過下表之規定。

生鐵柱

柱長與最少旋轉半徑之比	單力應力 噸/方吋 (淨斷面)		
	兩端鉸牢	一端鉸牢 一端固定	兩端固定
20	3.5	4.0	4.5
30	3.0	3.5	4.0

40	2.5	3.0	3.5
50	2.0	2.5	3.0
60	1.5	2.0	2.5
70	1.0	1.5	2.0
80	0.5	1.0	1.5

鋼　柱

柱長與最少旋轉半徑之比	單位應力　噸/方吋　（淨斷面）		
	兩端鉸牢	一端鉸牢 一端固定	兩端固定
20	4.0	5.0	6.0
40	3.5	4.5	5.5
60	3.0	4.0	5.0
80	2.5	3.5	4.5
100	2.0	3.0	4.0
120	1.0	2.5	3.5
140	0	2.0	3.0
160	——	1.0	2.5
180	——	0	1.5
200	——	——	0.5
210	——	——	0

第七條　熟鐵柱之安全載重，不得超過上條鋼柱安全載重之三分之二。

第八條　鋼鐵柱之受偏心載重者，則因該項偏心載重而生之應力及其他載重應力之合力，不得超過本章第五條之規定。

第九條　本章各節所稱『合力』包括無論因何種載重而生之各種應力之和。

第十條　任何鋼鐵構股之所受合力，不得超過第五條所規定之最大單位壓力。

第十一條　建築物所受風力與他種載重同時計算者，其單位應力得照第五條之規定，增加百分之二十。

第十二條　帽釘之受雙剪力者，其安全單位應力，不得超過該帽釘受單剪力時之安全單位應力之一又四分之三倍。

第十三條　構股之交受拉力與壓力者，則該構股之抵抗力，不得小於任一最大應力。

第十四條　鋼鐵之重量：計板類爲一吋厚，每方尺等於40.8磅；其他鋼條等爲斷面一方吋，每尺長等於3.4磅。

第三節　桁構

第十五條　本章所稱桁構包括一切金屬桁構，梁，過樑，懸梁及其他負荷橫載重之構股。

第十六條　桁構每一斷面上，應能抵抗該桁構負荷其應受之載重後，對於該斷面所生之最大彎冪。

第十七條　桁構之跨度，不得大於深度之二十倍，否則其負荷載重後所生之撓度，不得超過跨度之四百分之一。

第十八條　當兩桁構並列欲合而爲一時，則該兩桁構應用隔板（Separator）及螺絲或鐵板與帽釘搭接成一。或用其他適宜妥善之方法亦可，但須經本局稽查員之核准。　隔板或鐵板，以及其他材料之用作隔板者，其相互間之距離，不得超過該桁構深度之五倍，凡支持處以及集中載之所在，俱應有該項隔板之安置。

第十九條　凡桁構之長度，超過桁頂板寬度三十倍者，應設法加固，使該桁構不致有折屈之虞。(BUCK LING)凡桁葢深度之超越其厚度之六十倍者，該桁葢亦應設法加固免其鬈屈。

第二十條　桁構之支持外牆者，均應安置於與每層樓板相平或幾乎相平之處。

第四節　柱

第二十一條　本章所稱『柱子』以金屬者爲限，包括一切柱子及支撑；或幾個柱子，或支撑之用帽釘，或螺絲妥爲搭接合而成一者。

第二十二條　柱子底下應有相當之柱牀，將此柱子所受之載重，均佈於底脚之上。

第二十三條　居上下二柱間之金屬，其所受之單位應力，不得大於上柱所受之單位應力，而其最小寬度，幷不得小於上柱之最小寬度。

第二十四條　普通柱子之二端，不得作爲固定者，除非該柱子與相連之部份，其搭接之牢固，雖柱子負荷極限載重，而搭接部份仍能緊合不斷。

第二十五條　凡房屋之非用構架式者，則所有金類柱子在每層之相接處，不得有木料或其他不避燃材料阻隔其間。

生鐵柱子

第二十六條　(a)柱子之寬度，一概不得小於五吋，該柱子之任何部份之厚度，幷不得小於六分($\frac{3}{4}$")或該柱最小寬度之十二分之一。

(b)柱子頂底應與柱身爲一體，或用機器搭合，以能使柱子載重得均匀分佈爲度，搭合處，一切帽釘及帽釘眼，均須用機器車鑿。

(c)柱子之頂底平面，應與柱子之中心軸相垂直。

(d)柱子接搭處，應在與桁構相交處。該項桁構至少須用帽釘：四只，與柱子緊相接。牢帽釘之直徑，幷不得小於柱子之最小厚度，如所用帽釘在四只以上，則其直徑得少減，但亦不得小於六分。

(e)柱子底面積至少能將柱子之載重,安妥的遞於底脚之上。

鋼柱及熟鐵柱

第二十七條　(a)鋼柱及熟鐵柱內,任何鐵板或鋼條,均不得薄於一吋,各該柱之底面,并須與柱軸成直角。

(b)柱子接頭處,應用蓋板(COVER PLATE)及帽釘緊相接合接頭處,非不得意時,應在與桁構相交處,便與桁相搭牢以加固之。

(c)柱脚處應有底板一塊,用夾板(Gusset plate)與帽釘釘牢,使柱之載重得由夾板而傳之底板,再由底板而均佈與底脚之上。

(d)如柱子係中空者,則應充以混凝土,或在柱之兩端用鐵板封沒。

第五節　帽釘

第二十八條　螺絲釘一端,應通過旋帽之全長,并應緊爲旋牢以免鬆脫。

第二十九條　帽釘眼及螺絲眼之一邊與鋼板邊之距離,不得小於該帽釘或螺絲之直徑。

第三十條　帽釘與帽釘間之中心距,不得小於帽釘直徑之三倍,或大於所穿過鋼板厚之十六倍。

第三十一條　帽釘直徑,不得小於其所穿過鋼板中之厚度最大者。

第六節　牆

第三十二條　一切支持於鋼架構股上之外牆,其厚度皆不得小於八吋半,外牆之非支持於鋼架構股上者,其厚度概依本局西式房屋建築規定第一四兩章之規定。

第三十三條　一切分間牆及橫牆之厚度,悉照本局西式房屋建築規定第一四兩章,及鋼骨混凝土規範各項之規定。

第三十四條　鋼架間一切磚石及水泥等工程,皆應用水泥炭漿建造,并應直接支持於鋼架之上,不得任留空隙免招危險,所有該項水泥灰漿之成份,拌調,務與本局建築例之所規定相符合。

如分間牆及其他一切內牆,不受任何載重,或其他外力,則得按照本局西式房屋建築規則第三章之規定用灰漿砌。

第七節　底脚

第三十五條　底脚下泥土載重力,每方尺不得過一七〇〇磅。

第三十六條　底脚內純水泥混凝土之載重力,不得過每方尺十五噸。

第三十七條　底脚內鋼骨混凝土之載重力,不得過每方尺卅噸。

第三十八條　一切水泥混凝土,皆應於混凝土規範各項之規定相符合,

—— 待續 ——

（定閱雜誌）

茲定閱貴社出版之中國建築自第………卷第………期起至第………卷第………期止計大洋………元………角………分按數匯上請將　.

貴雜誌按期寄下為荷此致

中國建築雜誌社發行部

………………………………………啟…………年…………月…………日

地址………………………………………………………………………………

（更改地址）

逕啟者前於…………年……………月…………日在

貴社訂閱中國建築一份執有………字第………號定單原寄……………

…………………………………………收現因地址遷移請即改寄………………

…………………………………………收為荷此致

中國建築雜誌社發行部

……………………………………啓……………年…………月…………日

（查詢雜誌）

逕啓者前於…………年…………月…………日在

貴社訂閱中國建築一份執有………字第………號定單寄………………

…………………………………………收查第………卷第………期尚未收到祈即

查復為荷此致

中國建築雜誌社發行部

…………………………………………啓…………年…………月…………日

中 國 建 築

THE CHINESE ARCHITECT

OFFICE:

ROOM NO. 405, THE SHANGHAI COMMERCIAL AND SAVINGS BANK BUILDING, NINGPO ROAD, SHANGHAI.

廣告價目表

廣告價目表		Advertising Rates Per Issue	
底外面全頁	每期一百元	Back cover	$100.00
封面裏頁	每期八十元	Inside front cover	$ 80.00
卷首全頁	每期八十元	Page before contents	$ 80 00
底裏面全頁	每期六十元	Inside back cover	$ 60.00
普通全頁	每期四十五元	Ordinary full page	$ 45.00
普通半頁	每期二十五元	Ordinary half page	$ 25.00
普通四分之一頁	每期十五元	Ordinary quarter page	$ 15.00

製版費另加　彩色價目面議

連登多期　價目從廉

All blocks, cuts, etc., to be supplied by advertisers and any special color printing will be charged for extra.

中國建築第二卷第六期

出版	中國建築師學會
編輯	中國建築雜誌社
發行人	楊錫鏐
地址	上海寧波路上海銀行大樓四百零五號
印刷者	美華書館 上海愛而近路二七八號 電話四二七二六號

中華民國二十三年六月出版

中國建築定價

零售	每冊大洋七角	
預定	半年	六冊大洋四元
	全年	十二冊大洋七元
郵費	國外每冊加一角六分 國內預定者不加郵費	

廣告索引

Hong Name 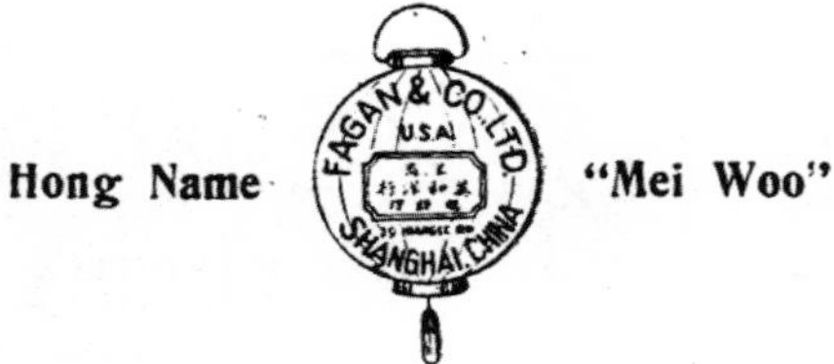 "Mei Woo"

BRUNSWICK-BALKE-COLLENDER CO.,
Bowling Alleys & Billiard Tables

CERTAINTEED PRODUCTS CORPORATION
Roofing & Wallboard

THE CELOTEX COMPANY
Insulating & Accoustic Board

CALIFORNIA STUCCO PRODUCTS COMPANY
Interior and Exterior Stuccos

INSULITE PRODUCTS COMPANY
Insulite Mastic Flooring

MUNDET & COMPANY, LTD.
Cork Insulation & Cork Tile

NEWALLS INSULATION COMPANY
Industrial & Domestic Insulation
Specialties for Boilers, Steam &
Hot Water Pipes, etc.

RICHARDS TILES LTD.
Floor, Wall & Coloured Tiles

SCHLAGE LOCK COMPANY
Locks & Hardware

SIMPLEX GYPSUM PRODUCTS COMPANY
Plaster of Paris & Fibrous Plaster

TOCH BROTHERS INC.
Industrial Paint & Waterproofing Compound

WHEELING STEEL CORPORATION
Expanded Metal Lath

ARISTON
Steel Casement & Factory Sash
Manufactured by
MICHEL & PFEFFER IRON WORKS
San Francisco

Large stocks carried locally.
Agents for Central China

FAGAN & COMPANY, LTD.

261 Kiangse Road

Telephone
18020 & 18029

Cable Address
KASFAG

美商

美和洋行

承辦屋頂及地板工程并經理石膏粉石膏板甘蔗板避水漿鋼絲網鋼窗磁磚牆粉門鎖等各種建築材料備有大宗現貨如蒙垂詢請接電話一八〇二〇或駕臨江西路二六一號接洽爲荷

公勤鐵廠股份有限公司

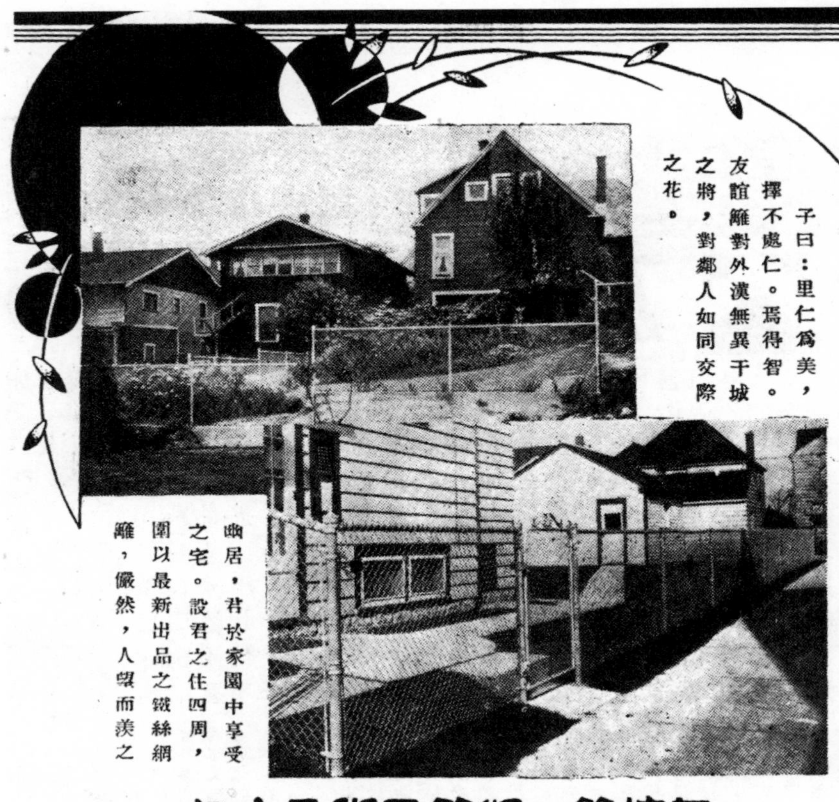

子曰：里仁爲美，擇不處仁。焉得智。友誼籬對外漢無異干城之將，對鄰人如同交際之花。
幽居，君於家園中享受之宅。設君之住四周，圍以最新出品之鐵絲網籬，儼然，人望而美之

友誼籬：網籬工程之十九

鐵絲網籬之

優點

（一）以鐵網築圍適合鋼鐵時代之眞精神，

（二）能自然的拒絕一切招貼・無須標示「禁止」或「毋許」等字樣。

（三）絲面鍍以鋅屬金類・經久不銹。

（四）絲質堅韌・饒富彈性・雖經狂風暴雨・絕不爲所摧毀於萬一。

（五）價比磚石較廉・用比磚石耐久。

（六）壯觀瞻・保秩序・防攝闖・三種功效・兼而有之。

用途

住宅　飛機場　鐵路車站　公園　游泳池　公共館舍
工廠　動物園　公路護網　學校　網球場　私有業地
醫院　體育場　畜牧農場　公墓　跑馬場　各種球場
陵園　堆棧　湖畔　電氣變壓所
輪渡　山莊　電氣開關室等等均適用之。
承索樣頁・立刻奉。供給材料・並代裝置。

最近承辦網籬工程

上海
市中心區第一公園之圍籬
市政府工務局隄塘圍籬

南京
國立中央研究院天文研究所
紫金山天文臺外圍

蘇州
太湖水利委員會在蘇州王府基
公園設立之氣候測驗所全圍

總公司　上海楊樹浦路臨青路五十三號
電報掛號　二〇六〇
電話　五〇二一四五〇一
分廠　廣州河南南華中路六十六號
電報掛號　四五五七
電話　五〇四一二

瑞昌銅鐵五金工廠
承辦建築一切銅鐵工程
常備大批新式異樣堅固門鎖
漢口路三三五九號 六一號
電話九四四六〇
靜安寺路六七六號
電話三一九六七六號
工廠
同孚路二四三號

Sole Agent in China

ANDERSEN MEYER & CO. LTD.

SHANGHAI AND OUTPORTS

中國近代建築史料匯編（第一輯）

中國建築

第二卷　第七期

THE CHINESE ARCHITECT

內政部登記證警字第二九五五號
中華郵政特准掛號認為新聞紙類

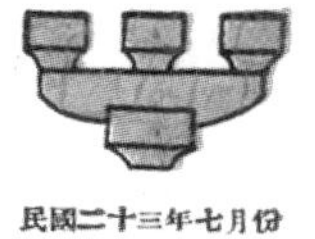

民國二十三年七月份
中國建築師學會出版

第 二 卷 第 七 期

本特刊之工程建築者

陸根記營造廠創辦人

陸根泉先生

該廠始創于民國十五年間專門承造各式中西房屋銀行堆棧廠房橋樑道路碼頭以及鐵道等一切大小鋼骨水泥工程聘有專門人才代客規劃設計已往成績向爲各界所稱道對現代之新式建築尤所擅長如最近建築之百樂門大飯店玻璃燈塔內部之彈簧地板玻璃地板之裝置及新式鋼精欄杆等等均新穎悅目完工後深蒙各界所贊許倘有見委無不極盡靡力以答雅意云云

該廠最近承造工程之一班

中國銀行行員公寓　極司非而路

百樂門大飯店　愚園路角

大同公寓　西摩路

市北中學　永興路

中南銀行行員公寓　愚園路

分廠　南京　杭州

事務所　寧波路四十七號　電話一三七五六

住址　大西路一六五號　電話二〇一八九

總廠　愚園路極司非而路　電話三三九二九

中國建築材料公司

獨家經理

北平 中華汽爐行

左列各處裝用本公司出品後均極滿意

- 清華大學
- 協和醫院
- 世界學院
- 燕京大學
- 同仁醫院
- 匯文中學
- 美國聖經會
- 銘賢學校
- 首善醫院
- 救世軍
- 辣斐花園跳舞廳
- 吳淞醫院
- 閘北胡公館
- 蘇州眞光影戲院
- 乍浦俱樂部
- 未完工程
- 中山路大夏新村
- 北四川路八層公寓

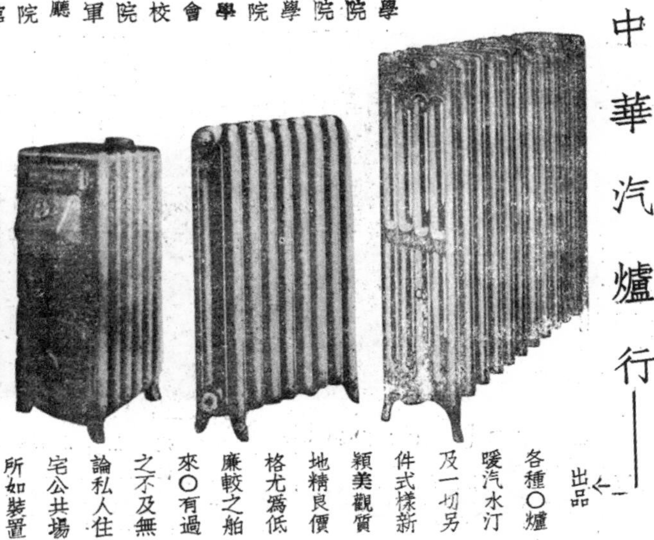

出品→各種○爐暖汽水汀及一切另件式樣新穎美觀質地精良價格尤爲低廉較之舶來○有過之無不及無論私人住宅公共場所如裝置水汀請認明"STAR"商標定能使君滿意

經營各種　建築材料

獨家經理

- 標準鋼窗公司　鋼窗鋼門
- 蘇州磚瓦廠　紅瓦面磚紅磚空心磚
- 中華汽爐行　水汀焗爐
- 鋁業製造公司　鋼精紗各式鋼精器皿

工程部

承辦鋼架建築及設計包裝冷熱汽及各種水電工程其他避水材料瑪賽克瓷磚缸磚電器用品及衛生器具等無不應有盡有定價特廉如蒙賜顧無不竭誠歡迎也

事務所：上海四川路四一六號

電　話：一二一三〇

電報掛號：六三一〇

中國建築

第二卷　　第七期

民國二十三年七月出版

目　次

著　述

插　圖

語 頭 弁 語

銀行一類的建築，在本刊上面已屢見不鮮。一卷一期之四行儲蓄會虹口分行與中國銀行南京分行之圖案；一卷四期之上海金城銀行及中國銀行虹口分行；一卷五期之上海恆利銀行；二卷三期則有青島交通銀行。以上這些銀行，旣不是出於一個建築師之設計，所處的環境，又各自不同；所以每個銀行，各有其不同的建築方式。

本期所選的材料，實在也是關於銀行；但不是銀行本身，而是附屬於銀行建築上面的；第一部份是上海極司非而路中國銀行行員宿舍，第二部份是青島中國銀行行員宿舍。這種宿舍的建築方式，當然不像銀行本身那樣複雜，可也不是像建築幾間出租住宅那樣簡單。所以說這種建築，倒難得到中肯。像極司非而路行員宿舍，單身行員，攜眷行員；甚至大家庭行員，均可按人數之多寡而各得其所，是其一種便利；兒童相聚，其樂融融，所建兒童運動場地位頗適中，出入亦便捷，正可鍛鍊兒童之體格並可促成兒童的合作心理，是其二種便利。至於上海行員宿舍大門的壯觀，青島行員宿舍迴廊的奇特，均有足以記焉者。此二種圖樣，均由中國銀行建築課陸謙受吳景奇二建築師所供給，特於卷頭致謝意焉。

本期關於建築文學的描寫，有章宙先生新譯的『公共建築物進出孔道安全設計之根據』對於公共建築設計上，可作一極好的參考。此外尚有建築幾何一篇，專講建築圖形之根據，對於繪圖員可使明瞭各種圖形之結構，想亦讀者所樂許也。

編者謹識民國二十三年七月

中國建築

第二卷第七期　　民國廿三年七月

上海極司非而路中國銀行行員宿舍建築概要

上海極司非而路中國銀行行員宿舍，由陸謙受吳景奇二建築師設計繪圖，開工於民國二十二年七月，簽定合同期爲六個月，由陸根記營造廠承造，造價六十二萬元。綜計暖氣，衛生，電線及其他各部工程，總價爲七十餘萬元。按本宿舍共分三種；一種爲單人宿舍，屋宇聯屬，每室可供單身行員四人之用。又一種爲公寓式舍，共分房屋爲若干幢，每幢每層可住攜眷之行員二家，中間扶梯，作爲二家之界，對於秩序上，很顯整齊。再一種爲三層洋房式宿舍，房屋之分配，較爲複雜，每層可住人口繁衆之行員一家，餐室客廳，應有盡有，此則多住收入較豐之行員也。

上海中國銀行極司非而路行員宿舍總平面圖
建築師：陸謙受 吳景奇

上海極司非而路中國銀行行員宿舍鳥瞰圖

陸謙受 吳景奇 建築師 設計

上海極司非而路中國銀行行員宿舍大門

上海極司非而路中國銀行行員宿舍禮堂側門

上海梅司非而路中國銀行行員宿舍水池

上海極司非而路中國銀行行員宿舍水池壁像

上海極司非而路中國銀行行員宿舍兒童遊戲場進口

上海極司非而路中國銀行行員宿舍大食堂

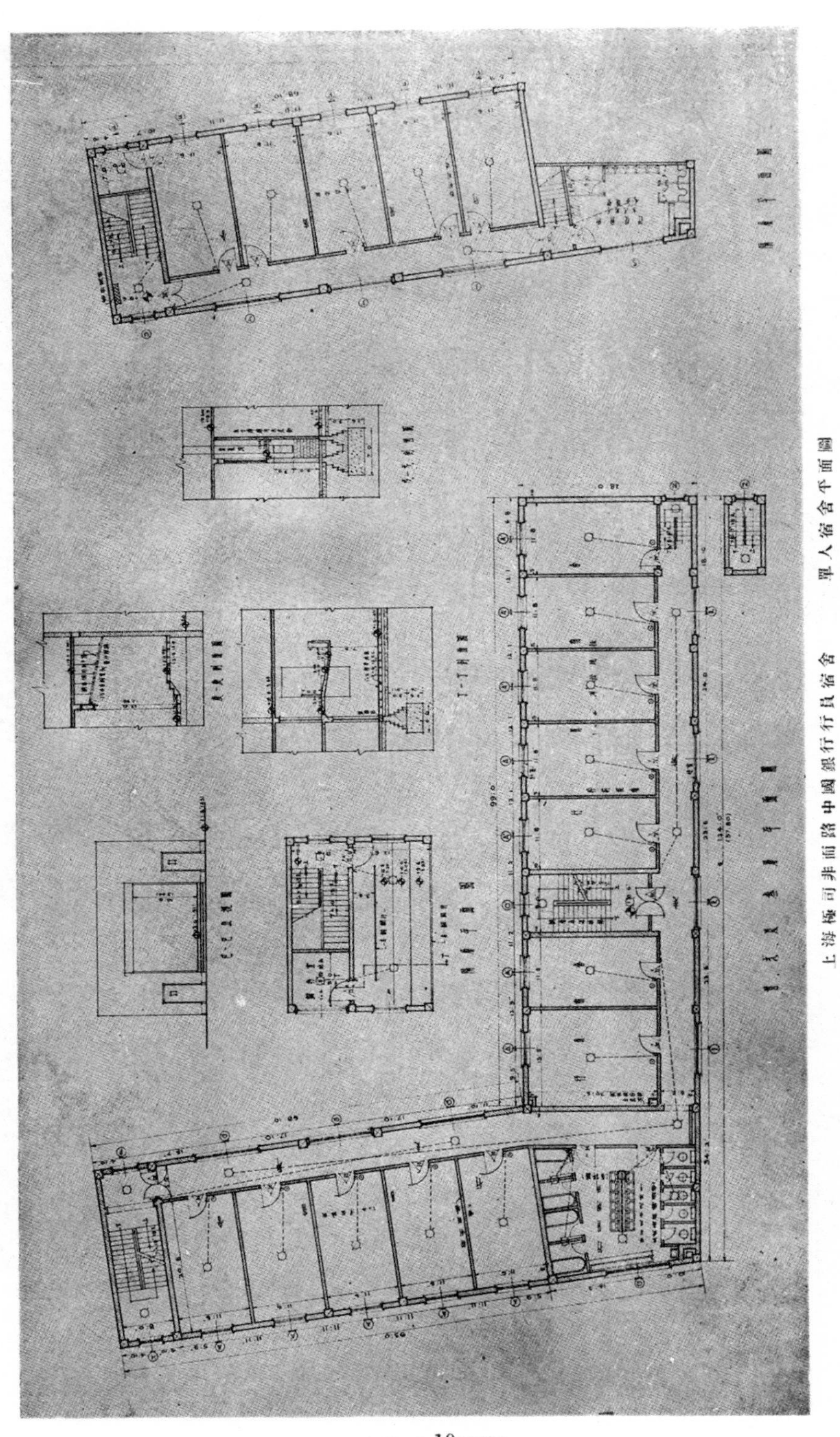

上海極司非而路中國銀行行員宿舍　單人宿舍平面圖

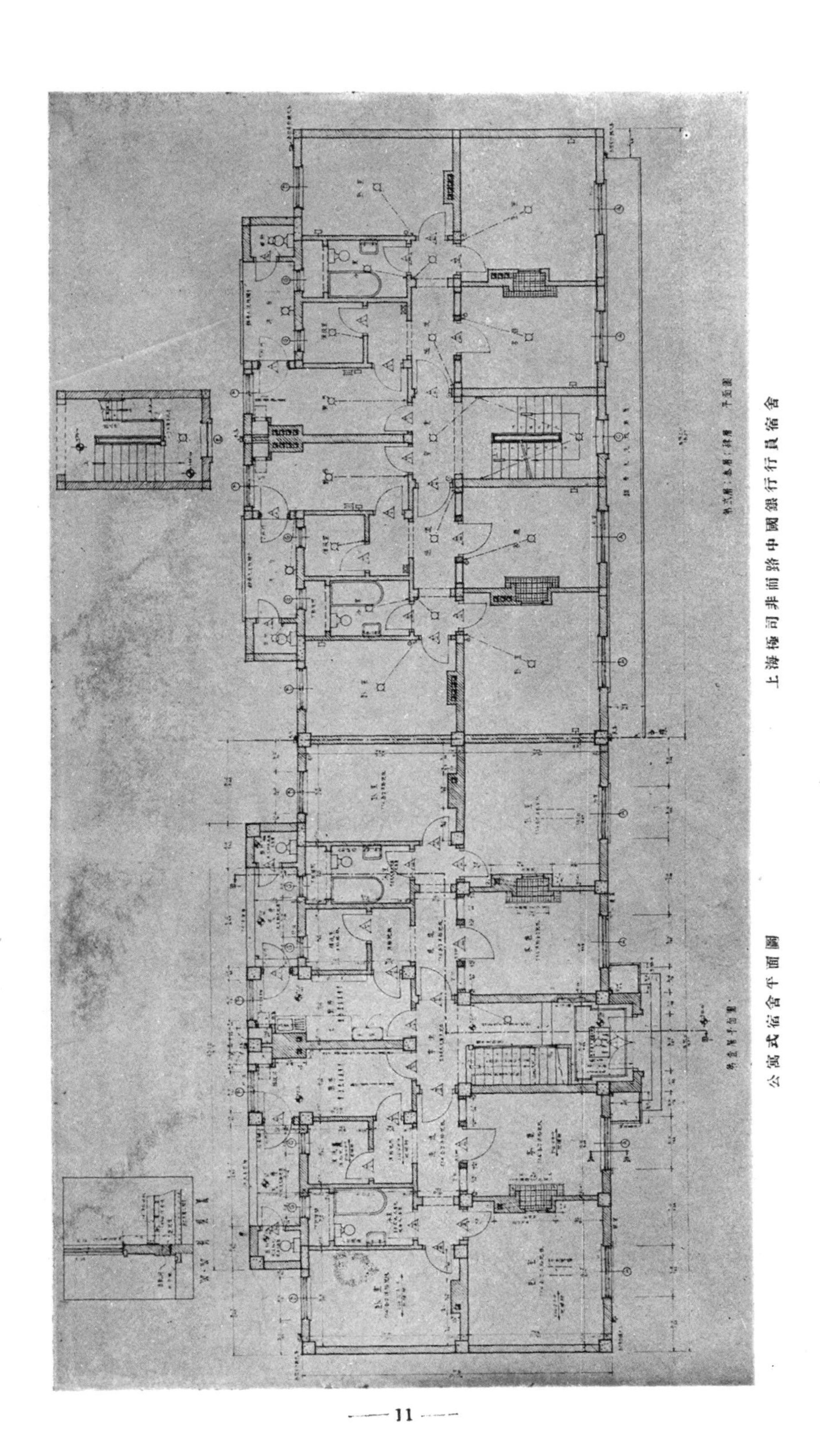

上海極司非而路中國銀行行員宿舍

公寓式宿舍平面圖

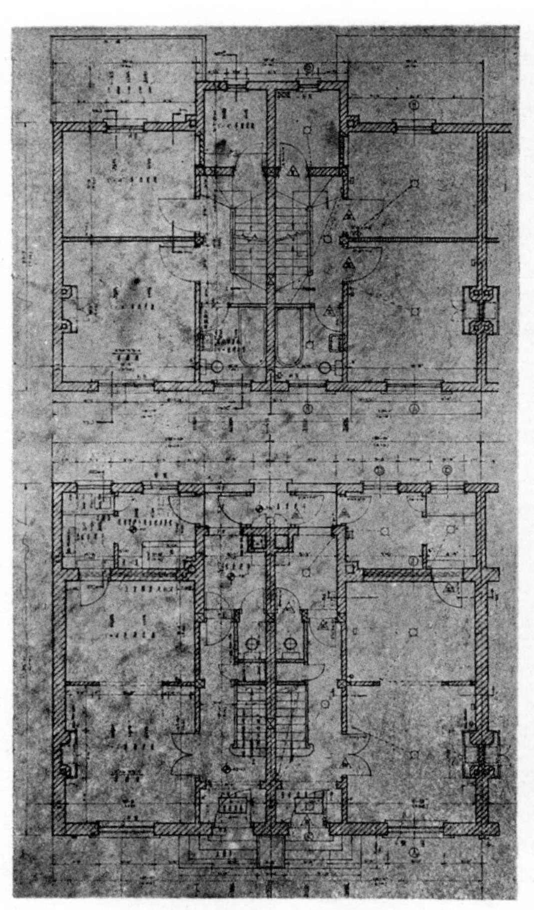

上海極司非而路中國銀行行員宿舍
三層洋房式宿舍平面圖

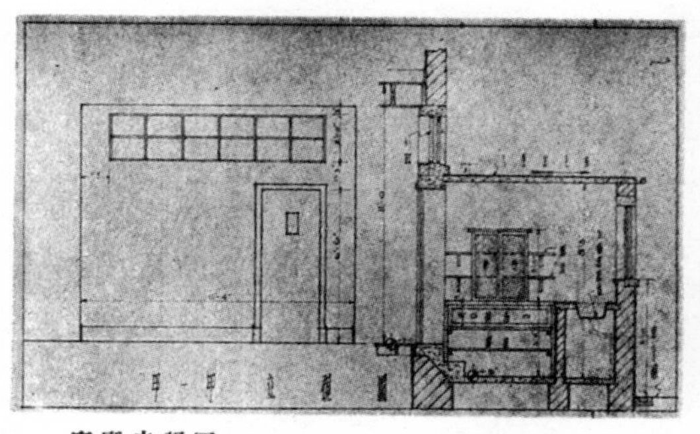

客廳立視圖　　廚房剖視圖

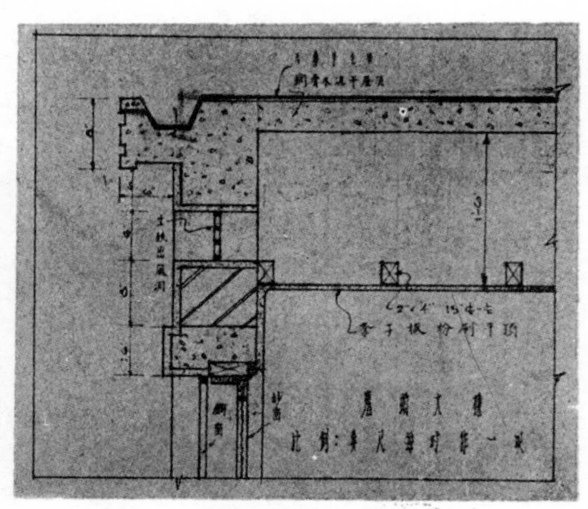

簷頭剖視圖

青島中國銀行行員宿舍設計概要

青島中國銀行行員宿舍，亦爲陸謙受吳景奇二建築師設計，由青島新慎記營造廠承造，造價二十七萬元。於民國二十一年七月開工，至翌年三月工竣。宿舍之種類，則分普通行員宿舍，及經理住宅等，並建大禮堂一座。此外如醫院，車房，馬房，花房及僕役住宅等，均爲本宿舍附帶之建築。

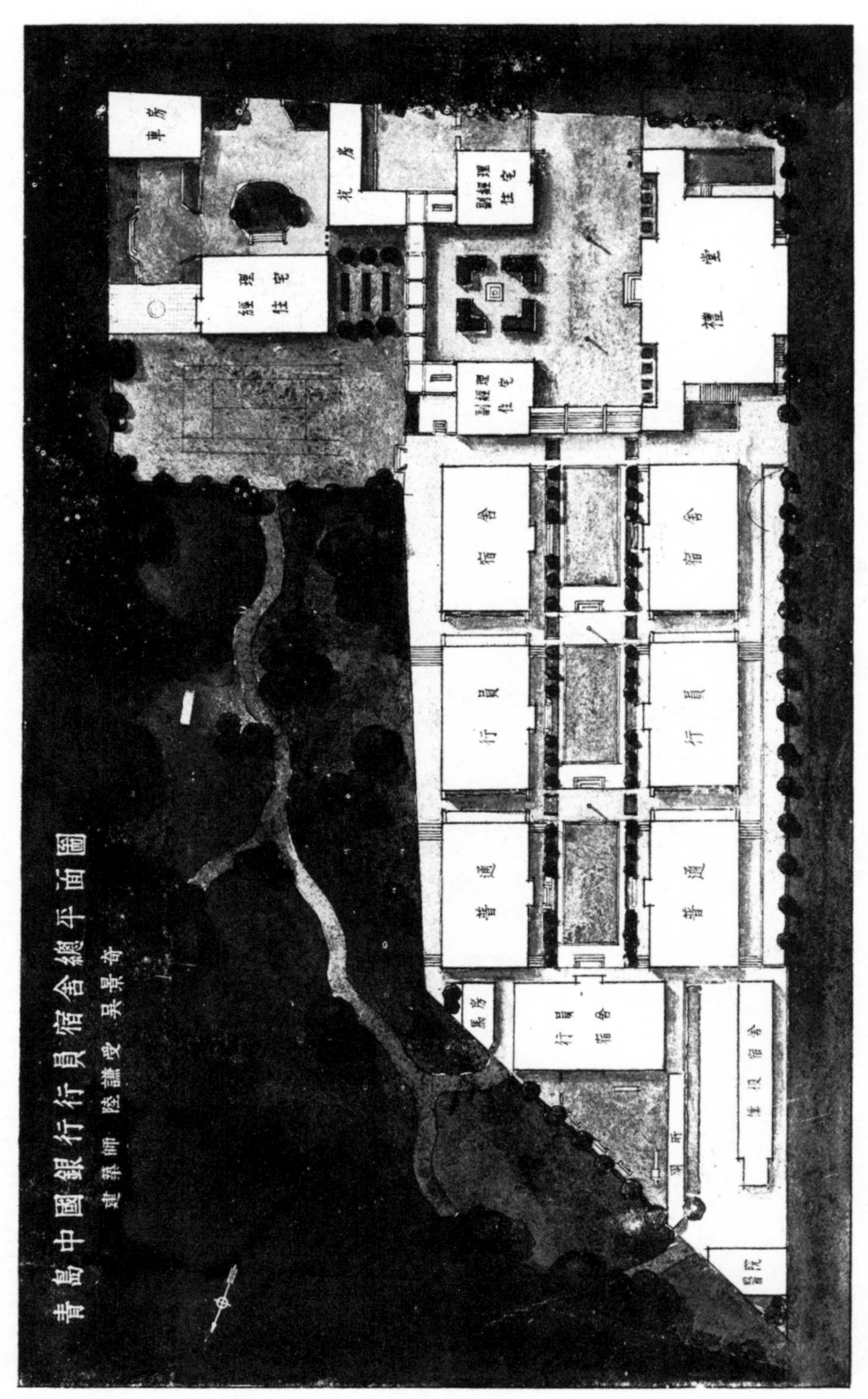

青島中國銀行行員宿舍總平面圖
建築師 陸謙受 吳景奇

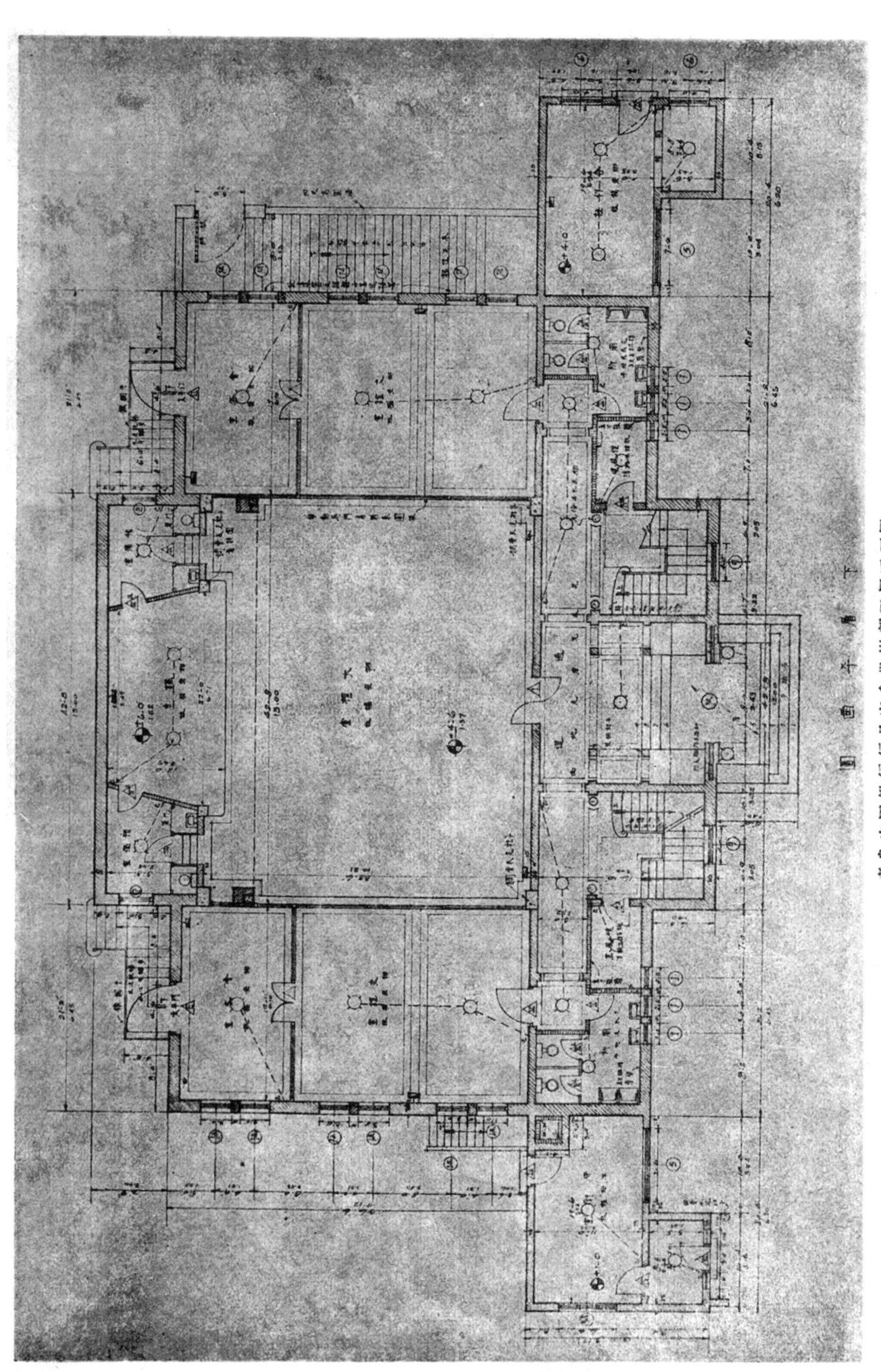

青島中國銀行行員宿舍俱樂部下層平面圖

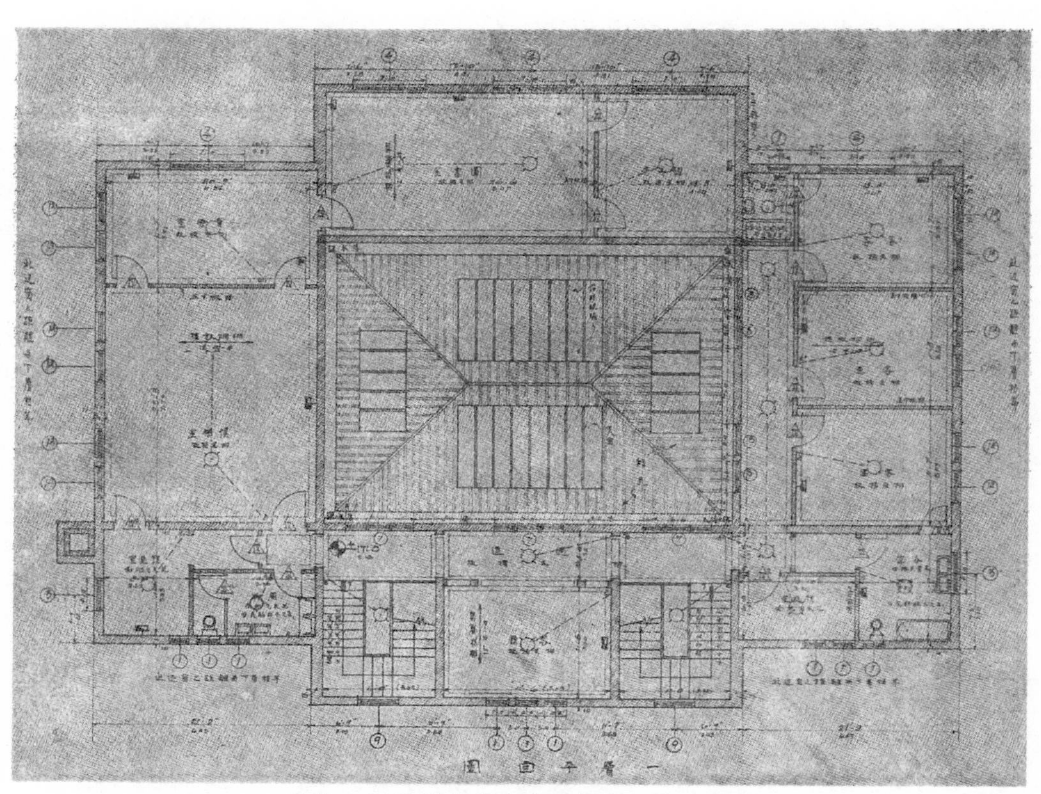

青島中國銀行行員宿舍俱樂部一層平面圖

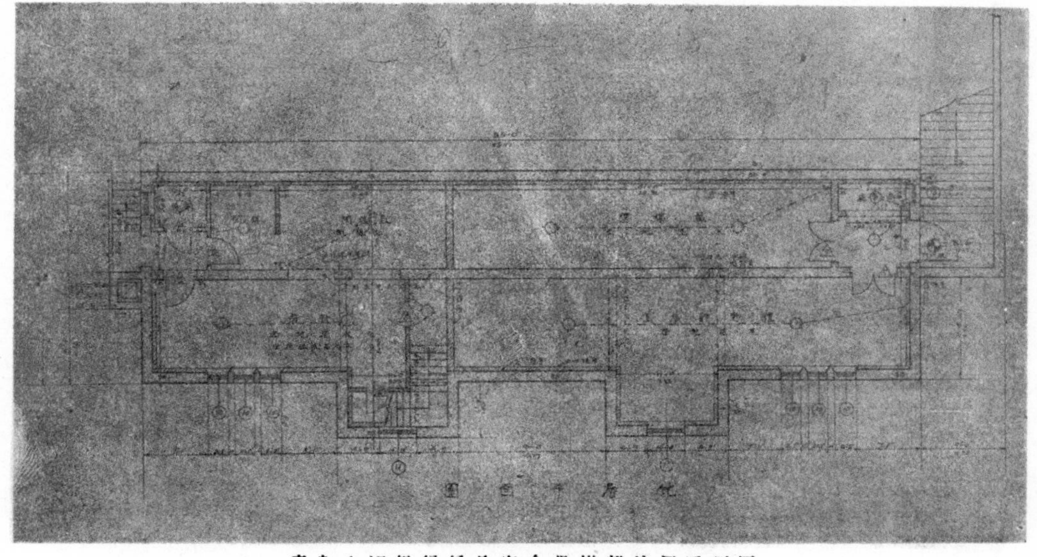

青島中國銀行行員宿舍俱樂部地層平面圖

青島中國銀行行員宿舍斜視圖

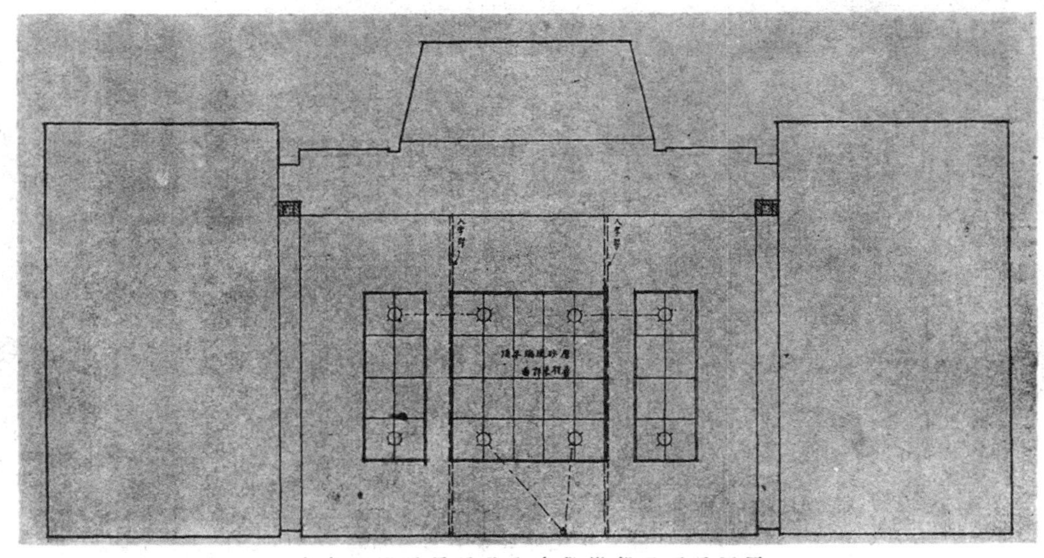

青島中國銀行行員宿舍俱樂部平頂平面圖

青島中國銀行行員宿舍禮堂前面

青島中國銀行行員宿舍前之花園

青島中國銀行行員宿舍噴水池

青島中國銀行行員宿舍之迴廊

青島中國銀行行員宿舍背面立視圖

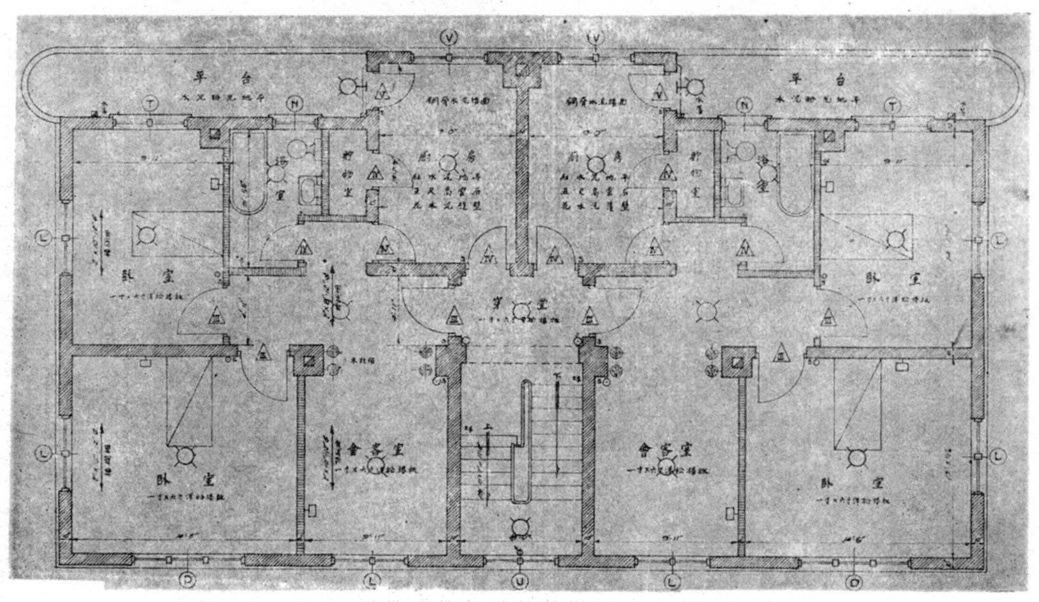

青島中國銀行行員宿舍第一二層平面圖

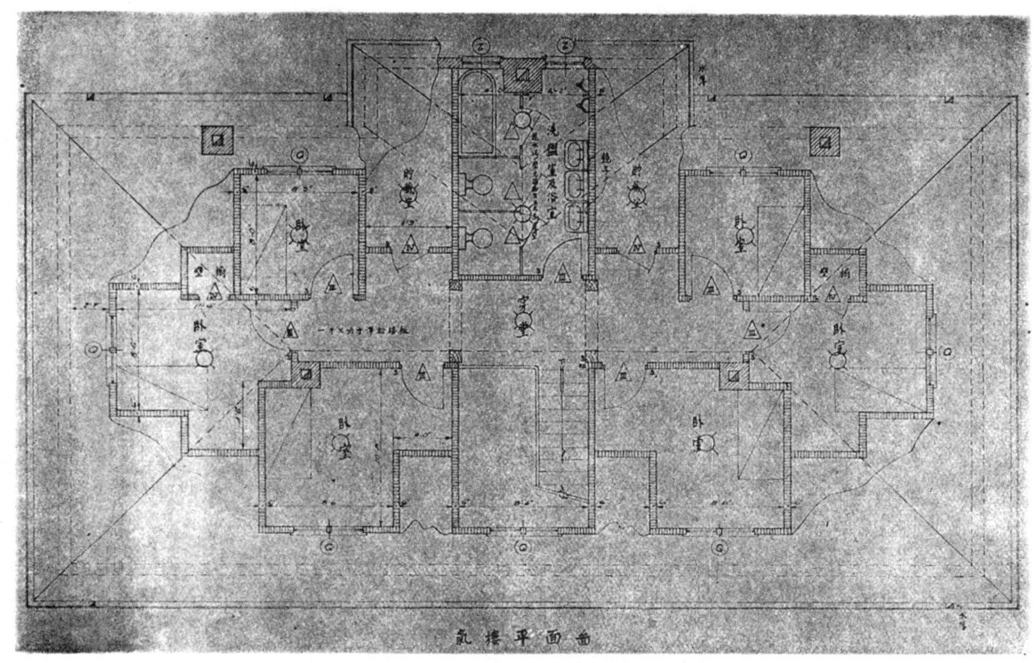

青島中國銀行行員宿舍氣樓平面圖

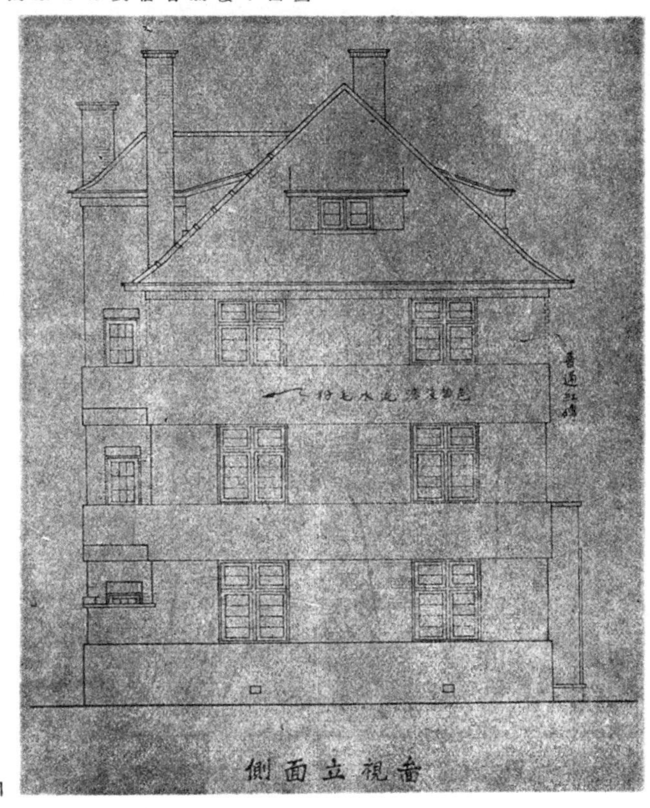

青島中國銀行行員宿舍側面立視圖

中央大學建築系徐中繪名人靈堂正面圖

中央大學建築系徐中繪名人靈堂平斷面圖

中央大學建築系學生成績

名人靈堂習題

某國政府欲爲其盡瘁國事之英雄建一靈堂，該建築須莊嚴雄偉，足以表現死者之精神。

建築條件：

（一）墓地共四萬方尺

（二）靈堂面積以三千六百方尺爲限

（三）葬地大小由設計者自定

（四）英雄遺像建於靈堂之內

（五）靈堂外觀及四圍之風景點綴最須注意

圖樣：

正面圖一　剖面圖一　平面圖一

中央大學建築系張開濟繪名人靈堂正面圖

中央大學建築系何立蒸繪名人靈堂正面圖

中央大學建築系孫增潘繪名人靈堂正面圖

東北大學建築系學生成績

海濱旅館習題

某富商擇地於海濱浴場之前，欲建規模宏大之旅館一所。其地南面臨海，北通大商埠，交通便利。

建築條件：

計需大跳舞廳一　會客室二　食堂三　游泳池一　二層以上則爲旅館部分

東北大學建築系郭毓麟繪海濱旅館正面圖

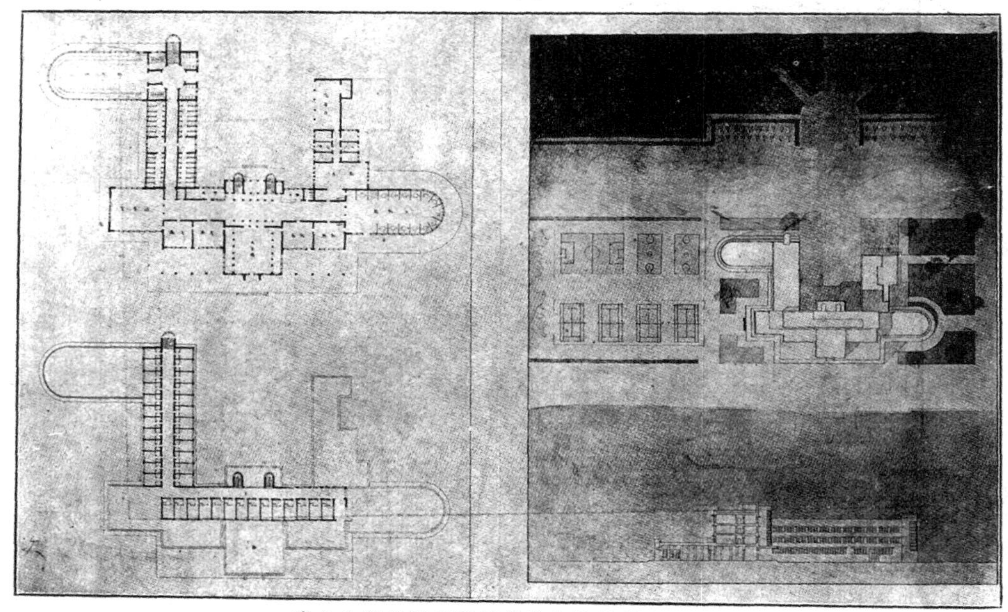

東北大學建築系郭毓麟繪海濱旅館平斷面圖

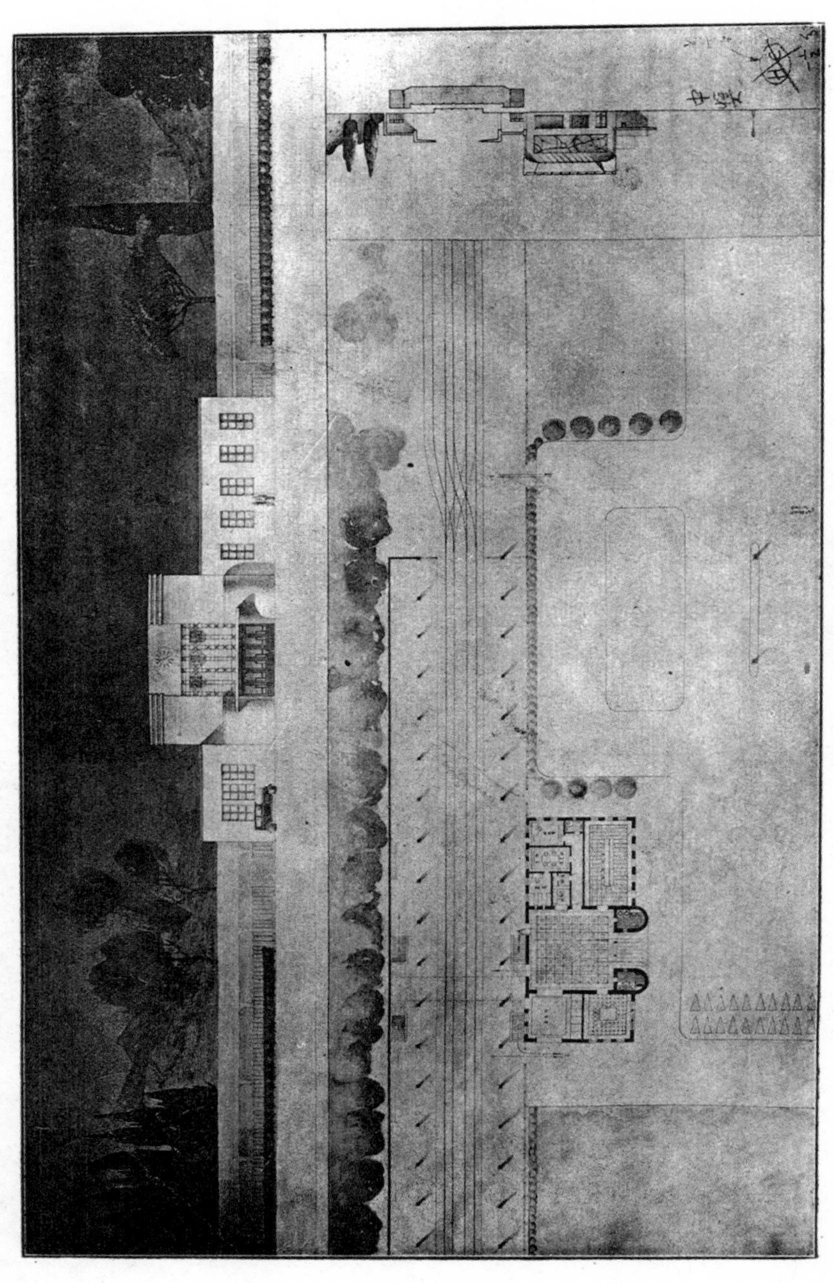

東北大學建築系丁鳳翎繪火車站

建築正軌

（續）

石麟炳

第八章　題目之參考

學生在探討題目以前，應先搜集與其題目近似圖案作爲進行中的參考。 若相似圖形不易尋覓，最低限度亦應將建築雜誌上或書籍上與題目有關係之圖形，摘其綱要，作成筆記，並繪一草圖，以備設計時之參考。 按建築雜誌上之圖樣，多爲現代式；而書籍內圖樣，則多爲歷史遺傳，經學者採取，編纂成册，故爲沿革式。 在沿革式內，包括建築照像，建築雕刻 ，及種圖案，均可供諸參考。

圖　四　十　四

關於幾種特殊建築設計，應特別注意其獨有裝飾。 因各種特殊建築上，常常具有相當特點。 例如所要作的題目爲一小美術陳列館（圖四十六）就要搜集各種陳列館圖樣，和陳列館上各種裝飾，並要注意到平面的布置，在一美術館建築上風景之點綴，亦是很要緊的一件事，樹木之畫法，前文已詳及，茲不復贅。 如題目爲一公衆圖書館，此種作法則各自不同。 試參考各城市之圖書館，顯然有不同之格調，像紐約寸土寸金之地價，方寸之地均有相當用途，故砌牆之法，大多爲公共牆，並因面積狹小，樓層迭次增加。 圖四十八卽紐約公共圖書館之一種。 至在斐而德斐亞，(Phiadelphia) 地價不十分高故建築多爲獨立式，

圖　四　十　五

且面積大，層數少，不過加一層地窖而已，（圖四十九）此則社會環境之不同，故其建築結果亦異。 設如題目爲一鄉鎮小火車站，則平面布置上，不要太複雜，出入月台之孔道，務使各個旅客感覺便利；對於旅客行李之管理上，亦要使管理員易於照顧，因爲一小火車站職員不能太多，如建築很複雜不特虛耗金錢，且亦照顧難周，易生錯誤也 圖四十七爲小車站設計之一，頗呈要而不繁，無論何人，可一見而知其爲一小車站，對於外觀上雖不算十分美麗，但行李貨物之運輸，來往客人之出入 則均可表示滿意。再舉一例，設題目爲一飯店（圖四十四，四十五）則設計之方式，又與他種建築不同，因飯店爲公共寄足之地，房屋之分配亦較前項建築爲複雜；進門廳要寬大，大飯廳，私人飯廳，休息室，以及各種公用房屋，均須有合理之布置。 至於食物之如何輸入，在設計時亦須先規定其如何便利。 他如食品儲藏室，侍役室，廚役室，洗滌器具室，則均須有連帶關係。 果如需要廚房，則備餐室須接於廚房及餐廳之間，以備輸送便利，而防烟灰氣味。 是均爲設計先决條件。 至於醫院建築，則病房之分配，較爲緊要。 因醫院之建築與他項建築目的不同，其目的在濟世活人，病人爲主人翁；故病房之光線空氣，均爲建築先决條件，上海虹橋療養院，病房全部向南，（圖五十，五十一）蓋爲此也。

無論作那一種圖案，搜集相似圖形作爲參考，乃學生最要緊的一件工作，但不可完全抄襲。 若能融會各種優點，以探討圖案，則天然會演出很好的解决方法，所謂熟能生巧也。

建築物正面之設計，務須先將窗在牆面之比例分配適當，主要門及便門之地位，亦要加一注意，須分出輕重，不可使人走入歧途，乃建築先决之條件也。

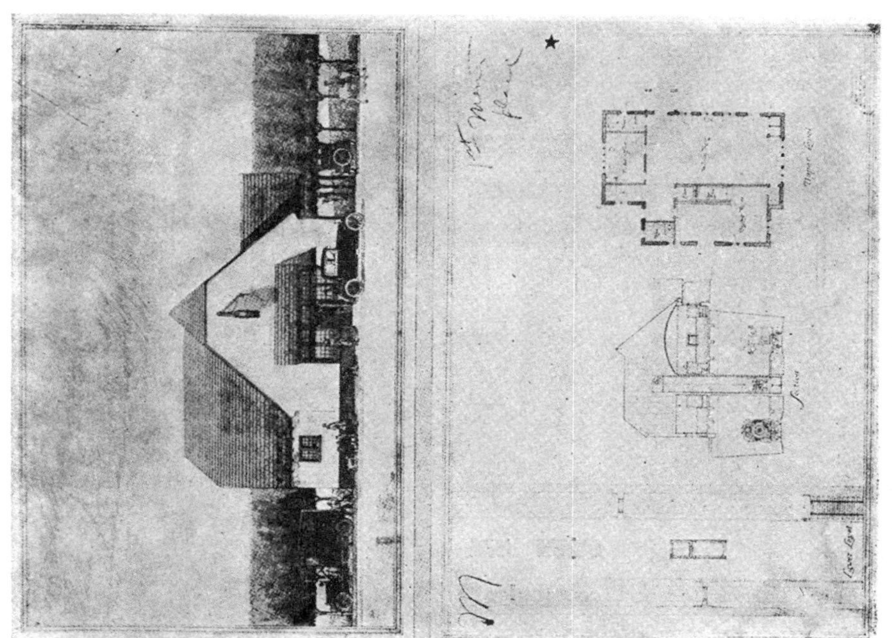

圖四十七 斐而德斐亞吉費設計

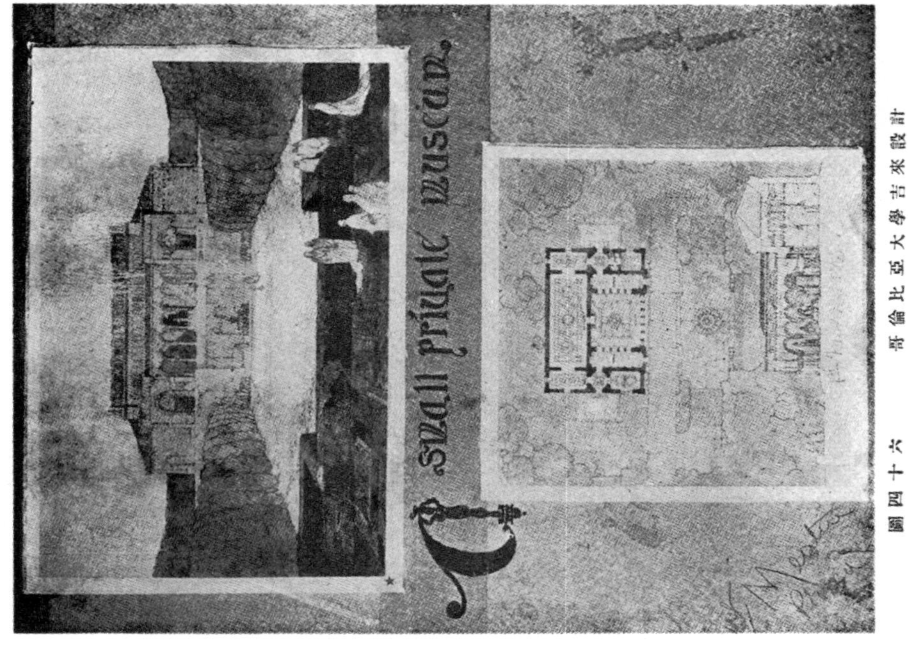

圖四十六 哥倫比亞大學吉來設計

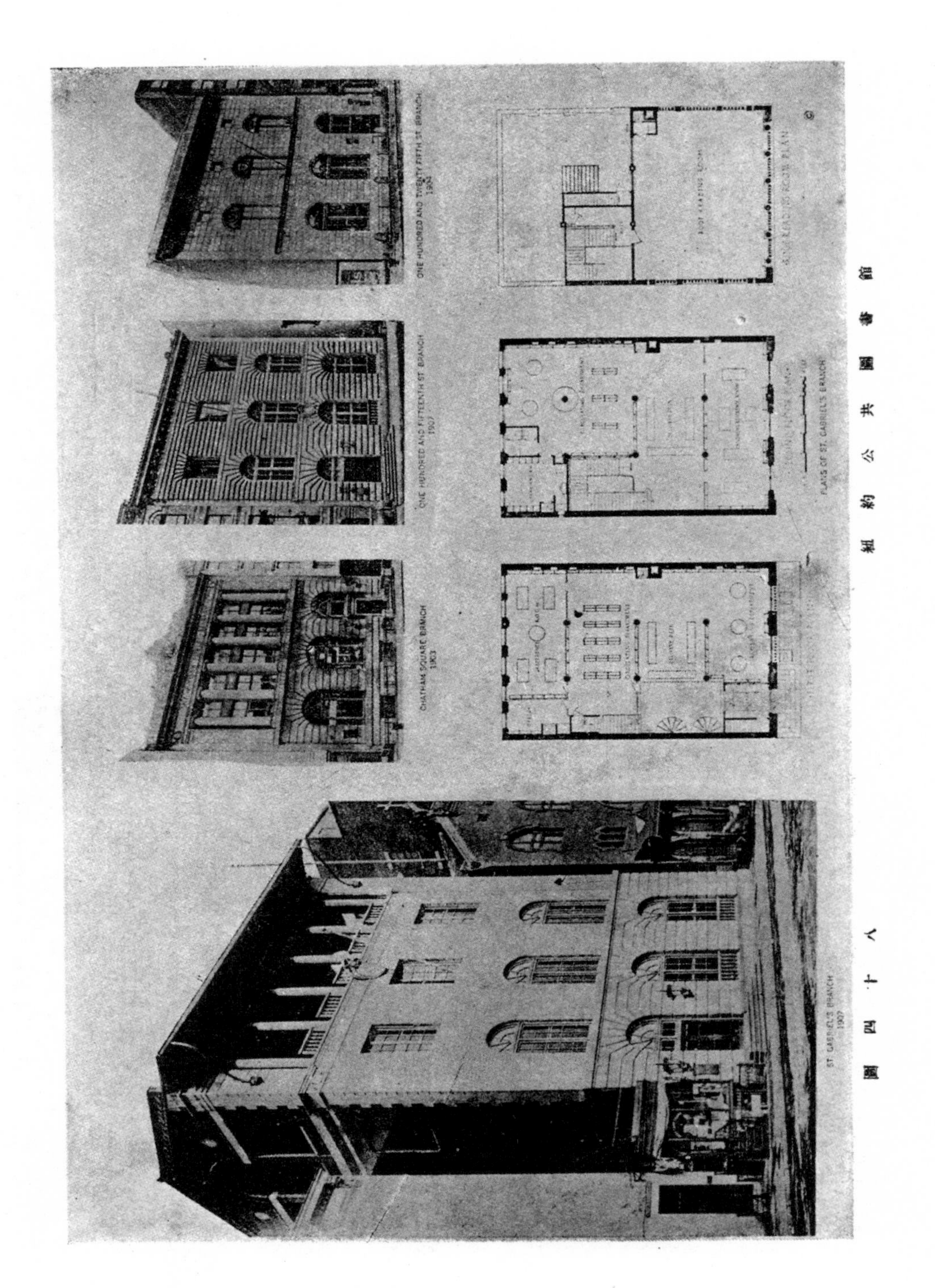

圖四十八　紐約公共圖書館

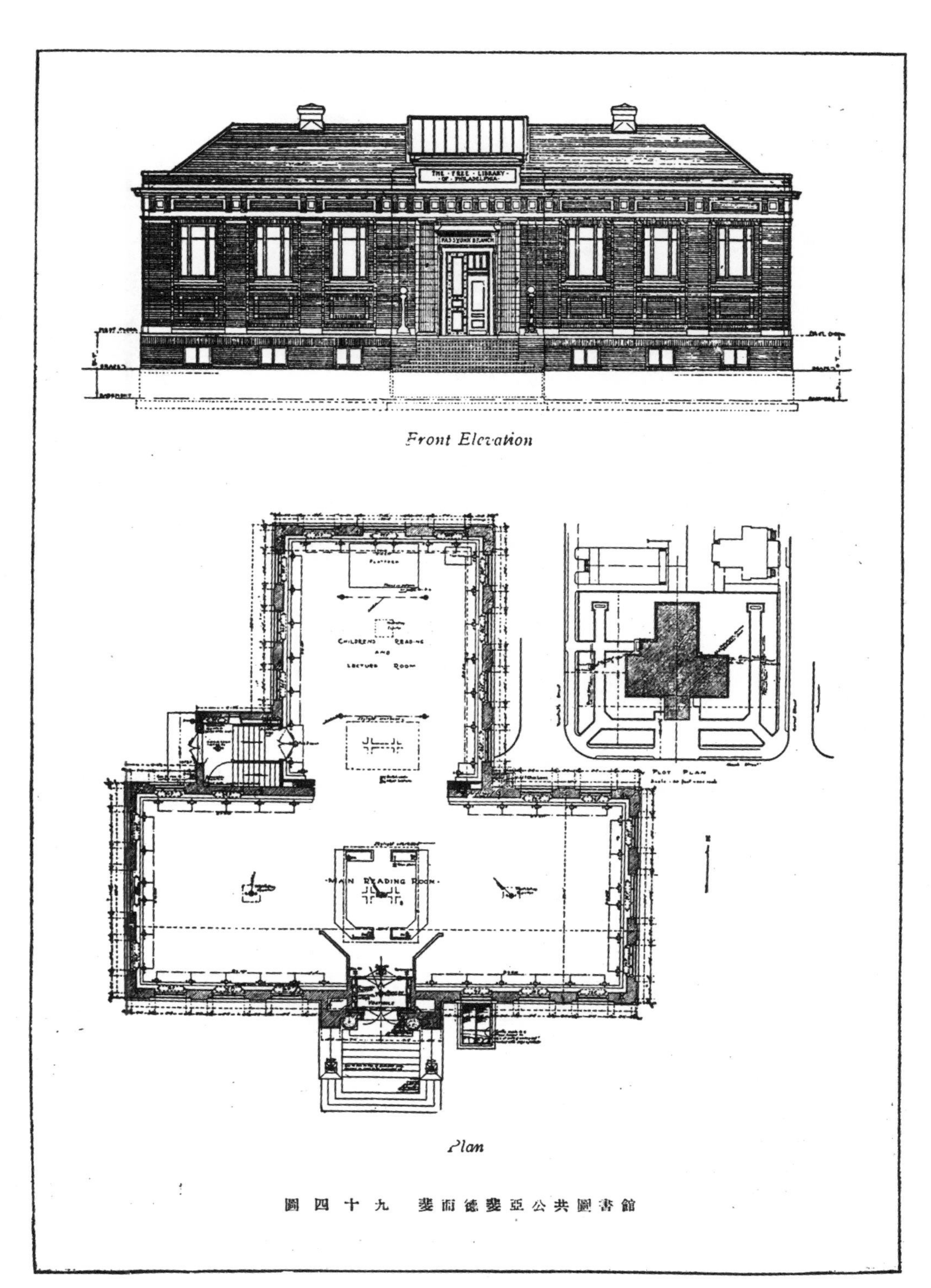

圖四十九 斐而德斐亞公共圖書館

圖五十　　上海虹橋療養院透視圖

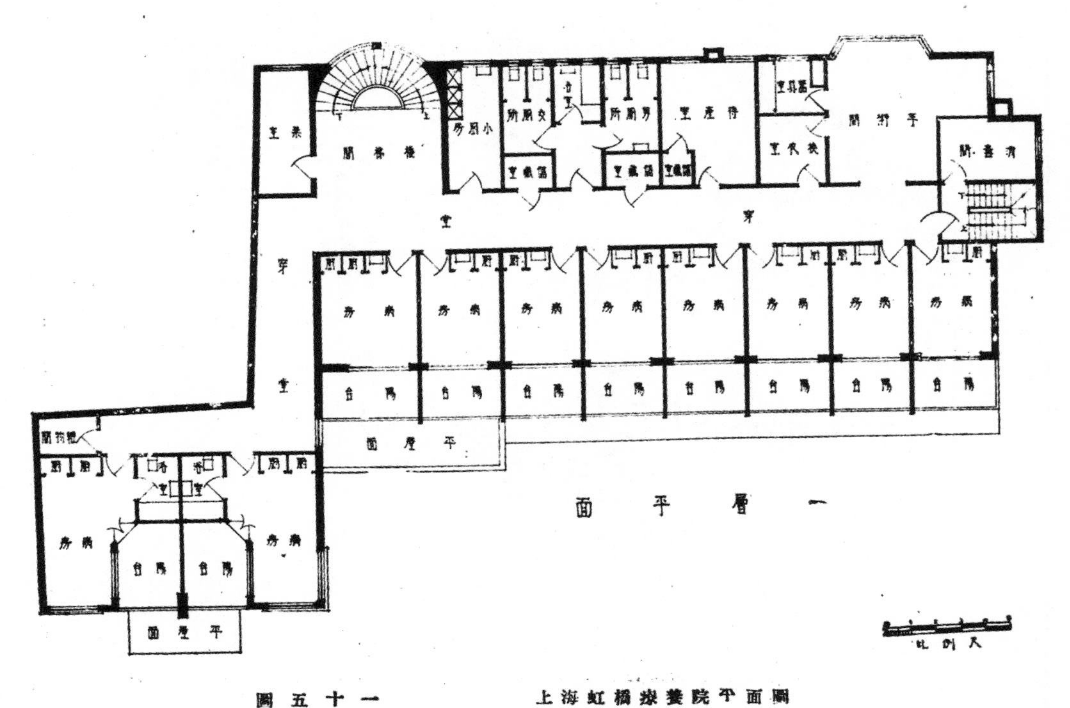

圖五十一　　上海虹橋療養院平面圖

公共建築物進出孔道安全設計之根據

章　宙

I. 引論

公共建築物，於門梯等出入孔道，應如何計劃，方使居民發生意外事時，（如火警等，）得安全退出此乃房屋設計中重要問題之一，但求安全，則門也，梯也，於尺度上自可儘量從寬以便容積增大，於生命之保障，固屬萬全；惟高昂之地面，可供正用者，任意廢置，以設門梯，則在工程經濟上言之殊爲不合。故中庸之道，經濟與安全並重，乃設計之基本原則也。

設計不能憑空忖度，須有事實上之根據，根據之要點有二，一爲進出孔道之本身尺度，容量及其設備，一爲進出孔道之設備與進出人數之關係。美國商務部建築法規委員會與標準局對於上述安全設計之根據要點，曾經共同研究，並實地測計，本篇所述，卽美國標準局工程司霍登氏(H. B. Houghton)及康納氏(J. H. Courtney)合著之(一)進出孔道尺度及其設備上之測計 (Survey of Exit Practicesin Buildings) 及(二)進出孔道人數輸送量之測計 (Survey of Traffic Volume Through Building Exits)，文中材料以美國紐約及華盛頓等若干城市中之最近公共建築物爲對象，特爲併譯成文，供諸建築上之參考。

II. 進出孔道尺度及其設備上之測計

1. 測計方法

測計之進行，以內外業合作而成，其欲測計之建築物，包括有最近十年所建之公共機關，醫院，會所，旅館，公寓，學校，大商場，及工廠等等，此外混合性質之建築物，以其含有特殊性質，未予測計，茲將內外業分別言之：

以言內業，則搜集及編列各種參攷表册是，其一般參攷資料可向建築師，工程師，旅館職員，建築法規委員會書記，學校管理員，劇院經理，以及其他對於此項有特殊知識者，分別徵集之，樓面計劃之資料，得之於建築師，至於住宅法規，房屋建築法規，及勞工法規中之進出孔道所需尺度，與進出孔道安全設計有莫大之關係，各種火警記錄，足資估測在何等情況下進出孔道之尺度發生危險影響。

以言外業，首先與各城市市政當局之主管營造業務員司會商，得其助力，將欲從事測計之各種房屋，編列於表格，乃調閱各房屋之平面圖，樓面設計詳圖可向房產經租賬房處取閱，次卽將所需要之各項資料自圖中抄錄，同時實地攷察，互爲左證！測計時，舉凡認爲與進出孔道有阻礙之情況，以及進出孔道本身之標記，及其所供應之人數等，均須詳加筆記，然後與主管建築業務員司，建築師，學校管理員等互相交換意見，以便獲得最低需要尺度之相當資料，測計完竣，彙送全部材料於建築法規委員會。

2.設計上之不同點

測計之結果，無論根據建築法規，施工規程，或建築習慣而言，吾人知進出孔道之設計，其方法各有不同，在各城市間，其設計上之基本條件，亦或大相懸殊。 因建築習慣不能與建築法規吻合，故實際所測計之房屋，有與法規條件巧合者，有近似者，建築家每以為法規所規定之安全限制尚欠緊嚴，故事實上進出孔道之尺度由建築師規定之，各城市之主管建築業務員司，對於進出孔道安全設計，固認為重要，而於最低需要之尺度，意見未能一致，欲使舊有建築之進出孔道能適合安全條件，實較新建者為難也。

有若干城市，對於已成之建築物不許改建，以防藉口者乘機改造內部，使適合一家居住者而為多數人家居住；蓋居住者衆，遇火警時，進出孔道之尺度失其安全效率，或有釀成不幸事件。 有一城市，據主管建築業務之員司云，曾有一次火警之發生，為上述情形所釀成者。

3.扶梯及避火設備

各城市每幢房屋所設之扶梯，其數量亦未有繩準者，所測計之三十六所公共機關性質之建築物，其中二十所祇具一梯，且此二十所中房屋高度均逾百尺。 而超出十層以上。至其他性質之建築物，其百分之八十均設置二梯或多具，扶梯寬度，自三尺以至十尺，學校扶梯，類多寬闊者，有少數機關房屋之梯寬祇三十六寸，而一般梯寬，平均在四十二寸左右，至於扶梯之位置，須擇在租價最低廉之地面，不使高昂之地面為扶梯所佔，但須注意者，扶梯與門之距離，宜有適當長度，通常約相距三十尺以至二百尺，一般均按照建築法規所載之限度略短少之，市政當局遇有呈驗建築圖樣，於進出門之數量及扶梯之位置二者有不妥時，常將扶梯之位置改變而門之數量則一仍其舊也。

觀察所及，一般扶梯所在地，均無門以資啓閉，但時下趨向，以為有門較佳。 不關閉式扶梯，在學校方面，極為普遍，蓋為學校當局管理上之便利故也，大廈公寓，以及醫院房屋，前多採取不關閉式，但最近所建者以關閉式為多。 在扶梯上下平台處裝置避火門之法，現已通行，有裝置木質門者，有金屬門者，曾據一旅館經理所云，以為木質門最宜避火，蓋旅館如遇火警，其火焰易使人失事，而木質門較五金質能緊閉，少滲罅，使烟氣之闖入大事減少。

較舊之建築物，大都有裝置避火梯者，而新建者甚少此種設備，市政建築當局亦不喜避火梯，彼等以為以極少數之經濟，使有相當容積之出入門道，卽可解決安全問題，有數幢新建之高廈，設有螺旋式斜梯，其用意有二，所以補正式扶梯之不足，至於效用則並為若何顯著，該項設備分室內室外兩種，室內者，如光線明亮當可減少下梯時不諳熟情形者之混亂狀態，其在室外者，有數處學校中曾見及，在火警練習時曾有顯明之效用。

太平門及避火塔之設備，亦非通常所有，太平門則於醫院建築上多見之。扶梯逕通戶外者，並不多見。一般情形，人自扶梯而下，須經過穿堂或走廊而外出，此種穿堂或走廊，在各種建築法規上須有相當之保護方法。 今人每以走廊或穿堂用為物品陳列窗，或其他各種小店之進口。 用灑水管為防火器具，近亦不盛行。

4.進出孔道之障礙及太平門之標幟

太平門上應設有標幟以表明其特殊之機能；有漆以特殊之顏色者，有裝置燈火於其上者，有書太平門三字者，室內有用方向指示牌以示人太平門之所在者，此法則未盡善，蓋如房屋之構造情形複雜者，尋覓輒費時間，樓之層數甚多，而在扶梯上並無註明者，每使不諳熟屋內情形之人，在失火後之慌亂中不易辨明何者適通街衢之處房屋建有地下層者，更不易解除此種困難。

禁止在太平門左近之甬道，走廊及穿堂等處堆置障礙物，以及如何維護太平門之道，有若干城市之建築法規中，載有明文，詳爲規定，但此種條文，常令人視爲具文，不易生效。 以言障礙物。 如在梯台間有汽管汽爐，在梯室者有突出之烟卤，焚化垃圾之爐，在走廊中者有各種儲藏物品，要知堆置物件於上，則走道寬度減削，而物品易助燃燒，失火時，危險殊甚！

5.進出孔道尺度與設備之測計以圖表說明之

第一表　進出孔道尺度及其設備之測計表

建築物類別	構造性質	建築物之百分比		每梯所佔之面積(平方英尺)	扶梯之平均寬度(英寸)	扶梯與大門之間距(英尺)
		有一梯者	有二梯或更多者			
公共機關	防火	55	45	8,000	45	86
醫院	防火	10	90	2,700	43	77
旅館	防火	7	93	6,500	42	88
寄宿舍	防火		100	2,540	48	53
公寓	防火	15	85	4,200	42	63
公寓	不防火	32	68	2,550	40	38
學校	防火	6	94	8,700	55	63
倉庫	防火	30	70	8,900	59	106
工廠	防火	44	56	10,500	50	86

III. 進出孔道人數輸送量之測計

1.步驟

初步計劃，爲搜集各種實地測計，有關進出孔道人數輸送量之記錄，而加以縝密研究，惟所得記錄，大部分仍未能作強有力之決論，蓋記錄之本身，其間變動之處甚爲廣大也，所謂變動之處，其顯明者有(1)梯之橫面平板與豎板之比例，(2)每層房屋之高度，及(3)梯端平台之式樣及其寬度等，他如居住者對於進出孔道之熟諳情形，居住者之身體狀況，自高樓下行時疲勞之程度，以及迫退出時之必然性等等，要皆隨處而異，而使記錄增加繁雜者也。 且夫研究之意見，雖同一記錄，目光因人而互異，於火警時究有若干居民退出，事前欲加預測，事實上常不可能，雖然，記錄上進出孔道之人數輸送量，及其平均速度，欲以之爲設計房屋時之經濟及安全兩問題着想，則尚堪爲參攷之資料也。

2.測計情形

欲知進出孔道人數輸送量之眞確數，以及基本研究資料之充實，舍實地測計而莫由，在華盛頓，城之公共機關，娛樂場所以及各種大廈均作廣大之測計，臨時政府機關之救火演習，亦有舉行者在極度擁擠之情形下，測計殊感困難，爲充實計，於紐約城亦同樣行之，在大中央（Grand Central Stotion）車站，若干地道，高架道，戲院及其他處所，均分別一一測計之。

3. 測計方法

每項測計，均以計秒時錶及計數機爲之，其法，先由二人各攜計數機爲計數員，另一人司時，每半分鐘讀一次，由試驗結果，知熟練後每一計數員能於三百中祇差二三，故事實上可用一人以司計數，一人司時，而計數與計時，不能使一人兼之，蓋計數者在每半分鐘閱時間之時，有少數進出之人數卽在此一刹那間消逝，則所計者不能十分準確，不如兩人各司其職之爲愈也。

記錄扶梯上及斜坡甬道上之人數輸送量及其速率，其法有二：（一）每半分鐘計一次，（二）在開始計數時一讀彼時之時間，然後於記錄終了時再讀時間，上述兩法，均適用於扶梯及斜坡甬道在人數麕集時行之，在有麕集現狀時卽開始記錄，麕集情形消失，記錄隨之終了。

確定速率與輸送量之測計方法有二：其一，當扶梯及甬道所經過之人數達極擁擠狀態時，計時員卽入場，通信號與記數者，俾兩人同時開始工作，於是計時員隨同進出之人衆，亦步亦趨，上下扶梯或斜甬道，以計上下進出之時間，而計數員則計同時之人數，如是，可推算在擁擠情形下每人所佔地面若干方尺，其二，計時員與計數員站立於固定之地點，使計時員注意羣衆中之一部份人而計其進或出，上或下之時間，計數者計其全體人數，如是，所計之人數及步數較多於前法，故兩法雖相似，後者實較佳也。

至於經過大門之人數輸送量，可於門之內或外行之，以能使記錄便利爲主，在極擁擠時，門必開直，否則外出者甚感不便，且有不明瞭其出口在何處者，故此點須注意，以使測計數量，無不確實。

4. 扶梯上之輸送情形

公衆在扶梯上之上下情形，分別加以測計，如第二表，扶梯以每尺計其寬度單位，每分鐘所輸送之數量分平均值與最大值，均詳列於表，平均值一項得自四十至五十次之個別統計，倘以扶梯總寬二十二英寸計，則此種數值似嫌過高，蓋於祇及上述寬度一半者並未顧及。

吾人閱第二表，卽知平均數值之結果實較最大數值爲佳，蓋在較窄狹之扶梯上，輸送量因加速度之關係而增大，如標準局之梯寬爲三英尺，其下行之最大速度，爲每分鐘三十四人，以站立在梯端者，莫不存速急下降之心理，雖不跳躍而下，常盡其最大速率也，上下行之輸送量及其速度，當分別測計之，有例外者標準局之某一梯其上行速度並不弱於下行，而下行之輸送量亦僅超出上行者少許。

第二表　扶梯輸送量之測計

所在地	梯寬		坡度		垂直高度		每尺寬度每分鐘之輸送量		每人所佔面積	動向	備註
			豎板	平踏板			平均	最大			
	尺	寸	寸	寸	尺	寸			英方尺		
美國殘兵養老局	6	0	7	11	12	3	12	17		下	
美國殘兵養老局	6	0	7	11	12	3	12	16		下	
美國人口統計局(第四部)	5	6	7	10½			11	17		下	火警演習
美國人口統計局(第四部)	7	2½	6½	12	10	3½	11	18		下	火警演習
美國人口統計局(第四部)	7	3½	7	12	10	3½	23	24		下	火警演習
美國人口統計局(第四部)	4	0	7½	11½	20	7	13	14		下	火警演習
紐約第四十四號街戲院	6	3	7½	11¼	15	0	11	13	8.1	下	
紐約第四十四號街戲院	6	3	7½	11¼	15	0	10	12		下	
第七號及第三十四號街地下道	6	0	7	11½	8	9	17	18		下	
大中央車站第一一五號門	5	0	7¼	12	14	4	19	28	5.9	下	
大中央車站第一一五號門	5	0	7¼	12	14	4	21	25	5.2	下	
大中央車站第一一五號門	5	0	7¼	12	14	4	17	19		下	
大中央車站第一一五號門	5	0	7¼	12	14	4	18	21	4.8	上	
大中央車站第一一五號門	5	0	7¼	12	14	4	18	22	4.6	上	
大中央車站第一一五號門	5	0	7¼	12	14	4	16	18		上	
大中央車站第一一五號門	5	0	7¼	12	14	4	20	24	4.5	上	
大中央車站第一一五號門	5	0	7¼	12	14	4	16	19	5.6	上	
大中央車站第一一六號門至第一一七號門	5	0	7¼	12	14	4	18	20		上	
大中央車站第一一六號門至第一一七號門	5	0	7¼	12	14	4	18	20		上	
大中央車站第一一六號門至第一一七號門	5	0	7¼	12	14	4	17	19		上	
大中央車站第一〇九號門至第一一〇號門	8	1	7½	11	18	9	12	16	4.9	上	
大中央車站第一〇九號門至第一一〇號門	8	1	7½	11	18	9	12	13		上	
大中央車站第一〇九號門至第一一〇號門	8	1	7½	11	18	9	13	16	6.6	上	
大中央車站第一〇九號門至第一一〇號門	8	1	7½	11	18	9	11	14		上	
文官高考會	4	1½	7⅛	11¼	13	1½	17	18		下	火警演習
國家標準局	3	0	7	11½	13	5	31	34	4.1	下	
國家標準局	3	0	7	11½	13	5	29	29	4.1	上	

影戲散場後，觀衆之外出，速度必緩，蓋既飽經眼福，心身俱泰，逸然宴然而緩步出矣，有數經理云，觀衆之退出也必經同一太平門如其人之初入時之門，有云必取道其坐位或退出時最近最便利之門，而非與入院時同一門，二說互歧，各有見地也。

遇火警時，居民之出避情形，曾於若干國家公共機關舉行試驗，事前絕不令人預知，當警笛狂吹，辨公人員紛紛自各層太平門退出，倘將平素進出之一門關閉，俾一指定準備測計之門，得增加其輸送量，而此種輸送量常達最高數値，更有一特殊情形，有一扶梯，其上半段寬度爲七尺三寸半，其下脚連以平台，分向左右，然後各連一寬五尺之梯，以達下層，此種梯式，其輸送量甚大，如第二表所儀。

凡扶梯之寬度，自三尺以上至六尺或七尺止，而各梯之梯級高寬（踏板與豎板）相同，或相似者，人數之輸送量與梯寬成正比例，可以直線表示之，但亦有例外者，如大中央車站第一〇九至第一一〇號門之扶梯，寬八尺一寸，中間並無扶手，每分鐘輸送量較少，故知梯之較寬而乏扶手者，每分鐘之輸送量有遞減之傾向，另一方面言之，每一扶梯，其輸送量不變爲一常數，蓋行動迅速，則中間之空隙自大，行動遲緩則質量增加，故每分鐘之人數輸送量，其值不變。

各種扶梯之輸送情形，類多相似，設每級梯寬適合三人並肩而行者，有一種自然之趨勢，必形成三人並列而後可，蓋第一排如有三人，而第二排祇一人，則此一人必俟成爲三人而形穩定，如是，全部梯長之間將絡續而形成楔狀之波動，更有觀察所及者，人之行走於梯間，不論上升或下降，其在前半段梯時之密度大，而於後半段梯時密度小，換言之，在前半段梯時之速度小，在後半段梯時之速度大也。欲獲最大輸送量數値，惟於擠集狀態下得之。

關於每人行走所佔之面積，則在普通情形之下，每人約佔五平方英尺，如美國標準局之扶梯，每人僅佔四又十分之一平方英尺，而於擠集狀態下，則每人約佔一又十分之四平方英尺，後者以人數緊臻，密度自增，磨肩接踵，所佔面積自小矣：

5.斜坡甬道上之輸送情形

在斜坡上測計行人通過之情形，自較困難，以人數擠集時極不易明瞭斜坡之大小，在大中央車站，曾有數種測計，詳列第三表，有數者寬度較大，通過之人數較少，不易得準確之測計，故捨之不錄，以第三表而言，斜坡甬道上之輸送量較扶梯上爲大，而較平地之甬道爲小，其情形與扶梯上相似，所佔面積，每人約八平方英尺。

第三表　　斜坡甬道之輸送量測計

所在地	寬度 (尺)	寬度 (寸)	長度 (尺)	長度 (寸)	坡度 (寸)	面積 (英方尺)	每尺寬度每分鐘之人數輸送量 平均	每尺寬度每分鐘之人數輸送量 最大	每人所佔面積 (英方尺)	動向	備註
大中央車站第一一一號至一一二號門	6	4½	13 7	2	$\frac{1}{9.7}$	8 75	14	21		下	被測計者均計其單方面之動向
大中央車站第一一一號至一一二號門	6	4½					22	22	75	下	
大中央車站第一一一號至一一二號門							17	19	95	上	
大中央車站第一一一號至一一二號門							20	20	9.8	上	
大中央軍站第一一一號至一一二號門							21	22	8.0	上	
大中央車站第一一一號至一一二號門							22	23	6.8	上	
大中央車站第一〇九號至一一〇號門	6	4½	13 7	2	$\frac{1}{9.7}$	8 75	20	22	8.3	上	
大中央車站第一〇九號至一一〇號門							19	19	7.3	上	
大中央車站第一〇九號至一一〇號門							19	19	7.6	上	

6.門口之輸送情形

在門口所測計者編列第四表，測計時各門均須開直，並不自由關閉。

旋轉式大門亦略加統計，惟此種式樣雖使用諳熟者能一如其他式樣之大門，有同樣之舒適，但可不必求其最大容積，因其構造關係，所得輸送量，無多大價值也。觀察時各種寬度之旋轉式扉，甚少一人以上同時出或入者，故其寬度與輸送量無關：

第四表與第二表相比，以言每分鐘人數通過量及其速度，則在門口者較扶梯爲高，因此吾人可假定一種理論，以爲平地上與扶梯上之速率相比爲四與三，至於輸送量與進出孔道寬度之關係，則寬度與二者爲正比例，倘寬度相同或相似，則在平地之數量略較扶梯爲高，倘扶梯之寬度逾六尺或七尺時，輸送量與寬度不復保持直線之關係。

第四表　門口輸送量之測計

所在地	寬（尺）	度（寸）	每分鐘每尺梯寬之人數輸送量 平均	最大	備註
大中央車站第一一三至一一四號門	5	0	24	26	
大中央車站第一一一至一一二號門	5	0	26	26	
大中央車站第一〇九至一一〇號門	5	0	29	29	
大中央車站第一〇七至一〇八號門	5	0	30	32	
大中央車站第一〇七至一〇四號門	5	0	30	33	
大中央車站第四一至四二號門	6	6	23	27	
美國財政處（單屏門）	3	1	13	21	門開直
國家戲院（雙屏門）	2	10	5	9	門門直　輸送量並不全
美國商務部（雙屏門）	2	8	9	17	門門直
拜納及裴來馬戲班	12	0	11	16	走路
美國人口統計第三局（雙屏門）	2	6	14	24	門開直　火警演習時測計
美國人口統計第三局（雙屏門）	2	6	22	30	同上
美國人口統計第三局（雙屏門）	2	6	15	20	同上
美國人口統計局（雙屏門）	2	6	13	25	門開直　測計時在下午四點半
美國人口統計第三局（門）	3	0	15	20	門開直
美國人口統計第三局（雙屏門）	2	6	17	18	門開直
美國地理學會（門）	2	8	22	26	
美國地理學會（門）	5	4	14	18	門開直
印刷及刻鑄局（雙屏門）	2	9	18	27	門開直　測計時在下午四點半
國家印刷局（旋轉式門）	…	…	22	33	門閉合
美國殘兵養老局（雙屏門）	3	0	12	18	門開直
文官高考會（雙屏門）	2	6	20	21	門開直　火警演習時測計
巴黎皇家飯店（旋轉式門）	3	6	12	12	
胡特及洛剌馬戲班（旋轉式門）	3	6	9	12	

房 屋 聲 學

唐 璞 譯

（續）

伊里諾大學禮堂——最後討論者，爲伊里諾大學禮堂，此禮堂循環囘聲頗劇，又因其有複雜之曲線牆，故發生回聲。此項問題將分部述之，以指出所有禮堂之普通點。

如有人立於台上，擊其掌，則其聲之擾亂確然而顯，可由各方聞其囘聲，並在一切恢復寂寞以前，循環囘聲繼續下去若干秒。演說者覺所發之聲返其原地，而聽者亦覺難辨其言。某次，大學樂隊演一木琴主奏，而以其他樂器助音，結果隊長以回聲之強較樂聲爲甚，不覺按而拍之，然隊員之近木琴者，則按木琴之聲拍之，其雜亂之情形可想見矣。

此聲性質之研究，始於1908年，繼續凡六載，依研究之所得，改正其劣點，初本決定用治本捨末之法，以作有系統之解決。希能求得普通原理，以應用於一般會堂。惟此種計劃乃致拖延此問題之完成矣。蓋欲作澈底解決，非研究聲之理論，並同時作試驗之探討，考慮會堂內之複雜情形不可。作者於六年中在外耗去一年之陰，以研究聲學之理論、並考察各處會堂。

本禮拜堂之內部，形狀近似一半球形，有數大拱，深入壁內，其牆面上並有凹入之處。

第二十圖示第一層平面圖，內部頗似球形。下部爲斜地板切斷有樓廳而無廊，樓廳在兩廂懸出12呎，在後部懸出34呎，台凸入廳內，而不取原來設計在台口後之方法，並將台樓省去，以減輕建築費。

穹窿平頂支於四等拱之上，廊上邊牆爲雙層曲線面，因本禮堂有專用之限制，遂使其牆面及平頂均不能加以裝飾，因此益加其反射聲之力量而發生回聲。禮堂之內無窗，白日光線全仰給於天窗，其徑爲30呎，居穹窿頂之中央。

茲將矯正循環囘聲之計算列於下表：

板條上粉刷……………………………	25,000	平方呎於	.033	=	825	單位
空心磚上粉刷…………………………	2,600	,,	.025	=	65	,,
木材………………………………………	19,100	,,	.061	=	1170	,,
玻璃………………………………………	890	,,	.027	=	24	,,
可可蓆……………………………………	1,500	,,	.019	=	30	,,
座位………………………………………	2,150	,,	.1	=	215	,,
絨帷幔……………………………………	1,052	,,	.25	=	263	,,
油畫………………………………………	510	,,	.28	=	143	,,
地氈………………………………………	900	,,	.20	=	180	,,

毛毡1吋………………………………	2,000	,,	,,	[1].65	= 1300 ,,
毛毡1吋………………………………	1,315	,,	,,	.55	= 723 ,,
					4938 ,,

					吸聲單位總數（a）	t＝.05×425,000÷a
0 聽衆				4,938	4,938	4.3 秒
500	,,	,,	於4.6	＝ 2,300	7,238	2.94 ,,
700	,,	,,	,,	－ 3,220	8,158	2.94 ,,
1000	,,	,,	,,	－ 4,600	9,538	2.23 ,,
1500	,,	,,	,,	＝ 6,900	11,838	1.8 ,,
2150	,,	,,	,,	＝9890	14828	1.43 ,,

室之容積爲425 000立方呎。其立方根爲75.由圖十二之曲線，按三分之一聽衆而言，其對於音樂演說之適意循環回聲時間爲2.55秒。然此禮堂到700人卽三分之一聽衆時，其循環回聲時間爲2.61秒，此容積與由圖中所得平均值2.55之相差，本不足發生大差，但如愈使相近，卽裝置較多量之吸聲材料時，其聲之效力必較佳，如聽衆少於700人，其循環回聲必較大，結果對於樂聲尙好，對於演說則不利。如多於700人時，則其情形正與之相反，

循環回聲之矯正甚簡單，蓋沙賓公式可應用焉。然矯正回聲須先追跡其聲之動作，而定其發生回聲之各牆上之位置。

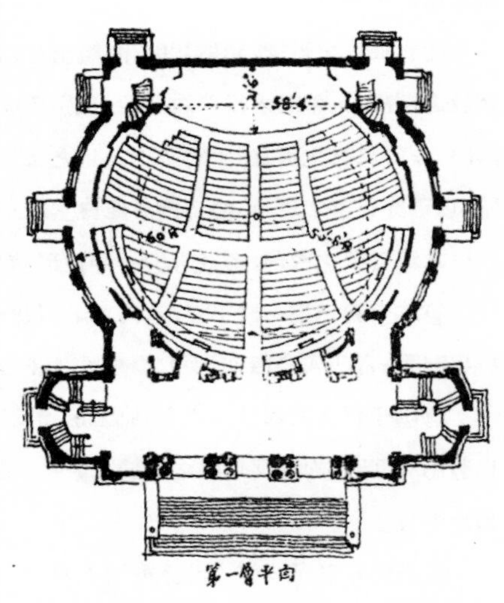

此平面圖表示音因回聲及循環回聲而矯正之伊里諾大學禮堂之內部

第二十圖

回聲定位之法，乃發一聲而用耳聽之。惟此種試驗僅可得一部分之結果，因耳雖靈敏，但許多回聲由各方傳來，則混亂難辨，故所得考據，非十分可靠。其可顯見之成效解法，在固定注意力於去有定向之聲，並找出反射後之去向，乃在另一定向上追跡其軌，如是求之，直至所得根據能將聲之普通動作有所指示爲止。

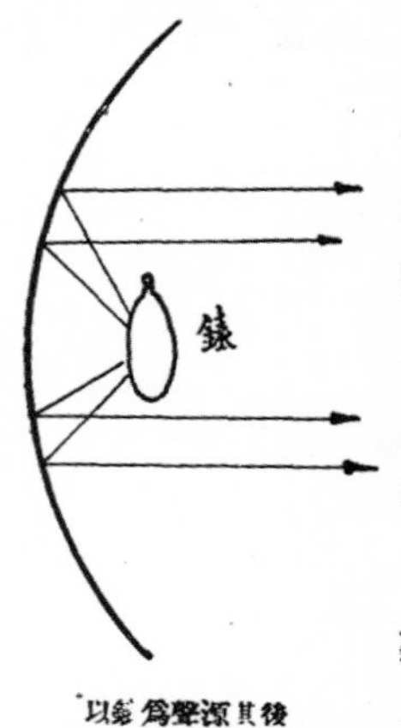

以錶爲聲源其後置一凹反射器

第二十一圖

應用此原理之第一步，當用一柔弱之聲，此聲如非設法加強，在任何遠距離皆不能聽得，今將錶之滴滴聲以反射器反射於一似有回聲之牆上，依入射角等於反射角之關係，可定反射聲之位置。此時雖錶聲已經過離聲源70至80之總距離，然尙可聽淸。

在近來試驗中常用一發聲較強之測拍計，外裝以隔聲結構，而只留一洞，使聲由一

1用係數.65以代55者因毛毡已鋪出牆面.

角筒發出。

隔聲箱

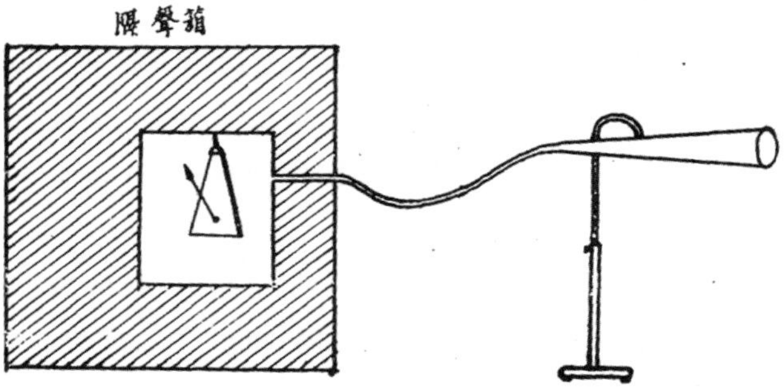

以測拍器爲聲源
第二十二圖

雖然由錶及測拍器所得結果似已告成，惟尙須證實，此可用一交流弧光，置於一拋物線形反射器之焦點處，如圖二十三。弧光之外尙發出一嗾嗾之聲，不過其波頗短，故屈折不多。在此試驗中，光與聲可由同一源地發出，並依同一反射定律而活動，故聲之軌跡按牆上光之位置。可以求出，而反射聲值可應用入射角與反射角相等之關係，而定其位。弧光之聲頗確切，在結果上足能使人相信，是他法之所不及也。如追跡其連續之反射，可繫小鏡於反射牆上，則聲之軌跡可由反射之光示出，如此則會堂中聲學上之弊病，按此可加以診斷矣。

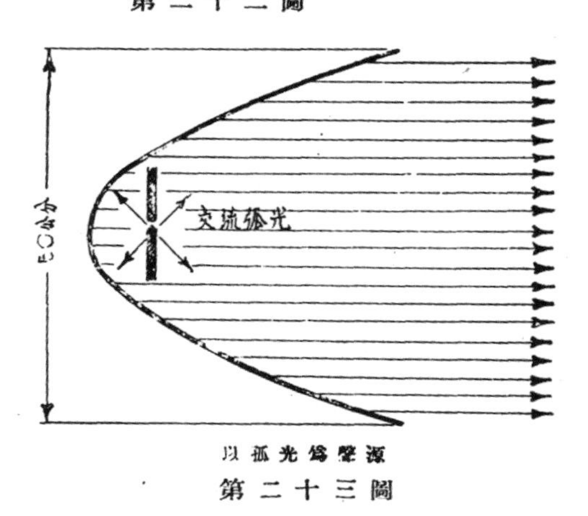

以弧光爲聲源
第二十三圖

惟此處須常注意者，弧光之聲與音樂或演說之聲，均有不同，因音樂及演說之聲調較低而聲波較長也。故所得結果是否合於演說或音樂情形，尙爲疑問。然當樂節及詞句發出時，經在場人在會堂內之試驗，可以證實以弧光所得之結果。

在此種關係中當聲明者，即對於幾何光學之「光線」法（“ray”method）應用於聲學上，却有困難之處。因得一聲綫較得一光線困難，此乃二者之波長不同。其理謂波之屈折或鋪展（diffraction or spre2d out）與其長度成比例。較長之波可鋪展至較大之範圍也。即如日光之短波穿進窗時，即在地板上顯一清楚之形，此即言波，依直線進行而僅有少量之屈折或鋪展，較之長波大有差異。又如窗開時，吾人能聽見戶外一切聲音，雖立於室之一端，距窗尙遠，然屋角邊之車聲，亦可得聞也。此因較長之聲波能烈展並沿角而彎轉九十度，故無聲影之造成。更進一層，關於反射一節，似謂反射牆之面積必與所反射之波長堪相比較。因光波極短故鏡之甚小者，仍能給一反射，至於聲波則較長，普通演講之平均波長（45公分

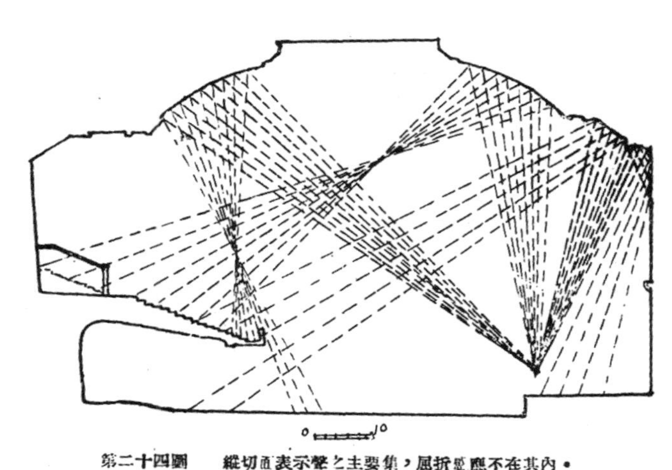

第二十四圖　縱切面表示聲之主要集，屈折感應不在其內。

）較黃光之波長（.00006公分）約為700,000倍，故其反射面必有相當之大。茲舉一例或可使人較為明白，設有一柱一呎方，投影於水面；當水上有小波時，柱影易於反射，但遇大波，則水面上似不見，柱影。故知若反射面能發生一有效之反射時，則其面積必與波之大小堪相比較。會堂內之浮飾工，如尺寸不大；則其力量只能影響到高調之聲亦卽短波之聲。若為長波之低調聲，卽牆面較粗，亦有多量之反射。再者反射面之面積乃依聲源之距離與聽者之距離而定。距離較大者，其反射面亦較大。

凡此各節，無不表示聲之反射為一複雜之事。反射聲的牆或挫聲的浮飾工之尺寸，均由波長及所述之各關係定之。吾人可以說聲「線」由浮飾工之一小部分上反射時，有一定之路。因此吾人應以發出之聲束（bundles of sound）研究之，但其周界不必太確，可使之接觸大之面積，以生任何完全之反射。

會堂之牆對於聲之普通感應，可以幾何光學比喻之，但須有前節所述「光線」之限制。實際上聲不能似圖上所表示那樣限自已以準確之周界。所繪圖解不過表示聲在應有範圍內之主要感應。第二十四圖，乃給一禮堂縱切面上聲音集中之概念。

至於試驗工作後之平面圖，乃預示聲之軌跡，亦如第二十四圖所示，當可證明弧光反射器之結果矣，其包圍正廳之硬面圓之牆生出許多反射，如第二十五圖所示。

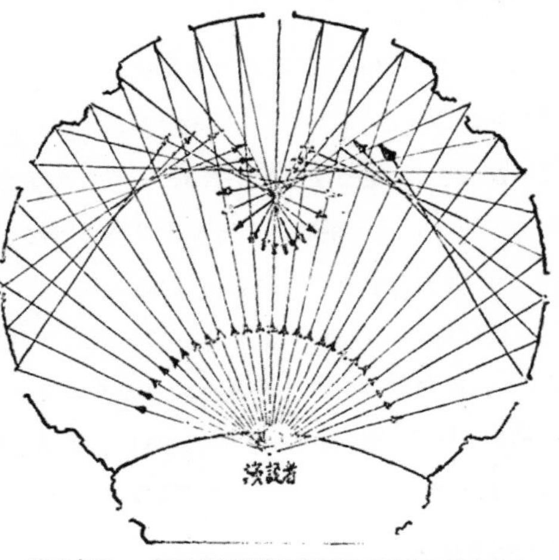

第二十五圖　禮堂平面表示圓座後牆面有的聲之集中

鋼骨水泥房屋設計

（續）

王　　進

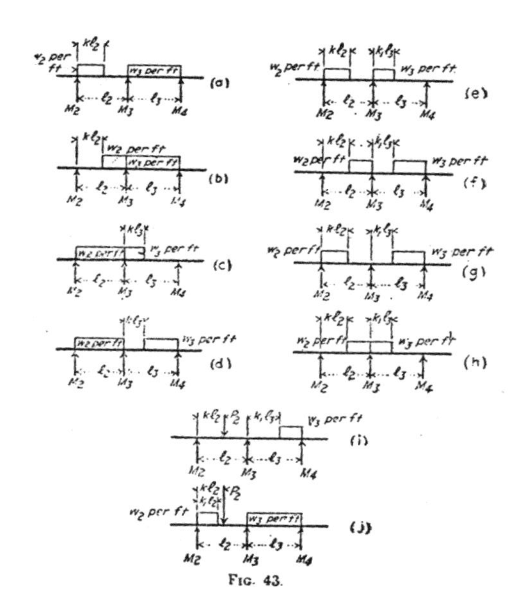

FIG. 43.

以r代 $M_2l_2+2M_3(l_2+l_3)+M_4l_3$

則上列各種載重之三彎幕公式如下：

(a) $r=-w_2l_2^3\left(\frac{k^2}{2}-\frac{k^4}{4}\right)-\frac{1}{4}w_3l_3^3$

(b) $r=-k_2l_2^3\left(\frac{1}{4}-\frac{k^2}{2}+\frac{k^4}{4}\right)-\frac{1}{4}k_3l_3^3$

(c) $r=-\frac{1}{4}w_2l_2^3-w_3l_3\left(k^2-k^3+\frac{k^4}{4}\right)$

(d) $r=-\frac{1}{4}w_2l_2^3-w_3l_3^3\left(\frac{1}{4}-k^2+k^3-\frac{k^4}{4}\right)$

(e) $r=-w_2l_2^3\left(\frac{k^2}{2}-\frac{k^4}{4}\right)-w_3l_3^3\left(k_1^2-k_1^3+\frac{k_1^4}{4}\right)$

(f) $r=-w_2l_2^3\left(\frac{1}{4}-\frac{k^2}{2}+\frac{k^3}{4}\right)-W_3l_3^3\left(\frac{1}{4}-k_1^2+k_1^3-\frac{k_1^4}{4}\right)$

(g) $r=-w_2l_2^3\left(\frac{k^2}{2}-\frac{k^4}{4}\right)-w_3l_3^3\left(\frac{1}{4}-k_1^2+k_1^3-\frac{k_1^4}{4}\right)$

(h) $r=-w_2 l_2^3\left(\frac{1}{4}-\frac{k^2}{2}+\frac{k^4}{4}\right)-w_3 l_3^3\left(k_1^2-k_1^3+\frac{k_1^4}{4}\right)$

(i) $r=-\preccurlyeq P_2 l_2^2\left(k-k^3\right)-w_3 l_3^3\left(\frac{1}{4}-k_1^2+k_1^3-\frac{k_1^4}{4}\right)$

(j) $r=-\preccurlyeq P_2 l_2^2\left(k-k^3\right)-w_2 l_2^3\left(\frac{k_1^2}{2}-\frac{k_1^4}{4}\right)-\frac{1}{4} w_3 l_3^2$

(C)

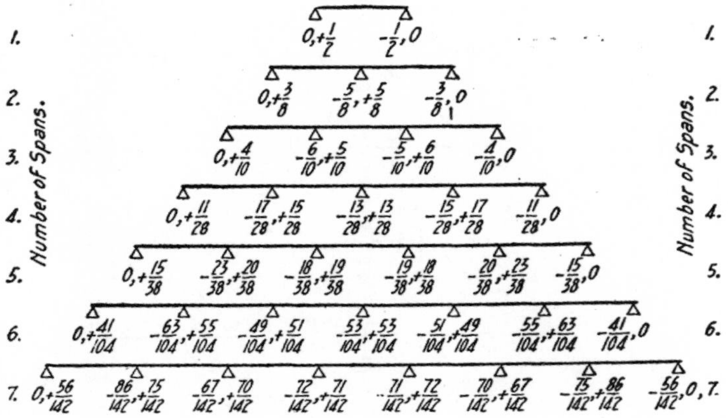

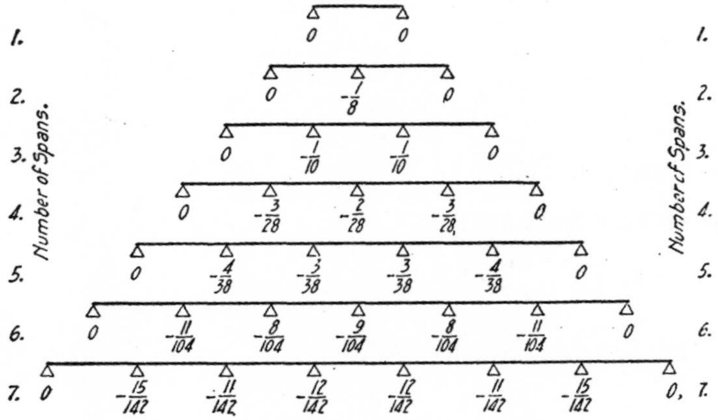

Number of Spans.

1. $0,+\frac{1}{2}$　$-\frac{1}{2},0$

2. $0,+\frac{3}{8}$　$-\frac{5}{8},+\frac{5}{8}$　$-\frac{3}{8},0$

3. $0,+\frac{4}{10}$　$-\frac{6}{10},+\frac{5}{10}$　$-\frac{5}{10},+\frac{6}{10}$　$-\frac{4}{10},0$

4. $0,+\frac{11}{28}$　$-\frac{17}{28},+\frac{15}{28}$　$-\frac{13}{28},+\frac{13}{28}$　$-\frac{15}{28},+\frac{17}{28}$　$-\frac{11}{28},0$

5. $0,+\frac{15}{38}$　$-\frac{23}{38},+\frac{20}{38}$　$-\frac{18}{38},+\frac{19}{38}$　$-\frac{19}{38},+\frac{18}{38}$　$-\frac{20}{38},+\frac{23}{38}$　$-\frac{15}{38},0$

6. $0,+\frac{41}{104}$　$-\frac{63}{104},+\frac{55}{104}$　$-\frac{49}{104},+\frac{51}{104}$　$-\frac{53}{104},+\frac{53}{104}$　$-\frac{51}{104},+\frac{49}{104}$　$-\frac{55}{104},+\frac{63}{104}$　$-\frac{41}{104},0$

7. $0,+\frac{56}{142}$　$-\frac{86}{142},+\frac{75}{142}$　$-\frac{67}{142},+\frac{70}{142}$　$-\frac{72}{142},+\frac{71}{142}$　$-\frac{71}{142},+\frac{72}{142}$　$-\frac{70}{142},+\frac{67}{142}$　$-\frac{75}{142},+\frac{86}{142}$　$-\frac{56}{142},0$

Number of Spans.

1. 0　0

2. 0　$-\frac{1}{8}$　0

3. 0　$-\frac{1}{10}$　$-\frac{1}{10}$　0

4. 0　$-\frac{3}{28}$　$-\frac{2}{28}$　$-\frac{3}{28}$　0

5. 0　$-\frac{4}{38}$　$-\frac{3}{38}$　$-\frac{3}{38}$　$-\frac{4}{38}$　0

6. 0　$-\frac{11}{104}$　$-\frac{8}{104}$　$-\frac{9}{104}$　$-\frac{8}{104}$　$-\frac{11}{104}$　0

7. 0　$-\frac{15}{142}$　$-\frac{11}{142}$　$-\frac{12}{142}$　$-\frac{12}{142}$　$-\frac{11}{142}$　$-\frac{15}{142}$　0

彌氏公式(MERRIMAN'S FORMULA)

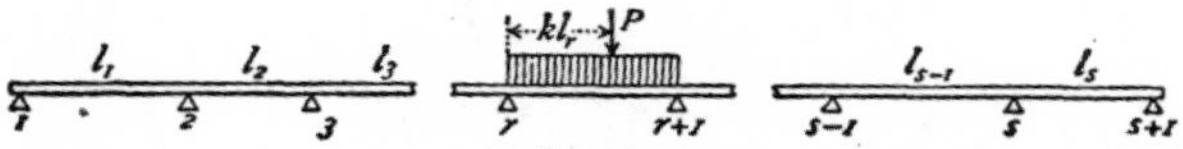

l_1　l_2　l_3　kl_r　P　l_{s-1}　l_s

1　2　3　r　r+1　s−1　s　s+1

Fig. 20.

上圖中假若跨度之總數為 S, 跨度為 l_1, l_2, l_3 ………

今若跨度 l_r 上有集中載重 P 一個，及均佈載重 wl. 欲求各支持處因受該項載重而生之彎冪

令 $C_1, C_2 \cdots\cdots C_{s+1}$ 及 $d_1, d_2 \cdots\cdots d_{s+1}$ 為兩組常數其價值惟視跨度之長短為定則

$C_1=0$

$C_2=+1$

$C_3=-2-2\left(\frac{l_1}{l_2}\right)$

$C_4=-2C_3-(2C_3+C_2)\frac{l_2}{l_3}$

$C_5=-2C_4-(2C_4+C_3)\frac{l_3}{l_4}$

……………………………

$C_{s+1}l_s=-2C_s\, l_s-(2C_s+C_{s-1})l_{s-1}$

$d_1=0$

$d_2=+1$

$d_3=-2-2\left(\frac{l_s}{l_{s-1}}\right)$

$d_4=-2d_3-(2d_3+d_2)\frac{l_{s-1}}{l_{s-2}}$

$d_5=-2d_4-(2d_4+d_3)\frac{l_{s-2}}{l_{s-3}}$

……………………………

$d_{s+1}l_1=-2d_s\, l_1-(2d_s+d_{s-1})l_2$

又令 $A=Pl_r{}^2(2k-3k^2+k^3)+\frac{1}{4}wl_r{}^3$

$B=Pl_r{}^2(k-k^3)+\frac{1}{4}wl_r{}^3$

則 n 跨度上彎冪之公式如下：

(甲)當 $n<(r+1)$ $\qquad M_n=\frac{C_n}{d_{s+1}\, l_1}(d_{s-r+2}A+d_{s-r+1}B)$

(乙)當 $n>r$ $\qquad M_n=\frac{d_{s-n+2}}{C_{s+1}\, l_s}(C_r A+C_{r+1}B)$

凡其他各支持之在 l_r 左者皆應用甲式其在 l_r 右者皆應用乙式

例　設有四個跨度之連續梁而$l_1=l_4=l$　$l_2=l_3=\frac{4}{3}l$ 今欲求第二跨度內載重對於各支持之彎冪。

解　$C_2=+1$ $\qquad d_2=+1$

$C_3=-3.5$ $\qquad d_3=-3.5$

$C_4=+13$ $\qquad d_4=+13$

$C_5 l_4=-56l$ $\qquad d_5 l_1=-56l$

$r_2=2$ ， $S=4$

$\therefore\ M_2=\frac{13A-3.5B}{56l}=-\frac{13Pl}{56}(2k-3k^2+k^3)+\frac{3.5Pl}{56}(k-k^3)$

$M_4=\frac{A-3.5B}{-56l}=-\frac{Pl}{56}(2k-3k^2+k^3)+\frac{3.5Pl}{56}(k-k^3)$

其餘 M^3等皆可照公式推算而得

VALUES OF $(k-k^3)$ AND $(2k-3k^2+k^3)$.

Read down for $(k-k^3)$.

	0	1	2	3	4	5	6	7	8	9		
0	.0000	0100	0200	0300	0399	0499	0598	0697	0795	0893	0990	9
1	.0990	1087	1183	1278	1373	1466	1559	1651	1742	1831	1920	8
2	.1920	2007	2094	2178	2262	2344	2424	2503	2580	2656	2730	7
3	.2730	2802	2872	2941	3007	3071	3134	3193	3251	3307	3360	6
4	.3360	3411	3459	3505	3548	3589	3627	3662	3694	3724	3750	5
5	.3750	3773	3794	3811	3825	3836	3844	3848	3849	3846	3840	4
6	.3840	3830	3817	3800	3779	3754	3725	3692	3656	3615	3570	3
7	.3570	3521	3468	3410	3348	3281	3210	3135	3054	2970	2880	2
8	.2880	2786	2686	2582	2473	2359	2239	2115	1985	1850	1710	1
9	.1710	1564	1413	1256	1094	0926	0753	0573	0388	0197	0000	0
		9	8	7	6	5	4	3	2	1	0	

Read up for $(2k-3k^2+k^3)$.

三彎冪公式之蛻化

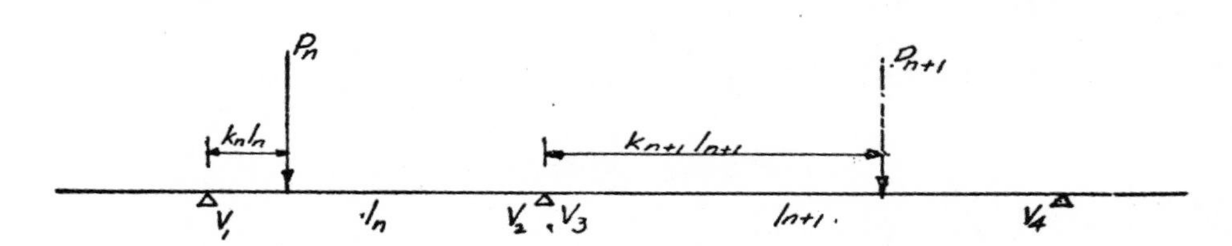

上圖中 $V_1=\dfrac{P_n(l_n-k_n l_n)}{l_n}=P_n(1-k_n)$（照單梁計算）

$V_3=P_{n+1}(1-k_{n+1})$

l_n 跨度上因 P_n 載重而生之自由彎冪(Free Moments) $=P_n(1-k_n)k_n l_n$

l_{n+1} 跨度上因 P_{n+1} 載重而生之自由彎冪 $=P_{n+1}(1-k_{n+1})k_{n+1}l_{n+1}$

l_n 跨度上自由彎冪圖面積 (AREA OF FREE BENDING MOMENT DIAGRAM)

$$A_n=\frac{P_n(1-k_n)k_n l_n^2}{2}$$

l_{n+1} 跨度上自由彎冪圖面積

$$A_{n+1}=\frac{P_{n+1}(1-k_{n+1})k_{n+1}l^2_{n+1}}{2}$$

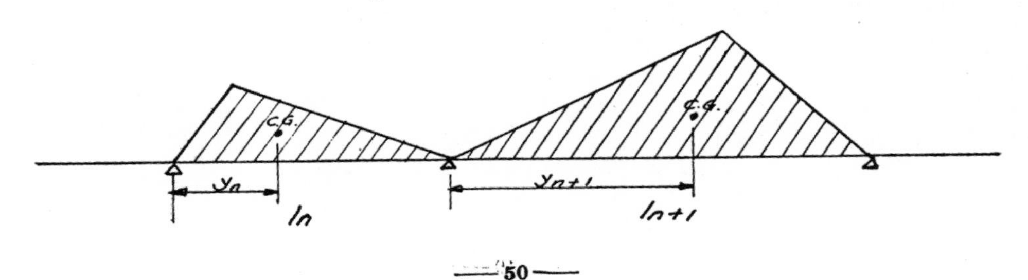

A_n 面積重心點距左端之距離　$y_n = \frac{l_n + l_n k_n}{3}$

A_{n+1} ……………………………………　$y_{n+1} = \frac{l_{n+1}(2 - k_{n+1})}{3}$

∴ $M_n l_n + 2M_{n+1}(l_n + l_{n+1}) + M_{n+2} l_{n+1} =$

$$-\left\{P_n l_n^2 \left(k_n - k_n^3\right)\right\} - \left\{P_{n+1} l_{n+1}^2 \left(2k_{n+1} - 3k_{n+1}^2 + k_{n+1}^3\right)\right\}$$

$$= -\left\{P_n l_n^2 k \left(1 - k_n^2\right)\right\} - \left\{P_{n+1} l_{n+1}^2 \; k_{n+1} \left(2 - 3k_{n+1} + k_{n+1}^2\right)\right\}$$

$$= -\left\{P_n l_n^2 k_n \left(1 - k_n\right)\left(1 + k_n\right)\right\} - \left\{P_{n+1} \; k_{n+1} l_{n+1}^2 \left(1 - k_{n+1}\right)\left(2 - k_{n+1}\right)\right\}$$

$$= -\left\{\frac{2P_n l_n^2 e_n (1 - k_n)}{2} \times \frac{3(1 + k_n) l_n}{3l_n}\right\} - \left\{\frac{2P_{n+1} \; k_{n+1} \; l_{n+1}^2 (1 - k_{n+1})}{2} \times \frac{3(2 - k_{n+1}) l_{n+1}}{3l_{n+1}}\right\}$$

$$= -\left\{2A_n \cdot \frac{3y_n}{l_n}\right\} - \left\{2A_{n+1} \cdot \frac{3y_{n+1}}{l_{n+1}}\right\}$$

$$= -6\left[\frac{A_n y_n}{l_n} + \frac{A_{n+1} y_{n+1}}{l_{n+1}}\right] \cdots\cdots\cdots\cdots (1)$$

(B)

w_n #/.　w_{n+1} #/.

V_1　l_n　V_2 V_3　l_{n+1}　V_4

l_n 跨度上因 w_n #/,之載重而生之自由彎冪 $= \frac{1}{8} w_n l_n^2$

l_{n+1} ……… w_{n+1}#/, ……………………………… $= \frac{1}{8} w_{n+1} l_{n+1}^2$

跨度上自由彎冪面積 $A_n = \frac{2}{3} \times \frac{w_n l_n^2}{8} \times l_n$

$$= \frac{w_n l_n^3}{12}$$

l_{n+1} ………………………… $A_{n+1} = \frac{w_{n+1} l_{n+1}^3}{12}$

A_n 面積重心點距左端之距離　$y_n = \frac{l_n}{2}$

A_{n+1} ………………………………　$y_{n+1} = \frac{l_{u+1}}{2}$

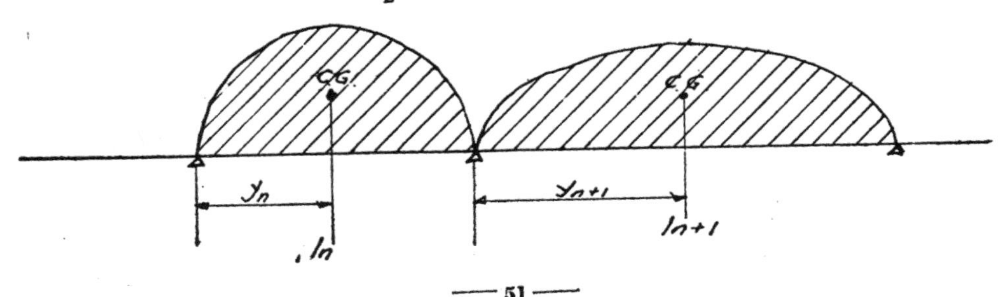

$$\therefore \quad M_n l_n + 2M_{n+1}(l_n + l_{n+1}) + M_{n+2} l_{n+1} = -\frac{1}{4} w_n l_n^3 - \frac{1}{4} w_{n+1} l_{n+1}^3$$

$$= \frac{-3\left(\frac{w_n l_n^3}{12}\right)\times\frac{l_n}{2}}{\frac{l_n}{2}} - \frac{3\left(\frac{w_{n+1} l_{n+1}^3}{12}\right)\times\frac{l_{n+1}}{2}}{\frac{l_{n+1}}{2}}$$

$$= -\frac{6A_n y_n}{l_n} - \frac{6A_{n+1} y_{n+1}}{l_{n+1}}$$

$$= -6\left(\frac{A_n y_n}{l_n} + \frac{A_{n+1} y_{n+1}}{l_{n+1}}\right) \qquad (2)$$

（2）式與（1）式定完全相同

普通均佈載重之彎冪圖爲一拋物線（Parabola）該拋物線與底線間之面積爲以底線及底線中心至拋物綫之垂直長各爲邊之長方形面積之$\frac{2}{3}$集中載重之彎冪圖爲一三角形其面積卽該三角形之面積此皆極易作之圖形故根據（1）（2）兩式參以圖解則三彎冪公式之演算較爲容易多多矣

例：

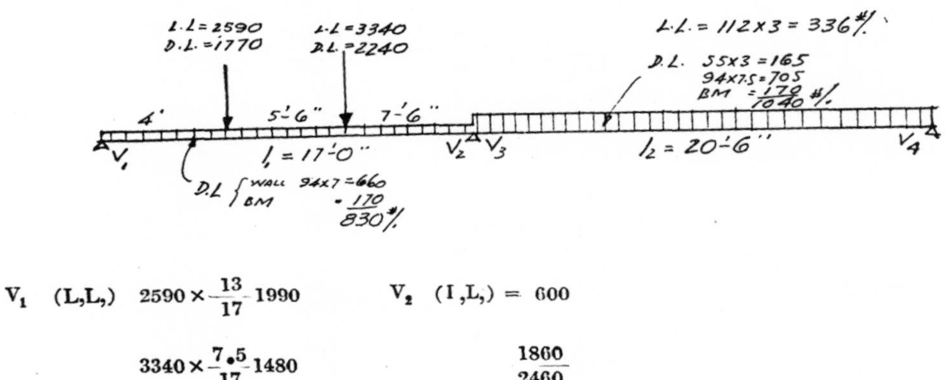

V_1 (L,L,) $2590\times\frac{13}{17}$ 1990　　　V_2 (L,L,) = 600

$3340\times\frac{7.5}{17}$ 1480　　　1860 / 2460

V_3(L,L,) $336\times10.25=3440$　　　V_4 (L,L,) = 3440

V_1 D,L, $1770\times\frac{13}{17}=1350$　　　V_2 D,L, — 420

$2240\times\frac{7.5}{17}=990$　　　1250

$830\times8.5=7060$　　　7060

$9400-2850=6550$　　　$8730+2850=11580$

$$-\frac{M,D,L,}{l_1} = -\frac{48300}{17} = 2850$$

V_3 D,L, $1040\times10.25=10700$　　　V_4 D,L, $=10700$

$+\ 2350$　　13050　　$-\frac{48300}{30.5}=23.6$　　$-\ 2350$　　8350

$M_{L.L.}$ $1990 \times 4 = 8000$ $A = 68000$

$1480 \times 9.5 = 14000$ $A = 119000$

$M_{D.L.}$ $1350 \times 4 = 5400$ $A = 46,000$

$990 \times 9.5 = 9400$ $A = 80,000$

$\frac{1}{8} \times 830 \times 17^2 = 30,000$ $A = 340,000$

$M_{L.L.}$ $\frac{1}{8} \times 336 \times \overline{20.5}^2 = 17,600$ $A = 240,000$

$M_{D.L.}$ $\frac{1}{8} \times 1040 \times \overline{20.5}^2 = 54,700$ $A = 748,000$

$$2M_1(17+20.5) = 6\left(170,000+374,000+46,000\times\frac{7}{17}+80,000\times\frac{8.8}{17}\right)$$

$$M_1 D.L. = -48,300$$

$$75M_1 = 6\left(120,000+68000\times\frac{7}{17}+119,000\times\frac{8.8}{17}\right)$$

$$M_1 L.L. = 16800$$

$M_S = 48,300 + 16800$

$M_{C1} = 20,000 + 19000$

$M_{C2_1} = 23400 + 17000$

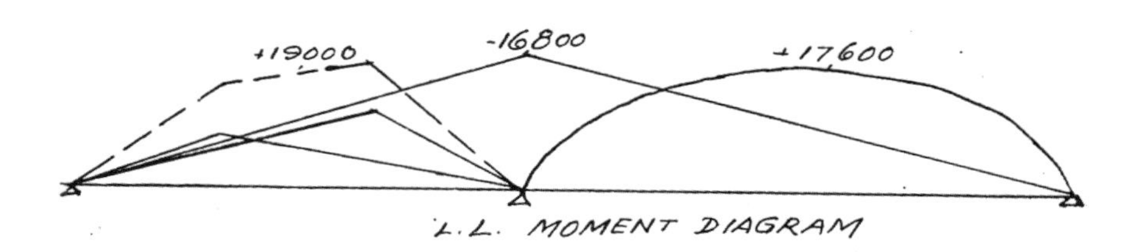

L. L. MOMENT DIAGRAM

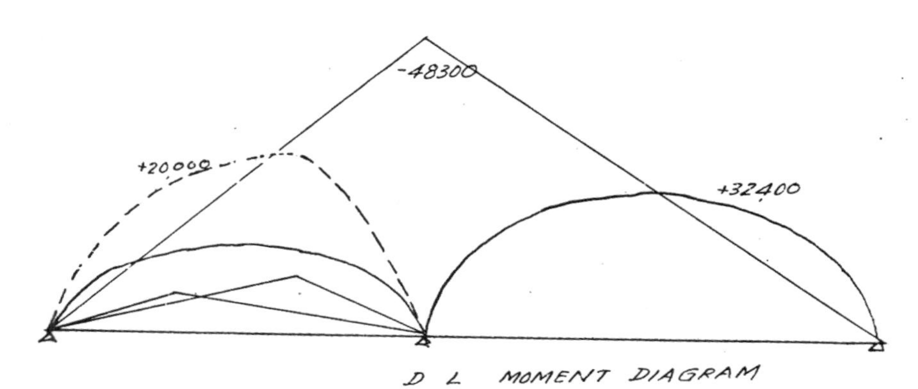

D L MOMENT DIAGRAM

第十一表

L. L.＝224井/□"

SPAN	d	TOTAL d	D.L.	M	K	P	As
4'—0"	2½"	3½"	44	428	68.5	.428	.128
5'—0"	3"	4"	50	685	76	.475	.171
5'—3"	3"	4"	50	755	84	.525	.189
5'—6"	3½"	4½"	56	845	69	.432	.181
5'—9"	3½"	4½"	56	925	75.5	.473	.198
6'—0"	3½"	4½"	56	1,010	82.5	.515	.216
6'—3"	4"	5"	63	1,120	70	.438	.21
6'—6"	4"	5"	63	1,210	75.6	.473	.227
6'—9"	4"	5"	63	1,310	82	.512	.245
7'—0"	4"	5"	63	1,406	88	.55	.264
6'—3"	43"	5½"	69	1,540	76	.475	.257
6'—6"	43"	5½"	69	1,650	81.5	.51	.275
6'—9"	43"	5½"	69	1,760	87	.543	.293
8'—0"	5"	6"	75	1,915	76.5	.48	.288
8'—3"	5"	6"	75	2,040	81.5	.51	.306
8'—6"	5"	6"	75	2,160	86.5	.54	.324
8'—9"	5½"	6½"	81	2,340	77.5	.485	.32
9'—0"	5½"	6½"	81	2,470	81.5	.51	.336
9'—3"	5½"	6½"	81	2,610	86.5	.54	.356
9'—6"	6"	7"	88	2,820	78.5	.49	.353
9'—9"	6"	7"	88	2,970	82.5	.515	.37
10'—0"	6"	7"	88	3,120	86.5	.542	.39
10'—3"	6½"	7½"	94	3,340	79	.495	.385
10'—6"	6½"	7½"	94	3,510	83	.52	.405
10'—9"	6½"	7½"	94	3,680	87.2	.545	.426
11'—0"	7"	8"	100	3,920	80	.50	.42
11'—3"	7"	8"	100	4,100	83.7	.523	.44
11'—6"	7"	8"	100	4,280	87.5	.546	.46
11'—9"	7½"	8½"	106	4,560	81.2	.507	.457
12'—0"	7½"	8½"	106	4,750	84.5	.528	.476
12'—3"	7½"	8½"	106	4,950	88.2	.56	.496
12'—6"	8"	9"	113	5,260	82.3	.514	.493
12'—9"	8"	9"	113	5,480	85.6	.535	.514
13'—0"	8"	9"	113	5,700	89	.556	.535

第十二表

L. L.=300#/□"

SPAN	d	TOTAL d	D.L.	M	K	P	A_s
4'—0"	2½"	3½"	44	550	88	.55	.165
5'—0"	3½"	4½"	56	890	72.8	.455	.191
5'—3"	3½"	4½"	56	982	80.2	.502	.211
5'—6"	3½"	4½"	56	1,076	88	.55	.231
5'—9"	4"	5"	63	1,200	75	.468	.225
6'—0"	4"	5"	63	1,306	81.7	.510	.245
6'—3"	4"	5"	63	1,420	88.7	.555	.266
6'—6"	4½"	5½"	69	1,560	77	.482	.26
6'—9"	4½"	5½"	69	1,680	83	.518	.28
7'—0"	5"	6"	75	1,840	73.6	.46	.276
7'—3"	5"	6"	75	1,970	79	.493	.295
7'—6"	5"	6"	75	2,110	84.5	.528	.317
7'—9"	5½"	6½"	81	2,290	75.6	.473	.312
8'—0"	5½"	6½"	81	2,440	81	.505	.333
8'—3"	5½"	6½"	81	2,590	85.8	.536	.354
8'—6"	6"	7"	88	2,800	78	.487	.35
8'—9"	6"	7"	88	2,970	82.5	.516	.372
9'—0"	6"	7"	88	3,140	87.3	.545	.393
9'—3"	6½"	7½"	94	3 370	80	.50	.39
9'—6"	6½"	7½"	94	3,560	84.3	.527	.412
9'—9"	6½"	7½"	94	3,745	88.7	.554	.432
10'—0"	7"	8"	100	4,000	81.7	.511	.43
10'—3"	7"	8"	100	4,200	85.8	.536	.45
10'—6"	7½"	8½"	106	4,480	79.7	.498	.448
10'—9"	7½"	8½"	106	4,700	83.6	.522	.47
11'—0"	7½"	8½"	106	4,920	87.5	.547	.492
11'—3"	8"	9"	113	5,240	82	.512	.49
11'—6"	8"	9"	113	5,460	85.5	.534	.513
11'—9"	8½"	9½"	119	5,780	80	.50	.51
12'—0"	8½"	9½"	119	6,030	83.7	.523	.534
12'—3"	8½"	9½"	119	6,290	87	.543	.554
12'—6"	9"	10"	125	6,640	82	.513	.554
12'—9"	9"	10"	125	6,910	85.3	.533	.575
13'—0"	9"	10"	125	7,180	88.7	.554	.6

建築幾何

弗立斯原著　石麟炳譯

開篇語

建築製圖，乃有系統之步驟，有規律之限制，根基造於幾何原理，造形脫胎幾何圖形，穹窿法於圓弧，桁架關係角度；甚至門窗之裝飾，牆頭之點綴，無一不由幾何形體所構成；故幾何對於建築上發生密切之關焉。惜國人不察，不求甚解，對於建築製圖，多知當然而不知所以然，如此演進，不特錯誤綦多，且記憶維艱，將年久失傳矣。弗立斯氏所著建築幾何，對於建築上需要幾何原理之解釋，最爲詳明，繪圖者得此，獲助良多，特爲譯出，以供參考。惟以前部各種形體，多簡單易明，故譯者於中部之圓形起始。按圓形在幾何中較爲繁難，於建築圖案上關係尤爲密切，果能融會貫通，則對於圖案上繁難之結構，均可迎刃而解矣。

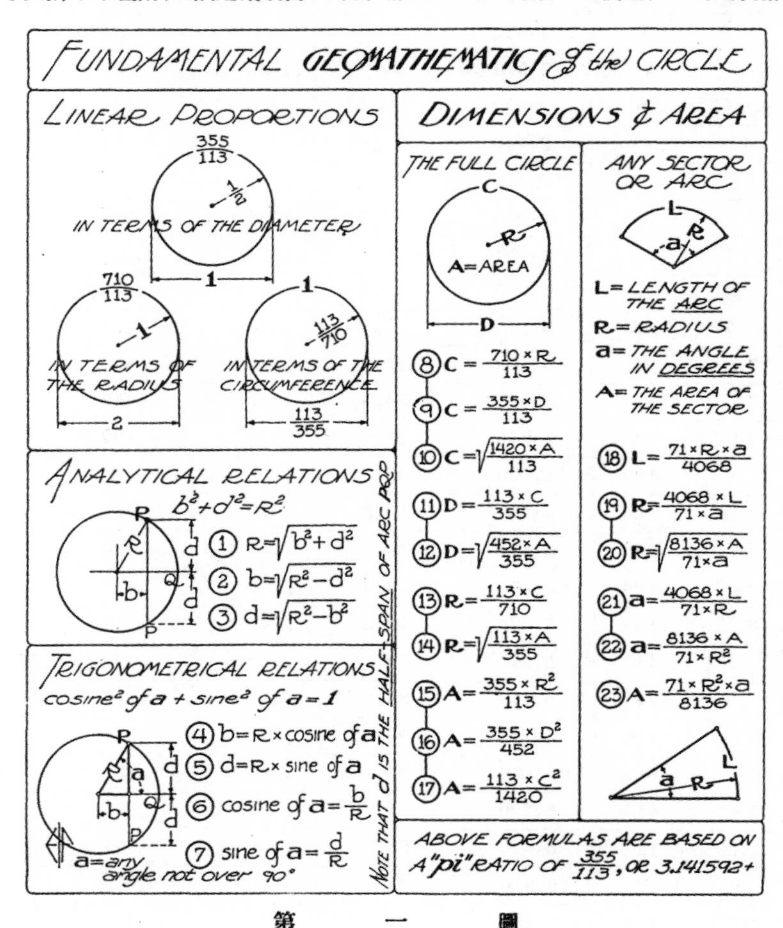

第　一　圖

第一章　圓之基礎

距中心距離相等之曲形稱爲圓，圓之一部稱爲弧，弧心之規定，不關於幾何之結構，而由於尺度之測量；幾何者預知測量之一種學術也。學識豐富之繪圖家，不但諳熟解析幾何，且能推演各種公式，由公式可求弧之長短，半徑之大小，及與繪圖上有關係之各種值，故幾何對於繪圖關係密切，不容忽視之也。

第　一　圖

此種圖形為簡單之基本圖形。第一圖左上方之三圓形，如有一項為先知數其餘二項卽可預定。設直徑為先知數，將直徑乘以355，再以113除之卽可得圓周之長，如半徑以710乘之，其結果亦同。如知圓周之長而求半徑，則113以710除之卽得。此種計算最為正確，較用圓周率3.1416之算法為更適用。

第一圖左中行之圖形，為一連環關係圖形，半徑R及b，d各距離有連帶關係，適成一連環方程式，如有二值為已知，則餘一值可由方程式獲得之。設弧之半徑R為4'—5"，d之長度為3'—9"；則b之值可依方程式2獲得之：—

$$b=\sqrt{(4\,{}^{5}/_{12})^{2}-(3\,{}^{9}/_{12})^{2}}=2\,{}^{4}/_{12}=2'—4"$$

此種計算在三角內已常見到，卽"正三角形二邊平方之和，等於弦之平方"是也。 $(h^2=a^2+b^2)$

第一圖左下方之圖，為一與三角有關係之圖形，如圖中之角度a為已知之項，再知半徑R之長度，則b與d之值可由方程式（4）（5）中獲得之：—

例如 $a=60^0$，　$R=6'—0"$；

則按方程式（4）　$b=6'\times \text{Cos}\ 60^0$

按方程式（5）　$b=6'\times \text{Sin}\ 60^0$

查對數表 $\text{Cos}\ 60^0=.5000000$，　$\text{Sin}\ 60^0=.8660254$；以此數各乘以6'或72"，卽可得b，b之值。如b與d為先知值，則由方程式（6）（7）可得a角之值。

第一圖右方二行為應用長度與面積之算法。方程式（8）至（17）應用於圓形，圓周，半徑，直徑，面積四項，如有一項為先知數，卽可求得任一項之值。方程式（18）至（23）應用於弧兩端形，弧心所連弧之線，可限制一相當之角度。設此角為a，弧長為L，半徑為R，面積為A；先知任何二項之值卽可求得其他未知值。

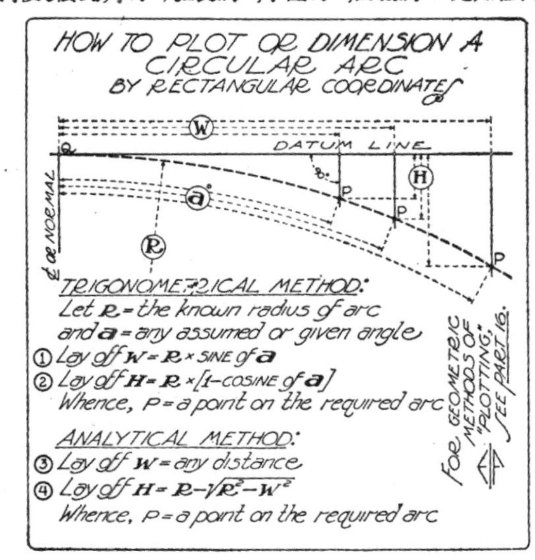

第　二　圖

如 $a=60^0$　$R=6'—0"$

則用公式(18)：$L=\dfrac{71\times R\times a}{4068}=\dfrac{71\times 6\times 60}{4068}$

$=6.283$ 呎，如.283以吋計之可得 $283\times 12=3.396$ 吋，或 $3—{}^{13}/_{32}"$；　故 $L=6'—3—{}^{13}/_{32}"$

第二圖

在建築繪圖上，常發現長大半徑之弧形，此種弧形可依圖二規定其縱橫座標。H之距離，可由方程式（2）求得之。

第三圖

第三圖之（1）表示如何規定W與H之長度，弧長L及半徑R，均為先知數，由圖二之（1）（2）方程式內可得：—

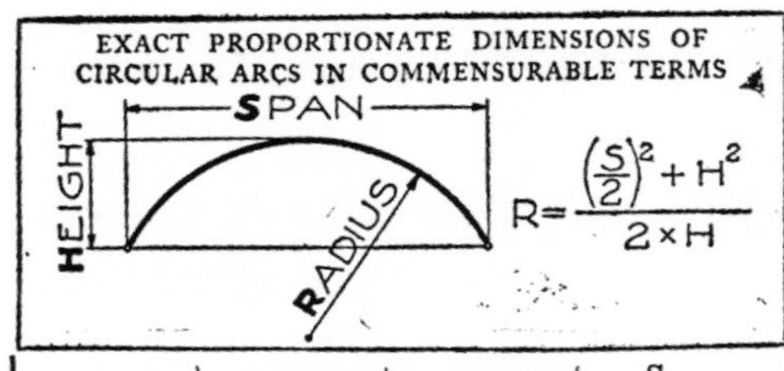

SPAN	HEICHT	RADIUS	S/H
34	1	145	34
30	1	113	30
26	1	85	26
48	2	145	24
22	1	61	22
40	2	101	20
18	1	41	18
32	2	65	16
14	1	25	14
24	2	37	12
88	8	125	11
10	1	13	10
72	8	85	9
78	9	89	8-2/3
16	2	17	8
66	9	65	7-1/3
56	8	53	7
120	18	109	6-2/3
6	1	5	6
176	32	137	5-1/2
96	18	73	5-1/3
130	25	97	5-1/5
40	8	29	6
42	9	29	4-2/3
144	32	97	4-1/2
110	25	73	4-2/5
210	49	137	4-2/7
8	2	5	4
182	49	109	3-5/7
90	25	53	3-3/5
112	32	65	3-1/2
30	9	17	3-1/3
160	50	89	3-1/5
154	49	85	3-1/7
24	8	13	3
234	81	125	2-8/9
70	25	37	2-4/5
48	18	25	2-2/3
126	49	65	2-4/7
80	32	41	2-1/2
198	81	101	2-4/9
120	50	61	2-2/5
286	121	145	2-4/11
168	72	85	2-1/3
224	98	113	2-2/7
288	128	145	2-1/4
2	1	1	2

第　一　表

而定。若各取其$^{9}/_{16}$則跨度可得 160×$^{9}/_{16}$=7'—6"，高度可得50×$^{9}/_{16}$=2'—4—$^{1}/_{8}$"半徑可得89×$^{9}/_{16}$=4'—2—$^{1}/_{16}$"。 若各取其$^{19}/_{32}$，則跨度爲7'—11"，高度爲2'—5—$^{11}/_{16}$"半徑爲4'—4—$^{27}/_{32}$"。再各取其$^{5}/_{8}$則得跨度＝8'—4"，高度＝2'—7—$^{1}/_{4}$"，半徑＝4'—7—$^{5}/_{8}$"。故藉此表可以作成任何應用之比例。

如在特殊情形，高度與跨度均爲不可變易之值，並在表中查不到 S/H 之正確值則可應用表內右上方之公式計算之。 例如固定跨度爲 45'—2"，固定高度爲5'—6"，S/H＝8 —$^{7}/_{33}$，在表內無此特殊比例。 若將S/H改成$^{1}/_{8}$則5'—6"之高度，須改爲 5'—7—$^{3}/_{4}$" 如此則半徑適爲跨度之$^{17}/_{16}$，或爲47'—11—$^{7}/_{8}$"一，在表內適成如下之比例：—

跨度＝16，　高度＝2，　半徑＝17。

如高度爲不可變易之值，則須藉表內之公式計算。

$$R = \frac{\left(\frac{S}{2}\right)^2 + H^2}{2 \times H}$$

$$\left(\frac{S}{2}\right)^2 = (22'—7")^2 = (271")^2 = 73441\square"$$

$$H^2 = (5'—6")^2 = (66")^2 = 4356\square"$$

$$\therefore R = \frac{73441+4356}{2\times 66} = \frac{77797}{132} = 589—(^{49}/_{132}")$$

或　49'—1—($^{49}/_{132}$")

或近似　49'—1—$^{3}/_{8}$"

此種計算如以呎爲單位，則(22'—70)^2=510.0069口，(5'—6")^2=30.25口"，和數爲540.2569口"，以11除之(2H ＝11)則得49.1142"卽爲半徑之值。.1142"以12乘之則得1.37"近似値爲1—$^{3}/_{8}$"，與以前之值同。至於弧之相交法，則於下圖中討論之。

第四圖　第五圖　第六圖　第七圖　第八圖

四，五，六，七各種圖形，均可由第八各方程式內求得各項未知數。圖八中之(A) 弧爲一單圓心之簡單弧形，此種弧形，在環拱，角額綫，圓窗，人字形頂，拱形天

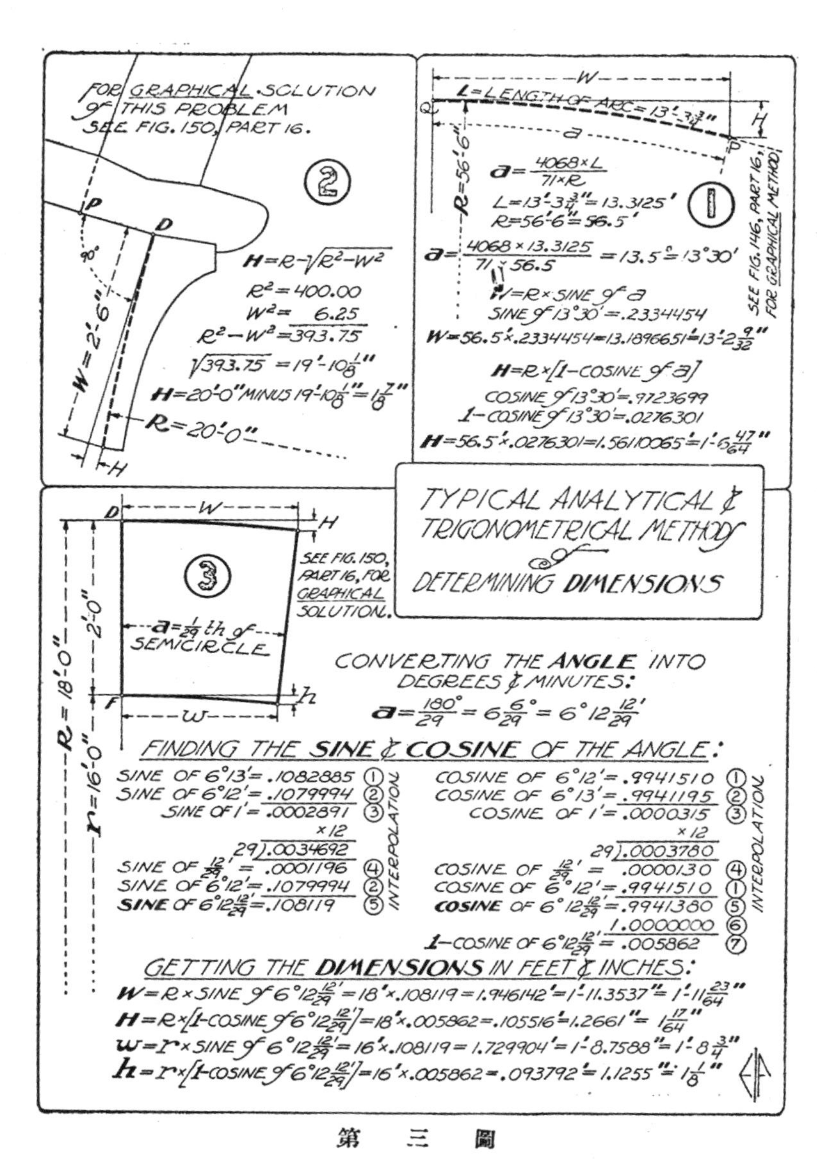

第　三　圖

$W=R \times \sin a$

$H=R \times (1-\cos a)$

第三圖之(2)W與R均爲先知數，即可由圖二之方程式(4)求得H之值。詳細之計算法，則由本圖標明，讀者可一目瞭然也。

第三圖之(3)爲同一之題目而用三角法求得各項之值。預知 a 角爲半圓之1/29因一角之正弦(Sine of an angle)愈大則角度亦愈大。至於餘弦(Cosine of an angle)則餘弦愈大而角度愈小。故本圖中之用正弦計算法，第四項加第二項而得第五項；用餘弦計算法，第一項減第四項而得第五項。求W, H,與W,h各值，均可由本圖中求得之。

作者爲便利起見，將常用幾種弧之跨度，弧之半徑，及弧頂至跨度線之高度列成一表，並於表之右上方列有方程式，以證明此三項之互相配合。表中之第四行爲跨度與高度之比，繪圖者可按此種比例，而採取相當弧形。例如某種設計跨度之長爲 5'—6"，弧頂至跨度線之距離爲 11"，則跨度與高度之比爲 5'—6"/11" =66"/11" =6。由表中查出 S/H=6時，跨度=6,高度 =1,半徑=5。又或設計一弓形窗，闊8'—0"投射線爲 2'—6"，則闊即爲跨度，投射線即爲高度，跨度與高度之比爲 96"/30"=3—1/5，由表中查出S/H = 3 —1/5 時跨度=160，高度=50，半徑=89故在一長8'—0"之固定跨度內，高度爲2'—6"；故所求半徑之長爲跨度長之89/160，即89/160 × 96 =53'—2/5"，但2/5"在繪圖上多不適用宜設法改爲三十二進位，則 2/5"=40/10000"=13/32"；故所求半徑長度爲4'—5—13/32"

上面弧形，按表內各項之比例，跨度=160，高度=50，半徑=89，若以單位稱之，則呎，吋，米，糎，均可隨意

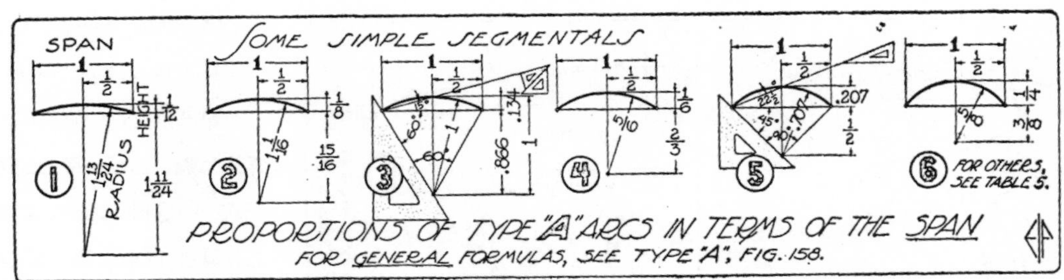

第四圖

花，拱形屋頂，及拱形桁架等處，均常是之。在本圖內，已知數均用重線字體表示，而未知各值則可由方程式求得。 關於此種弧線，在繪圖室所需要各項爲跨度S，半跨度W，高度H，半徑R，與基線至弧心之距離L。W與H常爲設計時之固定值，其他各項則可由此二值中求得之。 第一方程式求半徑之長，與第一表之方程式恰相符合，蓋W適爲半跨度即S/2也。

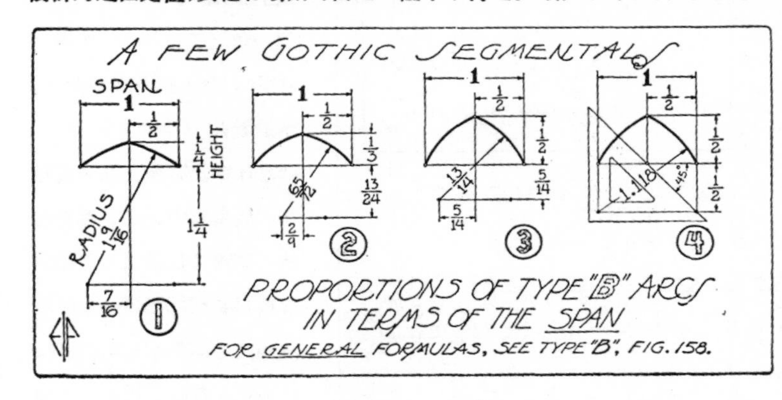

第五圖

圖八中之(B)弧爲在基線下任何地位用二弧心作成之弧形，此種弧形，爲峨特式弧，(Gothic arch)蓋峨特式建築上多用此種弧形也。

弧形內之距離V，半徑W，高度H，均爲先知數，可藉此由第(1)(2)公式中求得L與半徑R之長度。

圖八(C)弧爲恰在基線上任何地位用二弧心作成之弧形，此種弧形包括峨特式所有之形式無論頂端爲尖銳或爲圓鈍，均可任意擇二圓心作成。 在回教建築與頂圓建築上亦多採用此種弧形。 弧半徑之求法可由方程式(1)之半跨度W及高度H求得之。

第八圖中之(D)弧在羅馬式建築上多採用之回教建築亦間有採用者。 此種弧形用四段弧形結構而成，腰弧之圓心，永遠恰在基線上，頂弧之圓心則在基線下之任何地位。如腰弧與頂弧相交點適成正切時，則成一三弧心之弧形在第七圖中之(C)圖即爲此種弧形。圖中之方程式無論其爲三弧心或四弧心均可

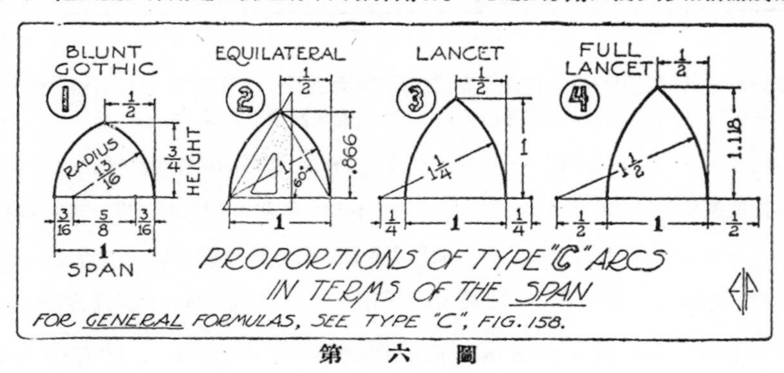

第六圖

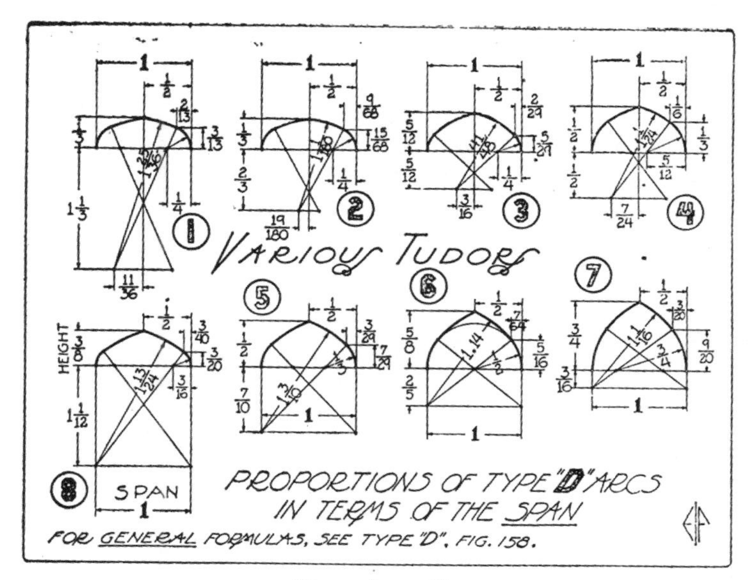

第七圖

應用，惟方程式(11)及(12)則僅直接應用於三弧心之弧形。方程式中之半跨度W及高度H，多於設計時預先規定，頂弧半徑R之長度及V之距離，非用方程式可以解決，須用量算法求得之。故W，H,R,V，均爲先知數其餘未知數，卽可由方程式求得之。

圖九

本圖爲各種在繪圖室內常發現之圖形，比例呎均詳細注明約爲$\frac{1''}{32}$—1'—0"，。至於此種圖形之解答則將於下章討論之。

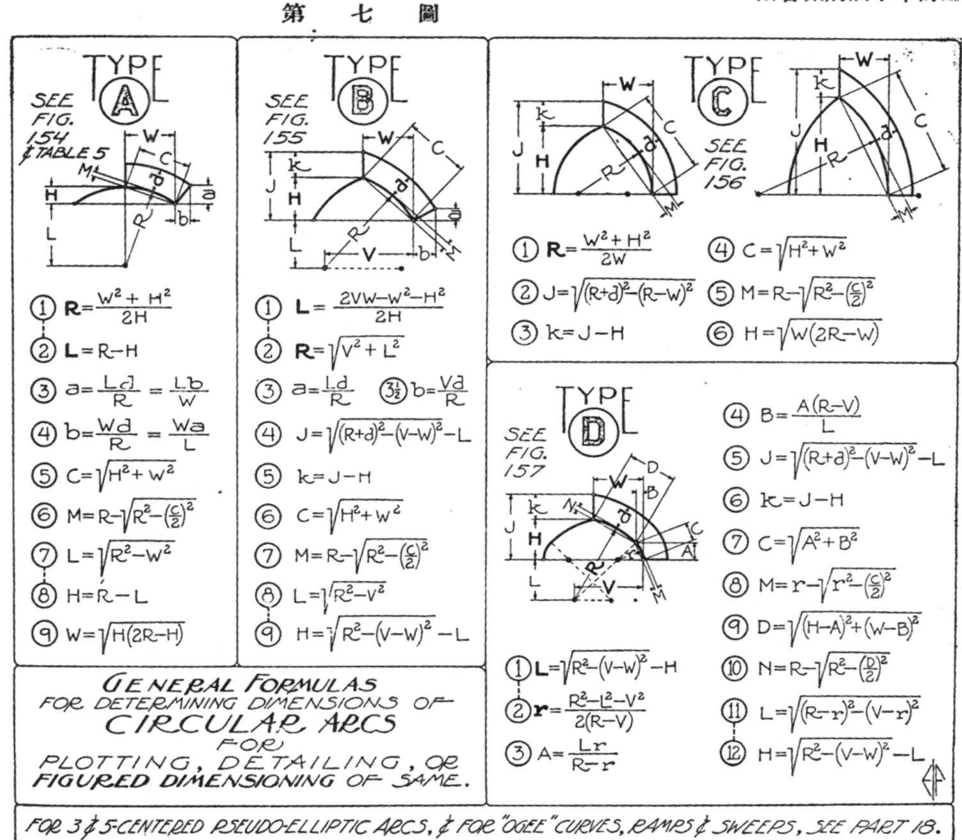

第八圖

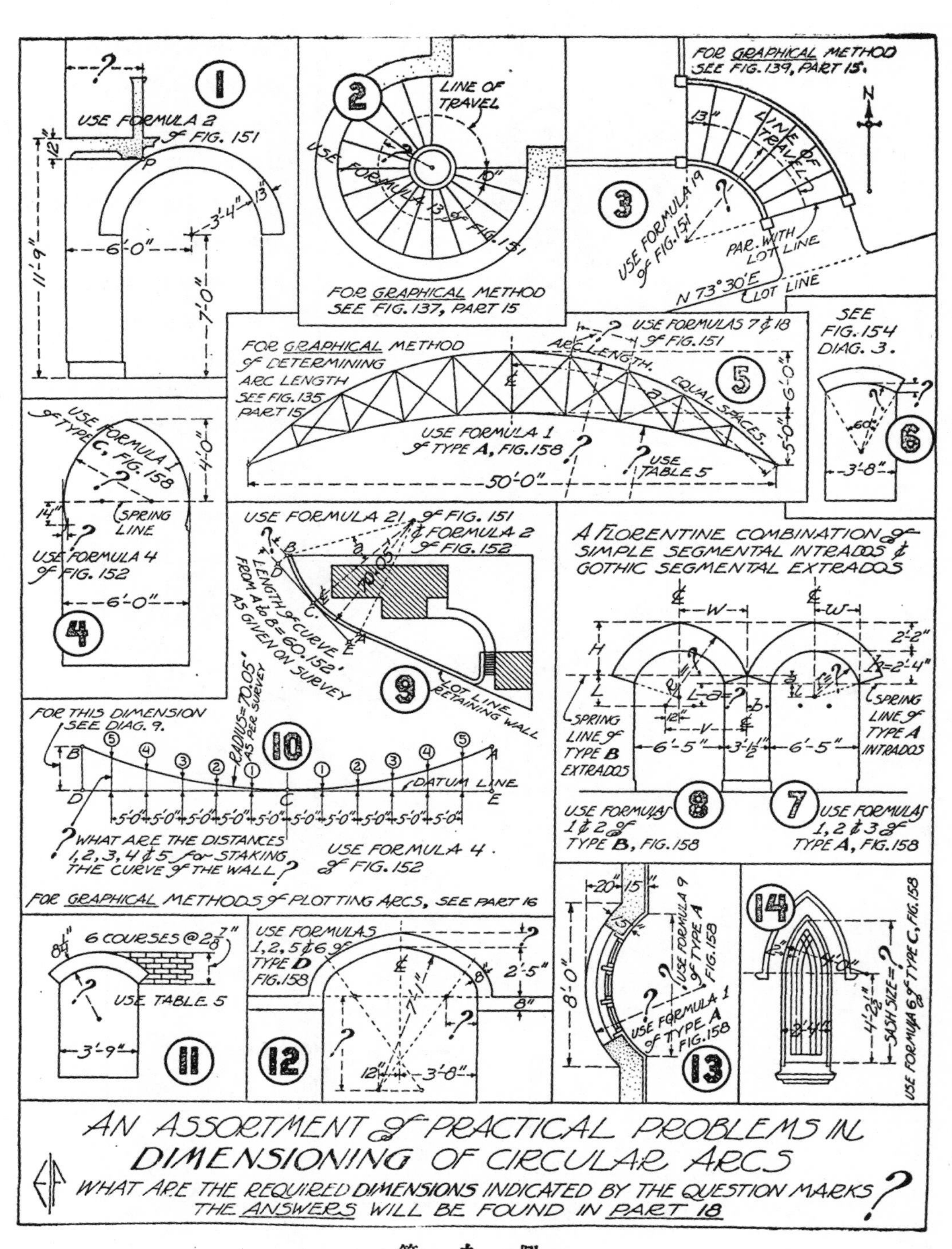
AN ASSORTMENT OF PRACTICAL PROBLEMS IN
DIMENSIONING OF CIRCULAR ARCS
WHAT ARE THE REQUIRED DIMENSIONS INDICATED BY THE QUESTION MARKS?
THE ANSWERS WILL BE FOUND IN PART 18
USE FORMULA 2 OF FIG. 151
FOR GRAPHICAL METHOD SEE FIG. 137, PART 15
USE FORMULA 13 OF FIG. 151
LINE OF TRAVEL
FOR GRAPHICAL METHOD SEE FIG. 139, PART 15.
USE FORMULA 19 OF FIG. 151
PAR. WITH LOT LINE
N 73° 30' E LOT LINE
FOR GRAPHICAL METHOD OF DETERMINING ARC LENGTH SEE FIG. 135 PART 15
USE FORMULAS 7 & 18 OF FIG. 151
ARC LENGTH
EQUAL SPACES
USE FORMULA 1 OF TYPE A, FIG. 158
USE TABLE 5
SEE FIG. 154 DIAG. 3.
USE FORMULA 1 OF TYPE C, FIG. 158
SPRING LINE
USE FORMULA 4 OF FIG. 152
USE FORMULA 21 OF FIG. 151
& FORMULA 2 OF FIG. 152
LENGTH OF CURVE FROM A to B = 60.152' AS GIVEN ON SURVEY
LOT LINE RETAINING WALL
A FLORENTINE COMBINATION OF SIMPLE SEGMENTAL INTRADOS & GOTHIC SEGMENTAL EXTRADOS
SPRING LINE OF TYPE B EXTRADOS
SPRING LINE OF TYPE A INTRADOS
USE FORMULAS 1 & 2 OF TYPE B, FIG. 158
USE FORMULAS 1, 2 & 3 OF TYPE A, FIG. 158
FOR THIS DIMENSION SEE DIAG. 9.
RADIUS = 70.05' AS PER SURVEY
DATUM LINE
WHAT ARE THE DISTANCES 1, 2, 3, 4 & 5 FOR STAKING THE CURVE OF THE WALL?
USE FORMULA 4 OF FIG. 152
FOR GRAPHICAL METHODS OF PLOTTING ARCS, SEE PART 16
6 COURSES @ 2 7/8"
USE TABLE 5
USE FORMULAS 1, 2, 5 & 6 OF TYPE D FIG. 158
USE FORMULA 9 OF TYPE A FIG. 158
USE FORMULA 1 OF TYPE A FIG. 158
SASH SIZE = ?
USE FORMULA 6 OF TYPE C, FIG. 158

第九圖

房屋底脚(FOOTING)

王　進

第一章　牆基(WALL FOOTING)

在完全鋼骨水泥構架之房屋中，上部各層之磚牆皆砌於大料之上，所落地者只底下一層，其高度普通爲十尺至十四尺，至多亦不過二十尺，且上部並無他種載重負荷于上，故其下壓力不大，底脚卽灰漿三和土已能勝任，實無須鋼骨水泥牆基，但今之市屋，住房，類皆爲樓板木擱柵牆垣所成，其結構之方法，係樓板置于擱柵之上，擱柵承重于牆垣之間，故樓板之載重，皆歸牆垣負担，牆之下壓力，因而加大，有時非用鋼骨水泥基承之，實難保無下陷之虞。

鋼骨牆基之構造極爲簡單(如圖一所示)，故其計算之方法亦易，茲設例以明之如下：

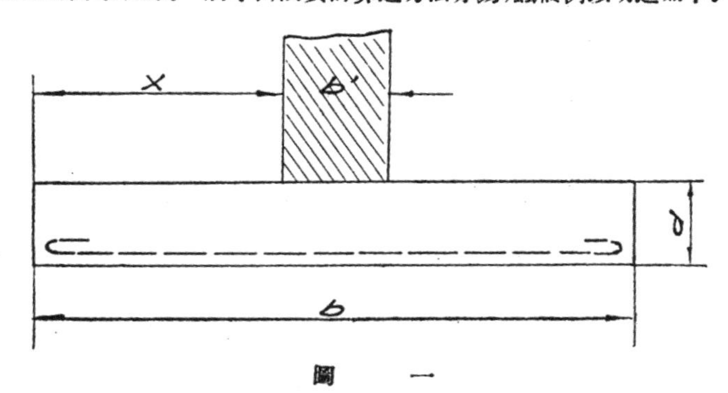

圖　一

設牆垣每尺載重(連牆身本重在內)爲 10,000 磅

泥土上壓力爲 1,700 磅/方呎

則　$b=\dfrac{10000}{1700}=6$呎

設　$b'=20$ 吋

則　$x=\dfrac{(6'-0''-20'')}{2}=2$呎2吋

牆基之最大彎冪 (Bending Moment)—在牆面處

$$M=1700\times\frac{2.17^2}{2}=4{,}000\ \text{呎磅}$$

$$d=\sqrt{\frac{4000}{88.9}}=6.7''\ \text{用8吋}$$

$$As=\frac{4000\times12}{16000\times8}=0.385\ \text{方吋}$$

用 3/8吋方@ 4 吋

牆基之通用公式可演繹之如下：

設　W＝牆垣上每尺長之載重(牆身本重在內)

　　w＝泥土上壓力 磅/方尺

　　b'＝牆身厚度

　　b＝牆基寬度

　　d＝牆基厚度

則　$b=\frac{W}{w}$

$$M=\frac{\left(\frac{b-d'}{2}\right)^2}{2}\times w$$

$$=\frac{1}{8}w(b-b')^2 \text{ 呎磅} \cdots\cdots(1)$$

或

$$1.5w(b-b')^2 \text{ 吋磅} \cdots\cdots(2)$$

$$d=\sqrt{\frac{M}{bk}}=\sqrt{\frac{M(\text{吋磅})}{12\times 88.9}} \cdots\cdots(3)$$

$$As=\frac{M\text{吋磅}}{fsjd} \cdots\cdots(4)$$

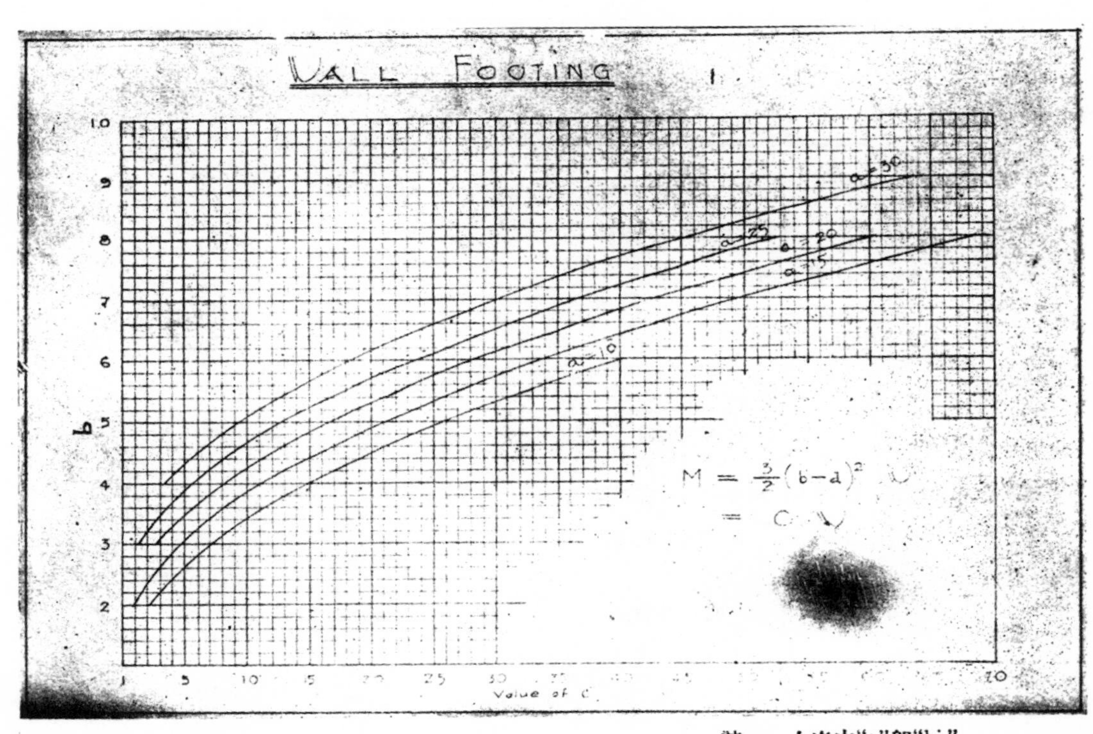

註　上表中"a"即"b'"

牆　　基

$$M = \frac{3}{2}(b - b')^2 w = Cw$$

b	"C." 之 值				
	b' 10"	b' 15"	b' 20"	b' 25"	b' 30
2'—0"	2.05	0.85			
2'—6"	4.18	2.35			
3'—0"	7.07	4.60	2.66	1.27	
3'—6"	10.70	7.60	5.02	3.02	
4'—0"	15.10	11.35	8.15	5.53	3.48
4'—6"	20.20	15.85	12.00	8.78	6.00
5'—0"	26.10	21.10	16.65	12.80	9.37
5'—6"	32.70	27.10	22.00	17.55	13.50
6'—0"	40.10	33.90	28.15	24.05	18.40
6'—6"		41.30	35.10	29.30	24.00
7'—0"		49.50	42.60	36.30	30.40
7'—6"		58.50	51.00	44.10	37.50
8'—0"		68.30	60.20	52.50	45.50
8'—6"					54.00
9'—0"					63.50

自上表中，已知b與b'之大小，卽可查出M之數量

第二章　柱基(COLUMN FOOTING)

柱基之種類可約分之如下：

(1)單柱基(SINGLE FOOTING)

(2)聯合柱基(COMBINED FOOTING)

(3)懸柱基(CANTILEVER FOOTING)

單柱基

單柱基再分二種：

(甲)正方形單柱基

(乙)長方形單柱基

正方形單柱基

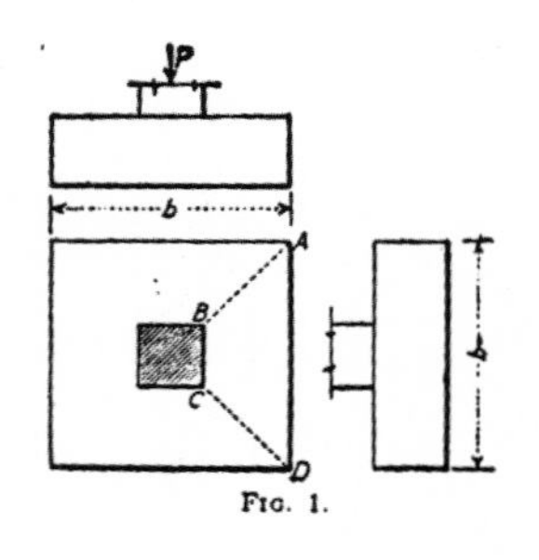

Fig. 1.

（甲）彎羃之定法

柱基底之上壓力，為均佈的，故計算彎羃時，可分柱基底為四個等相梯形。先求該梯形之重心離柱面之距離，以該梯形底下之總上壓力乘之卽得，所以乘重心離柱面之距離者，良以柱基之最大撓幾在柱面處故也。

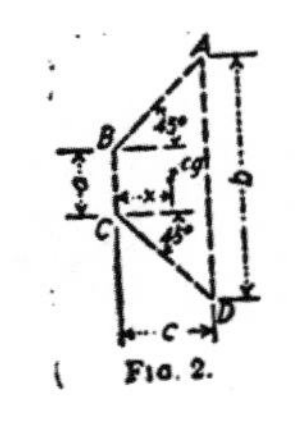

Fig. 2.

如圖二今設　P'＝柱之總載重

P"＝柱基本重（約為柱總載重10%）

a＝柱之一邊

b＝柱基之寬度

w＝柱基下之均佈上壓力

則　$w=\frac{P}{b^2}$

每個梯形之總上壓力$=\frac{P}{b^2}\left(\frac{b-a}{2}\right)\left(\frac{b+a}{2}\right)$

$=\frac{P(b^2-a^2)}{4b^2}$

$M=\frac{(b-a^2)}{4b^2}Px$……………………………………(1)

式中 $x=\frac{\frac{ac}{2}+\frac{2}{3}c^2}{a+c}$　其求法如下：

$$x=\frac{2\times\frac{c^2}{2}\times\frac{2c}{3}+ac\times\frac{c}{2}}{c^2+ac}$$

$$=\frac{\frac{2c^3}{3}+\frac{ac^2}{2}}{c^2+ac}$$

$$=\frac{\frac{2c^2}{3}+\frac{ac^2}{2}}{a+c}$$

以x之值，代入(1)式

$$M=\frac{(b-a)^2(2b+a)}{24b^2}P$$

以　c_1代$\frac{(b-a)^2(2b+a)}{24b^2}$

則　$M=c_1P$

（2）穿空剪力　各柱基之厚度不足，則柱基在柱子下之一塊卽與其他部份脫離，故穿空剪力全由柱面下柱基部份負担，其面積為四個ad，柱基在柱面下之各面ad上之穿空剪力，規定不得大于120磅/方吋；故在設計柱基時，其厚度d之值，當由彎羃及穿空剪力兩者為定，孰者為大，卽用孰者，柱基ad面積所受之總穿空剪力為柱總載

最乘一係數,此係數之值為

$$\frac{\text{柱基面積}-\text{柱面積}}{\text{柱基面積}} \quad \text{卽} \quad \frac{b^2-a^2}{b^2}$$

故 $$v(\text{單位剪力})=\frac{\left(\frac{b^2-a^2}{b^2}\right)P}{4ad}$$

而 $$a=\frac{\frac{(b^2-a^2)}{b^2}P}{4\times120\times a}$$

為省事計,式中 a^2 卽基之面積往往拋却不算

卽 $$d=\frac{P}{4\times120a}$$

DIAGRAM 1

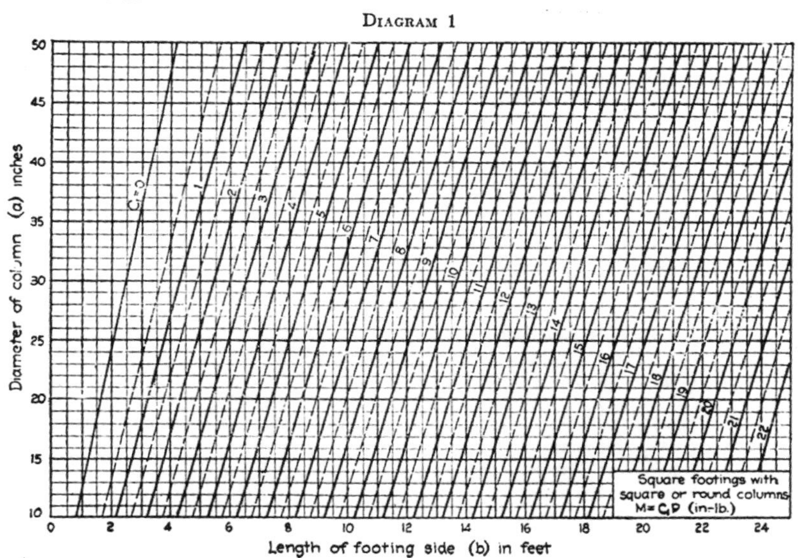

長方形柱基

(甲)圓柱或方柱

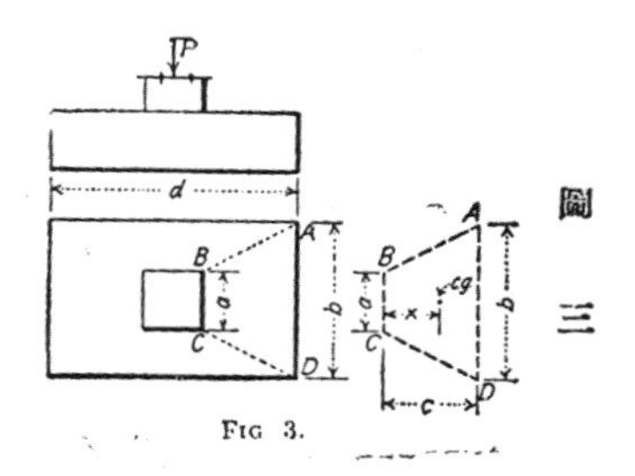

圖三

FIG 3.

在長方形柱基中,如圖三,因柱基兩邊 b 與 b'之不等長,故其所分成之四個梯亦不相等,因之柱面 a 與 b 間梯形上之總上壓力及柱面 a 與 b'間梯形上之總上壓力皆須分別計算。

柱面與 b 相並行之一面彎冪可求之如下:

圖中
$$x=\frac{ac\times\frac{c}{2}+2\times c\times\frac{b-a}{4}\times\frac{2c}{3}}{\left(\frac{a+b}{2}\right)c}$$

$$=\frac{ac+\frac{2}{3}c(b-a)}{a+b}$$

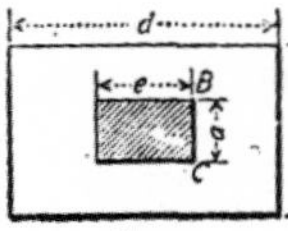

$$M=\frac{P}{bb'}\times\frac{(a+b)c}{2}x$$

$$=\frac{Pc^2(a+2b)}{6bb'}$$

圖四

Fig. 4.

∴
$$c=\frac{b'-a}{2}$$

∴
$$M=\frac{P\left(\frac{b'-a}{2}\right)^2(a+2b)}{6bb'}$$

$$=\frac{Pb'}{24}\left(2+\frac{a}{b}\right)\left(1-\frac{a}{b'}\right)^2$$

以 c_2 代 $\frac{1}{24}\left(2+\frac{a}{b}\right)\left(1-\frac{a}{b'}\right)^2$

Diagram 2

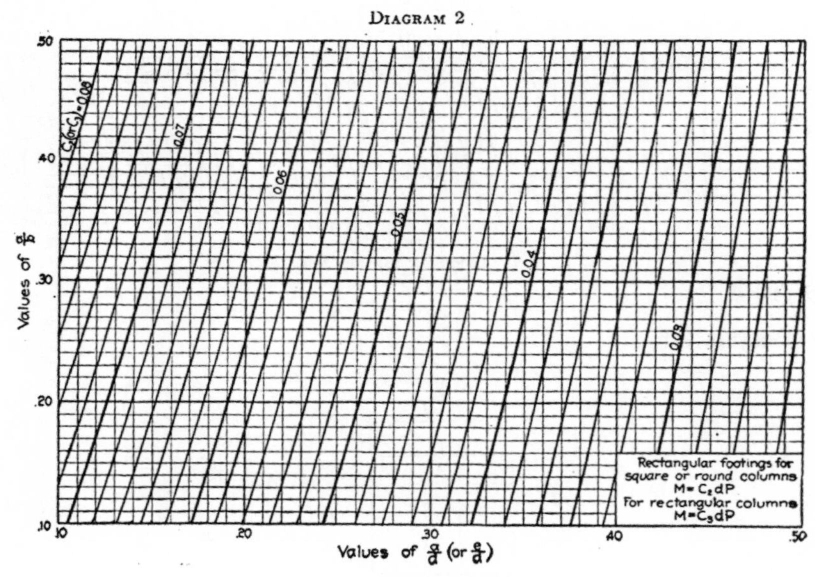

則 $M=c_2Pb'$

基柱面a與b'相並形處之彎冪為

$$M=c_2Pb'$$

(乙)長方柱形

倘柱基爲長方形而柱子亦爲長方形如圖四則

$$M=c_3b'P$$

式中 $c_3=\frac{1}{24}\left(2+\frac{a}{b}\right)\left(1-\frac{e}{b'}\right)^2$

上式中 c_3之值亦可由上表中檢出之

柱基厚度之定法

柱基厚度當由撓幾及穿空剪力定之上節中已詳述之，茲將其公式表出之如下：

$$d_1=\sqrt{\frac{M\text{吋磅}}{12K}}=\sqrt{\frac{M\text{吋磅}}{12\times88.9}}\text{或}\sqrt{\frac{M\text{吋磅}}{88.9}}\cdots\cdots\cdots(1)$$

$$d_2=\frac{\left(\frac{b^2-a^2}{b^2}\right)P}{4\times120a}\cdots\cdots\cdots(2)$$

第一式 d_1之值爲由M中求得第二式 d_2爲由穿空剪力求得。若 $d_1>d^2$，則柱基之厚度卽用$d=d_1$，反之，若$d^2>d_1$，則柱基之厚度應用$d=d_2$。

鋼骨面積之求法

一柱基，既知其彎冪M及厚度d之值，乃可進而求鋼骨面積As之值，其公式如下：

$$As=\frac{M}{fsjd}$$

設 $fs=18,000$

$j=0.889$

則 $As=\frac{M}{16000d}$

滑力（BOND STRESS）

柱基中鋼條之滑力可用下列公式求之

$$u=\frac{V}{\Sigma ojd}$$

式中 u＝單位滑力 磅/方吋

V＝總剪力

Σo＝柱基内鋼條之總圓周（Perimeter）

d＝厚度

設 V＝28,900 磅

d＝32 吋

鋼骨爲15根⅝吋圓

則 $u=\frac{28900\times\frac{1}{4}}{1.96\times14\times0.875\times32}=94$ 磅/方吋

式中 j之值假定爲0.875

聯合柱基

房屋外柱柱面常有貼隣界線者，柱面之外旣爲他人所有，則其柱基勢不能伸出界綫之外，若承之以單柱基(SINGLE FOOTING)則離心距(ECCENTRICITY)太大，柱中易生彎冪，此項彎冪爲量甚小，則補救有方，倘無大礙，否則該柱爲欲使抵擠抵拉，兼蓄並顧起見，或須加多鋼條，或宜加大柱身，殊不合算；因有聯合柱基之發明，所謂聯合柱基者卽將外柱與內柱之柱基，合而爲一也，聯合柱基之大小厚薄與夫鋼條之多少，其計算方法可設例以明之如下：

若圖五，設有內外兩柱外柱貼隣界綫，其載重爲P_1，內柱載重爲P_2，則二柱載重之重心，距外柱之中心綫爲

$$x_1=\frac{P_2l_1}{P_1+P_2}$$

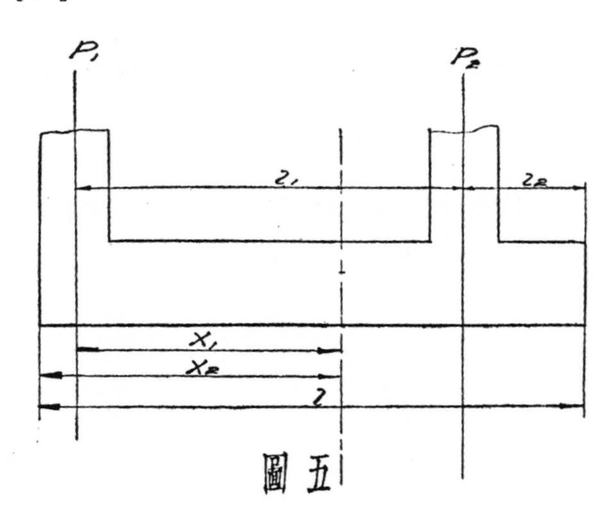

圖五

而重心距外柱之外柱面則爲

$$x_2=x_1+\frac{d}{2}$$

旣知x_2之值，以二乘之，卽得柱之總長度(l)

二柱之總載重爲P_1+P_2再加10%之柱基本重則

$$P=(P_1+P_1)(1+10\%)。$$

所須之承重泥土面積爲 $A=\frac{P}{Sp}$

式中 Sp 爲泥土之上壓力，上海市市工務局規定爲1600磅/方呎，工部局規定爲1700磅/方呎

以l除A，則卽得b(柱基寬度)

聯合柱基之縱斷面 (SECTION)，如圖六所示，實爲一倒T－形大料，故其計算之方法，胥與T－形大料相埒。

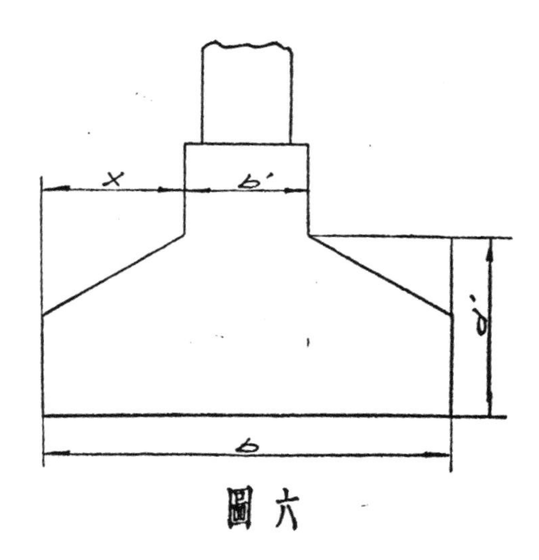

圖六

水泥板之計算：

跨度 $x=\frac{b-b'}{2}$

載重 $=Sp$ 磅/方呎

—2

彎冪 $M=Sp\times\frac{x}{2}$

水泥板厚度 $d=\sqrt{\frac{M_{\text{吋磅}}}{12K}}=\sqrt{\frac{M_{\text{吋磅}}}{88.9}}$

$As=\frac{M}{fsjd}=\frac{M}{16000d}$

倒T－形大料之計算：

跨度＝ l_1

載重＝bSp磅/呎

彎冪＝$\frac{1}{10}bSpl^2\times12$

（注意此項彎冪可以$^1/_{10}$計算）

撓幾既得，乃可進而求k，p 及A_s之值，其法一如他種大料茲不贅述。

梯形聯合柱基：

上節所述之柱基，其一端伸出內柱面甚長，但若二柱之外柱面皆在界綫上，或以地勢關係，柱基之一端不能伸出于柱面外甚遠之處，則上節所述之聯合柱基即不能應用，而必欲易以梯形聯合柱基。

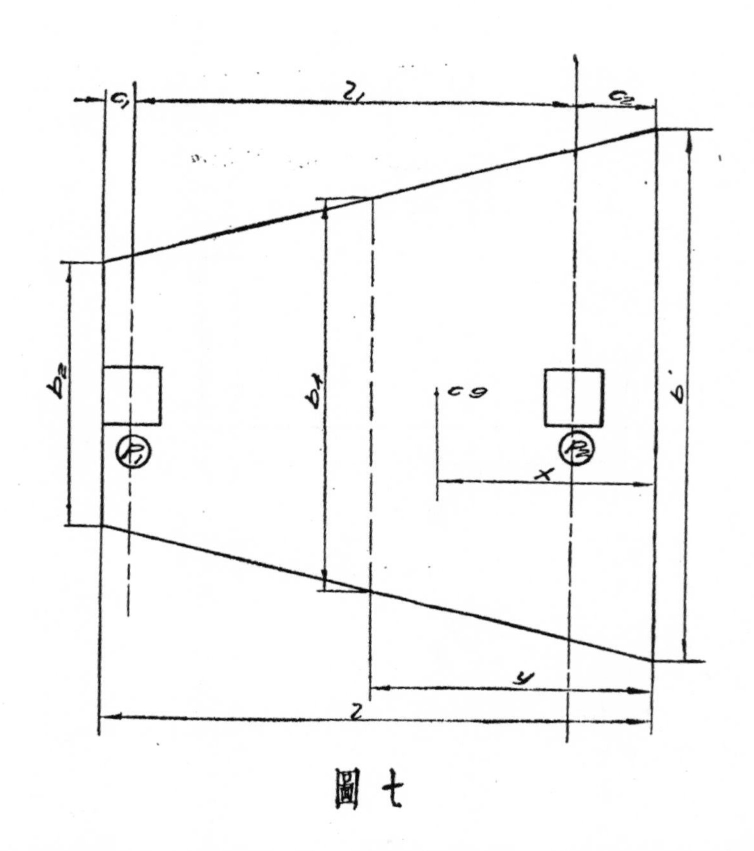

圖七

欲求梯形柱基之面積，應先求柱載重之重心。柱載重之重心必與泥土上壓力之重心（按卽柱基底之重心）相針對，然後上壓力與下壓力相持平衡，故底面重心，其離任何一柱基邊（平行之兩邊）之距離（x）必相等如圖七，按之梯形面積重心之公式，

$$x=\frac{l(2b_2+b_1)}{3(b_1+b_2)}\cdots\cdots(1)$$

上式中 與x皆爲已知之數（按x之値先從二基載重之重心求得）

$$令\quad\left(\frac{b_1-b_2}{2}\right)l=A\ (卽柱基面積)\cdots\cdots(2)$$

則解(1)(2)二聯立方程式，卽可反求b_1與b_2之長度矣

$$故\quad b_1=\frac{2A(2h-3x)}{h^2}$$

$$b_2=\frac{2A(3x-h)}{h^2}$$

上式中A 之値卽爲 $\frac{P}{Sp}$

此種柱基，亦爲一倒T－形式，該項大料之最大彎羃發生在剪力等於零之一點，故欲求其大彎冪，卽應先知

剪力等于零之一點所在，及其離任何柱基邊(平形之二邊)之距離y之値，y之値之求得，只須相等其上下壓力則可矣。

故 $P=Sp\left\{b_1y-\frac{(b_1-b^2)y^2}{2}\right\}$ ……………………………(1)

$$y=\frac{wb_1\pm\sqrt{w^2b_1^2+2(b_1-b_2)wP}}{\frac{(b_1-b_2)\ w}{l}}$$

式中 $w=Sp$

假定b_1與b_4間梯形面積其重心距b_1邊爲x

則 $M=P_2(y-c_2)-x_\bullet\left(\frac{b_1+b_4}{2}\right)yw$

$$=P_2(y-c_2)-\frac{(b_1+b_4)xyw}{2}$$

爲省事計，有將柱底面之總上壓力，平均分佈于該項大料之上而計算其彎冪者，其所得之結果與上式所載。相去亦不大，故亦可應用。

今彎冪已得，其餘k，p，A_s d，之値皆可按普通大料計算，茲不贅述

懸柱基(CANTILEVER, FOOTING)

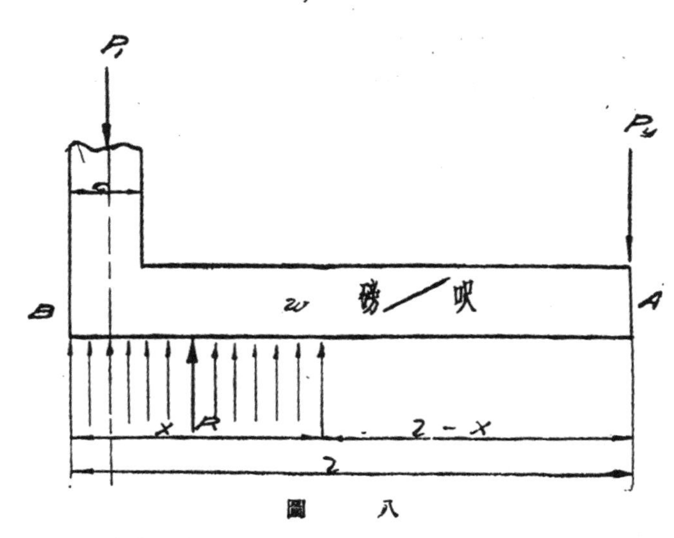

圖　　八

內柱總載重爲 P

圖　　八

懸柱基之計算步驟與方法列下：(如圖八)

(1) 求R之値

$$P_1\left(l-\frac{c}{2}\right)+\frac{wl^2}{2}=R(l-x)$$

故 $$R=\frac{P_1\left(l-\frac{c}{2}\right)+\frac{wl^2}{2}}{l-x}$$

(2)求Py之價

上壓力R之施力點(POINT OF APPLICATION)在x之中心，下壓力P_1之施力點在c之中心，二者旣不在同一垂直綫上則必致有不平衡之現象發生，故非撥內柱載重P中之一部份以相抗衡不可，但究竟P中須分出幾許之載重以使其平衡，則視分力Py之値，今列式如下：

$$\frac{wl^2}{2}+\frac{P_1c}{2}-\frac{Rx}{2}=Pyl \qquad \therefore\ Py=\frac{\frac{wl^2}{2}+\frac{P_1c}{2}-\frac{Rx}{2}}{l}$$

(3) 求零剪力點(POINT OF ZERO SHEAR)距外柱內之距離y之價値

$$-P_1+\frac{Py}{x}-wy=0$$

$$\therefore\quad y=\frac{P_1}{\left(\frac{R}{x}-w\right)}$$

(4) 求最大彎冪之値

$$M=-P_1\left(y-\frac{c}{2}\right)-\frac{wy^2}{2}+\frac{Ry^2}{2x}$$

$$=\frac{-P_1(2y-c)}{2}-\frac{wy^2}{2}+\frac{Ry^2}{2x}$$

(5) 求b, d, k, P及As

(6) V, v, 及鋼環

學習建築之機會

中國建築師學會 滬江大學商學院 合辦建築學科簡章

一 宗　　旨　以造就建築人才爲宗旨

二 入學資格　中等學校畢業或有相當程度志願研究經審查合格者

三 報　　名　填寫報名單並附本身相片隨同繳納報名費兩元

四 上課時間　下午五時半至九時零五分

五 納　　費　(甲)每一學期每一學分四元

(乙)每一學期每一學生雜費三元

(丙)任何原因離校所繳各費概不退還

六 畢　　業　修滿二年經考試及格者准予畢業由會院雙方合出畢業證書

七 附　　則　其他章則依滬江大學商學院詳章辦理

FIRST YEAR

First Semester

Date \ Time	5:30 - 6:20	6:25 - 7:15	7:20 - 8:10	8:15 - 9:05
Monday	Arch. Hist.	Theo. of Arch.	Design	
Tuesday				
Wednesday	Shades & Shadows	Design		
Thursday				
Friday	Freehand Drawing		Design	

Second Semester

Date \ Time	5:30 - 6:20	6:25 - 7:15	7:20 - 8:10	8:15 - 9:05
Monday	Arch. Hist.	Theo. of Arch.	Design	
Tuesday				
Wednesday	Perspective	Design		
Thursday				
Friday	Freehand Drawing		Design	

SECOND YEAR

First Semester

Date \ Time	5:30 - 6:20	6:25 - 7:15	7:20 - 8:10	8:15 - 9:05
Monday	Arch. Hist.	Bldg. Mater.	Design	
Tuesday				
Wednesday	Color	Design		
Thursday				
Friday	Freehand Drawing		Design	

Second Semester

Date \ Time	5:30 - 6:20	6:25 - 7:15	7:20 - 8:10	8:15 - 9:05
Monday	Arch. Hist.	Prfsnl. Relatns.	Design	
Tuesday				
Wednesday	Office Practice	Design		
Thursday				
Friday	Freehand Drawing		Design	

上海公共租界房屋建築章程

（上海公共租界工部局訂）

王　進譯

鋼 鐵 工 程

第八節　保護層

第卅九條　如金屬柱子爲防火起見，欲外包保護層如磚牆，磁磚，水泥凝土石料，或其他避火材料時所有該保護層，應將柱子四周全部包轉，黏着務臻牢固；免致拆裂下墜。

第四十條　外牆內桁構亦應用磚牆，磁磚，水泥，凝土石料，或其他避火材料包轉，至少厚四吋；唯桁構底下及底板外緣，以及該處相連之角鐵鋼板外包層得酌減爲二吋。

第四十一條　一應柱子及桁構（外牆內例外）均應用磚工 水泥凝土或鋼絲網，四周包轉至少二吋厚，但桁構頂板上面之保護層得減爲一吋。

第四十二條　一切金屬構股上，浮面銹皮及灰塵等，均應擦淨，先罩油漆 度 俟裝配後再上第二度，但構股之有水泥凝土，磚牆，磁磚石料或其他料避火保護層者，得於裝配後罩以水泥灰漿一度以代油漆。

第九節　材料

第四十三條　（A）鋼之製造應用開爐法（Open hearth）（酸性法或鹽基法）所含硫黃或燐之成份，不得過百分之六。

（B）鋼之製造亦得用倍斯滿（Bessemer）法，（酸性法或鹽基法）但無論如何不得含有百份之八以上之燐質，或百分之六以上之硫黃質。

第四十四條　鋼鐵之拉力及引長，槪須由鋼件中切出一塊或截下一段，加以試驗而後決定之。

第四十五條　試驗片受引伸試驗時應在冷的情形下施行，鋼件之碾壓面（Rolled surfaces）應在二對面但遇鋼條之直徑（或一邊）不足三吋時，該項鋼條得旋轉以減小之。凡鋼條直徑或一邊在三吋以上者，其試驗片皆照第四十六條切取之。

第四十六條　各種鋼鐵之引伸破碎強度規定如下。

（a）鋼板及各種鋼件（如角鐵，丁一形鐵槽鐵等）。——

各種鋼板及鋼件斷面上之引伸破碎強度規定爲每方吋廿八噸至卅三噸，下圖試驗片A之引伸長度規定，凡鋼還厚度之在0.357吋或以上者，不得少于百分之廿，凡厚度之在0.375吋以下者不得少於百分之十六。

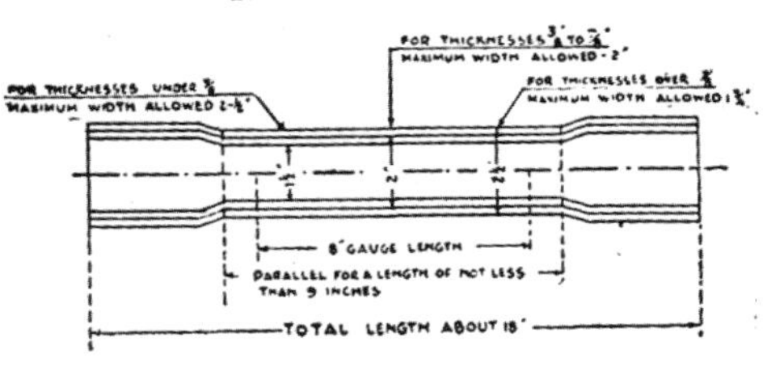

（b）圓形或方形鋼條。——

圓形或方形鋼條之引伸破碎強度（帽釘例外）規定，爲每方吋廿八噸至卅三噸，其引伸長度并不得少於百分之二十（照下圖試驗片B試驗之結果）或百分之廿四 照下圖試驗片C試驗之結果）

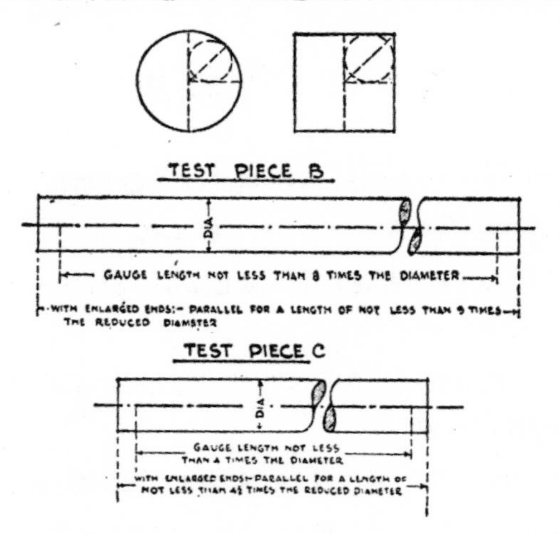

（c）帽釘。——

帽釘用鋼條之引伸破碎強度規定爲每方吋廿五至卅噸其引伸長度并不得少於百分之廿五（照上條試驗片B試驗之結果）或百分之卅（照上條試驗片C試驗之結果）

第四十七條　凡鋼鐵厚度或直徑之小於二分半　$^5/_{16}$"吋）者，只須加以彎曲試驗卽可。

第四十八條　鋼鐵受彎曲試驗時試驗片之切得如下。——（帽釘鐵例外）

（甲）鋼板試驗片應從正塊鋼板上縱切或橫切而出，鋼件及鋼條之試驗片，應從整個鋼件或鋼條中順長切出，其寬度并不得小於一寸半。

（乙）鋼條之每邊或直徑小於二寸者，其試驗片只須截下一段卽可。

第四十九條　試驗片受冷彎（Cold bent）試驗及熱彎試驗（Temper Test）時，凡厚度之在0.5吋或以上者，其因受剪力作用而生之毛邊，（Arris）應銼光或磨去但厚度之在一寸或以上者，可用機器車邊但不得受其他任何處置。

第五十條　各種材料受試驗時所取出之試驗片應與本身受同樣之處理，倘本身未受任何煆鍊，或其他熱的處理時，所取出之試驗片亦不得煆鍊，或受其他熱的處理。

第五十一條　試驗片之受冷彎，試驗時應以能受錘子之接續衝擊，或其他外力）雖其內圓半徑小至其厚度之一倍半，而不呈絲毫折斷現象者爲限。

第五十二條　遇鋼件頂板（Fluge）之寬度不足二寸時，應於平臥斷面（Flattends section）上施行試驗。

第五十三條　試驗片受熱彎試驗時應先燒至血紅，而後浸入水內，水之熱度不得過華氏八十度，該項試驗片并應能受錘子之接續衝擊，雖其內圓半徑小至其寬度一倍半，而不呈絲毫折斷之現象。

第五十四條　遇鋼件頂板之寬度不足二寸時，應於平臥斷面上施行試驗。

第五十五條 所有帽釘應能勝受下列各項之試驗。

(甲)帽釘莖 (Shank) 應令彎,并用鐵錘錘之使彎頭二端相碰着,但彎頭外緣不得呈折斷現象。

(乙)帽釘頭應乘其燒熱時擊之,至其直徑爲帽釘莖直徑之二倍半時爲止,四邊并不得呈折裂現象。

第五十六條 熟鐵須堅韌不得以鐵滓雜質混雜其間,質料須均勻光滑不得有氣泡等劣點。

熟鐵試驗片假若其斷面爲一寸,跨度爲四尺八寸時,至少應能負荷一重五百磅之集中載,重于跨度之中央。

第十節　人工

第五十七條 鋼鐵建築之各部分,均應用精嫺工人裝置建造。

第五十八條 除少數例外外 所有剪下之邊,均應銼平至少銼去二分。(四分之一英吋)

第五十九條 凡應出其全力以負荷載重之鋼鐵構股,因某種關係而受局部之炙熱,或折曲時該構股之全部均應加以煆鍊。

第六十條 帽頂最好應用機器打使帽頂莖與帽頂眼四周皆緊相吻合,帽頂頭之圓心并應與帽頂眼之圓心在同一軸上不得偏倚。

第六十一條 帽頂頭應完整下面并須緊合不得留縫或埋入帽頂眼內所有同尺寸之帽頂其頭之大小皆應一律。

第六十二條 帽頂眼間之間距應完全準確

鐵栓之用,以搭接各部而成一個構股者爲限。

打鐵栓時用力不能太大,以不致使眼之四周扭曲爲度。

第六十三條 撞眼時所用撞器之直徑,應較帽頂之直徑小一[illegible],($\frac{1}{8}$") 撞好後再鑽大至眼之直徑,較帽頂之直徑小 $\frac{1"}{32}$ 吋爲止。

第六十四條 眼子撞好後應用旋鑽(Twist drill)鑽大禁用圓形錐鑽(Taper reamer)鑽之一切眼子,應與構股相垂直眼子四周所有撞鑽時捲起之邊均應于打帽釘前磨平。

第六十五條 野帽頂(Eild ruict)眼四周亦應于裝配之前銼平。

第六十六條 任何金屬之厚度不滿半小吋者 所有洞眼不得用撞器(Ponch) 穿孔應用鑽孔機,(drill)鑽出。

第六十七條 合組構股(Built members)裝置完畢後,不得有折曲扭旋損壞之現象,接搭處應完全緊合不得露縫壓力構股支撐之處應爲一完全平滑之平面 使該構股與承托面絕對彌縫。

第六十八條 凡鋼鐵工程之外露者,所有墊頭鉄(Filling)及鑲板(Splice plate)與頂板間應絕對彌縫,以免雨水浸入。

第六十九條 凡構股間用螺絲搭接者,螺絲眼四周應銼平,并應互相並行螺絲應旋緊不可鬆脫,螺絲釘上之螺絲目應合徽華斯（Whitworth）標準。

第七十條　所有拴釘皆應部位準確四周與眼鐵（Eye-bar 或承托板（Bearing plate）應完全圍繞一切承托板并應完全平準。

第七十一條　一切托底板（Bed plate）應支持於磚工或水泥支持上用螺絲旋牢所有 anchor bolt 應用軟鋼（（Soft Steel）做螺旋用冷壓機打出螺旋部份之強度，并應較無螺旋部份之強度爲高。

第十一節　試驗

第七十二條　鋼鐵工程建築任何部份，如經本局稽查員發現有加以試驗之必要時，得指揮匠目或其他負責人員進行試驗，試驗樓板屋面及其他鋼鐵部份，所安置之載重不得大於各該構股，設計時所擬載重之一倍半。

第七十三條　所用鋼鐵工程連帶之鋼骨水泥工程部份，如遇應受試驗時一切均照鋼骨水泥章程各項辦理。

（鋼鉄工程完）

（西式房屋建築規則完）

（定閱雜誌）

茲定閱貴會出版之中國建築自第……卷第……期起至第……卷第……期止計大洋……元……角……分按數匯上請將

貴雜誌按期寄下爲荷此致

中國建築雜誌發行部

……………………啓……年……月……日

地址……………………………

（更改地址）

逕啓者前於……年……月……日在

貴社訂閱中國建築一份執有……字第……號定單原寄……………

……………………收現因地址遷移請卽改寄……………

……………………收爲荷此致

中國建築雜誌發行部

……………………啓……年……月……日

（查詢雜誌）

逕啓者前於……年……月……日在

貴社訂閱中國建築一份執有……字第……號定單寄……………

……………………收查第……卷第……期尙未收到祈卽

查復爲荷此致

中國建築雜誌發行部

……………………啓……年……月……日

中 國 建 築

THE CHINESE ARCHITECT

OFFICE:

ROOM NO. 405, THE SHANGHAI COMMERCIAL AND SAVINGS BANK

BUILDING, NINGPO ROAD, SHANGHAI.

中國建築第二卷第七期

出版	中國建築師學會
編輯	中國建築雜誌社
發行人	楊錫鏐
地址	上海甯波路上海銀行大樓四百零五號
印刷者	中外印刷公司 上海愛賽而蒂羅路

中華民國二十三年七月出版

中國建築定價

零售		每册大洋七角
預定	半年	六册大洋四元
	全年	十二册大洋七元
郵費		國外每册加一角六分 國內預定者不加郵費

廣告索引

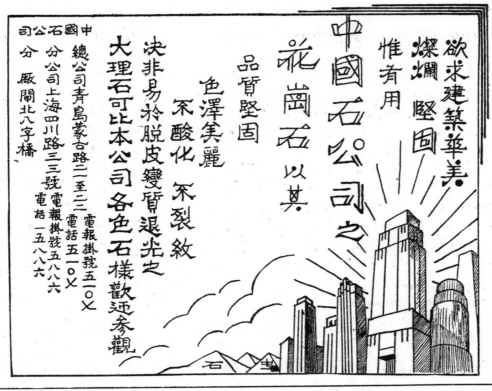

公勤鐵廠股份有限公司

子曰：里仁為美，擇不處仁。焉得智。友誼籬對外漢無異于城之將，對鄰人如同交際之花。
幽居，君於家園中享受之。設君之住宅四周，圍以最新出品之鐵絲網籬，儼然，人望而羨之

友誼籬：網籬工程之十九

鐵絲網籬之

優點

（一）以鐵網籬圍適合鋼鐵時代之真精神，
（二）能自然的拒絕一切招貼，無須標示「禁止」「請一切告」等字樣。
（三）絲網鍍以鋅質合金類，經久不銹。
（四）絲質堅韌，饒富彈性，雖經狂風暴雨，絕不發生擺動於。
（五）價比磚石較廉，用比磚石耐久。
（六）壯觀瞻，保秩序，防盜竊，三種功效，兼而有之。

用途

住宅 飛機場 鐵路車站 公園 游泳池 公共館舍
工廠 貨物棧 公路護網 學校 網球場 私有業地
醫院 體育場 畜牧農場 公墓 跑馬場 各球場
陸地堆棧 湖畔 電氣變壓所
輪渡 山莊 電氣開關室等等均適用之。
承索樣本，立刻郵奉。供給材料，並代裝置。

最近承辦網籬工程

上海 市中心區第一公園之園籬
市政府工務局堤塘園籬

南京 國立中央研究院天文研究所
紫金山天文臺外園

蘇州 太湖水利委員會在蘇州王府基
公園設立之氣候測驗所全園

總公司 上海楊樹浦路臨青路五十三號
電報掛號 二〇六〇
電話 五〇二一四

分廠 廣州河南南華中路第六十六號
電報掛號 四五五七
電話 五〇四一二

大中機製磚瓦股份有限公司

製造廠浦東南匯縣下沙鎮

本公司因鑒於建築事業日新月異料材選擇尤關重要特聘專門技師購置德國最新式機器精製各種青紅磚瓦及空心磚等品質堅靭色澤鮮明自應銷以來已蒙各界推爲上乘樂予採購茲略舉一二以資參攷其他惠顧諸君因限於篇幅不克一一備載諸希鑒諒是幸

大中磚瓦公司附啓

曾經購用敝公司出品各戶台銜列后

本埠

工程	承造	地點
工部局巡捕房	新蓀記承造	平涼路
國立中央實驗館	和興公司承造	兆豐花園
四行儲蓄會	陶馥記承造	英大馬路
聚業銀行	趙新泰承造	北京路
南京飯店	新金記祥號承造	山西路
開成造酸公司	王鏡記承造	軍工路
景雲大廈	惠記興承造	北京路
麵粉交易所	元和長記承造	民國路
業廣公司	陳馨記承造	歐嘉路
法教堂	吳仁記承造	勞神父路
七層公寓	吳仁記承造	霞飛路
百老匯大廈	新仁記承造	百老匯路
錦興大廈	新森泰承造	河南路
雷斯德工藝學院	久泰錦記承造	熙華德路
揚子飯店	潘榮記承造	雲南路
中新第九廠	協盛承造	東京路
南成都路工部局	新蓀記承造	南成都路

外埠

工程	承造	地點
中央飯店	新金記承造	南京
金陵大學	利源建築公司承造	南京
航空學校	新金記康號承造	杭州
太古堆棧	啓蘭治港公司	廈門
中國銀行	錦生記承造	青島

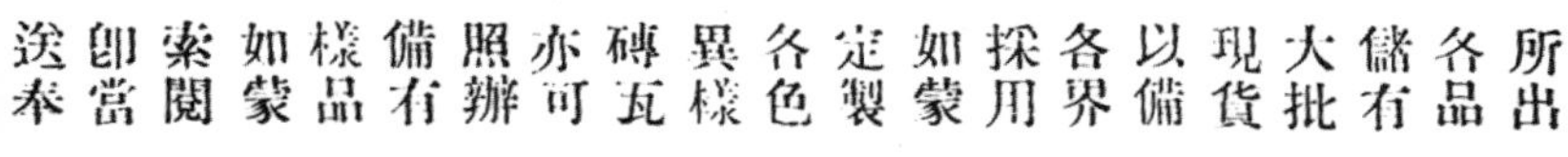
所出各品儲有大批現貨以備各界採用如蒙定製各色異樣磚瓦亦可照辦備有樣品如蒙索閱卽當送奉

駐滬批發所

英租界牛莊路德興里四號　電話九〇三一一

DAH CHUNG TILE & BRICK MAN'F WORKS

Sales Dept. 4 Tuh Shing Lee, Newchwang Road, Shanghai.

TELPHEONE 90311

The bath of the future—
FOR THE HOMES
OF TODAY !...
"Standard"
NEO-ANGLE BATH
EVERY convenience, every feature, every comfort you have hoped some day to have in a bath is yours right now in the New "Standard" Neo-Angle Bath. It is almoat square—with the tub set diagonally to provide convenient seats in two opposite corners.
In this single one-piece bath you can enioy everytype of bathing—shower,
PAT. NO. 1,844,988
foot and sitting bath. You'll be amazed at its safety, comfort, convenience and roominess—for it is a big, full-size tub. You can't begin to appreciate its many features until you see it. It's on display now at the "Standard" showrooms at the Andersen Meyer Co.
1934 BY S. S. M. CO.
Standard Sanitary Mfg. Co.
PITTSBURGH, PA.
Division of AMERICAN RADIATOR & STANDARD SANITARY CORPORATION
Sole Agent in China
ANDERSEN MEYER & CO. LTD.
SHANGHAI AND OUTPORTS
AMCO

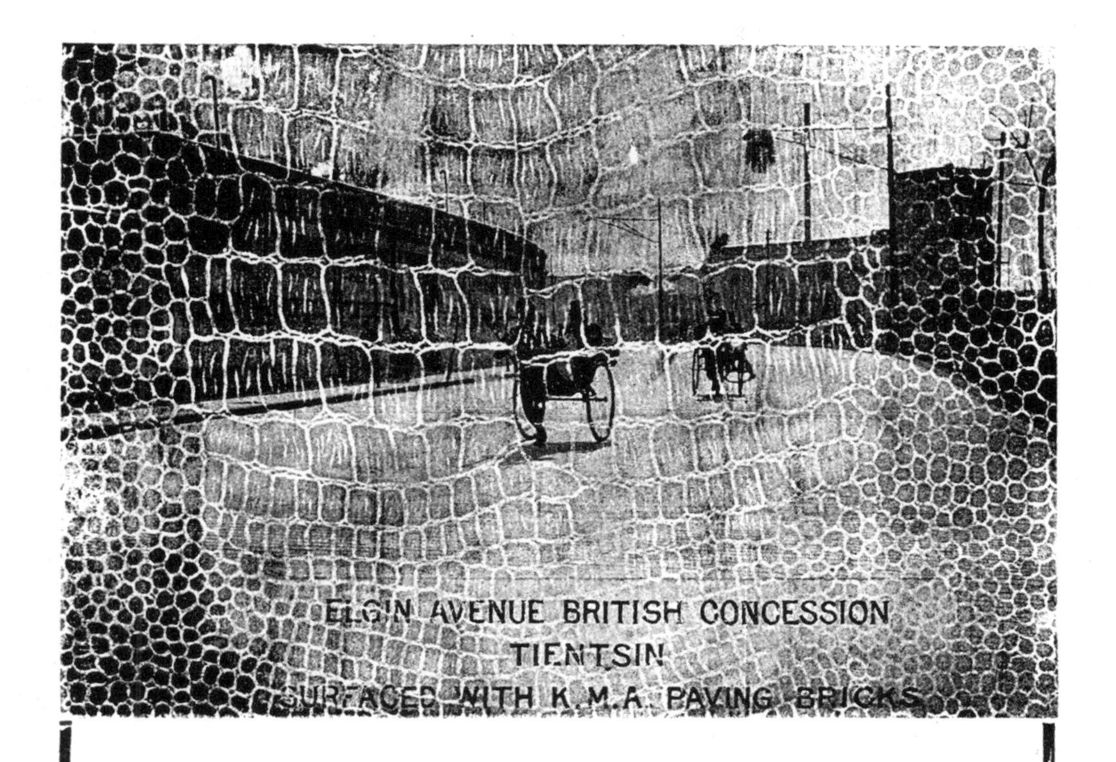
ELGIN AVENUE BRITISH CONCESSION
TIENTSIN
SURFACED WITH K.M.A. PAVING BRICKS

瑞昌五金銅鐵工廠
承辦建築一切銅鐵工程
常備大批新式異樣堅固門鎖
漢口路三五九號
三六一號
電話九四四六〇
靜安寺路六六七號
電話三一九六七號
工廠
同孚路二四三號

中國近代建築史料匯編（第一輯）

中國建築

第二卷　第八期

THE CHINESE ARCHITECT

民國二十三年八月份
中國建築師學會出版

[illegible]登記證警字第二九五五號
[illegible]政特准掛號認為新聞紙類

第二卷第八期

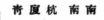

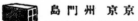

瑞昌工廠
銅鉄五金
承辦建築一切銅鉄工程
常備大批新式異樣堅固門鎖
漢口路三五九號 三六一號
電話九四四六〇
靜安寺路六六七號
電話三一九六七號
工廠
同孚路二四三號

徵求本刊

茲有某君以每册二元之代價徵求本刊壹卷二期及壹卷六期如欲割愛者請函本社以便轉達來件以先後爲捨取

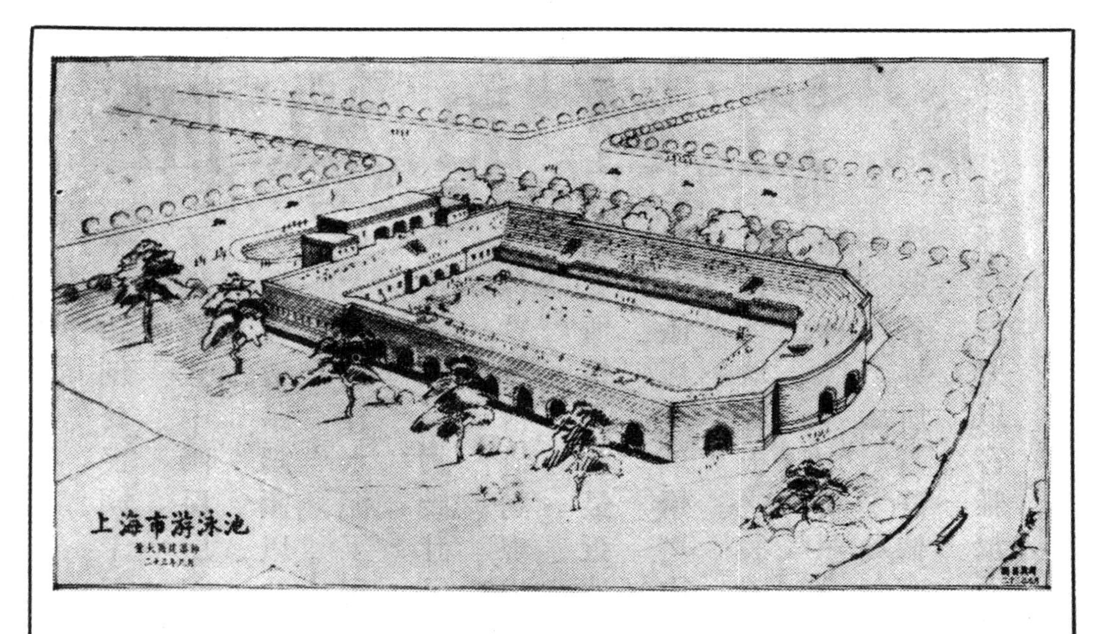
上海市游泳池

陸根記營造廠

本廠始創於民國十五年間專門承造各式中西房屋銀行堆棧廠房橋樑道路碼頭以及鐵道等一切大小鋼骨水泥工程聘有專門人才代客規劃設計已往成績向爲各界所稱道對現代之新式建築尤所擅長如最近建築之百樂門大飯店玻璃燈塔內部之彈簧地板玻璃地板之裝置及新式鋼精欄杆等等均新穎悅目完工後深蒙各界所贊許倘有見委無不極盡靡力以答雅意云云

本廠最近承造工程之一班

- 中國銀行行員公寓 極司非而路
- 百樂門大飯店 愚園路角
- 大同公寓 西摩路
- 市北中學 永興路
- 中南銀行行員公寓 愚園路
- 西式住宅 大西路
- 新式監獄 漕河涇
- 市中心住宅 政德東路
- 上海印染公司廠房 眉州路

分廠 南京 杭州

事務所 江西路廣東路銀行大樓 電話一三七五六

住址 大西路一六五號 電話二〇一八九

總廠 愚園路極司非而路 電話三三九二九

中 國 建 築

第二卷　　第八期

民國二十三年八月出版

目　次

著　述

插　圖

卷頭弁語

運動競技成績之良窳，直接顯露國民身體之強弱，間接關係國際之地位，是故近年來各國對於各項運動競技，竭力提倡，遂有廣大範圍之運動場建築出現。我國政府亦不甘後人，乃於民國十九年初夏建中央運動場於首都總理陵園旁。今年上海市吳市長鑑於上海人口稠密，而缺乏設備完善之運動場，乃毅然擇地於市中心區域之國際北路，興工建築。按南京中央運動場詳圖已盡刊載於本刊一卷三期中，本期則特將正興工中之上海市運動場全部圖案，請諸董大酉建築師與俞楚白工程師，擇優刊登，讀者獲此，對於運動場建築之性質與結構，當可瞭若指掌也。特於卷頭向董俞二先生致謝意焉。

致於設計之程序，有董大酉君上海市體育場設計概況一文，已詳且明。關於工程結構，有俞楚白君上海市運動場工程設計一文，更絲毫不漏，爲本刊生色不少。此外董雋建築師所譯之衞楚偉論建築師之教育，誠現任建築師之砭石，未來建築師之南針，於建築界之關係甚重，固不容玩忽視之也。

此外蒙何立蒸君贈現代建築概述，魏秉俊君君贈垛牆受各種推力之簡明計算，敝社同人特於此致謝。

編者謹識民國廿三年八月

中國建築

民國廿三年八月　　第二卷第八期

衛楚偉論建築師之教育

童 雋 譯

建築師於各種學識，宜兼而有之，蓋建築乃包含數種藝術而施之於實用者也。 建築之學識，為理論與經驗所構成。 所謂經驗，即以各種材料，按圖修造，久而純熟。 所謂理論，則專研究房屋各部份之合度與否也。故僅明建築之工作而無學識，則流為匠人，僅明理論而無實學，則入於空談，惟二者兼備，則心手相應，出言有本矣。

凡作各事，均有兩要點：一為欲表明之事物，再為應表明之要旨，此則非深明科學原則不可。 建築師既須生而多才，又當不恥問學，庶可為完全之藝術家。 凡鉛筆畫、幾何學、歷史、哲學、音樂、醫學、法律、天文諸科，皆須從事研究之。 蓋築建師以學術為階梯，以經驗為後盾，庶可名垂久遠。 建築師能畫，方可達其理想，明幾何學，方可用規矩準繩。 於製平面圖，求方，取平，垂直，及定室內光線角度，皆所必需。 至於算學，則不特能定建築之尺寸及用費，於解決對稱平衡諸問題，亦屬重要也。

歷史頗與建築之雕飾部份有關，譬如建築中常用女形石柱（Caryatides），身著長衫，頭上承石檐，溯其由來，蓋古代比來本尼蘇之一聯邦名卡利亞（Caryæ）者，與波斯合攻希臘，希臘人戰勝後，盡殺其男，而擄其女為奴，使永着長衫，為衆所鄙視。 當時之建築師修造殿宇，必以此類婦人裝飾石柱，藉辱其敵國。 其後波斯人亦戰敗被擄，而為奴役，故波斯人之飾為石柱者，又數見不鮮。

建築師通哲學，則心志高尚，誠實謙恭，不汲汲於酬資，而唯兢兢於維持令譽。 且哲學中多有討論物理之處，亦於建築師有補益也。

音樂亦建築師所當知，如劇場坐位下，按音樂高低之差度，置銅盒以助伶人語聲。又建築師明瞭醫藥之學，則建築之地點及飲料等項，是否合乎衛生，均可斷定，以爲建造住宅之標準。 明法律則鄰牆之糾葛，房檐滴水之界限窗牖之位置，水源及洩水諸問題，皆可解決。 凡此皆應於未建築之前，逐條研究，庶業主與包工人之權利，兩無所損。 蓋合同完善，則各方皆無不利也。 建築師有天文知識，則方向四時之有關於房屋者，亦得不稍舛錯矣。

夫建築師應知之事，如此之廣且繁，誠不可輕自稱爲建築師矣。 自常人觀之，一建築師而須精通如此之多，勢幾不可能，然在人之善於綜合而貫通也。 所謂高尚教育，亦不外自幼研求。 上述各科，取其互相關連之點，左右逢源，而成一系耳。 建築師皮修（Pytheos）氏，嘗謂「建築既須通各種藝術，則應較任何藝術家之所成就爲更高」，斯誠難矣。 蓋建築家雖不應拙於文學，或困於音樂，或劣於繪事，或盲於雕刻，或忽於物理，然亦不必如自古號稱唯一之大文豪，大雕刻師相抗衡也。 一人之才力，究有所限，欲兼通一切，實非易易。 且一生專習一藝，尚不能盡造極峯，况建築師所學之廣繁乎？皮修氏蓋不知藝術者。 有工作，有理論，藝術之工作，唯藝術家能之。 若夫藝術之理論，則凡稱學者，皆宜通之。 譬諸脈搏，其擅動之有節奏，醫生與音樂家，皆有同感。然患病者不能請教於音樂師也。 故藝苑之討論，盡人能之，若下手經營，有所成就，則非專攻一藝者莫辦。 惟天生異質，博學多能，斯爲例外，則亦鮮矣。

譯者按： 衞楚偉（Vitruvius）氏，生於羅馬奧古司都（Augustus）大帝時代（紀元前一世紀）。 爲有名之建建師。 著有「建築十章」一書，旣而失傳，至紀元後十世紀又重見人世。 文藝復興諸大師，莫不奉爲金科玉律。 近有英譯本兩種行世，書中半述希臘建築先進遺法，半參衞氏自身學識經驗。 惟其文章，遠遜其藝術，故言繁而意簡焉。

上海市體育場設計概況

董大酉

引言

上海市人口之多，商業之盛，不特爲全國之冠，抑亦爲世界重要之埠。 近年以來，上海市政府爲求人口密度上之解決，從事建設新上海市中心區，各項設施之進行不遺餘力。 最近又以上海市體育場奠基典禮聞。 我全市三百餘萬市民觀此典禮之成，歡忻愉快，自不待言。 然是場設計之經過，爲顧全經濟，地位，需用各方事實之應求，頗足資爲一述，藉供國內留心體育場建築者之參考。 當今全國朝野，正駸駸焉致力於提倡體育，是則關於民衆體育設備上之研究，尤具有相當之價值在焉。

I. 設計經過

上海市吳市長鑒於市內人口日增，而設備完美之體育場，尙付闕如，殊不足以應市民鍛鍊體魄與業餘正當娛樂之需要。 即每次國內重要運動競技或竟國際性之運動競賽，旣乏適當之設備，又無各種競技集合舉行之地點。 致使運動員未展所長，觀衆又無舒適之座，不無遺憾。 在玆民族復興聲中，體育之急待普遍提倡，更屬刻不容緩。 際此場合，市中心區為其繁榮上之需要，亦正有賴於運動集會以促進。 爰於廿三年春，由市長聘請當地各界代表八士，組織委員會，籌策進行，設計圖樣，由市中心區域建設委員會建築師董大酉及助理建築師王華彬主持繪製，全部鋼骨水泥設計，係由市工務局科長裘燮鈞及技正俞楚白担任；並經專家審查核定，於廿三年七月招標，由成泰營造廠得標，十月一日舉行奠基禮，預計將於廿四年六月完工。

II. 設計大綱

用途

是場設計目的，除供運動比賽外，並兼顧市民日常自由運動之需。 各種比賽場地，尺寸，均合世界運動會標準，對於市民應用之更衣室，浴室，休息室，食堂等等，無不具備。

全部佈置

市體育場包括目前設置之運動場，體育館，游泳池三部，及將來加建之網球場，棒球場兩部，佔地三百畝。全部佈置，以交通便利，適應陽光，佔地大小與乎全景美觀為原則。（參看第1圖）

運動場在國際北路並行之淞滬路，即南北大道。 游泳池與體育館亦爲避免多數觀衆出入擁擠計，一設於國和路，一設於政同路，使各不相侵。 至將來加建之網球場，棒球場亦各另留適當之入口。 其餘地面闢作公園，任人休憩遊覽。

各建築物方向

各種球場方向之選擇，以不使陽光直接眩耀場內運動員目光爲目的。 運動場之方向，在下午三時與太陽成直角，兩方球員旣不受陽光之刺激而發生阻礙，即主要看台之觀衆，斯時適亦背向陽光，絕無遮蔽眩耀之阻。游泳池之方向爲南北，比賽時南北往返，光線係從旁面射來，故亦無妨礙。 體育館之方向爲東西，在下午三時，光線由西南來，故屋頂所射入之陽光，適在內部北面看台，而並不達球場地面。

綜上各場之方向，一面旣爲陽光所限制，一面又須顧到交通之便利，故設計頗費斟酌，始得決定目前之安排。

建築體式

各建築物之外觀，取現代建築與中國建築之混合式。 因固有之中國式建築，造價旣昂且又不合實用也。全部外牆均用紅磚，以其質堅而價廉，壓頂及勒脚則做人造石飾以中國雕紋。 綜言之，全部建築之外觀，務使其旣合現代建築之趨勢，而仍不失爲中國原來面目，同時更顧到經濟上之限度，三者兼籌並顧，而得產生目前別開生面之體式。

III. 各部概況

甲. 運動場

看台及容量

運動場之容量爲四萬座位及二萬立位，總計可容六萬人，上海人口繁衆，五年以後六萬人之容量或不足應付觀衆，然以經費限制無法增加也。

普通運動場取凵形或圓形，各依其需用地位環境上之情形而定。 上海市體育場不取凵形圓形而取鏈鐶形。 因凵形圓形在是場之地位，需用有下列之困難：

1. 如採凵形，則大門勢須設凸出之一端，而適對交通上次要之政同路，殊有不妥。

2. 又如作圓形，則二百公尺直徑道無法設置。

惟鏈鐶形得適合採用，大門適對淞滬路大道，門前並留有十餘畝之空地以便交通而壯觀瞻。（參第4圖）

爲適應競技及正式集會需用計，對於看台座位之設計，在本場全部計劃中，頗佔重要。 本場看臺周圍長約760公尺（2500呎）寬約17公尺（55呎）是項尺寸之核定，完全據跑道闊度，以及中間足球場之大小而定，務使看台上全體觀衆，對於比賽時場中人物動止一覽無餘。

交通

基於上項鉅大之容量，全場出入交通，亦頗重要。 爲使觀衆出入迅速有序起見。 設交通路線兩種：（甲）環繞交通路綫，計分兩條，一設於收票地點之外，即環繞看台下之過道（第4圖）及場外四周之人行道與車馬道（寬九公尺）另一設於場內，即看台一八公尺寬之通路。 （乙）上下交通線，聯絡環繞交通綫與看台座位之間。 即看台與各段間之出入門道。 下通看台下之過道，上達各座位邊者，此項門道共設卅四處，勻佈全場，將座位均分成組，每組通行以一千二百人計，數萬觀衆至多在五分鐘內，即可全數退出。每門道口設鐵質拉門，以便觀衆擁擠時收票員易於維持秩序。

在場之東西長邊中央，各設壯麗之大門一，以便運動員整隊出入，車輛亦可由此通過，直達場內。

佈置

運動場設壯麗之大門，與大廳，休息室，辦公室，陳列室，新聞記者室，餐室等，又備有充分宿所，足容運動員二千五百人，以應舉行大會時需要，舉凡世界運動場應有之設備，本場無不盡有。

特別看台凡兩處，分佈於場之東西，巍然相對，是項看台，專供特別觀客及新聞記者之座。　普通看台以經濟關係概不設置木椅，惟在西面平頂下之特別看台則例外。

另一特別之點，爲利用看台下地位，設置店房，公廁，售票房（第4圖）其四周之過道，除輔助此項店房等遮蔽風日外，暴雨時，又足資觀衆引避之需。　按照現定計劃看台下地面，僅利用其半，以省造價，其餘一半，則留備他日需用時加建店房之用。

運動場周圍備有多數旗桿，以備開會時點綴，場地及場屋正面設泛射燈以備夜間應用。

結　　構

場之建築物用鋼筋混凝土作架，紅磚砌牆，而以人造石爲外牆之勒脚以壓頂，東西大門以人造石砌造，其餘構造，則均頗簡單，以取清雅，而省造價。（第5圖）

爲使觀衆視線得由看台遍及場地各部起見。　看台支承座位之樓板，係按曲線佈置，其坡度自下往上繼續加激。　構造之法，係將每段樓級從最低級起每級增高六公釐（1/4吋）。　前後座位之距離計七十一公分（28吋）故每一座位所佔面積爲45公分（18吋）寬，71公分（28吋）深，按照前述容量，應設置座位二十排。方能有四萬座位。

乙. 體育館

看台及容量

館之容量爲座位三千五百及立位一千五百。　必要時尙可加設臨時座位於運動廳四周沿牆之處，約容五百人。

運動廳設於館屋之中央，地面用楓木鋪蓋。　寬約23公尺（63呎），長約40公尺（131呎）可排設普通籃球場三，正式比賽時，可置較大之場位於中央，而於四邊多留餘地（第7圖）。　館屋總寬約46公尺（150呎），長約82公尺（270呎）。

交　　通

館之正門內大廳兩旁，各設階級一座，觀衆由此直達看台，館屋後面兩邊，各設旁門及較狹階級，以便觀衆散出時通過，運動員則另有出入門，與觀衆毫不衝突。

自正門入內爲門廳，兩旁設售票處，再進爲大廳，兩旁設男女廁所及通看台之階級，再進爲穿堂，直達運動廳（籃球場）及後面之健身房，旁達辦公室，會客室，又由兩邊各另經一門（第7圖中「丁」）分別達男女運動員之更衣，淋浴等室。　各室直達運動廳，健身房，及運動器具儲藏室。　健身房兩旁，設廚房及鍋爐間，以及前述旁門之門廳與階級。

佈　　置

運動廳及健身房之採光，取高射式，以免運動員感眩目之苦，故於穹頂設固定排窗十孔，兩邊外牆高出看台處開八角小窗各十六孔，又於前後牆高出平台處設長方形窗各五孔，後兩種窗扇可以開啓，以便空氣流通，至於電燈，則裝於鋼鐵屋頂架之下。

館屋內之熱氣設備，採低壓式，熱氣冷凝之水，籍自動唧筒還入汽鍋，運動廳與健身房藉摩托通風機，散佈暖氣，其他部份，則直接利用熱之輻射作用以取煖。

結　　構

運動廳四周的看台支於堅固之鋼筋混凝土樑及磚牆，寬約11公尺（36呎）凡十三級每級，寬66公分（26吋）高36公分（14吋）至41公分（16吋）設計時假定之活儎爲每平方公尺610公斤（每方呎125磅）連同靜儎每平方公尺120公斤（每方呎25磅），總儎重爲每平方公尺730公斤。

館屋之正面（第8圖）牆垣用人石塊砌成，其形式採現代藝術化，而參以本國之圖案裝飾，於此開拱門三座，即館屋之正門，其餘外牆用紅磚砌築，壓頂及勒脚鑲以人造石塊。

館屋之前後牆，高出平台以上者，成圓弧形，因隨鋼屋架之弧勢，最高點計高20公尺（66呎），兩邊外牆高約12公尺（39.5呎）。 屋頂弧架前後排列計八個，相距各6公尺7公寸（22呎）爲三樞紐式鋼鐵拱形構架（第9圖）其跨度（即兩端樞紐點之距離）計42公尺7公寸（140呎），矢度（即中央樞紐點與兩端樞紐點之垂直距離）計19.5公尺（64呎）上弦之曲線半徑爲30公尺（99呎），邊部垂桿之高度，自兩端樞紐點起，計約12.5公尺（41呎）·

丙. 游　泳　池

水　池　及　容　量

游泳池（第10圖）爲露天式，四周圍以看台，可容五千座，立位一千。 其長度尺寸，按照美國大學游泳競賽規例；池面至少應長18公尺（60呎）寬6公尺（20呎）。 池之深度在較淺一端，至少應爲9公寸（3呎）在較深一端至少應爲1.5公尺（5尺）。 本池經與本市體育界商酌，擬定長50公尺寬20公尺，池底於長邊方面作匙形，由深約1.1公尺（3.5呎）之一端起，向中央漸漸加深至1.7公尺(5.5呎)。 然後由中央々距他端5公尺（16呎）之處，陡降至3.5公尺（11.5呎）之深度，（此項深度，爲遠東運動會所需要者）。

歐美各國之游泳池往往附帶小池，其深度在1.2公寸以下，專供兒童游泳之用，本池亦有是項設備，以達體育普及之目的。

池身容量約爲2200立方公尺，足容600,000加侖之水量。

交　通

池之內部，由大門入口處起，卽爲大廳，兩旁爲售票，及爐子，並男女公廁。經橫貫之通道，則爲客廳，其旁一爲辦公，衣鑰室，一爲女休息及衣鑰室。再進爲隙地，亦卽池之起端處。池之左右兩旁，除右邊爲濾水機，男游泳員休息，游泳器具儲藏，淋浴，揩乾，及側面售票二處外，左邊爲販賣，女游泳員休息，救護女廁，淋浴，揩乾，及左側面售票二處，而左右二角設男特別及普通更衣室，一一設女特別及普通更衣室，池末端爲販賣所，其前爲裁判員台。

佈　置

游泳池及其附屬建築物之設計，固以實用爲指歸，但對於美觀上亦經加以注意。如大門牆垣，用人造石塊砌成，上加雕刻，足顯本國文化色彩，其頒牆垣，用紅磚砌築，而加人造石爲勒脚及壓頂，就本地建築物大體觀之，所有形式色彩，堪與體育館，運動場互相適應。

結　溝

至池身構造，係用鋼筋混凝土及附水材料。以其足夠抵禦池水滿時之水壓及池空時之土壓爲度。池底打樁七百廿五根爲基。池底及池邊均鋪白色瑪賽克。四壁砌白磁磚，其他池上建築物之結構材料，與運動場大致相同。

濾水機設備

現在最新游泳池，不用天然水，因無論自來水或井水，均不免有微生物及其他雜質攙和其間。入水者不免吞飲入腹，頗不衞生。故池水務須經過化學調劑，歐美公共游泳池，均有濾水機之設備，胥是故也。

況上項巨大水量，若無濾水機爲之清潔水質，則換水時間，頗不經濟，如本池六十萬加侖之容量，每次換水須閱廿小時，方畢事，於應用上，更生問題，若用自來水，則耗費更不貲。

上列事實，爲本池所以設置濾水機之原因，其作用可使池中濁水出池後變爲清澄，復返入池，如此循環不已，循環愈久，水質愈清，計全循環分階段：（一）消毒，（二）濾清，（三）入池，（四）流通，（五）出池。600萬加侖之水每六小時內循環一次。

燈光設備

池內燈光設備，採最新式，卽水面下池壁內置強光放射燈泡，使燈光水色打成一片，夜間觀之，頗爲悅目。反之，若以燈光下照池內，則因水面上反射作用，致生徒眩游水者目光之極度明亮，而水內則因此極度明亮之反應，更顯幽暗。使不幸意外發生，救護便生困難。故燈光設於水中之辦法。實兩便於游泳與救護，此項優點夏令夜游時，更有採用之必要也。

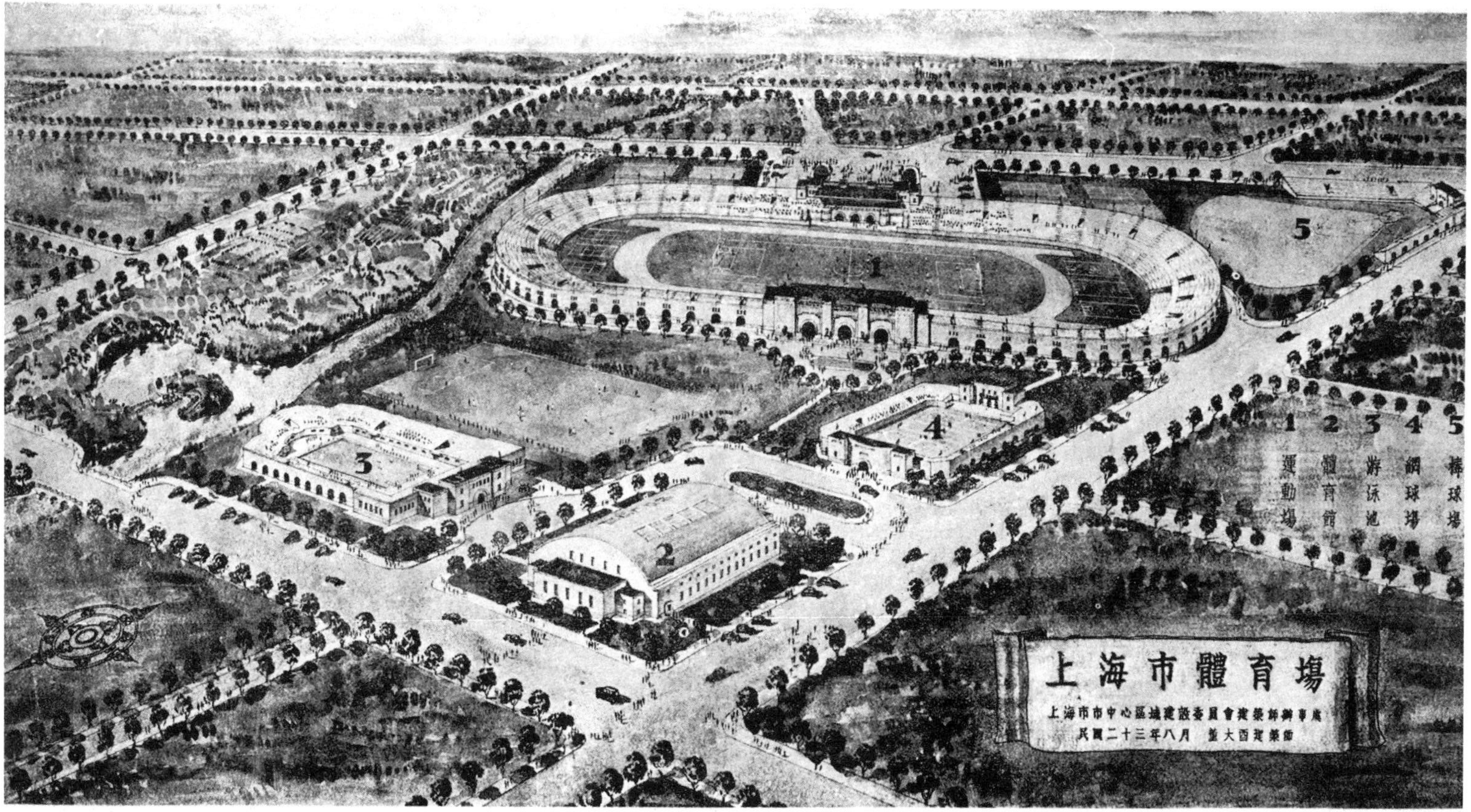

董大酉建築師設計

第一圖 上海市體育場總圖

第二圖　上海市體育館透視圖

董大酉建築師設計

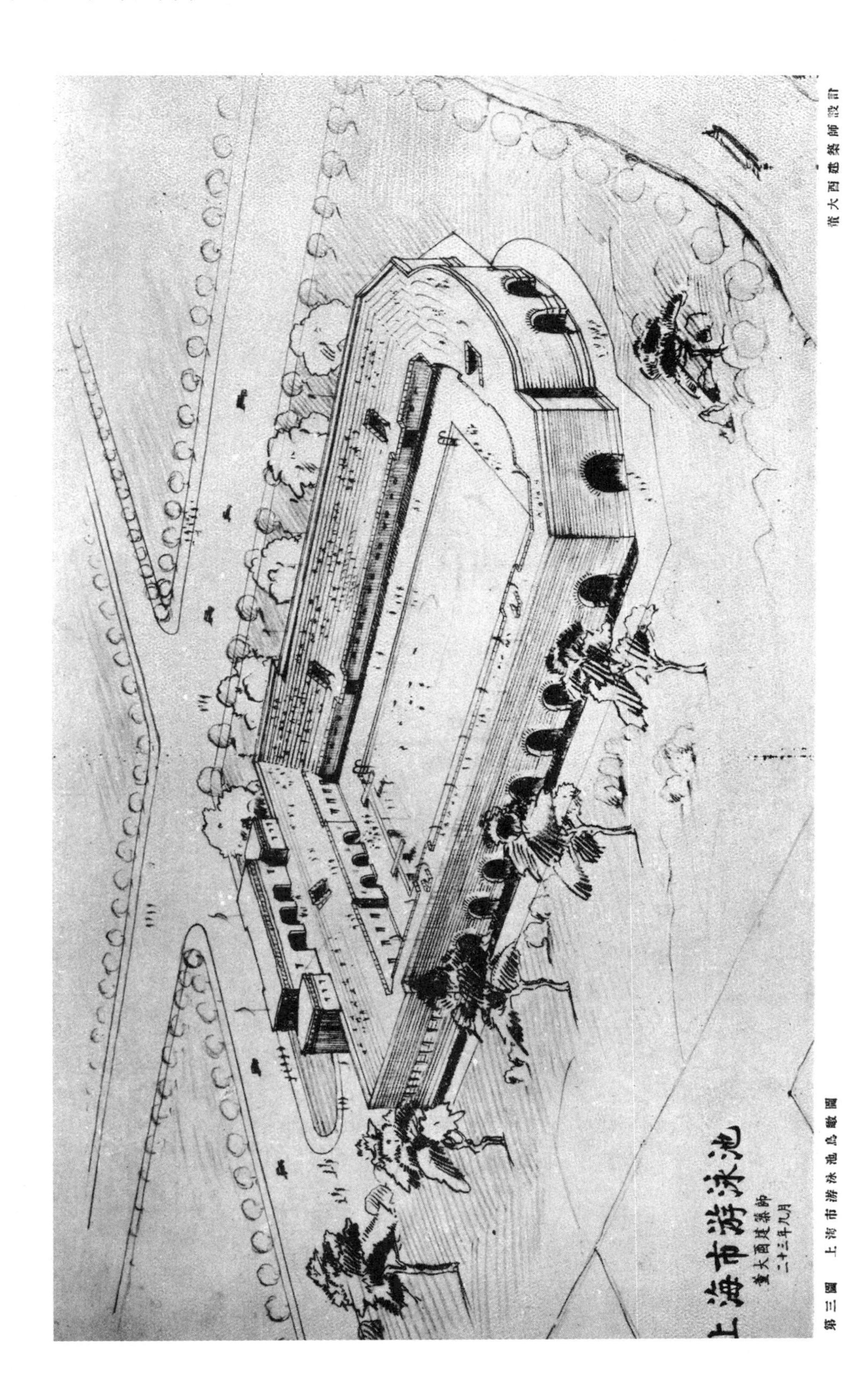

第三圖 上海市游泳池鳥瞰圖

董大酉建築師設計

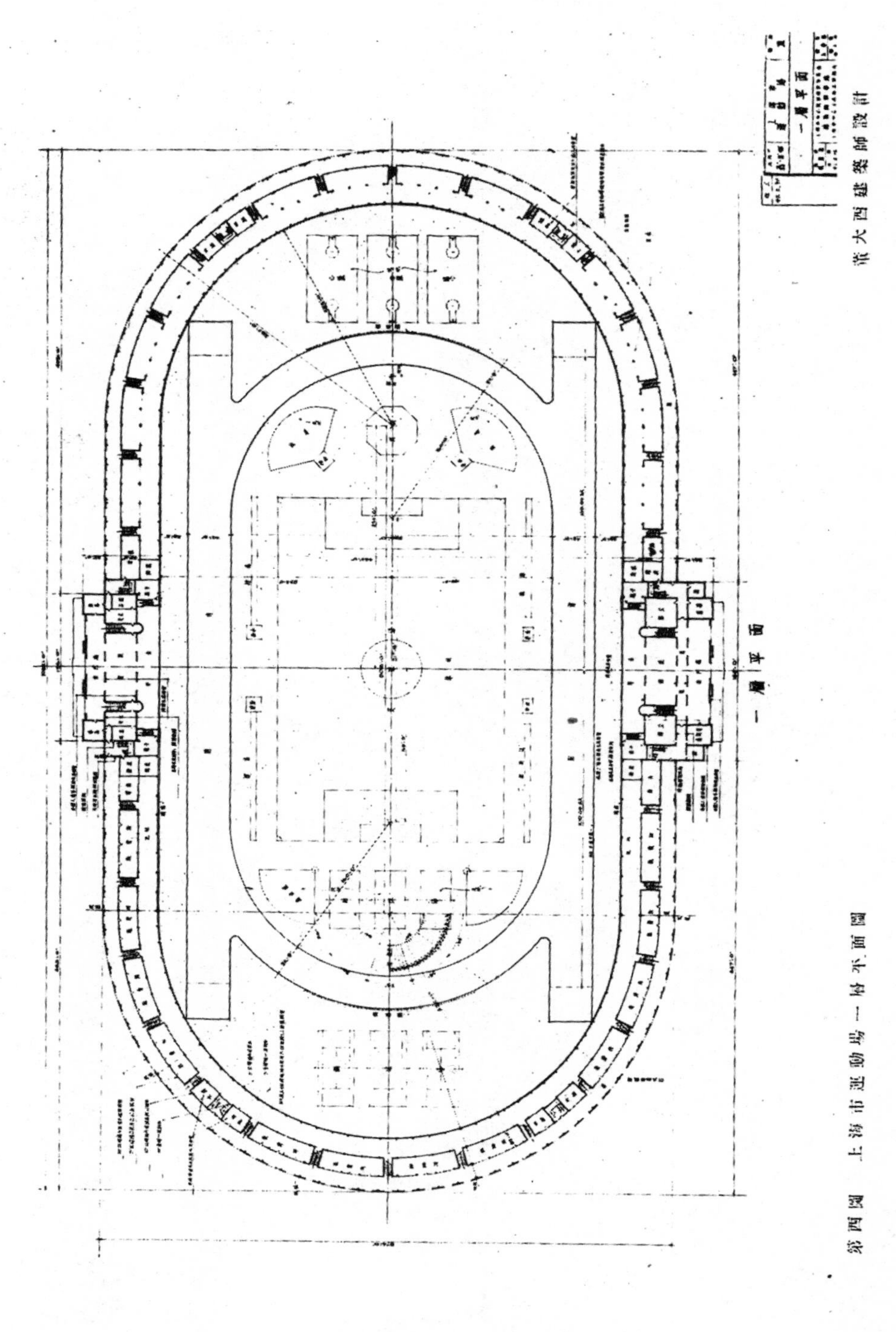

第四圖　上海市運動場一層平面圖

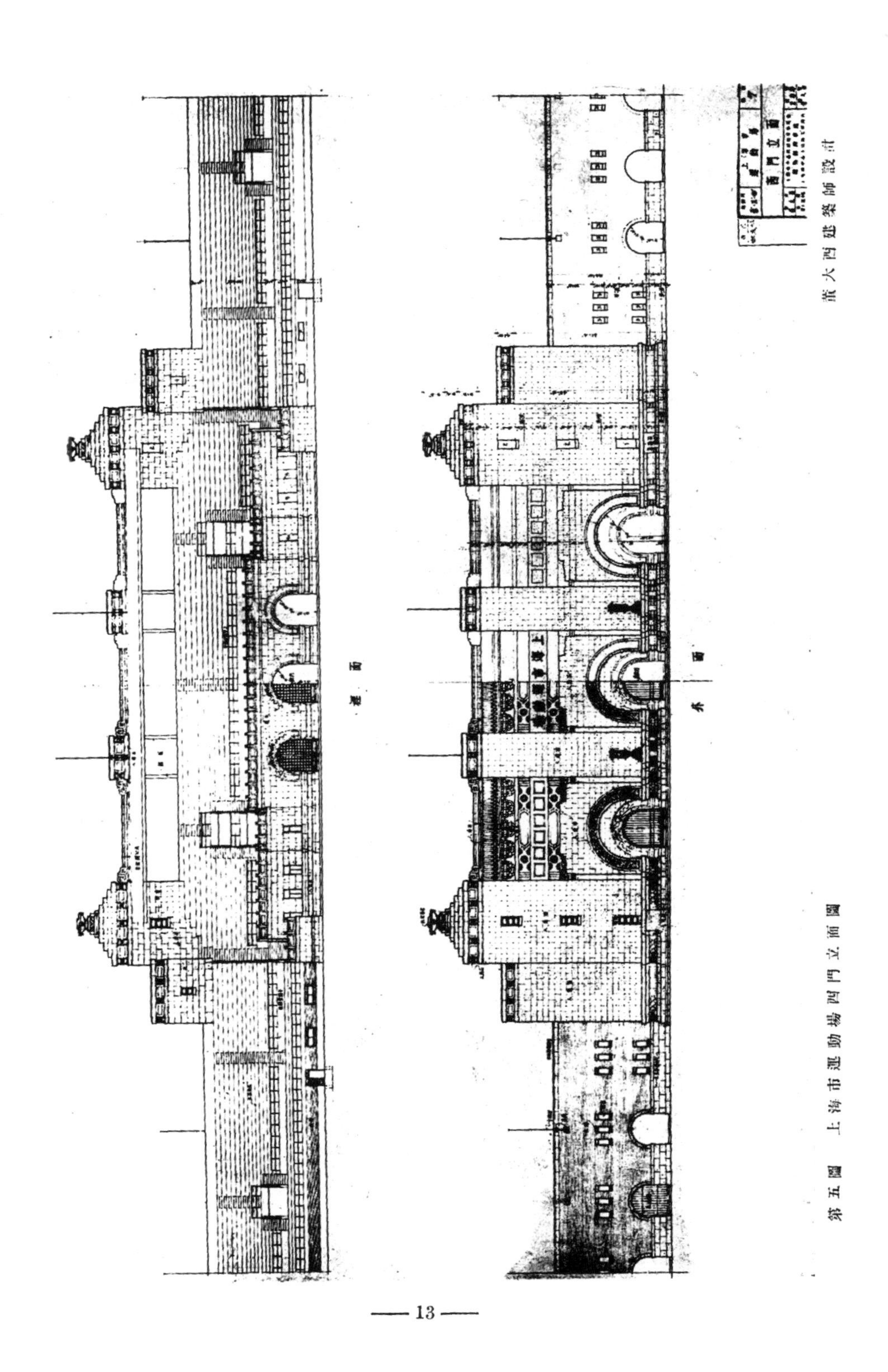

第五圖 上海市運動場西門立面圖

董大酉建築師設計

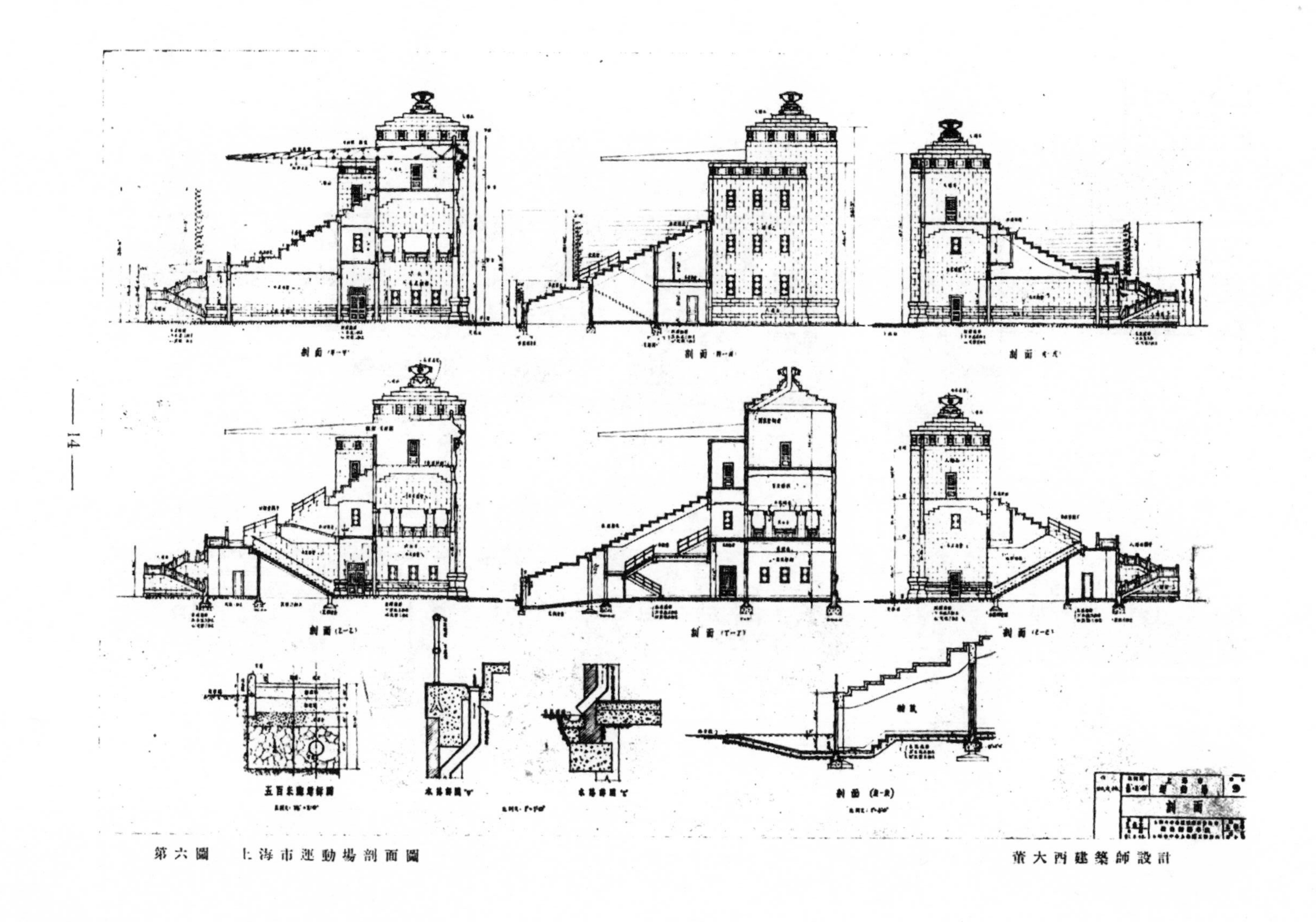

第六圖　上海市運動場剖面圖

董大酉建築師設計

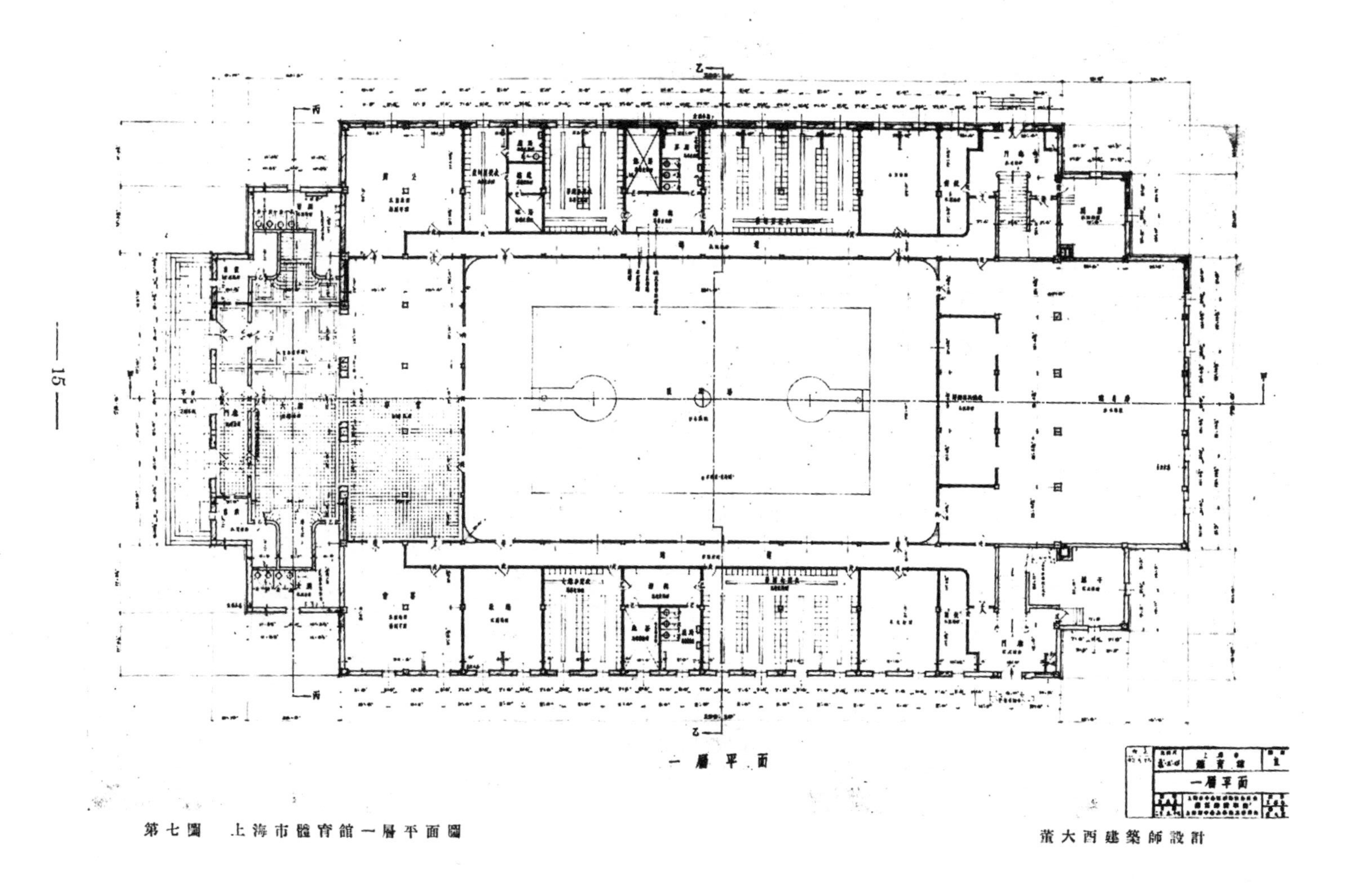

第七圖 上海市體育館一層平面圖

董大酉建築師設計

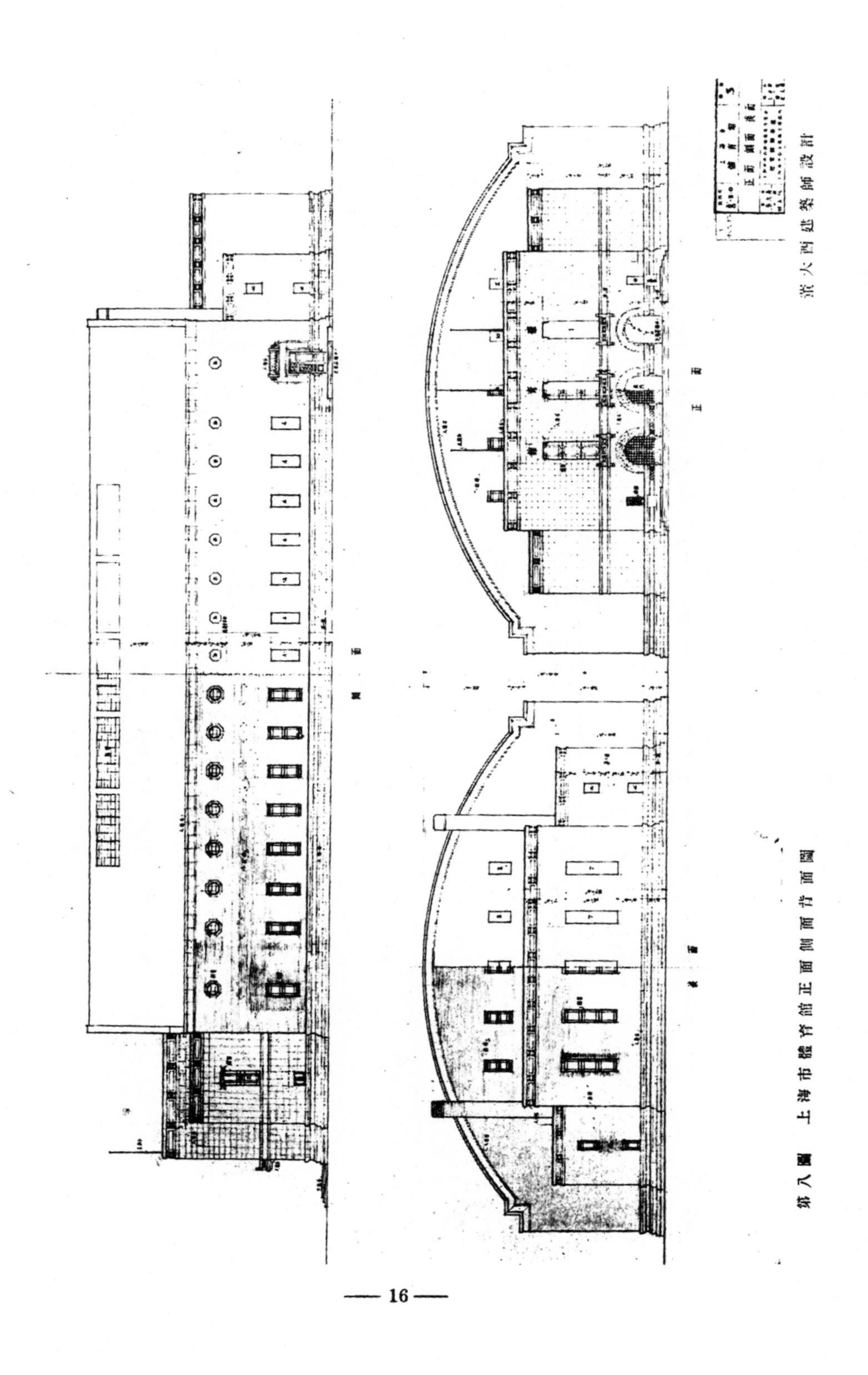

第八圖　上海市體育館正面側面背面圖

董大酉建築師設計

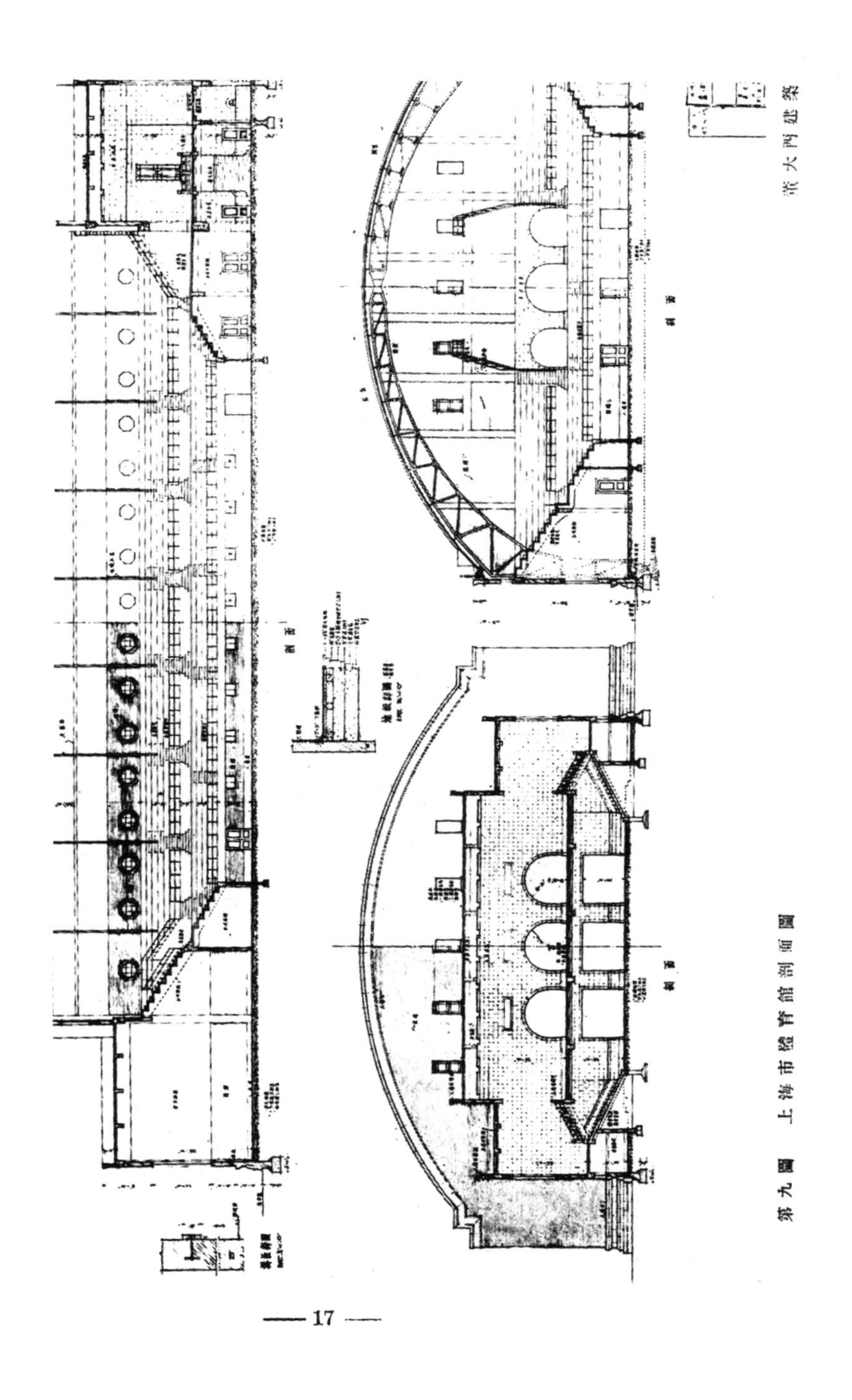

第九圖 上海市體育館剖面圖

董大酉建築

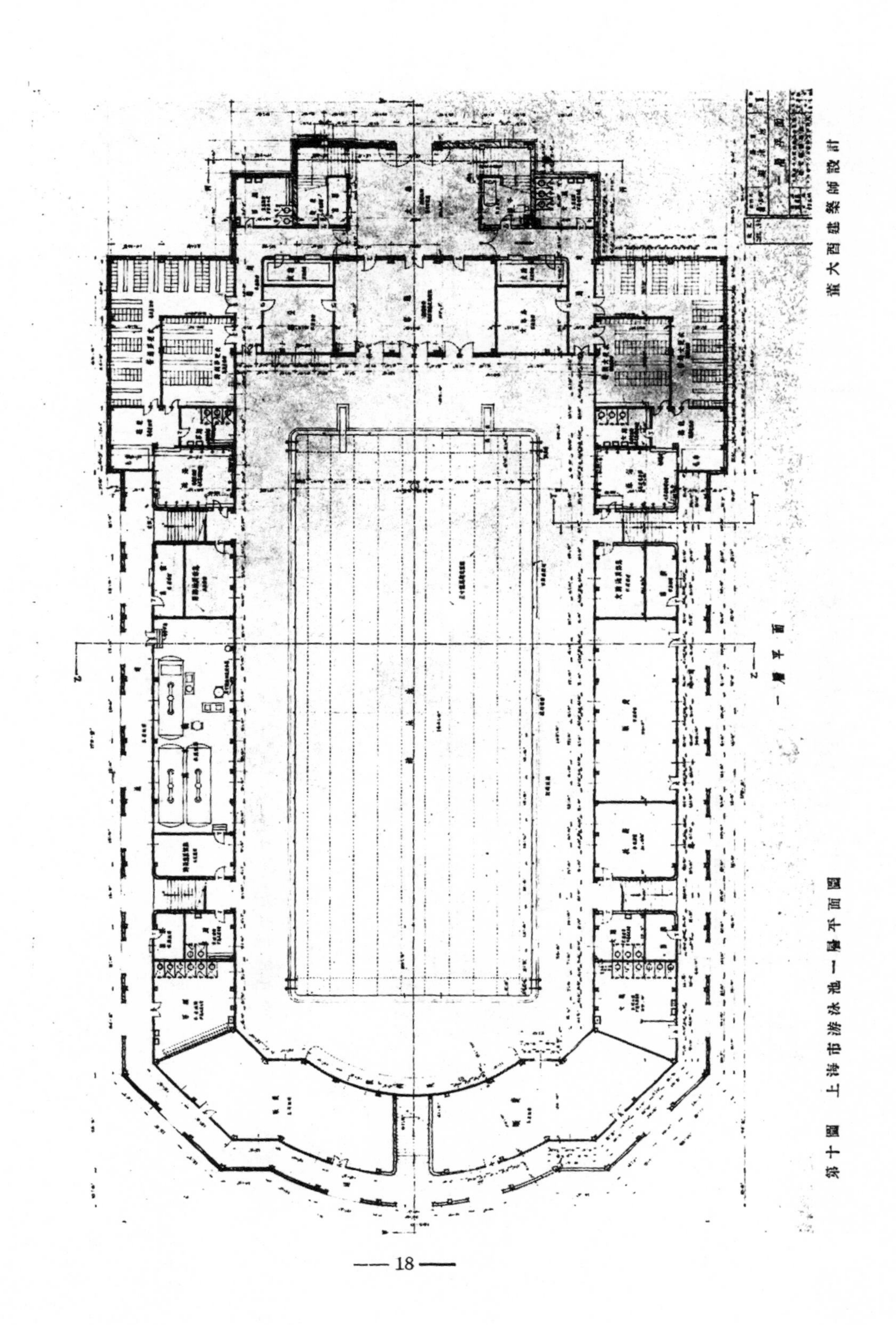

第十圖　上海市游泳池一層平面圖

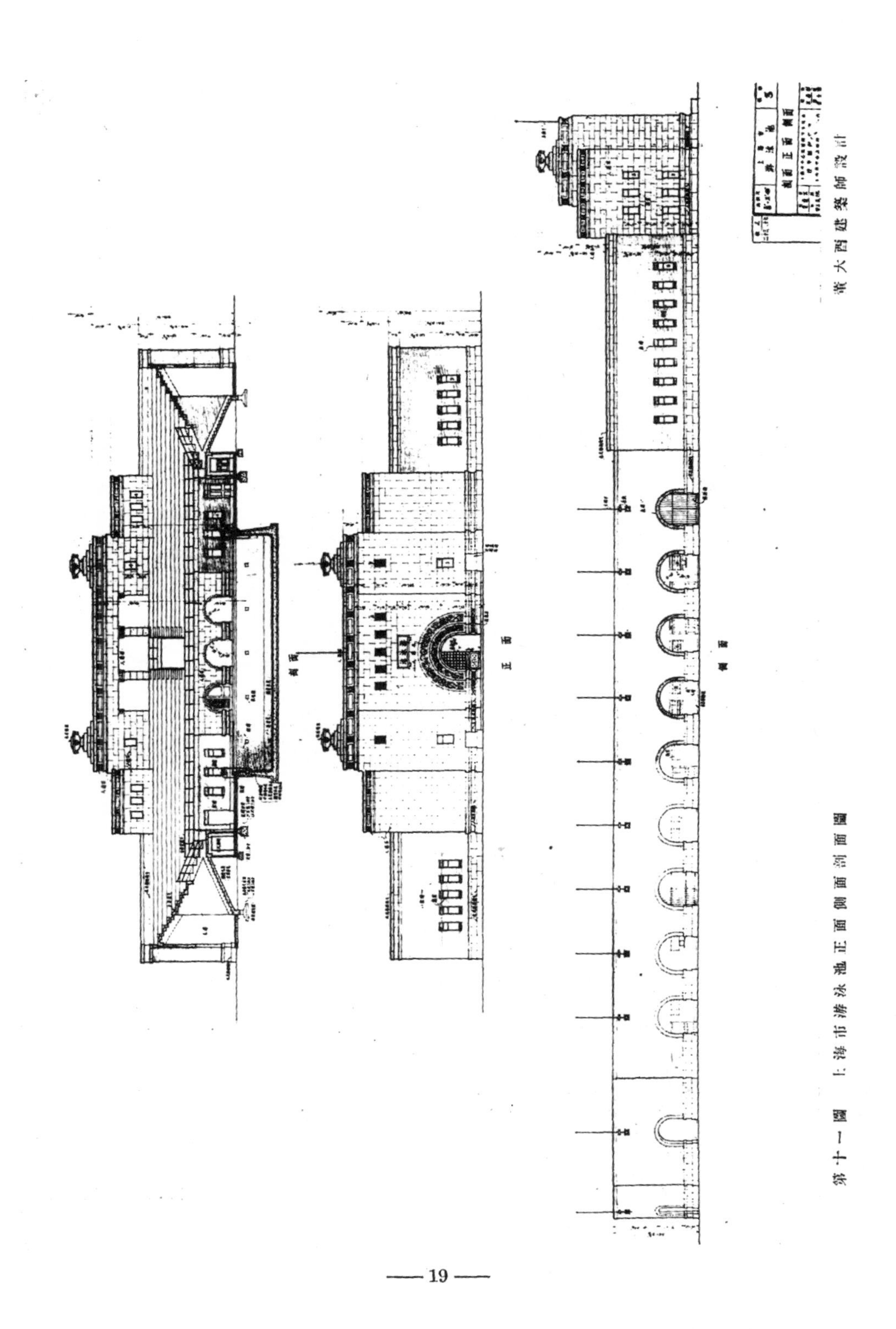

第十一圖 上海市游泳池正面側面剖面圖

董大酉建築師設計

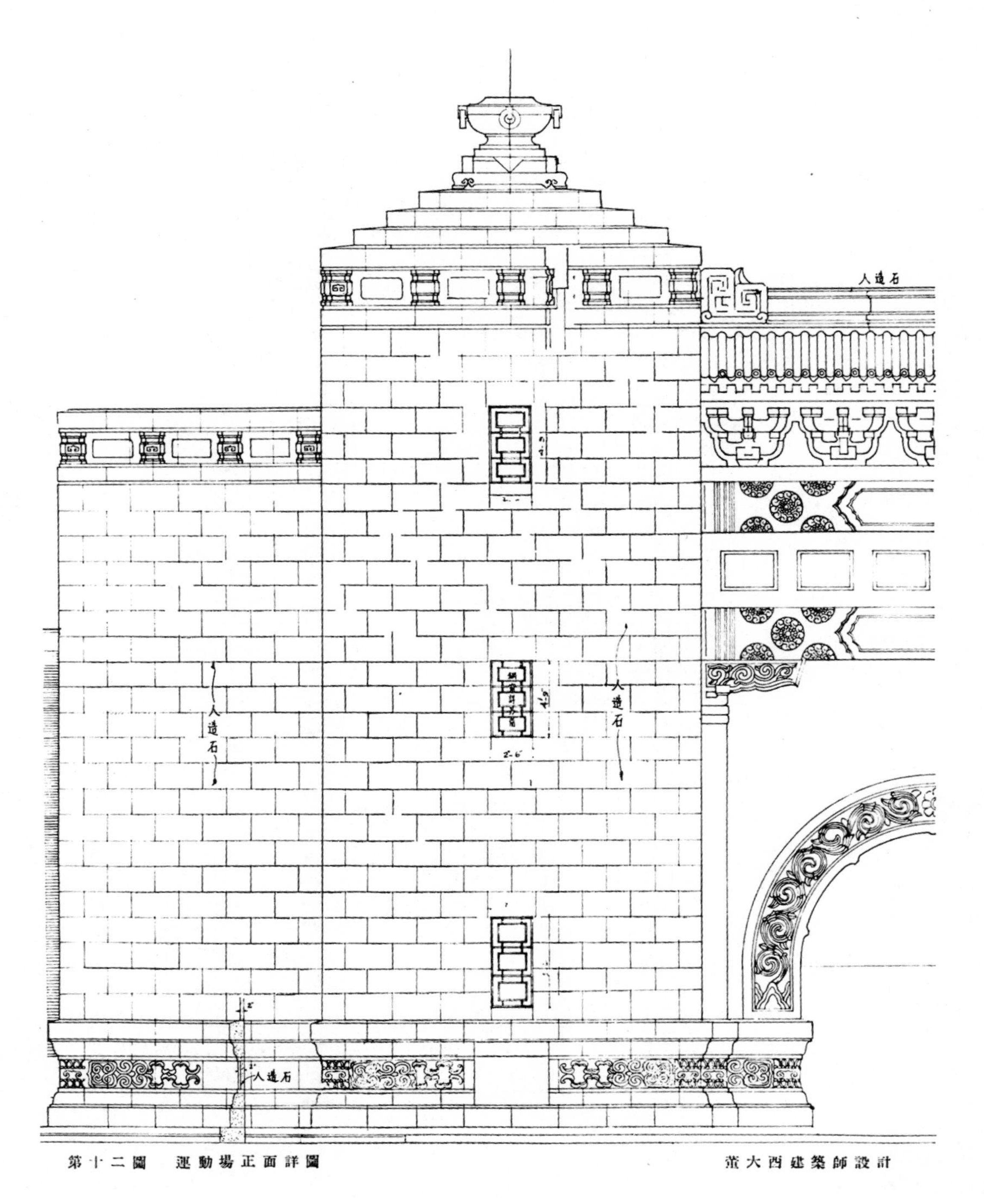

第十二圖　運動場正面詳圖

董大酉建築師設計

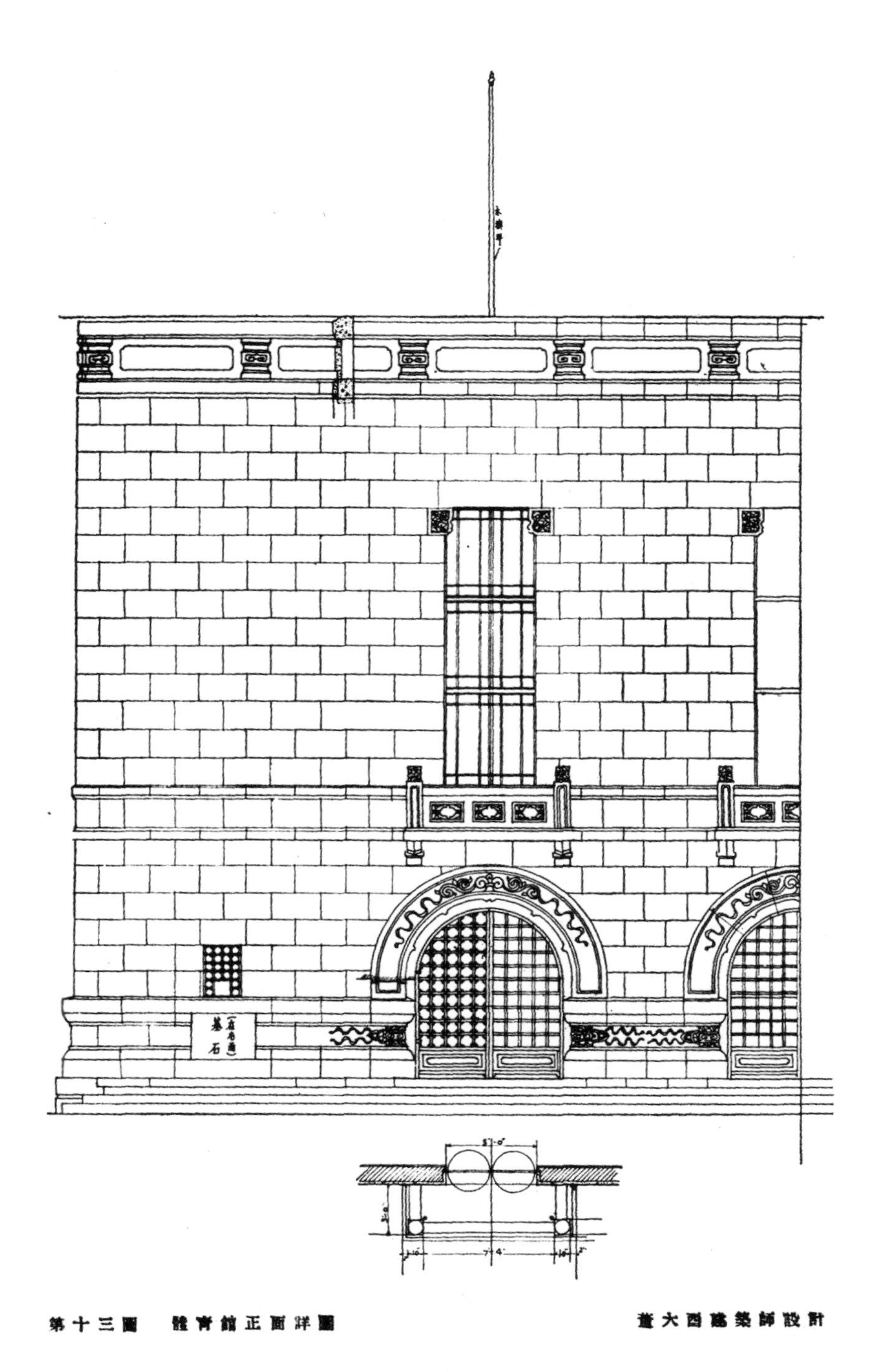

第十三圖　體育館正面詳圖　　董大酉建築師設計

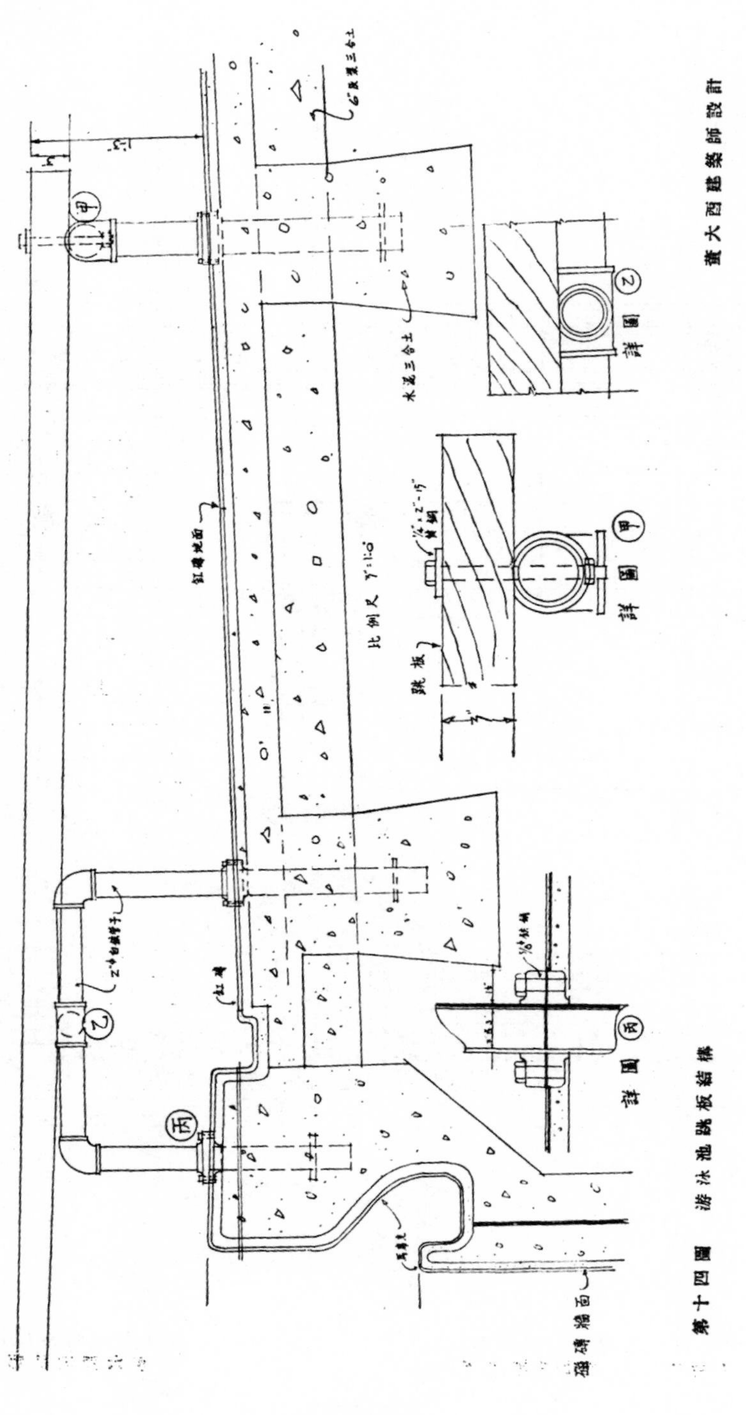

第十四圖　游泳池跳板結構

董大酉建築師設計

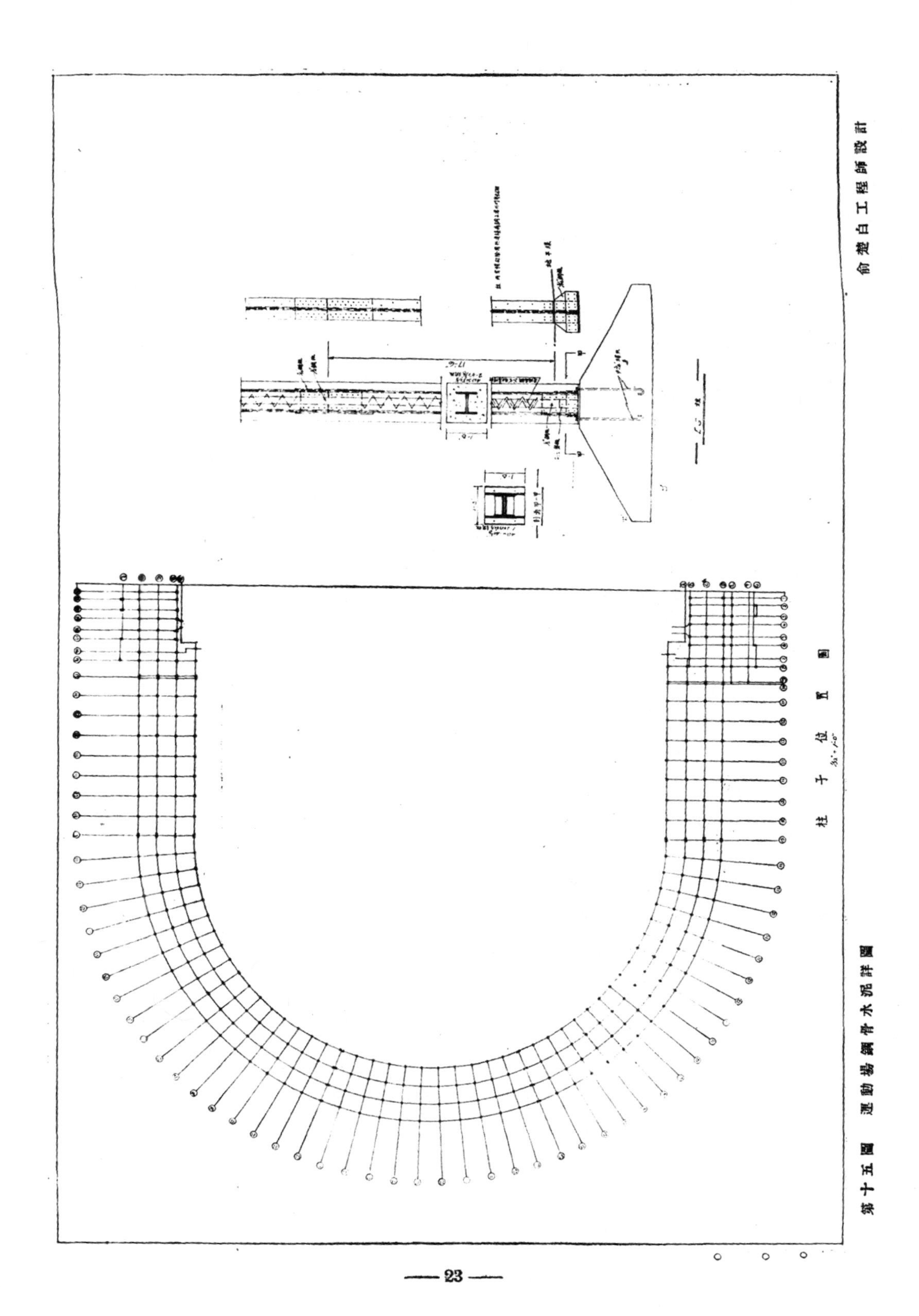

第十五圖 運動場鋼骨水泥詳圖

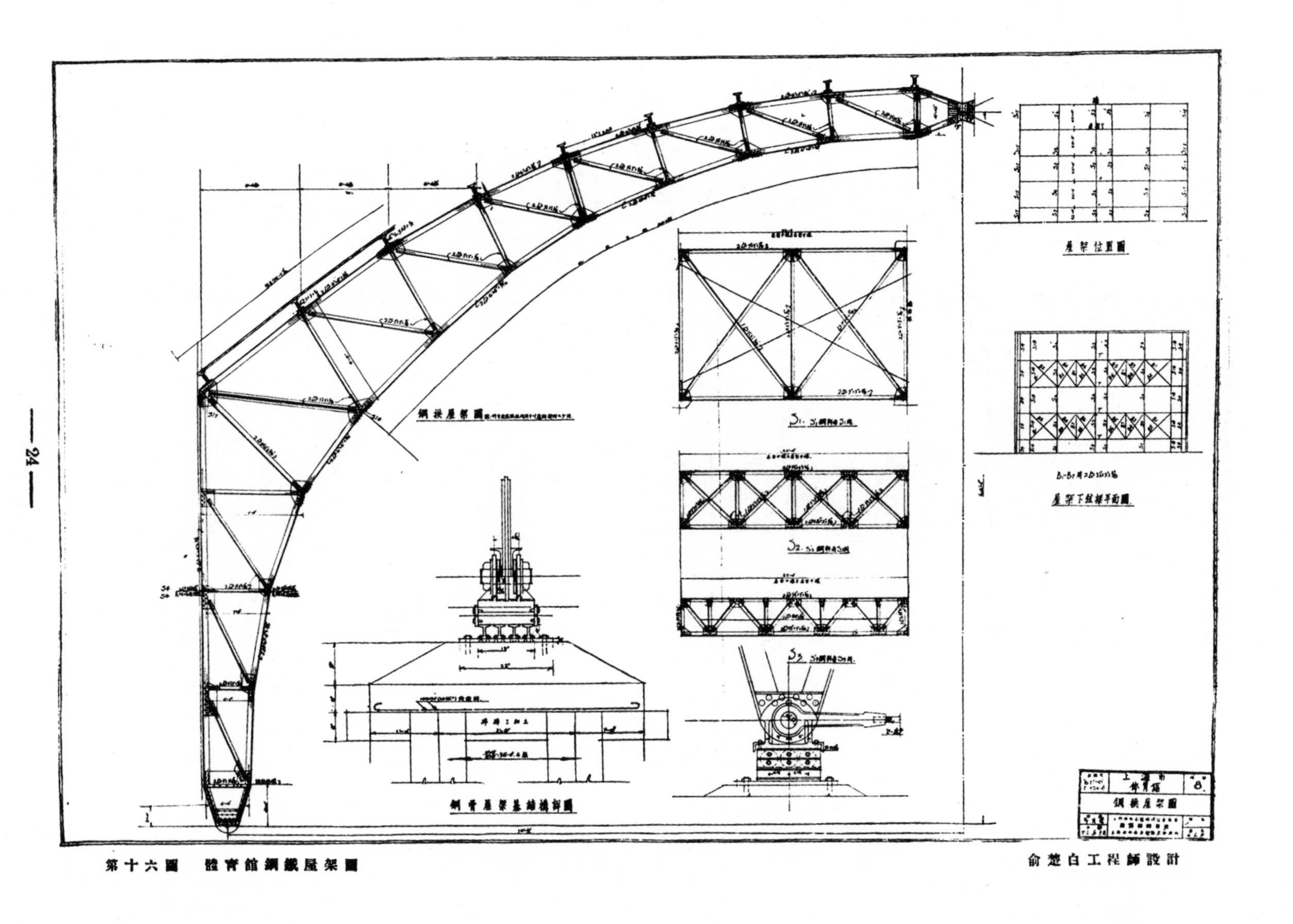

第十六圖　體育館鋼鐵屋架圖

俞楚白工程師設計

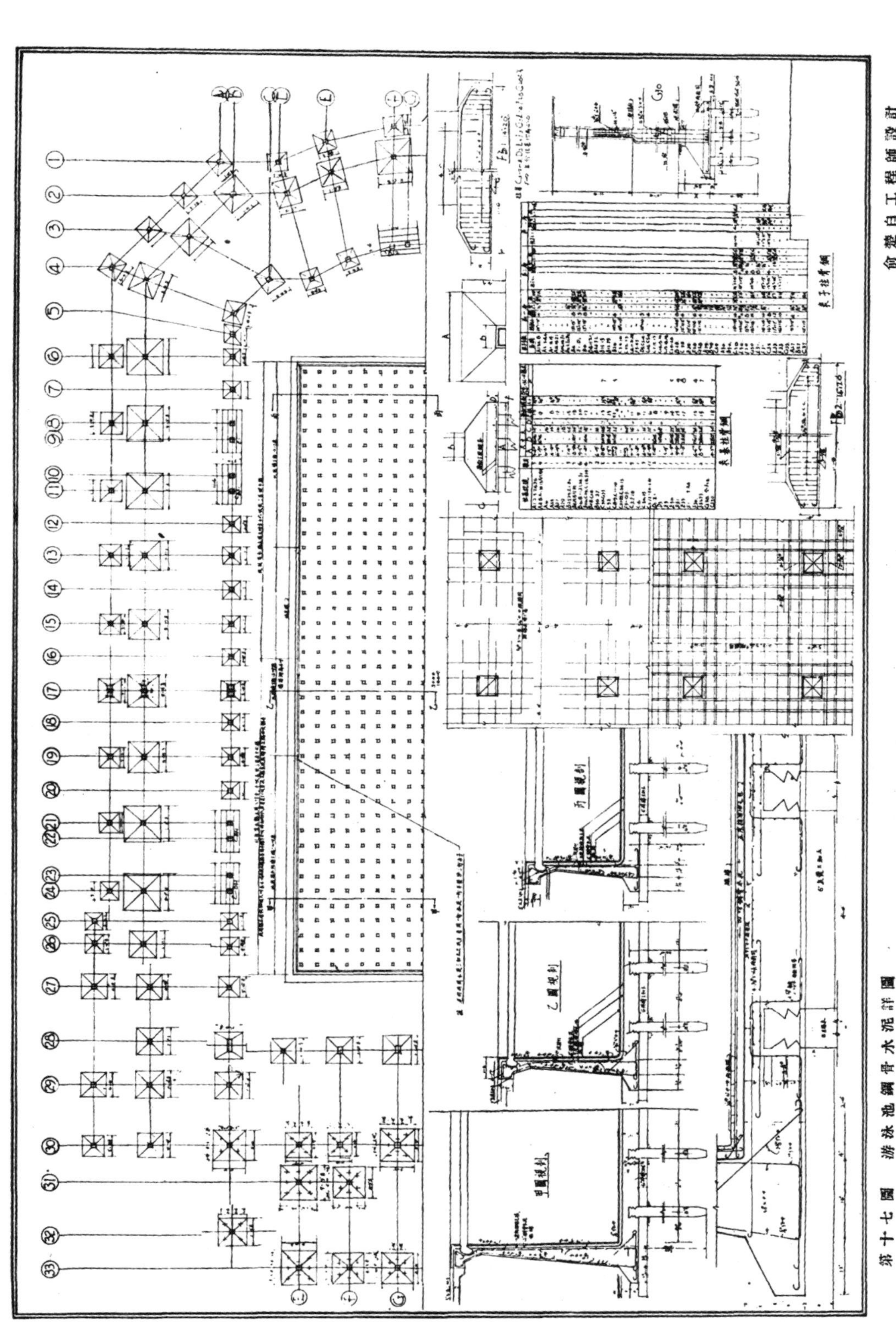

第十七圖 游泳池鋼骨水泥詳圖

俞楚白工程師設計

上海市體育場工程設計

俞楚白

體育場之工程，以運動場爲最大，體育館游泳池次之，網球場棒球場又次之。 其餘爲普通建築，無紀載之必要。 惟體育場爲盛大集會之公衆場所，是以所用建築材料，均爲防火材料。

（甲）牆壁　各場之外牆，均用機器紅磚做清水牆，上面混凝土壓頂；下面勒脚做人造芝蔴石。 各場之大門口，均用人造芝蔴石牆面，及金山芝蔴石勒脚，以資美觀。 內牆均用靑磚，再加粉刷。 重要各室如大廳，應接室等，均做磨石子；或洒漿粉刷。 廁所浴室等爲保持永久淸潔計，均砌磁磚護牆壁。 其餘不重要處，均用白石灰粉刷。

（乙）地面　各場房屋內地面分爲三類：公共集合之所如大廳，會客室等，均用紅磚；浴室，更衣室，廁所，均用馬賽克；其餘不重要者，均粉水泥黃沙。 惟體育館之籃球室，及健身房，其地面須有彈力性。 故特用美國松木。 游泳池底，及四周池牆，爲保持淸潔，及易於識別起見，選用馬賽克及磁磚。

（丙）看台　各場看台式樣，大半相同。 均爲樑柱式鋼筋混凝土。 其和合比例均爲一、二・四、。 看台之載重，由樑柱直達於底脚。 由泥土載重力，與木椿阻力混合承載。 所有柱基，都爲單式。 間因地位關係，採用複式。 椿木均用洋松楔形木椿，共分大小二種：大者爲三十公分，二十公分，十二公尺長之洋松對開。 小者爲二十五公分，十五公分，八公尺長之洋松對開。 椿木之承載力，爲全部載重百分之六十。 泥土爲百分之四十。 椿上部三公尺之長度，均揩柏油。 柱基下，均先鋪十五公分灰漿三和土，再以一、二水泥黃沙粉光以便鋪紮鋼筋，灌澆混凝土。 看台之構造爲梯形樓板，以踏步擱于小擱柵上，由小擱柵擱於樑，而承以柱。 其計算方法如下

踏步樓板	最大跨度	1·14公尺
活載重	＝540公斤	（每方公尺）
樓板本身重	＝170公斤	（每方公尺）
粉刷重	＝20公斤	（每方公尺）
共計	730公斤	（每方公尺）

$$M=\frac{1}{8}Wl^2=\frac{1}{8}\times 730\times \overline{1\cdot 14}^2\times 100=11.850=\text{公斤公分}$$

$$K=\frac{M}{bd^2}$$

假定樓板寬爲1公尺厚爲7·6公分則有效厚度5·7公分

$$K = \frac{11800}{100 \times \overline{5 \cdot 7}^2} = 3 \cdot 65 \text{公斤/方公分}$$

由曲線上尋得鋼之比例　　$P = \cdot 00325$

鋼之面積　$As = Pbd = \cdot 00325 \times 100 \times 57 = 1 \cdot 85$ 方公分

六根6公厘圓鋼筋可以足用但樓板厚度爲5·7公分鋼筋之中距不得過樓板之二倍故用六公厘圓十一公分中距

擱柵　　　　跨度2.74公尺

載重 $= 730 \times \cdot 91 = 660$ 公斤/公尺

擱柵本身重　$= 53$ 公斤/公尺

共　$= 713$ 公斤/公尺

樑中或支持點，　$M = \frac{1}{10} WL^2 = \frac{1}{10} \times 713 \times \overline{2 \cdot 74}^2 \times 100 = 53400$ 公斤公分

樑中：——　　$b = 27$ 公分；　　$d = 32$ 公分

$$K = \frac{M}{bd^2} = \frac{53400}{27 \times \overline{32}^2} = 1 \cdot 94 \text{公斤/方公分}$$

$P = \cdot 163\%$

$As = Pbd = \cdot 00163 \times 27 \times 32 = 1 \cdot 41$ 方公分

用1根　13公厘方鋼筋在底面

支持點：——　　$b = 7 \cdot 6$ 公分；　　$d = 32$ 公分

$K = 6 \cdot 9$ 公斤/方公分；　$P = \cdot 59\%$；　$P' = 0$

$As = 1 \cdot 41$ 方公分；　用1根13公厘%；方鋼筋在上面

$$\text{剪力} = \frac{R}{bjd} = \frac{713 \times 2 \cdot 74}{2 \times 7 \cdot 6 \times 32 \times \frac{7}{8}} = 4 \cdot 5 \text{公斤/方公分}$$

用樓板中之6公厘圓鋼灣入

樑1—與樑2　　　　跨度　　見圖一

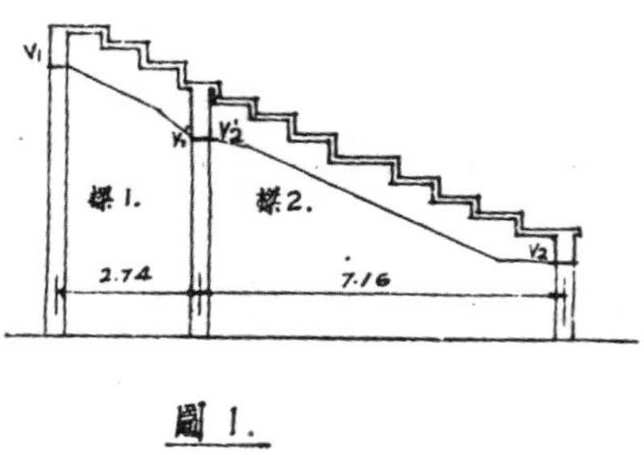

重量：——　樓板——　$= 730$ 公斤/方公分

擱柵 $= \frac{53}{\cdot 71} = 74$ 公斤/方公分

共　$= 804$ 公斤/方公尺

樑之中距爲2·74公尺

平均樑之載重 $= 804 \times 2 \cdot 74 = 2200$ 公斤/公尺

樑本身重　$= 350$ 公斤/公尺

樑共載重　$= 2550$ 公斤/公尺

圖1.

$$2M_2\times7\cdot16=-\frac{1}{4}\times2550\times\overline{2\cdot74}^3-\frac{1}{4}\times2550\times\overline{7\cdot16}^3$$

$M\quad=-17200$ 公斤公尺

$V_2\quad=\frac{17200}{7\cdot16}+2550\times\frac{7\cdot16}{2}=-2400+9100=+6700$ 公斤

$V_2'\quad=\quad2400+9100=11500$ 公斤

$V_1\quad=-\frac{17200}{2\cdot74}+2550\times\frac{2\cdot74}{2}=-6500+3500=-3000$ 公斤

$V_1'\quad=10000$ 公斤

最大灣曲距重在　2·63公尺從V_2

$M=6700\times2\cdot63-\frac{1}{2}\times6700\times2\cdot63=$

$=17600-8800=8800$ 公斤公尺

$=880,000$ 公斤公分

$b=91\cdot4$ 公分；　$d=47$ 公分

$K=4\cdot37$ 公斤/方公分；　$P=\cdot482\%$；　$As=20\cdot7$ 方公分 {2根25公厘方鋼直 / 2根22公厘方鋼灣} 下面

$P'=\cdot15\%$；　$As'=6\cdot5$ 方公分－2根19公厘方鋼上面

支持點　$M=-172,000$ 公斤公分

$b=25$ 公分；　$d=56$ 公分

$K=22$ 公斤/方公分；　$P=1\cdot43\%$；　$As=19\cdot5$ 方公分；4根22公厘方鋼在上面

$P'=1\cdot35\%$；　$As'=18\cdot7$ 方公分，4根25公厘方在下面

最大剪力在　V_2' ——$=\frac{11500}{25\times56}\times\frac{8}{7}=9\cdot4$ 公斤/方公分

剪力在　V_2，——$=\frac{6700}{25\times47}\times\frac{8}{7}=6\cdot5$ 公斤/方公分

剪力在　V_1' ——$=\frac{10000}{25\times56}\times\frac{8}{7}=8\cdot2$ 公斤/方公分

假定用 9·5 公厘圓鋼筋則距離爲$\frac{As\times Fs}{bv}$

$=\frac{\cdot71\times2\times1000}{5\cdot4\times25}=10\cdot5$ 公分

以上混凝土之壓力，在樑中間者，每平方公分爲40公斤；在支持點，每平方公分爲50公斤。剪力每平方公分爲 4 公斤。鋼筋之引力每方公分爲1280公斤。剪力1000公斤。

柱子之承重力，可以樑之載重力計算之。若擇中間一柱子其計算方法如下。

$2V_1'=2\times10,000=20,000$ 公斤

$2V_2'=2\times11,\ 00=23,000$ 公斤

橫樑本身重　　=3,900公斤

柱重　　=1,200公斤

共　　48,100公斤

用35公分方柱及八根19公厘方鋼

則柱之所能承受重量 $=28\times28\times40+8\times\overline{1\cdot9}^2\times600$

=,48600公斤超過所受之重量

柱基　　載重　48,100公斤

牆　　3,400公斤

柱基本身重　　51,500公斤
5,200公斤

共　　56,700公斤

泥土載重力為　　7,840公斤/方公尺

減去填泥及上面之活載重　　980公斤/方公尺

泥土實在載重力為　　=6860

用20公分方大頭與20公分10公分小頭之洋松樁長十一公尺

木樁與泥土之阻力為　　980公斤/方公尺

每樁之載重力 $=980\times\frac{\cdot20\times4+2\times\cdot20+2\times\cdot10}{2}\times11=7510$公斤

減去樁頭泥土載重 $=\cdot2\times\cdot3\times6860$　　= 276公斤

每根樁木之實在載動　　=7240公斤

五根樁之載重　　$=5\times7240=36,000$公斤

泥土面積須 $=\frac{56700-36000}{6860}=3$方公尺

用 1·8公尺方之柱基　（見圖二）

$M=51500\times11=564,000$公斤公分

$b=45$公分，　$d=45$公分，

$K=6\cdot1$公斤/方公分，　$P=\cdot00525$

$As=\cdot0\ 525\times\overline{45}^2=10\cdot6$方公分

每面各用17根 9·5 公厘圓鋼筋如圖二

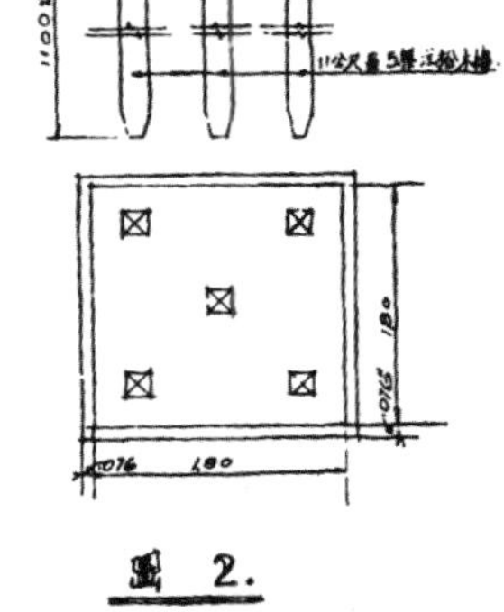

圖 2.

（丁）伸縮空隙結構　運動場與游泳池之看台，因長度過長，且暴露於外，為避免熱漲冷縮而至破裂計。每間五十公尺左右，做伸縮縫，用二柱二樑並立中距之空隙，係根據混凝土之伸縮係數計算。假定熱度之上下為攝氏表四十五度，空隙之距離為 $\cdot0000117\times45\times50\times1000=26$公厘。此空隙之間，用紫銅皮灣嵌於兩傍樑身內。再以松香柏油灌墊惟二柱柱基仍聯絡一起以防日後沈陷而發生高低不勻之弊

（戊）游泳池　游泳池最深處為三·三五公尺。故池底之最下點，須至地面下三·六六公尺。上海地勢

下一公尺左右卽有水上升，故三·六六公尺下水之上升力甚大，若無他種設備，則池底之混凝土須一公尺左右之厚度，方可避免滲漏，殊不經濟。若將池底築高，則四周石台亦須築高，面積甚大，更不經濟。惟有採拉樁較爲便宜，拉樁之大小與長短之計算法：先將樁之中距決定，然後計算每樁所管轄之面積幾何。每單位面積之上壓力因所掘之深度而各異。深度已知，則每樁所擔任之力立可算出。而樁之大小長短，可由樁與泥土之法定阻力而得之矣。今將池底最深處之拉樁計算如下：

池之最深處自地平線下爲3·66公尺

水之上壓力 $=1000\times3\cdot66=3660$ 公斤/方公尺

減去池底之本身重約 $=490$ 公斤/方公尺

共 $=3170$ 公斤/方公尺

定拉樁之中距爲1·22公尺

每樁所受之拉力 $=\overline{1\cdot22}^{2}\times3,170=4700$ 公斤

用20公分方洋松樁頭部做成鋸齒形（如圖三）

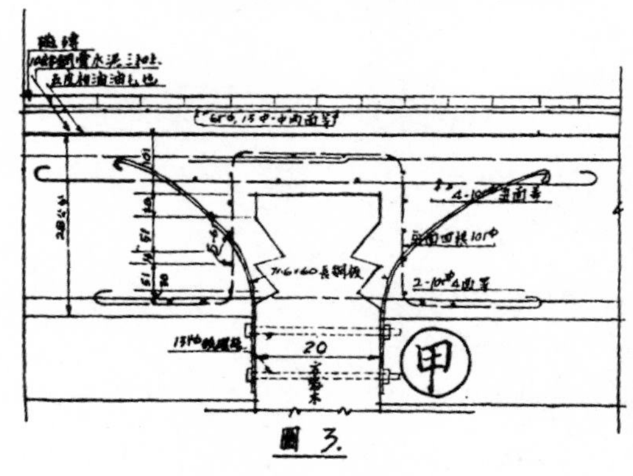

圖 3.

齒形最小部份爲10公分方

該部所受之引力爲 $=\dfrac{4700}{10\times10}=47$ 公斤/方公分

洋松能勝任之引力爲 60公斤/方公分

泥土與木樁之阻力爲 980公斤/方公尺

木樁之長須 $=\dfrac{4700}{4\times\cdot20\times980}=6$ 公尺

樁與混凝土之如何連接，其法將木樁之頂做成鋸齒形，（如圖三）埋入混凝土內。鋸齒形之大小，以木材之順木紋剪力計算之。如樁頂之最小部分爲10公分，埋入混凝土內爲17·5公分，則

木樁上之剪力爲 $\dfrac{4700}{4\times10\times17\cdot5}=7$ 公斤/方公分

欲木材勝任之須木紋剪力爲 7公斤/方公分

混凝土與木樁鋸齒之連接爲13公分則

混凝土之剪力 $=\dfrac{4700}{4\times20\times13}=4\cdot5$ 公斤/方公分

樁之四周用10公厘圓鋼筋箍牢。但木材或有漲縮，將來有腐蝕之虞。故木材與混凝土之黏合力，不甚可靠。另用七公分寬，六公厘厚之鋼板，一頭釘于木樁上。一頭灣入混凝土內。

鋼板與混凝土之黏合力爲 5·5公斤/方公分

鋼板之長 $=\dfrac{4700}{7\cdot6\times2\times5\cdot5}=56\cdot2$ 公分，現用60公分長

如是構造，則木樁與混凝土聯結爲一體，則全面積水之上壓力，由混凝土運於木樁，使樁與泥土之阻力平衡之，藉免池內無水時將池身頂起。池之較淺部份，用同樣木樁，但樁身較短小耳。樁頂上面爲十公分厚之鋼筋混凝土，其計算法實同一倒置之無樑樓板，先將樁與樁間照比例分爲A.B.C.如圖四

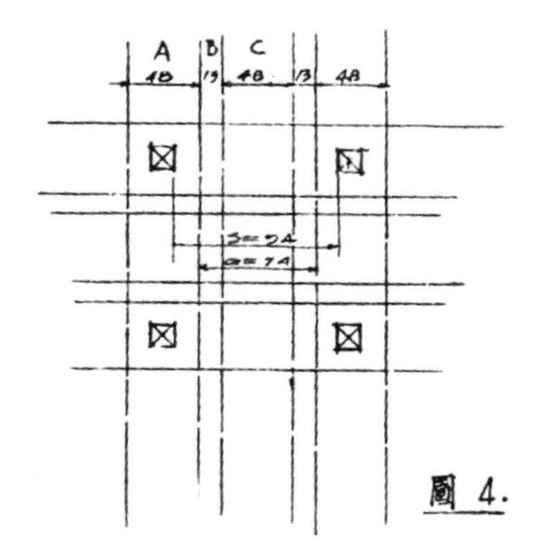

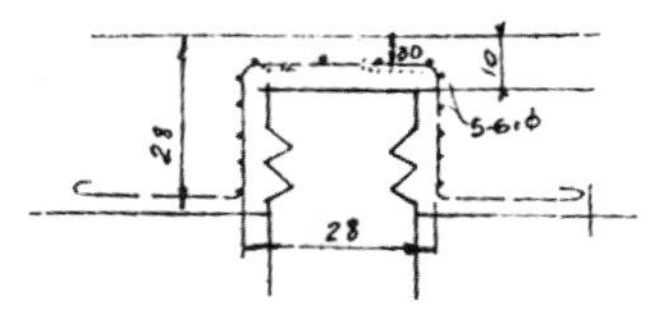

池底之泥土上壓力爲＝3170公斤

$$W=\frac{3170(\overline{1\cdot22}^2-\overline{28}^2)}{2}=2230\text{公斤}$$

在A 區間樁頭（卽支持處）

$$M=\frac{1}{12}Ws=\frac{1}{12}\times2230\times\cdot94=17\cdot\text{公斤公尺}$$

b ＝ 48公分, d ＝ 8·3公分

K ＝ 5·3公斤/方公分 P ＝ ·62%

A 4根9·5圓鋼筋

在"A"區中心處

$$M=\frac{1}{20}\times Ws=2230\times\cdot94$$

$$=10\cdot\text{公斤公尺}$$

b ＝48公分, d ＝24公分

K ＝ 3·8公斤/方公分 用5根6·4公厘

圓鋼筋

在C 區間內

$$M=\frac{\frac{1}{2}WG^2}{12}=\frac{\frac{1}{2}\times2230\times\overline{\cdot74}^2}{12}=38\text{公斤公尺}$$

用五根 6·4公厘圓鋼筋

樁邊之鋼筋

樁之引力爲4700公斤

$$As=\frac{4700}{1000}=4\cdot7\text{方公分}$$

用8根9·5公厘圓鋼筋

池底之第一層鋼筋混凝土灌澆後，上面鋪五皮地瀝青油毛毡，其上再用十公分厚之第二層鋼筋混凝土保護之。（見圖三）如是構造可再無滲漏之虞。

池四周之牆，亦用鋼筋混凝土建造。由池底挑出之伸臂樑式。其最深處之池牆。計算如下:

池底深處爲3·66公尺（見圖五）

底面泥土橫壓力（以水計算）

$=3\cdot66\times1000=3660$公斤/方公尺

地面上之活載重＝1070公斤/方公尺

$$M=\frac{1}{2}\times1070\times\overline{3\cdot66}^2+\frac{1}{6}\times3660\times\overline{3\cdot66}^2$$

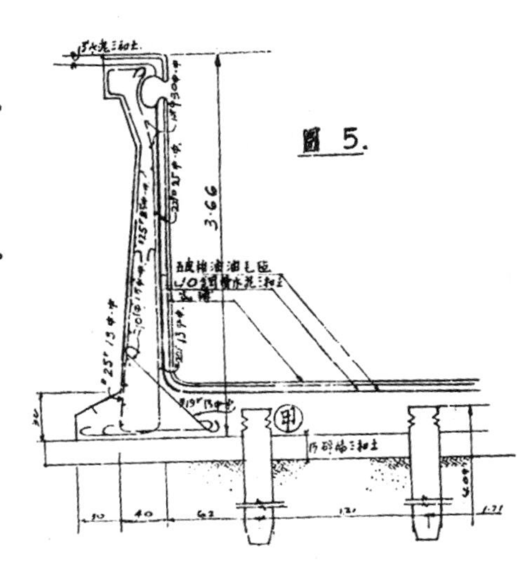

=15000公斤公尺

b =100公分；　　d =37公分

K =11公斤/方公分；　　P =1·3%

As =48方公分；　　每公尺內用8根2·5公分方鋼筋在外牆

P' =·9%；　As' =38方公分；　　每公尺內用8根2·2公分方鋼筋在內牆

自地面下處，　$M=\frac{1}{2}\times1070\times2^2+\frac{1}{6}\times1970\times2^2=3460$公斤公尺

b =100公分；　d =20公分；　K =8·6公斤/方公分

P =·95%；　Ae=19方公分；　每公尺內用4根2·5公分方鋼筋在外牆

P' =·21%；　Ae'=4·方公分；　每公尺內用4根2·2公分方鋼筋在內牆

池底池牆混凝土之成分，與尋常鋼筋混凝土不同。為一份水泥，一份半黄砂，三份青石子計算鋼筋之引力亦不同，每方公分為一千公斤。

(巳)屋面　除運動場司令台及體育館，籃球，房用鋼架及白鐵外，所有門樓等房屋面，均為鋼筋混凝土。上鋪六皮地瀝青油毛毡，下裝懸空平頂，以避炎熱。

體育館籃球房之屋面高度為一九·九一公尺。跨度四三·九一公尺。蓋須顧及屋面下不佔地位。如用尋常鋼構架，不合應用。惟有三支點鋼拱架最為合宜。拱架之距離為六·七一公尺。下弦之半徑為三十公尺。拱架之載重僅載屋面上風雪之重量，及屋面材料與拱架本身之重量。屋面材料之重量，與拱架本身之重量二者，約計每方公尺九十八公斤，是為死重。由上弦之長短及拱架之中距可求出各載重點垂直死重量。

如上弦 C10（圖六）之長為三·五〇公尺 d12 之長三·一七公尺則 bc之重量$=49\times6\cdot71\times\frac{3\cdot5}{2}+49\times6\cdot71\times\frac{2\cdot59}{2}=1000$公斤。

Cd　之重量$=49\times6\cdot71\times\frac{3\cdot5+3\cdot11}{2}+49\times6\cdot71\times2\cdot57=1940$公斤。

各載重點之重量尋得後(見圖六)卽可計算各支點之載重，因屋面之重量，平均分佈，拱架左右相同。故左右點之載重必相等，因此卽可知中心支點之垂直重等于〇。(卽V_3=〇)以左支點為中心用“ΣM=〇”之公式，求得H_3(見圖六)再用“ΣH=〇”及“ΣV=〇”二公式求得H_1及V_1。各支點之載重既定，各上下弦各支撑之引力或壓力之多寡，乃用圖解法求出之。至於活力之計算分為二種一為風力，一為雪力，風力為每方公尺九十八公斤之載重於垂直面而於斜面用公式$Pn=P\frac{2\ Sinx}{HSin^2x}$計算之。內中 Pn 為風力垂直於各載重點斜度之重量，P為九十八公斤，x為上弦之斜度此拱架上弦之斜度各不相同，因而各載重之風力亦各異（其重量表明于第六圖中）至於支點之垂直及水平載重，與各上下弦及各支撑之引力或壓力之多寡情形有二，因風有左邊或右邊來也。至於決定方法亦用圖解法量出之。雪之載重情形有三：一為左邊拱架載而右邊無，一為右邊拱架載而

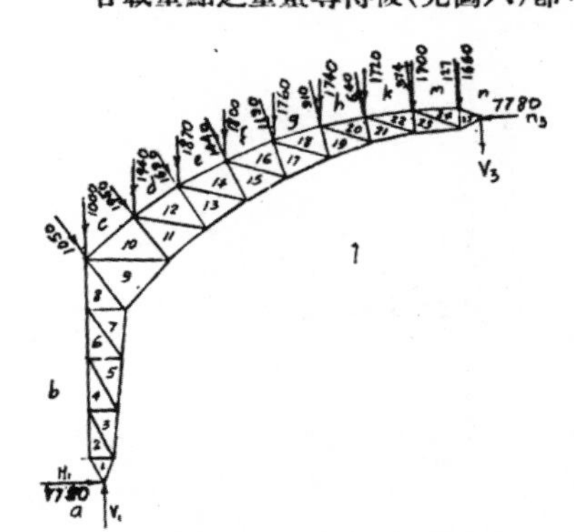

左邊無，一爲兩邊全載是也。 至於雪之重量爲每方公尺九十八公斤於平面上。 傾斜愈甚者。 載重愈少。此拱架各載重點之垂直雪力亦各不同。 求出各載重點之雪力後，仍用前法求各支點之垂直及水平載重，各上下弦各支撐之引力或壓力亦照前法，用圖解量出之。以上求出之各載重及引力壓力可歸納爲兩項，一爲最大引力，一爲最大壓力。（在第七圖中表明之）任何一上下弦或支撐皆用最大力計算之如下：

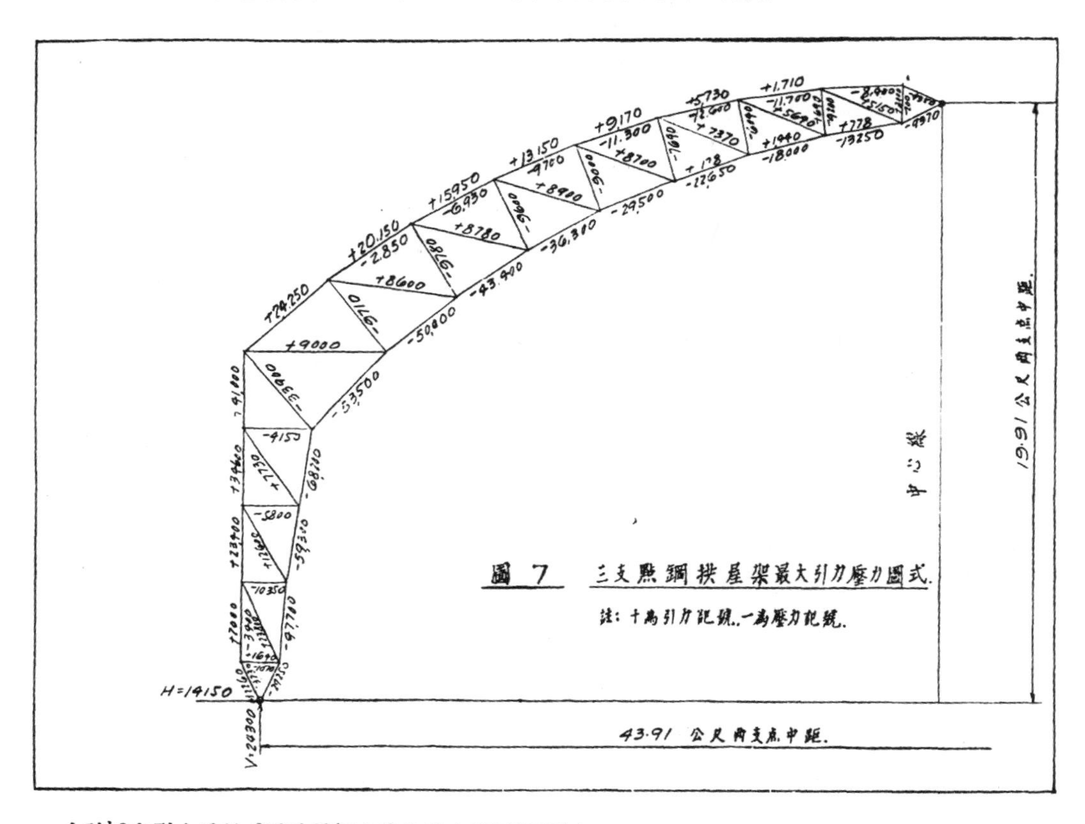

圖 7　三支點鋼拱屋架最大引力壓力圖式.

註：十爲引力記號，一爲壓力記號.

上弦b8之引力爲41，000公斤鋼之安全引力爲1120公斤/方公分

則鋼之淨斷面積須$=\frac{4100}{1120}=36\cdot6$方公分，用二根15公分

10公分及 9·5 公厘厚之三角鋼其面積＝4·66方公分除去二只24公厘圓之帽釘孔之面積＝46方公分

二根三角鋼之淨面積＝42方公分

下弦 l^1之壓力＝68200公斤；長＝254公分

用二根15公分10公分及17·5公厘之三角鋼 r＝4·4公分

$$P=1120-4\cdot9\frac{l}{r}=836\text{公斤/方公分}$$

$$\text{鋼之面積}=\frac{68206}{836}=81\cdot7\text{方公分}$$

現用三角鋼斷面積＝82·6方公分

其他上下弦以及支撐之計算方法相同。 至於各支點之梢釘，以及支座等亦擇載重最大者計算之。 地下左右二支座用圓鋼條互相拉住。 以承受拱架之橫壓力。 一支座爲固定支座用澆鋼做成一支。 座爲活動支座，以七公分徑之滾輪做成。今將活動支座計算如下：

支座之橫壓力　　H＝14150公斤

水平壓力　　V＝24300公斤

拉鋼之斷面積　　$=\frac{14150}{1120}=12\cdot6$方公分

用二根31·8公厘圓鋼條面積＝16＝方公分

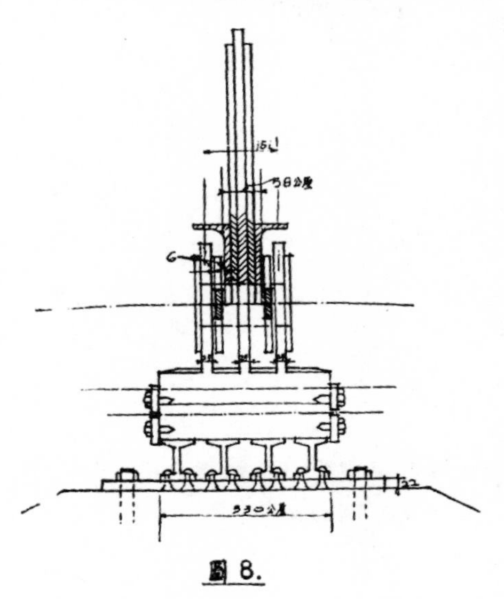

圖 8.

拱架脚在梢釘上寬度　$=\frac{24300}{95\times1680}=15$公厘

今用14公厘厚之墊板二塊及9公厘厚之三角鋼二根連中間12公厘厚接板故拱架脚。 總厚度爲12＋28＋18＝58公厘（如圖八）裝置拉鋼條之掛籃螺絲厚爲22公厘。 及支座澆鋼座脚厚25公厘留六公厘之空隙則梢釘兩支點相距＝

$$58+4\times6+22\times2+25=151\text{公厘}$$

梢釘所受之彎曲距重＝M $=\frac{1}{4}\sqrt{\overline{24300}^2+\overline{14100}^2}\times15\cdot1=106300$公斤/公分

9·5公分徑之梢釘所能勝任之彎曲距重＝142500公斤公分

澆鋼支座下面爲三只10公分徑之滾輪滾輪長須＝$\frac{24300}{3\times10\times32}$厘，＝19公分。

此滾輪座于4根10公分高之工字鋼上面。 工字之寬爲70公兩工之間離13公厘之空隙。

故滾輪實在之長＝4×70＋2×13＝306公厘；用330公厘

支座之底脚，爲尋常之鋼筋混凝土單式底脚。 但支座四周用鋼筋混凝土築一方箱。 上開小門，以便隨時可入內察看。

運動場之司令台恐阻礙觀覽者之視綫，前面不建支柱，其深爲十五公尺，上面屋頂之構造，須由後面之支柱挑出，若用鋼筋混凝土材料。 則其本身重量將數倍於活載重。 殊不經濟。 且後部二支柱之短距離，僅七公尺。 若前面挑樑過重，後面第二支柱發生之向上引力必將因之增大，該柱鋼筋勢必從而特別增加，旣不合算又不相宜，故鋼筋混凝土不適合於該種屋面。 通盤計籌當，以鋼料構造爲最適當。

鋼屋架之結構前部長爲十五公尺，伸臂屋架與後部七公尺長之雙支點華民式屋架連結爲一體，後部二支柱承載之。 （見圖九）屋架之承重爲每方尺二百公斤，其中五十公斤爲屋面材料，重量五十公斤，爲屋架本身重量，其餘一百公斤爲風雪重量，欲求兩支點之載重，先將全屋面之重量分配於各着距點，然後用力距法求之。此屋架因伸臂長於兩支點距離一倍有餘，以致第二支點有向上之引力。 求第一支點之載重爲全屋面之重量加上第二支點向上引力之數， 所幸第二支點之向上引力不甚大，以樑上面之欄墻重量卽可使其平衡，有此兩支點及各着力點之載重，則各上下弦各支撑及各拉條之壓縮或拉力用圖解法量出之。 第一支柱之構造，爲使前後部屋架之易於聯絡，亦用鋼料。 在看台之上全部鋼料露於外面，看台之下用混凝土包固。 第二支柱嵌入牆身，爲長方形，用鋼筋混凝土構造。 所有柱基均係單式，用鋼筋混凝土爲之與尋常柱基相同。

伸臂屋架最大引力及壓力表

上	弦	下	弦	斜	木	直	
U_0 U_1	+ 7,200	L_0 L_1	0	U_0 L_1	− 9,800	U_0 L_0	+ 5,500
U_1 U_2	,,	L_1 L_2	−14,600	U_2 L_1	+10,200	U_1 L_1	0
U_2 U_3	+25,200	L_2 L_3	,,	U_2 L_3	−14,200	U_2 L_2	0
U_3 U_4	,,	L_3 L_4	−36,600	U_4 L_3	+14,700	U_3 L_3	0
U_4 U_5	+53,000	L_4 L_5	,,	U_4 L_5	−19,800	U_4 L_4	0
U_5 U_6	,,	L_5 L_6	−67,000	U_6 L_5	+20,200	U_5 L_5	0
U_6 U_7	+62,000	L_6 L_7	,,	U_6 L_7	+ 8,900	U_6 L_6	−21,800
U_7 U_8	+54,000	L_7 L_8	−62,000	U_7 L_8	+10,400	U_7 L_7	− 5,070
U_8 U_9	+45,000	L_8 L_9	−54,000	U_8 L_9	+ 8,200	U_8 L_9	− 5,900
U_9 U_{10}	+37,000	L_9 L_{10}	−45,000	U_9 L_{10}	+ 9,600	U_9 L_9	− 4,300
U_{10} U_{11}	+30,000	L_{10} L_{11}	−37,000	U_{10} L_{11}	+ 7,100	U_{10} L_{10}	− 4,700
U_{11} U_{12}	+21,800	L_{11} L_{12}	−30,000	U_{11} L_{12}	+ 9,300	U_{11} L_{11}	− 3,200
U_{12} U_{13}	+16,500	L_{12} L_{13}	−21,800	U_{12} L_{13}	+ 5,700	U_{12} L_{12}	− 3,700
U_{13} U_{14}	+ 8,300	L_{13} L_{14}	−16,500	U_{13} L_{14}	+ 8,600	U_{13} L_{13}	− 2,070
U_{14} U_{15}	+ 5,400	L_{14} L_{15}	− 8,300	U_{14} L_{15}	+ 2,950	U_{14} L_{14}	− 2,540
U_{15} U_{16}	0	L_{15} L_{16}	− 5 400	U_{15} L_{16}	+ 5,400	U_{15} L_{15}	− 730
						U_{16} L_{16}	− 1,020

註： ＋爲引力記號，－爲壓力記號。

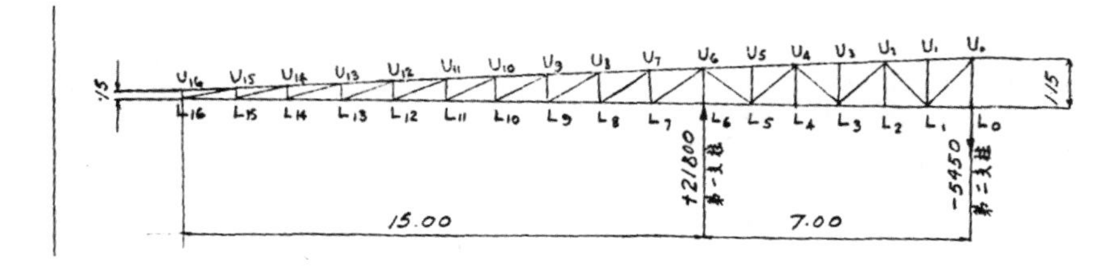

圖9. 伸臂屋架

屋面材料均用二十四號白鐵，釘於油毛毡及企口板上。 司令台屋面之桁條爲水落鋼，體育館屋面之桁條爲工字鋼。

全部鋼料均係馬丁爐製煉合於標準規定，每平方公分之最大引力爲四千二百公斤，一切帽釘均用冷氣打好。

中央大學建築系張鏄繪天文台正面圖

中央大學建築圖案題目

天　文　台

近代天文台建築在適當高度之某獨立點上,其目的在求正靜明爽,以避免地之震動及陰暗,并須擇遠鐵道,國省道及工業中心區域其主要儀器須建造在非常堅固之基礎上,并不許有毘連建築物係絕對獨立故耳。

茲將其各部分列建築物之主要器具,分述於下:

(一)大觀星器：　設在旋轉圓之下,其直徑自20^{m}至25^{m}其觀察區愈寬大愈妙。

中央大學建築系張鏄繪天文台平面圖

(二)小觀星器： 亦設在旋轉圓之下，其直徑自15^{n}至18^{m}

(三)屈曲天文鏡： 設在避風雨設備之下，其一部係固定，一部爲活動建築，可在軌道上任意進退。

(四)子午儀： 須設兩座，其觀察區須在南北平面上自由觀寮。

以上爲天文台之主要建築物，尙有其他附屬建築物列下：

1. 氣象台： 應擇地形最高處建造其地層有研究室三間，頂上設觀察台一座，以便觀察。

2. 磁力試驗室： 應遠離各種建築物絕不似其他建築物之可以走廊連絡之，其屋基須用混凝土澆做，其他概用磚木料建造。

3. 分光鏡室：

4. 物理試驗室：

5. 天文圖書室：

6. 台長住宅： 該項住宅可建一座或二座。

7. 天文家及其他專家住宅： 該項住宅須可容納四位天文家共同研究居住。

8. 來賓住宅： 該項住宅，其少可容納十位外來科學專專家居住。

9. 汽車間：

10. 門房：

11. 園丁房：

天文台之各項建築物，均無對稱之必要 其全部建築物之道路，務須另行專築大道出入，建築地之四週，須築圍牆，以阻閒雜人等之擾亂，其圍牆可築不規則形式，面積不超過$200^{m}\times350^{m}$爲標準。

需要圖案：

1. 草圖： 總平面圖，立視圖，剖面圖，（縮尺：$^{1}/_{1000}$）。

2. 正面： 總平面圖，立視圖，剖面圖，（縮尺：$^{2m}/_{1000}$）大觀星器平面圖及其剖面圖（縮尺：$^{5m}/_{1000}$），立視圖（縮尺：$^{1m}/_{100}$）。

中央大學建築系費康繪天文台正面圖

中央大學建築系費康綸天文台風景圖

中央大學建築系費康綸天文台平面圖

東北大學建築系葉輳綸花園大門

東北大學建築圖案題目

花園大門

某國府要人擬建花園一座，四周景色宜人，其大門務須莊嚴壯觀，寬度須容二部汽車出入，兩旁設邊門以便出入。

大門正面圖：　二分之一吋作一呎

平　面　圖：　四分之一吋作一呎

斷　面　圖：　四分之一吋作一呎

建 築 正 軌

（續）

石 麟 炳

第九章　建築之性質

建築因各種目的之不同，建築師的愛惡心理，又各自歧異，故建築式樣，也當然各不雷同，就是所用的材料，亦因此而異別。 但同一種類的建築，無論如何懸殊，總有幾點可顯示相當類似。 故各種建築可按其性質之不同，而分成數類，每一類都有其特點。如禮拜堂之建築，要有莊嚴的環境，而令人生信仰之感，住宅建築，務要有連帶之關係，使有條而不紊；礮臺之建築，一定要堅牢有力，以防敵人之攻擊。 這都是適用不同環境，而有此特殊的性質。

按建築之性質包括不同之意義，即時間性與空間性也。 就時間性言，一代有一代的特點，一時有一時的不同。 就空間性而言，一國有一國的作風，一地有一地的色彩。 十年前古典派建築，尙在中國風行一時，爲多數建築家所採用，近來卻一蹶不振。住宅式建築，英國式曾極盛一時，近又爲國際式及西班牙式取而代之。

（圖五十三）　北平仁立公司

中國皇宮式的建築，當然也具一種特殊的性質，不過因爲經濟上的損失和時間上的耗費，猶如古典派之不適用於近代，故雖仍出現於政府直轄之各建築內，但亦成過渡時代矣。 新式中國建築，利用中國建築之特點，適合近代之建築材料，演成一種優美作風，惜國人諳此道者殊少。故雖有一二代表建築物出現。（圖五十二）亦寥若辰星也。

學者對於此種建築性質上，應特別注意，因各種建築物上性質互有不同，銀行建築有銀行建築之點綴，商店建築有商店建築之格式，貨棧建築有貨棧建築之裝飾，其他如學校，

（圖五十四）　法國 Chatelet 紀念柱

(圖五十四) 北平九龍壁

(圖五十五) 上海殉職警察紀念碑

車站，教堂，公寓大廈等建築，亦莫不有相當特點。

學者對於每一題目，務先辨別其爲任何一種，然後着手進行，不可涇渭不分，混淪採用，致所出圖樣，非驟非馬，徒遺笑方家也。表現建築之性質，一方由於花樣之點綴，一方由於面樣之形勢。設計較好的建築，使人一見而知其屬於那一種。一個戲院，常常伸出一個很大的天遮；一個教堂，多用三角尖頂；一個音樂廳，常用樂器花紋以作雕飾；一個紀念凱旋的建築，定要有很尊榮的花圈點綴，以表示永垂不朽的戰功。在歐西以和平之花紋——嘉禾與鷹——爲最光榮之代表，故對於紀念戰功之建築物，幾無不採用(圖五十三)。在中國滿清時代，屬於帝王的建築物上，常常施以龍形的裝飾(圖五十四)這也是表現滿清的特殊情形。在現在的中國，對於紀念軍警豐功戰蹟的建築物，多以國徽爲象徵(圖五十五)，這也是一種光榮的表示。學校的建築，因爲需要光線，故宜多闢窗牖。工廠式建築，光線亦十分重要；但多闢窗又恐對於安全上發生障礙，故有鋸齒形建築，以維繫安全而得良好之光線，此乃需要上之不同，而建築方式亦各異也。一個儲藏室的設計，光線是不十分需要的，所以

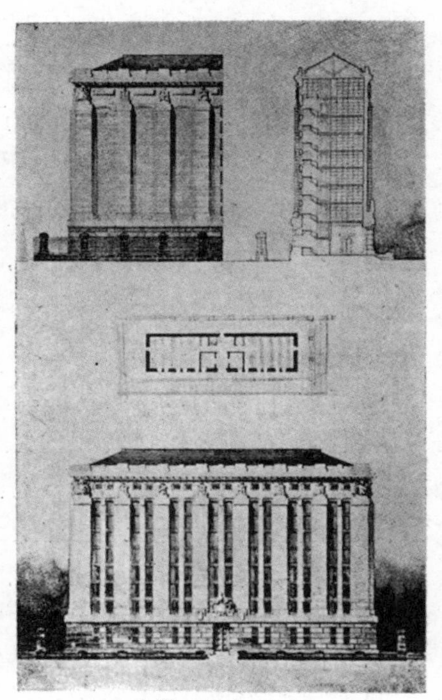

（圖五十六）

牆面上無須多闢窗牖。如法國郝來伯建築師設計之軍事長官宗卷儲藏室(圖五十六)開闢許多長大之窗，不特對於建築上之臨力發生影響，且此種不合理之經濟損失，數值亦很大。對於設計一個建築物，不事前考察他的

性質，而盲目進行，常常發生此種弊病。

有幾類建築物性質雖不完全相同，建築方式或有符合處，如軍械廠及監獄建築，有時與礮臺建築用一種方式，蓋此三種建築均有防禦外面攻擊之性質也。銀行建築，是要保護內部之儲藏。外表上須表示有力而堅實。

建築之性質，大要可分二種，一種爲紀念性，一種爲實用性。平常所建築者大都屬於實用性一類。圖五十三爲紀念性建築之一，蓋此種建築除表揚某人士一種豐功勝蹟而外，對於葬禮之事實，則毫不涉及，故純爲紀念性。

中外帝王，古今同情，多好大喜功，凡事均欲駕乎尋常人以上，致對於住的問題，亦窮極侈麗。秦之阿房隋之迷樓，雖圖樣無可稽考，但考諸典籍所載，亦可想見當嵗之盛。法國魯佛避暑之宮（圖五十七）爲某負有絕大資財之國王所建，全部爲石料建築，用良工雕琢，幾無處不雕，無處不刻，而全部之花紋則各處不同。卽窗檯上一小小破風，亦雕琢精美絕倫。甚至屋頂之裝飾，亦由極細之鉛工製成。

（圖五十七）　法魯佛避暑宮

此種建築，似已出乎建築正當範圍以外，僅供數人之享樂而已。又如凡爾賽宮（圖五十八，圖五十九）亦爲一種窮極侈麗的建築，最華麗的是一間待客廳，全部用大理石及青銅裝成。粉刷，油漆，均由良工巧匠所作。水晶燭盤；美麗無比，設計之優巧，實越乎尋常以外也。

拿建築材料來講，每種材料也有他不同的性質，木材之雕琢可比石料爲精巧。大理石較花崗石更可刻劃細緻。譬如一石柱頂與基均用銅作，則頂基均可有精細之雕刻，石柱本身則極難有同樣精緻之雕工。又如門窗之花柵，用精細之金屬較用粗鑄之金屬，性質自然不同。但有時青銅花柵亦可作成熟鐵之形，木質有時假充石料之形狀，但此種假冒，有違直率定率，對於設計上並不增加美觀也。

對於平面設計之特性，其中包括 亦甚廣廣，走廊之規劃，家具之佈置，天花板及地板之花樣，均有不同之設計，將於下章述及之。

凡而賽宮內之戲台（圖八十五）

凡而賽宮待客廳（圖九十五）

現代建築概述

何立蒸

過去西洋建築式樣，至十九世紀初葉，已發展至無可再進之地步；其歷史雖甚悠久，變化亦頗複雜，然主要式樣則爲(1) 樑柱式(Post and lintel system)，(2) 法圈圓頂式(arch, Dome and vault)，(3)高矗式(Gothic) 三類．此三種式樣依次相因，然處處受木石等材料之限制，而不能再有所演化，文藝復興末期之 Rococo 式樣，雖欲另闢蹊徑，力求自由的表現，而其結果則不免流於妄肆堆砌，產生非建築的 (unarchitectural) 式樣，此種風氣在十八世紀至爲流行，彼建築師者僅一博聞強記，善於繪畫之專家，一窗一門無不加意雕飾，意趣之所至，雖犧牲建築物之實用而無所惜焉。

上述之衰頹風氣，固有失建築之主旨，而此種現象，實乃舊式樣崩潰之徵兆；而新建築產生之轉機也。

產業革命以後，社會組織根本變遷，新需要至爲迫切；同時工業上之銳進，新式建築材料，如鋼鐵，水泥等相

（圖一） 德國 Werkbund 博覽會戲院正門　　建築師 Henri Van de Velde

（圖二）英國 Glasgow 咖啡館面樣　建築師 Charles P. Mackintosh

繼發明，在此種種具備之條件下，新建築乃正式誕生。

新材料及結構方法，初僅在試驗時期，故新式建築爲人注意採用者很少，甚至攻擊不遺餘力。然其在實用方面獲得頗大之成功，於是舊式樣之設計亦時受其影響，如窗戶之增大，欞(sash)之簡化，柱之間隔(Spacing)加寬，以適應新的需要，此現代建築實驗之初期也。

至此以後，新的建築材料，逐漸可以大量生產而普遍採用，於是新建築式樣乃臻穩固。在法國方面有所謂"新藝術"運動者(L'Art Nauveau)。舉凡裝飾外觀無不以新形式是尚，如大量而自由的運用曲綫，蓋受新材料之賜也（圖一），（圖二）。奧國方面有 Joseph Hoffmann 之流，另創一派建築形式，所謂"維也納"式（Viennese Secession）者是也（圖三）。其他歐洲國家或受上二者之影響，或且無所表現。此種現象亦殊有意義，蓋創反抗舊規律之Rococo式，建築者雖爲意大利，而集其大成者乃法蘭西，而法之巴黎，奧之維也納，固亦歐洲藝術之中心也。

（圖三）奧國維也納式新式住宅　建築師 Joseph Hoffmann

至於美國方面，初爲歐洲建築之抄襲者，自 1891 以後，因應用鋼骨（Steel Frame）而產生摩天樓式的建築（Sky-Scraper）此固爲新創之形式，但在最初，其外觀仍應用舊的母題(Motif)。僞羅馬式（Romanesque）之門，古典式之柱(Classic orders)，高矗式之飛支柱(Gothic Flying Buttress）等：隨處可見，蓋相當於歐洲新建築之實驗期也(圖四)。其後Louis Sullivan出，對於此種現象大表示不滿，然彼之作品不多。其理想乃未能親自完成。直至1922年之支加哥翠峯大廈圖樣競賽(Chicago tribune tower competition)多數圖樣仍因其舊。惟其中得二獎之 Eliel Saariner 之設計則開美國新

（圖四） 芝加哥 Tribune 報館圖樣競賽首奬
建築師 Ray mond Hood

式摩天樓之源始，而脫離舊式之限制（圖五）。 其後 Frank Lloyd Wright 出，頗能獨創一格（圖六），然其式樣在美國並未能大量採用，而間接影響於歐洲建築者非淺鮮，尤以荷蘭爲著（圖七）。

綜上所述新建築進展之第二期，有二最明顯之事實：(一)對於建築之美觀並不否定，所反對者僅爲舊的形式，故其裝飾方面則未較舊建築減少至若何程度。（二)國家觀念並未摒除，如法，奧，美，各有特色，流風所及，又復因地而變，是則舊的形式雖已打倒，而新的成見因以成立。

歐戰以還，各國咸呻吟於經濟破產之環境中，一切建築力求樽節，尤以公共住宅，漸形發達，同時工業上高速度之發展，機械一物，影響於日常生活者至巨，且有侵入藝術區域之勢；昔之以人體花草爲裝飾者，今且代之以幾何形的圖案，於是建築形式乃亦大受影響，而急進派之現代建築（Ultra Modern）應運而生。

急進派運動在法有Le Corbusier 等；在德有 Walter Gropius 等，所謂 Baus Baus Groupe 者是也。 彼等之中心主義卽爲實用，故又有所謂功能主義者（functionalism）彼等承認實用者無不美，未有實於用而不美於形者。 故其作品除在體積與權衡上（Mass and Proportion）略有講求外，裝飾幾於絕跡，房屋之正面側面。內部外部皆無所偏重，力求其平面上之便利而已（圖八，圖九，圖十）。 彼等摒除國家觀念而探求統一之形式，至有稱爲國際公式（Internationalism）者。

目下急進派之勢力，流被頗廣，各國公私建築採用者甚多。 然而舊勢力不能一旦消盡，故吾人時見有人對於新的建築理論有否定之詞；尤以不承認'美'的存在與摒除國家觀念二點爲反對之中心。

關於第一點之不能同意，實由於建築上之基本觀念不同。 昔日之建築如希臘羅馬之神殿，中世紀之教堂，文藝復興時代之皇宮，其的乃在純粹之藝術表現，如何創造崇宏壯麗之宮室，以引起觀者之宗教熱忱，與帝王崇拜觀念而已。 但今日之工廠，學校，圖書館，娛樂

（圖五） 芝加哥 Tribune 報館圖樣競賽二奬
建築師 Eliel Saariner

（圖六） 芝加哥之教堂 建築師 Frank Lloyd Wright

場所等，其目的乃在輔佐吾人之文化生活與社會活動，側重在如何適合一切實際之須要，故今日之建築師已非僅一面樣設計者。彼對於一切工程結構，建築材料，各式公私建築之實際須要以及一切光線之採擇衛生之設備，必須有深刻之認識與豐富之經驗。其所設計之建築物必完全合理化，而成一有機的結構。故今日之建築師所致力者如此之廣，則美觀方面自爲其附帶研究之一種，而非主要之任務矣。急進派之否認建築之美觀，雖失之過急，要亦明其側重之所在而已。

至於國家觀念方面，吾人須知現今世界交通發達，文化之傳播至爲迅速，各民族間之接觸較昔日之機會爲多，故國際間同一式樣建築之產生，實有其必然性在焉。且建築式樣之決定乃以其結構方法爲主要。今日之鋼骨與混凝土結構，已普遍採用，則其結果更多相同一之處矣。但地理環境對於建築之影響亦不能蔑視，各地氣候地質之不同，將使建築物成一特殊形式，亦殊可能也。

（圖七）荷蘭 Hilversum 之學校 建築師 Illem Dudok

總之，現代建築之在今日不過始達確立時期，至

（圖八） 法新式住宅 建築師 Le Corbusier haus

於發達而成爲一種式樣（Style）尚非一朝一夕之事，將來演化至若何程度，殊難逆料，然其基本精神，則不至變更也。 玆提要錄之，以爲結束：——

（1）建築物之主要目的，在適用。

（2）建築物必完全適合其用途，其外觀須充分表現之。

（3）建築物之結構必須健全經濟，衛生設備亦須充分注意，使整個成爲一有機的結構。

（4）須忠實的表示結構，裝飾爲結構之附屬品。 尤不應以結構爲裝飾，如不負重之樑，柱等是。

（圖九） 德國之 Bauhaus 學校 建築師 Walter gropius

（圖十）　德國新式之住宅　　　　建築師 Walter gropius

(5) 平面配置。　力求完美，不因外觀而犧牲，更不注意正面之裝飾。

(6) 建築材料務取其性質之宜，不摹倣，不粉飾。

(7) 對於色彩方面應加注意，使成爲裝飾之要素。

建築師果能握此節要，以發揮其建築作品自能別樹一幟，而開建築之新紀元。

房屋聲學

(續)

唐　璞譯

第二十六圖表示回聲如何在演台處造成。　今有一同樣聲束，由反對方向發出，則聽者必得一由雙方而來之回聲。　因此在演台上，甚或靠近演說人時，亦不易聽清，並有時演說人自己亦難分辨，因彼每一發言，即受十數回聲也。

回聲可於禮堂其他部分發現，但亦有無回聲之處。　樓上邊牆實足令樓廳後部發生強烈之回聲，　第二十七圖即表示此牆對於聲動作之透視情形。　此二牆面形狀相同，位置對稱。　均爲凹曲面之上部，其曲線中心在穹窿下之房屋中心處。　其左邊牆之效力，乃將其所受之聲，集中於右方樓廳之座位上。　觸到對面之牆上時，即反射至演台上。　如第二十六圖所示。　樓廳後部之聽者本可避免此種回聲。　但亦能受到擾亂。　至於右邊牆亦以同法將聲反射到樓廳的左上部。

近樓廳中部的前方及其下前方，因穹窿頂之反射，乃將一部分聲集中成圓錐形。　參看第二十四圖，可得聲如何被此球面集中之概念。　樓廳前部之回聲特別清楚。　某次著者在此聽講，覺由回聲中聽之，較直接聽之，更爲清楚。

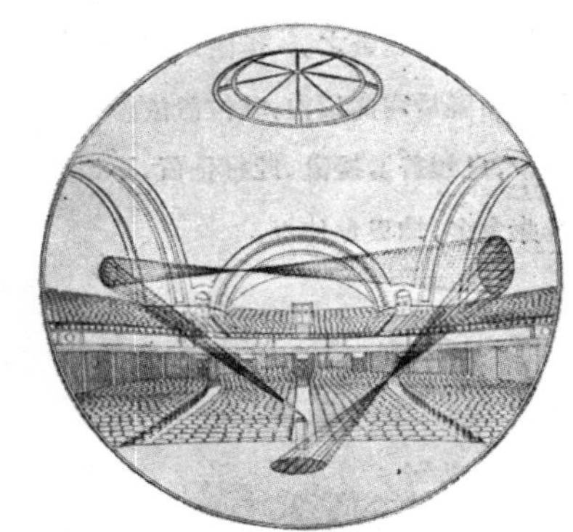

第二十六圖　此透視表示一回聲如何由二反射聲在台上構成，屈折效力不在此圖之考慮內。

由測驗之結果，知曲面牆最能造成回聲，因其能將反射聲集中也。　故若不以吸聲材料或浮雕工以制止其動作，則用此曲面牆之弊病，實有增大之機會。　因廣大之廳，具有曲面牆者，幾無不有聲學劣點。

改進聲學之方法——反射板——既有診斷，乃有計劃，由試驗各種計劃，乃漸有醫治之方法。　在某組試驗中，曾用過各種形狀及大小不等之聲板。　5呎見方之平板斜裝於演說人之上，略生微效12呎×20呎之帆布面並不較佳，惟拋物線形之反射器則有特效（見第二十八圖）此反射器懸於演台之一端，不只用以反射，並可阻止聲之到穹窿頂而發生回聲。　反射聲之行跡乃與拋物線體之軸平行而此反射器即拋物線體 (Paraboloid) 之四分之一，故欲找出反射聲之行跡，實不困難。　如此，在反射線範圍內之聽者，固聞有回聲，但在禮堂內之

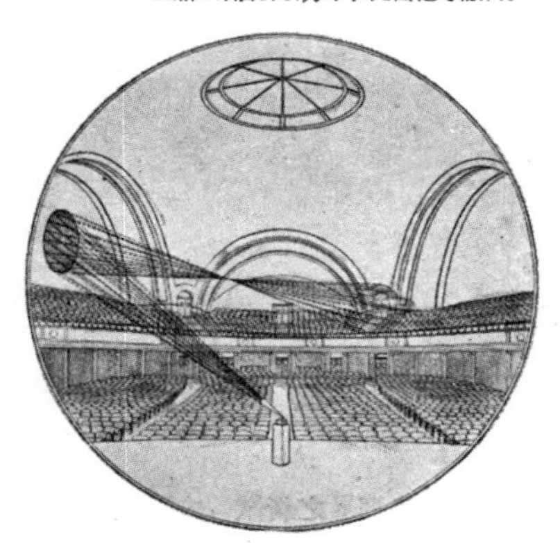

第二十七圖　此透視表示聲由樓廳上凹面牆射時之情形，聲之屈折不在其內。

其他位置者。則不感痛苦。雖然有如此之利益，惟因許多人不欲登台演說，故此種辦法，終不可久用，又因其不適用於音樂會及其他佔用大面積之游藝故非完全之矯正也。

第二十八圖　傚光之反射器鋼絲網上加硬粉刷

吸聲材料之引用——此禮堂之循環回聲時間，乃以吸聲材料減少之，此種吸聲材料向用於禮堂中，兼爲陳設裝飾之用。台上鋪以厚毯，台之後牆上懸以重絨幔，面積18呎×32呎，並裝以面積400方呎之大油畫，復將天窗上之玻璃取去。於是由標準風琴管之試驗，乃知其循環回聲時間已減少。即其中僅有一位聽者，其循環回聲時間亦不稍加。至於舉行畢業式人數擁擠時，已無循環回聲之擾亂矣。

免除回聲法——雖循環回聲時間已減至相當適當程度如前節所述，然回聲仍攪亂如故，故爲減小各方回聲起見，乃懸棉織法蘭絨（Cotton Flannel）於牆上之各要點。於是第二十六圖牆上之陰影部分及樓廳之全部後牆均以棉織法蘭絨蓋之。攪亂之回聲仍未消滅，始知非用猛烈之吸聲材料，不足以減輕此種情形。於是乃將四大塊帆布懸於穹窿頂內，其位置依診斷之結果而定。其所發生之效力，第一次，回聲之程度已減，演說者在台上演說，已無普通擾亂，此種佈置，不但免除台上之回聲，且可至於全堂，雖尚留些許回聲，但其情形已大有進步。聽衆愈多，結果愈佳也。

新　書　介　紹

垜牆受各種推力之簡明計算

魏 秉 俊

風 推 力

I. **風推力施於牆之正面　求等穩定垜牆之形式**

平均推力　自牆頂以下 y 高等於

$$Q=qy$$

推倒旋量　在 y 高下端爲

$$My=qy\times\frac{y}{2}=\frac{qy^2}{2}$$

在同點　牆重量爲

$$P=\frac{\triangle xy}{n}$$

x 係距牆頂 y 高之牆厚

穩定對於$\frac{1}{3}$之牆厚爲

$$Mx=\frac{\triangle xy}{n}\times\left(mx-\frac{x}{3}\right)=\frac{\triangle x^2y}{n}\left(m-\frac{1}{3}\right)$$

穩定旋量應與推倒旋量相等

$$\frac{qy^2}{2}=\frac{\triangle x^2y}{n}\left(m-\frac{1}{3}\right)$$

$$qy=\frac{2\triangle x^2}{n}\left(m-\frac{1}{3}\right)$$

則牆頂以下 y 高處牆厚 x 爲

$$x=\sqrt{\frac{qy}{2\triangle}\times\frac{n}{m-\frac{1}{3}}}$$

此式爲拋物線　頂點爲〇　牆直面爲軸

由是　$n=\frac{3}{2}$　$m=\frac{5}{8}$

則 $$x=\sqrt{\frac{qy}{2\triangle}\times\frac{\frac{3}{2}}{\frac{5}{8}-\frac{1}{3}}}=\sqrt{\frac{18}{7}\times\frac{qy}{\triangle}}$$

$$x=1.6\sqrt{\frac{qy}{\triangle}}$$

設每平方公尺　風推力　q＝170公斤　及牆每立方公尺重　△＝2400公斤　則得

$$x=0,426\sqrt{y}$$

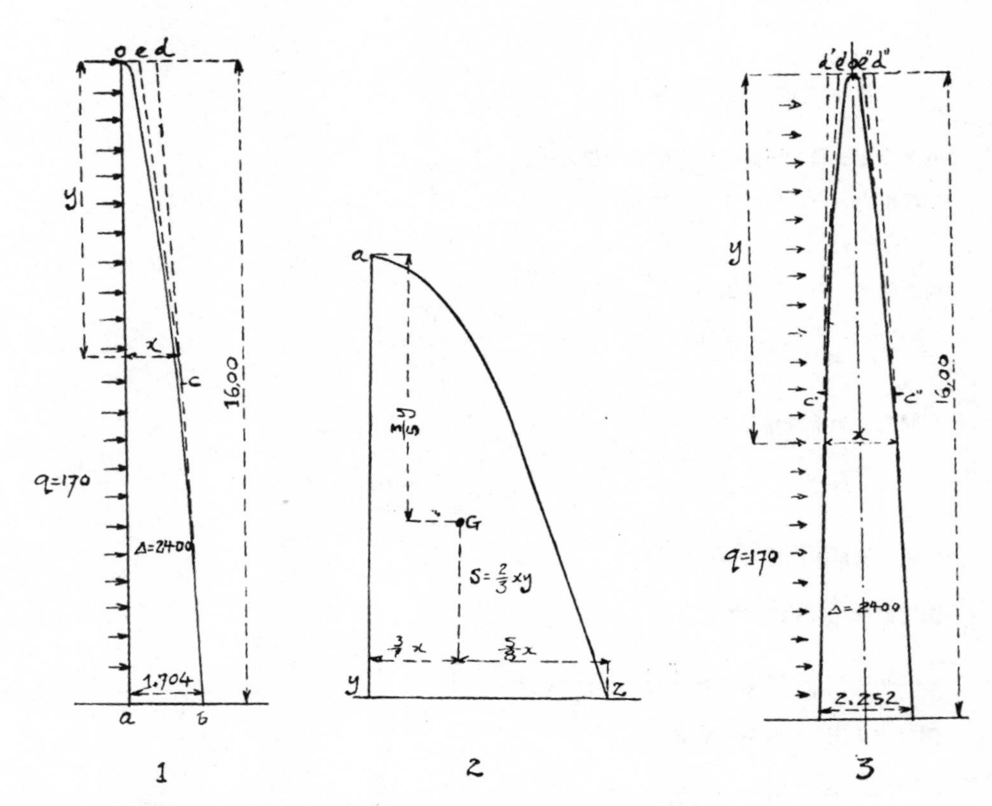

例如　牆高16公尺　每平方公尺面積受風推力 170 公斤　△＝2400公斤

牆根厚爲

$$x=0,426\sqrt{16}=1,\text{公尺}704$$

第一圖示牆爲拋物線形式

實用上視建築物之重要程度　可以切斷面 odb 代之　$od=\frac{ab}{2}$　或以 oecb 代之　$oe=\frac{ab}{4}$　o 在牆半高 bd 線上

第二圖示牆切面重心之位置

II. 牆兩面受風推力

牆切斷面須具相對形　推倒旋量與前例同亦爲$\frac{qy^2}{2}$　垂直重之穩定旋量與前有差異　因旋臂爲

$$\frac{x}{2}-\frac{x}{3}=\frac{x}{6}$$

牆每尺長重量亦等於

$$P=\frac{\triangle xy}{n}$$

穩定旋量爲

$$Mx=\frac{\triangle xy}{n}\times\frac{x}{6}=\frac{\triangle x^2y}{n6}$$

穩定旋量等於推倒旋量

$$\frac{qy^2}{2}=\frac{\triangle x^2y}{6n}$$

$$x=\sqrt{\frac{3nqy}{\triangle}}$$

此式仍爲拋物線

由是　$n=\frac{3}{2}$

$$x=2,12\sqrt{\frac{qy}{\triangle}}$$

設　$q=170$公斤　$\triangle=2400$公斤

則　$x=0,563\sqrt{y}$

例如　牆高16公尺　牆根厚爲

$x=0,563\times4=2,$公尺252

第三圖示牆之切面　但可用一切線或二切線以代拋物曲線

牆頂端之推力

I. 等穩定垛牆　受頂端一方面推力

此種場合多係牆頂受鐵骨建築物之推力

推倒旋量爲 Qy

(a) 推力在同一方向:

穩定旋量 $Mx=\frac{\triangle x^2y}{6n}$

兩旋量相等則

$$Qy=\frac{\triangle x^2y}{6n}$$

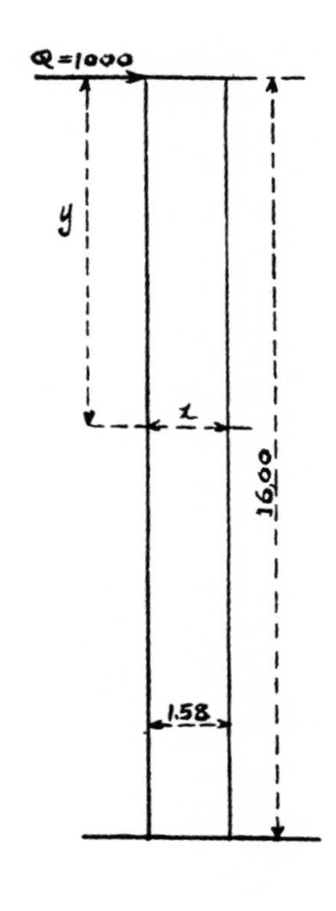

$$x^2 = \frac{6Qn}{\triangle}$$

x 值爲常數　卽牆爲等厚

由是　　$n=1$

$$x=\sqrt{\frac{6Q}{\triangle}}$$

$$x=2,445\sqrt{\frac{Q}{\triangle}}$$

設　　$\triangle=2400$公斤　則

$$x=\frac{2,445}{49}\sqrt{Q}=0,05\sqrt{Q}$$

例如　牆高16公尺　受頂端推力　Q＝1000公斤　牆等厚爲

$x=0,05\times 31,6=1$公尺,58

II. 牆頂端受前後兩方向推力

牆厚 x 值與前例相等　因 x 亦爲常數

建築幾何

（續）

石麟炳譯

第二章　續圓之基礎

在前章已經詳細討論弧線在建築上之重要性，各種弧線之結構，亦曾按步解說。本章爲前章之補充，更有詳細說明。學者果將圓之構造，貫通無遺，則繪圖時可得無限幫助也。

第十圖　第十一圖　第十二圖　第十三圖

在此四種圖形無需方程式之解釋。前三圖（圖十，圖十一，圖十二）未知項目之求法，均由跨度之長乘以預定之分數而得來。在圖十三，其S形曲線之長短可由闊度求得。其闊度之長，若以單位1計之，則曲線之長可按闊度之比例求得之。第十一圖之(1)與(3)有一段弧形之半徑，因用分數計算爲一分子分母均極長之分數，書寫頗感不便，故寫作小數。第十三圖之（J）與（K）爲一種四弧心合成之S形曲線其半徑與跨度之關係，亦按圖注明矣。

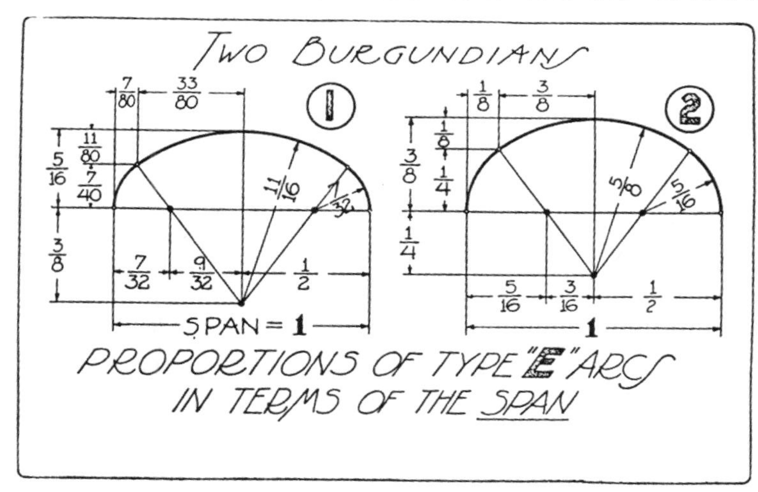

第十圖　本圖公式參考第十四圖

第二表所載均爲雙弧心簡單之S形曲線，半徑均相等。闊，高與半徑三者，有連帶之關係。表內第四行爲闊度與高度之比，藉此種比例可找出各種特別S形曲線之正確值。第二表之用法，與第一表頗相類。在此種情形之下，闊度與高度之值，設計時可以預定，半徑之值，即可由表頂端之方程式解得之。按此種方程式僅能應用於此半徑相等之S形曲線中，至於普通應用之方程式，則爲第十六圖上圖中之第三方程式。此種方程式，以二半徑之和爲前提，由此可求得半徑之正確值。

第三表以闊度W爲單位標明各種需要之值。一種在十三圖之(J)內，已全部注明，一種在十九圖之(4)內發現。在建築歷程中，用四圓心弧形作裝飾者，不很多見。全盛時代，當推文藝復興末期之巴羅克（Baroque）建築。羅馬殖民時代，於門窗破風上亦常有此種四心弧線作裝飾，但當時之採用，則純係一種好奇舉動耳。

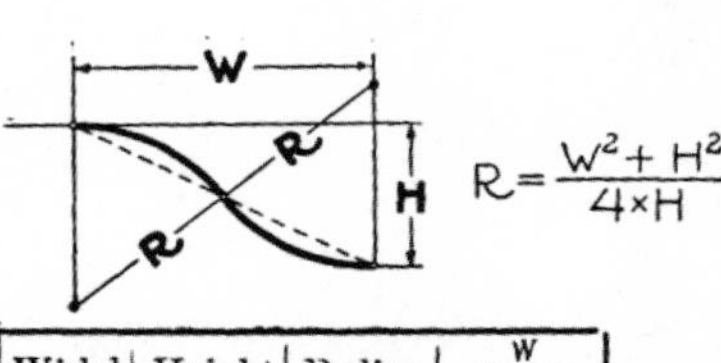

Withd	Height	Radins	W/H
34	2	145	17
30	2	113	15
20	2	85	13
48	4	145	12
22	2	61	11
40	4	101	10
18	2	41	9
32	4	65	8
14	2	25	7
24	4	37	6
88	16	125	5−1/2
0	2	13	5
72	16	85	4−1/2
78	18	89	4−1/2
16	4	17	4
66	18	65	3−2/3
56	16	53	3−1/2
120	36	109	3−1/3
6	2	5	3
176	64	137	2−3/4
96	36	73	2−2/3
130	50	97	2−3/5
40	16	29	2−1/2
42	18	29	2−1/3
144	64	97	2−1/4
110	50	73	2−1/5
210	98	137	2−1/7
8	4	5	2
182	98	109	1−6/7
90	50	53	1−4/5
112	64	65	1−3/4
30	18	17	1−2/3
160	100	89	1−3/5
154	98	85	1−4/7
24	16	13	1−1/2
234	162	125	1−4/9
70	50	37	1−2/5
48	36	25	1−1/3
126	98	65	1−2/7
80	64	41	1−1/4
198	162	101	1−2/9
1[illegible]0	100	61	1−1/5
286	242	145	1−2/11
168	144	85	1−1/6
224	196	113	1−1/7
288	256	145	1−1/8
2	2	1	1

第二表

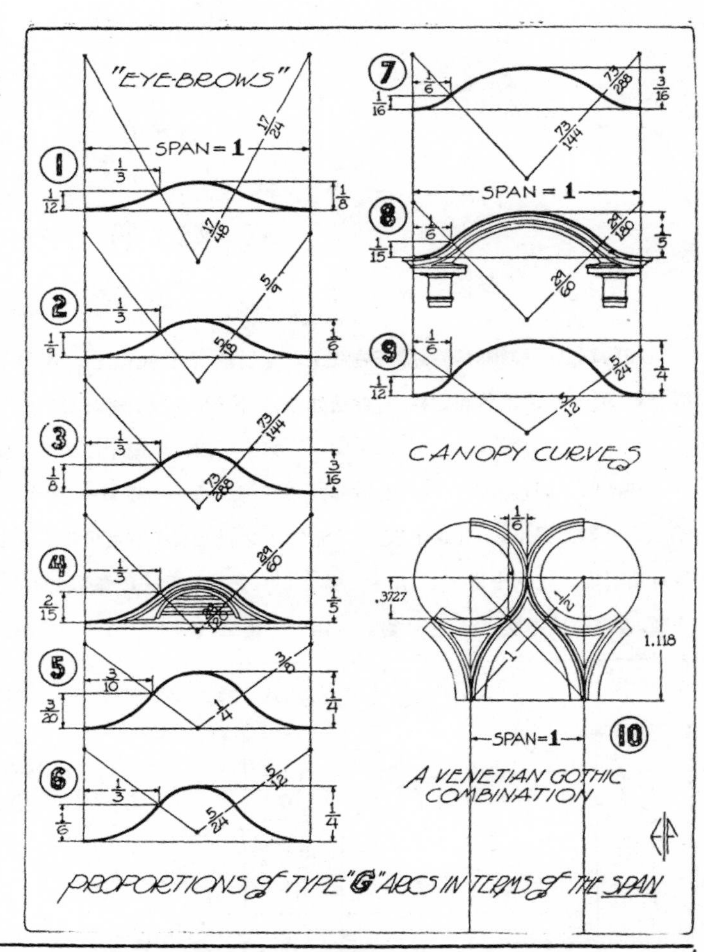

第十二圖　本圖公式參考第十六圖

以闊度W爲單位而得之四圓心弧形各項之比例										
圖形之參考及普通方程式可參閱第十七圖之(J)圖										
W	H	R	A	B	G	U	V	E	g	r
1	4/7	5/7	1/7	3/7	1-1/14	3/14	9/14	6/7	5/7	5/14
*1	5/8	5/8	1/8	3/8	1−1/4	3/8	13/16	1	15/16	5/16
1	7/8	5/8	1/4	1/2	1-1/ 4	1/6	7/16	1	25/48	5/16
* 參考第十三圖之(J)圖										

第三表

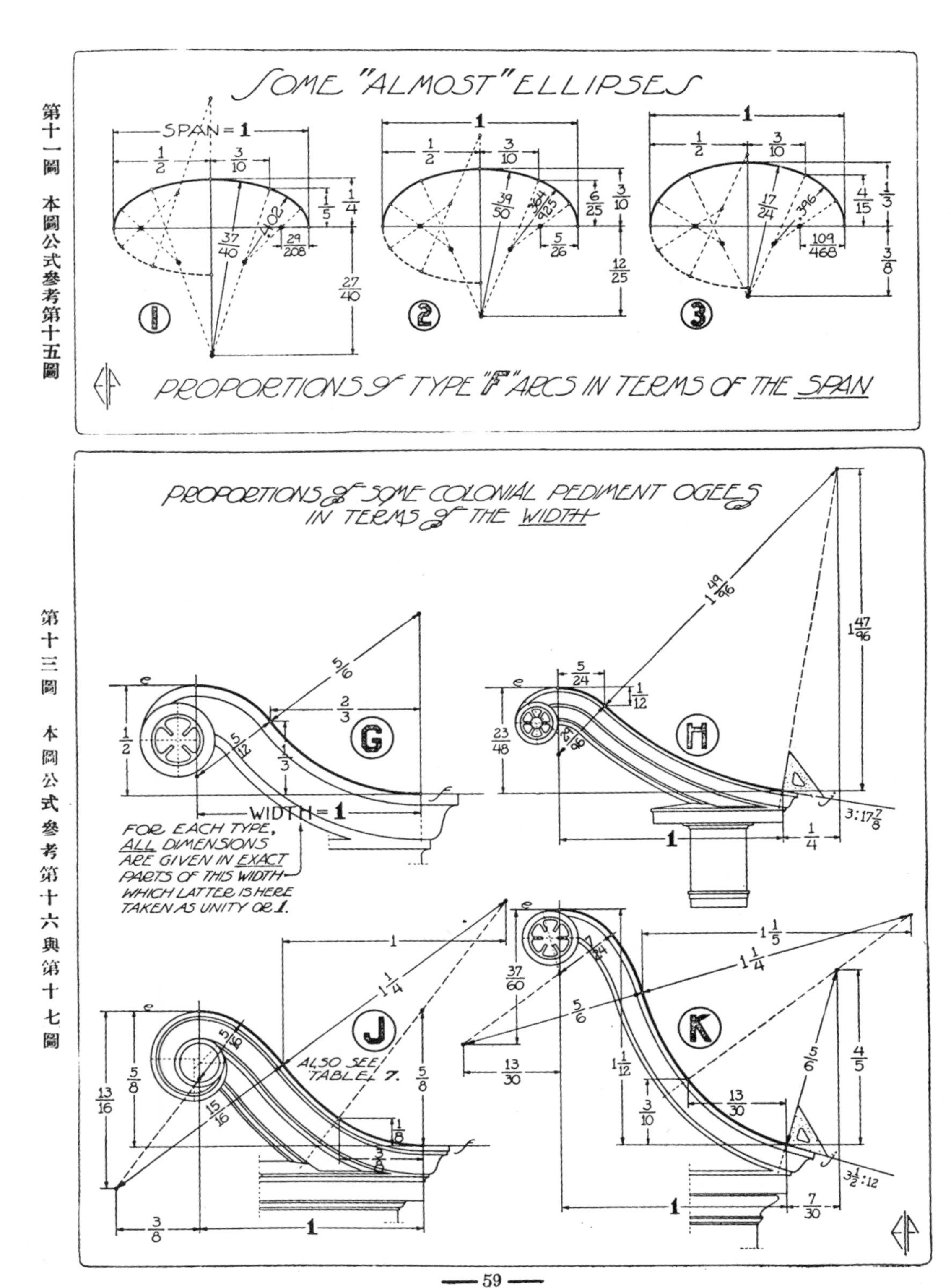

第十一圖 本圖公式參考第十五圖

第十三圖 本圖公式參考第十六與第十七圖

第十四圖

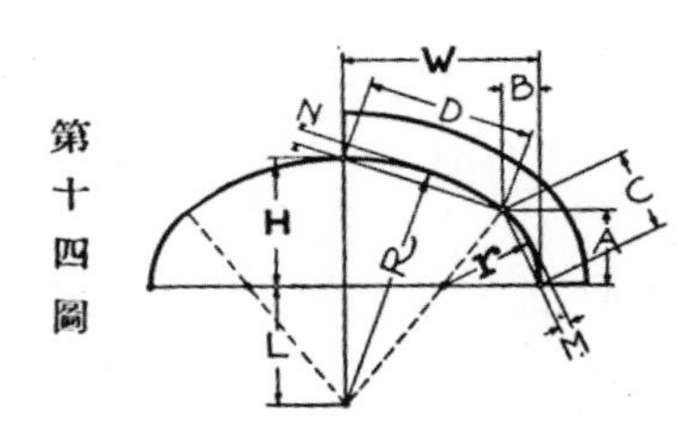

(1) $L=\frac{W^2-H^2-2r(W-H)}{2(H-r)}$

(2) $R=L+H$

(3) $A=\frac{Lr}{R-r}$

(4) $B=\frac{A(R-W)}{L}$

(5) $C=\sqrt{A^2+B^2}$

(6) $M=r-\sqrt{r^2-\left(\frac{C}{2}\right)^2}$

(7) $D=\sqrt{(H-A)^2+(W-B)^2}$

(8) $N=R-\sqrt{R^2-\left(\frac{D}{2}\right)^2}$

(9) $L=R-H$

(10) $r=\frac{R^2-L^2-W^2}{2(R-W)}$

(11) $L=\sqrt{(R-r)^2-(W-r)^2}$

(12) $H=R-L$

第十四圖爲一三圓心之假橢圓弧形，二腰弧圓心恰在基線（Spring Line）上，而頂弧圓心則適落於中直軸（Vertical axis）。高度H與半跨度W常爲已知値。腰弧之半徑r，可由尺量得，然後由方程式(1)可求得頂弧圓心至基線之距離L，並可由方程式(2)求得頂弧半徑之値R。其他A，B，C，M，D，N各値，均可由以下方程式順序求得之。如腰弧之半徑爲未知値，而知頂弧之半徑，則可應用方程式(9)與(10)求得L及r之値。若二種半徑均爲已知値，則可由方程式(11)與(12)求得L及H之値。在此十二方程式之中無論那項爲未知數，均可按步求得之。

第十五圖

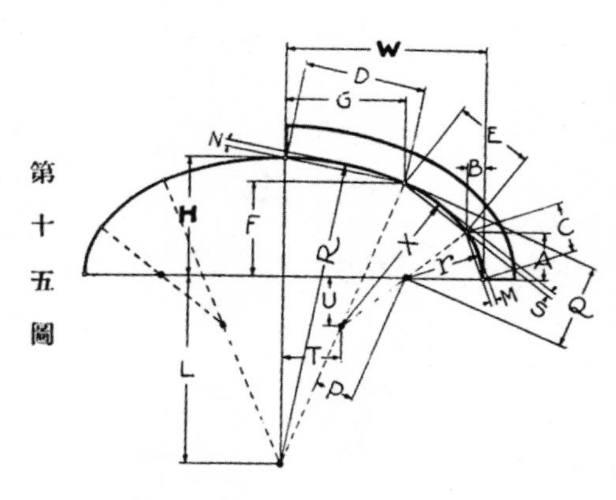

(1) $r=\frac{1}{26}\left(\frac{25H^2}{W}+W\right)$

(2) $R\frac{1}{10}\left(\frac{9W^2}{H}+H\right)$

(3) $L=R-H$

(4) $F=\frac{4}{5}H$

(5) $G=\frac{3}{5}H$

(6) $P=\frac{L+F}{R}\left(W-r-\frac{GL}{L+F}\right)$

(7) $Q=\sqrt{\left(\frac{FG}{L+F}\right)^2+F^2}-\frac{GP}{L+F}$

(8) $X=\frac{P^2+Q^2-r^2}{2(Q-r)}$

(9) $T=G-\frac{XG}{R}$

$$(10)\ U = L - \frac{T(L+F)}{G}$$

$$(11)\ A = \frac{Ur}{X-r}$$

$$(12)\ B = \frac{A(X+T-W)}{U}$$

$$(13)\ C = \sqrt{A^2+B^2}$$

$$(14)\ M = r - \sqrt{r^2 - \left(\frac{C}{2}\right)^2}$$

$$(15)\ E = \sqrt{(F-A)^2+(W-G-B)^2}$$

$$(16)\ S = X - \sqrt{X^2 - \left(\frac{F}{2}\right)^2}$$

$$(17)\ D = \sqrt{(H-F)^2+G^2}$$

$$(18)\ N = R - \sqrt{R^2 - \left(\frac{D}{2}\right)^2}$$

第十五圖爲一五圓心之假橢圓弧形，此種弧形內之各值，均由已知之高度H及半跨度W求得之。　由方程式(1)至(5)均用簡單方法，求得腰弧圓心r及頂弧圓心R並求得頂弧圓心至基線之距離L，及頂弧與腰弧相交處之縱橫座標F與G。欲知中間弧形半徑X之長度須先知PQ項二之值，求P與Q之值可用方程式(6)與(7)然後用方程式(8)求得X值。　此八項（卽H，W，r，R，L，F，G，X，）在繪圖上很示重要，每遇此項圖形務須將此八項標明。　方程式(13)至(18)乃定此假橢圓形內幾種不同弧形之跨度及高度，在繪圖上亦多用之。

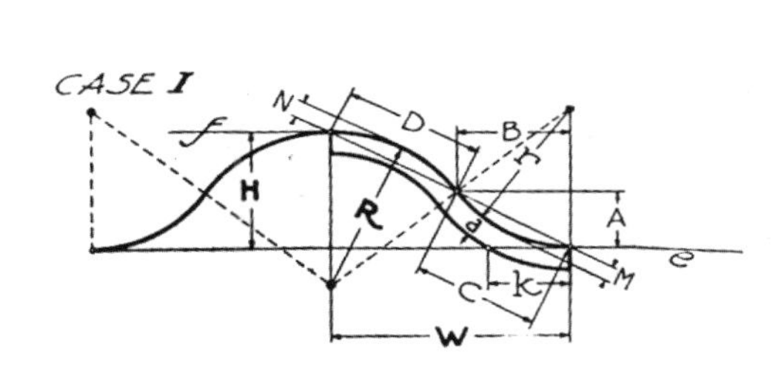

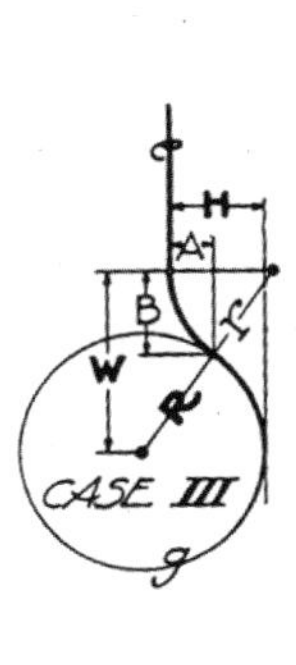

第　十　六　圖　(a)

H，W，與R爲已知數

$$(1)\ r = \frac{H^2+W^2}{2H} - R$$

H，W，與r爲已知數

$$(2)\ R = \frac{H^2+W^2}{2H} - r$$

H，W 與半徑之比爲已知數

$$(3)\ R + r = \frac{H^2+W^2}{2H}$$

H，R，與r爲已知數，二半徑之和須大於H

$$(4)\ W = \sqrt{H(2R+2r-H)}$$

W，R，與r爲已知數，二半徑之和須大於W

$$(5)\ H = R + r - \sqrt{(R+r)^2 - W^2}$$

以下爲普通公式

(6) $A=\frac{Hr}{R+r}$

(7) $B=\frac{Wr}{R+r}=\frac{AW}{H}$

H.W,與 r 爲已知數,二半徑之和須大於H

(8) $K=\sqrt{(r+d)^2-r^2}$

(9) $C+D=\sqrt{W^2+H^2}$

(10) $C=\sqrt{A^2+B^2}$

(11) $M=r-\sqrt{r^2-\left(\frac{C}{2}\right)^2}$

(12) $D=\sqrt{(H-A)^2+(W-B)^2}-\frac{CR}{r}$

(13) $N=R-\sqrt{R^2-\left(\frac{D}{2}\right)^2}=\frac{MR}{r}$

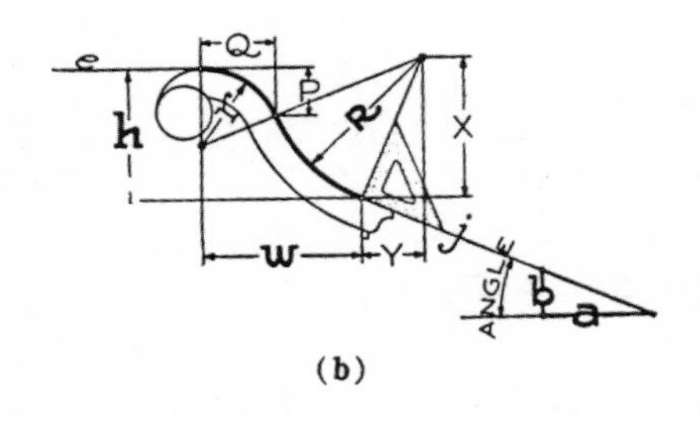

(b)

$S=\frac{b}{a}=$ Tan of the angle

(1) $X=\frac{R}{\sqrt{1+S^2}}$

(2) $Y=SX$

(3) $r=\frac{R-X+h}{2}+\frac{(W+Y)^2}{2(R-X+h)}-R$

(4) $P=\frac{r(R-X+h)}{R+r}$

(5) $Q=\frac{r(W+Y)}{R+r}$

在第十六圖中分(a)(b)二圖,(a)圖又分三種不同情形,第一與第二均爲二圓心之S形曲線,此種曲線,可以與二平行直線成切線(如 e 與 f)。並可由此種曲線限制一長方形,而得W與H之長度。在建築上此種線亦常發現,如屋脊,上之眉形軒窗,門遮,窗簷,風帽,破風,托架,挑頭等。在哥特式建築盛行時代,窗上之花紋亦常見之。並有S形拱亦多爲此種曲線所造成。在第三種情形之下與第二小有不同蓋其切線一爲直線e,一則爲弧線 g 也。內所有方程式,對於此三種不同形式均可應用,但應用於那種情形,均須特別注意其標明號字之位置。例如在第一種情形W爲寬,但在第二種W爲高,此點宜注意圖樣上之標明而不僅注意於公式上之指示也。無論那種情形,W及H常爲先知值,二半徑之值,需先擬定或量得其一,則可應用方程式(1)或(2)求得另一未知值。設二半徑均不知而知其二者之比例,則可應用方程式(3)至於方程式(4)與(5)則爲量汽車路線之特殊公式,二半徑可由汽車之轉圈決定之。其W,與H距離之求法,則由方程式(3)脫胎而得(4)(5)矣。方程式(6)至(13)則求曲線內各種特殊之值,均可按情形應用也。在第十六圖之(b)圖亦爲二圓心之S形曲線,但其二切線並不平行(如 e 與 j)故其與上圖之差異處卽在 j 線與 e 線所成之角度。按 j 線伸長與 a 線相接,再由 b 線作成一正三角形使 a 線方向與切線 e 平行,b 線方向與切線 e 垂直(如圖)。設S之值爲 b 與 a 之比然後量半徑R之值,則以方程式(1)可得X值,方程式(2)可得Y值,以(3)求得另一半徑 r,(4)(5)可得P,Q之值。若 j 線與 a 線作成之角度爲已知,則可以三角法求XY之值,X等於半徑R乘餘弦之値,Y等於半徑R乘正弦之值。此種公式第十七圖內將討論之。

上海公共租界房屋建築章程

（上海公共租界工部局訂）

王　進譯

中式房屋建築規則

改造及添建

第一條　房屋之添建或改造（無影響於外牆或分間牆之建造或必要修理不在此例）應與本章程中有關係於新屋之一切規定相符

房屋之任何一部份未經本局之核准不得改變更動致該項房屋與本章程之所規定有牴觸之處

平面圖

第二條　凡請領執照者均須填就本局之特備請照單（此單可以隨時向本局免費領取）連同平面圖穿宮地盤圖及地形圖等一併繳局候審平面圖及穿宮上所用比例尺不得小於一吋十六呎地盤圖比例尺不得小於一吋五十呎地形圖比例尺不得小於一吋二百呎

圖樣上應載明下列各點

（甲）一切牆頭之厚度及各房間之平均高度

（乙）房屋四周原有陰溝之大小位置幷擬排新陰溝之大小位置斜度及排水方向

（丙）房屋四周建築之位置前後街道及里弄之寬度平水

凡房屋之作用異於普通住房及店面者應另繪面樣一張以示其種類之所屬其比例尺與平面圖同

各項圖樣均須備有兩份一份存局備查另一份於審查合格加蓋本局圖記發還請照人此項圖樣及執照必須懸掛工作地點以便隨時派員稽查但無論已否經過審查領照人仍須負全部責任

執照費

第三條　請照人應繳之執照費規定如下：

住房及店面每四幢（或四宅以下）納費規銀四兩四幢以上每加一幢加費規銀一兩

註：中式房屋一幢所佔面積（連天井在內）不得逾四百方呎

特種房屋

第四條　一切特種房屋如茶館等等之建造應得本局稽查員之滿意以合於該項建築特備之條件

基地平水

第五條　建築物基地之平水應與人行道面或隣近公路路冠相齊建築物底層應較人行道面或隣近公路路冠只少高出八吋

屋　基　面

第六條　建築物底層地面應築于:

(一)柏油混凝土基床上至少厚三吋其成份係用二分($\left(\frac{1''}{4}\right)$)碎石子加熱柏油（每石子一方加柏油十加侖）拌成

(二)水泥混凝土基床上厚二吋其成份係一份水泥三份黃砂六份粗粒料拌成（粗粒料或爲碎磚或爲碎石子皆可但須能漏過一吋篩子眼）

上述二種基床下均應舖五吋厚上好灰漿三和土一皮

基床不得舖設於包含動植物質或未曾加固之地址上

地　面　舖　砌

第七條　凡廚房天井廁所里弄應一律用水泥或其他不易滲水之材料舖設

里　弄　寬　度

第八條　一切陽台防雨板扶梯及單披屋脊除外里弄之寬度不得小於下列規定:

(一)兩面前門之里弄　　十呎

(二)一面前門或前後門相對者　　七呎半

(三)總弄　　十呎

(四)兩面一層廚房（或其他一層建築）間之里弄　　三呎

(五)兩面二層廚房（或其他一層建築）間之里弄　　五呎

第九條　每一房屋均應有前後出路其寬度幷不得小於上條之規定

倘建築面積(Block)之長度不過六十五呎者其一部份之房屋得只從前面里弄進出但該部份之面積不得超過總建築面積之百分之十總面積並不得過五萬方呎

過　街　樓

第十條　過街樓四周應用八吋半牆實砌不得參有木料樓板應用避火材料做該過街樓之進深並不過兩旁正屋（後面廚房天井等除外）之進深

廁所小便處及洗滌室

第十一條　凡茶館商場及商店之雇員在十八以上者須裝有寬餘之廁所及小便處以供店員及顧客之應用該項廁

所及小便處之設計及建築並須得本局稽查員之同意四周牆上應用水泥或其他避潮材料砌台度高四尺並留出相當之空隙以流通空氣

底　　脚

第十二條　一應磚牆支撑及烟囪等均應有適當之底脚下做一四灰漿三和土或水泥三和土八吋半磚身下三和土最小厚一尺半寬二尺半在牆每面牆脚最寬部份之伸出處至少應等於地面上牆身厚度之一半

牆脚自三和土面起逐層收進或四皮三收或三皮二收但牆脚底至牆底之高度至少應等於地面上牆身厚度之一半

底脚溝掘好後應請本局稽查員驗看核准後方准澆落三和土

牆

第十三條　新屋外牆除前牆外其厚度皆不得小於八吋半

除專爲美術裝飾之外懸物及其他適當做或之壁肩外任何牆面均不應有外懸物伸出兩牆相交成角度時應妥爲砌搭

一切分間牆皆不得薄於四吋並須實砌到頂

凡住宅店房等房屋內皆不得空心磚板條子或鋼絲網等粉沒以作分間牆

平　　頂

第十四條　底層平頂與上層樓板間內不得留有空隙資鼠子以托跡繁生之所

防　火　牆

第十五條　每埭房屋中每兩個防火牆之距離不得過六十呎沿轉角之處不得過七十五呎

除得有本局稽查員之特別准許外防火內牆上不得開闢任何門窗或其他空隙

防火外牆之距毘鄰房屋不滿十五呎者亦不得開闢任何空隙

防火牆至少厚八吋半并應較屋面高出二呎（該項尺寸以與屋面成直角之垂直量法爲準）牆之二端並應較房屋前後二排柱子之中心向外各伸出一呎

所有防火牆均須將磚或其他堅韌之防火材料用上好灰漿砌成洋台之穿過防火牆者應備具防火隔絕物

防火牆內不得砌入任何木料或易燃材料

木梁及擱柵之端支持於防火牆上時該防火牆應挑出砌成牆肩以承之

火　警　龍　頭

第十六條　新屋建築面積之為一畝或在一畝以上而其距任一公路之距離過二百尺者業主應出資裝置工部局二吋半標準太平龍頭與上海自水公司馬路總管連接該項龍頭之數目構置造料及地點由本局稽查員核定之

擱　　　柵

第十七條　所有擱柵之二端至少應有三呎長之部份安放於適當之支持上

屋 面 陽 台 等

第十八條　屋面之構造均應用瓦片鉛皮或其他避燃材料

陽台防雨板及屋面簷概須裝設鉛皮或鐵質之簷溝及水落管直達地面該項簷溝之斷面不得小於九吋

烟　　　囪

第十九條　爐灶烟囪不得沿公路砌造烟囪裏面應粉光四邊牆厚至少四吋並頂高出屋面一切木料至少應離開烟囪裏牆十吋

公 路 上 之 伸 出 物

第 廿 條　沿公路陽台及防雨板挑出不得過三呎

防雨板距公路面至少十四呎陽台十一呎

屋簷不得挑出前面中綫二十二吋

陽台簷口不得挑出陽台面十二吋

門口踏步不得突出公路路綫之外沿公路裝置之門窗不得向公路開啓

材　　　料

第廿一條　一應牆磚質料須均勻堅韌耐壓皆用一三黃砂灰漿（一份石灰三份黃砂）舖砌

一切支持木柱屋面人字架樓板擱柵等均用上好木料做蛀屑爛疤概須剷淨接頭處並應妥為搭牢使成牢固之構架

餘 地 及 空 氣 調 節 等

第廿二條　基地上除建築面積外只少應留出十二分之五之餘地平均分佈於房屋之各部使各間房間皆得有充分之空氣調節該項餘地上不得有任何遮蓋之障礙物房屋之面鄰公路者則該沿該屋五尺寬之公路得包括在餘地之內

天井上玻璃天棚之裝有搖窗而該搖窗之面積佔天井面積三分之一以上時該天井面積之一半得作餘地

一切居住之房間包括廚房在內其平均高度不得小於八呎並至少須開有窗戶一個使外面空氣光綫能直接通透此項窗戶之總面積不得小於室內面積十分之一

陰 溝

第廿三條 (一)溝管之置於地下者概應用水泥或鐵質或其他不易滲水之材料製成裏面應完全光滑模樣應一律正確並須徑稽查員之核准

(二)一切溝管須有充分之容量總管內徑不得小於六吋其他支管不得小於四吋依適當坡度排置接縫處用水泥等膠密不使滲水

(三)非不得意溝管不得穿過屋基其必須穿過者(鐵管子例外)上面覆泥之厚度至少須等於該溝管之直徑

此項溝管穿過屋基時最好應作一直綫管身四周應敷水泥三和土六吋(鐵管子例外)兩端各砌陰井以便通溝

(四)進水溝頭須具有彎管不使穢氣溢出其設計之方法及所用之材料並須得稽查員之准許

(五)接通溝管應順水流方向其接合角度不得大於六十度不得直角交接

(六)溝管應排置於厚四寸之灰漿三和土或水泥三和土上逐處填實並應伸出管子二旁各三吋

(七)溝管坡度應依公共污水管與進口處相互間之位置而取其最大者

(八)沿溝管每距百呎及轉彎盡頭處均砌磚料及水泥三和土方形陰井裏面淨寬每邊二尺二寸用黃砂水泥粉光上蓋水泥或鐵質陰井蓋與地面平齊其位置須表明於最近牆面上

(九)陰溝埋置完竣須經工務局驗看合格後始准用土填平

(十)溝管接通至馬路總管或穿過公路時概由局方排放費歸業主繳償

(十一)溝管排放時應先由馬路總管接起不得先排後接

(十二)新建房屋四周應有明溝以宣洩地面雨水及污水該項明溝應用水泥或其他不滲水材料做其坡度及放水之方法須得稽查員之同意

(十三)室內污水水管皆裝於外牆內由水管而流入明溝再由溝明導入陰溝洞該項陰溝洞至少在十八呎之外如該項水管流入公路者則馬路上接連處之溝洞概由本局裝設費歸業主繳付

天井及廚房等地面鋪砌

第廿四條 廚房備餐室小便處廁所及天井等之可以藏蓄污水者均應遵照下列規則鋪砌地面

(甲)三吋厚之水泥凝土下做三吋厚之灰漿三和土

(乙)四吋厚水泥三和土或

(丙)其他不透水材料

牛 奶 棚

第一條 牛奶棚基地至少應高出路冠三吋

第二條 奶棚四周應有適宜之陰溝以宣洩污水一切做法由本局稽查員核定之

第三條 牛舍地面應用水泥或其他不透水材料舖設較附近路面至少高出六吋做出坡度向前面明溝落水

第四條 牛舍大小應以牛只多少爲比例每牛一只至少佔地八百立方呎舍高自地面起至簷頭至少九呎牛舍四周至少三面應用窗通光綫與空氣窗戶至少寬五尺

每奶棚一所應有場地一方或數方其面積依牛數計每牛一只佔地四十方呎但其總面積不得少於六百方呎場地四周並應無房屋之障礙

每奶棚一所應有堆糞處一方用堅韌材料舖出光滑地面四周通陰溝其地位至少應距牛舍十碼之外

第五條 牛舍窗戶或在牆上或在屋面上其面積依牛數計每牛一只至少三方呎此項窗戶之裝應使全部牛隻皆能得充分之光綫與適量之空氣

第六條 藏奶室裝奶室洗瓶室等房屋之地面均應用水泥或其他不透水材料砌四周並做明溝以宣洩污水內牆四周應加做水泥（或其他不透水材料）台度五呎高

第七條 藏奶裝奶及洗瓶等室不得直接與牛舍等屋相交通

第八條 每奶棚應有充分之給水

第九條 每奶棚應有鍋爐等煮水器以供給適量之沸水

第十條 每奶棚應遵令本局之指示隨時注意於衛生排水及建築上應注意之各點以合於本局之規定

第十一條 如有添改工程皆應照章請照否則以違規論

第十二條 凡欲建造牛奶棚概須備具八寸尺詳圖二份來局請照并隨呈五十份之一呎之地形圖載明奶棚四周房屋公路弄巷之位置場地之大小部份以及排水管之尺寸坡度等以憑考核工程進行時本局無論派員驗看與否一切工程上之責任仍由請照人全部担負之

（完）

（定閱雜誌）

茲定閱貴社出版之中國建築自第………卷第………期起至第………卷第………期止計大洋………元………角………分按數匯上請將

貴雜誌按期寄下爲荷此致

中國建築雜誌社發行部

……………………………………啟…………年…………月…………日

地址……………………………………………………………………

（更改地址）

逕啓者前於…………年…………月…………日在

貴社訂閱中國建築一份執有………字第………號定單原寄……………

……………………………………收現因地址遷移請卽改寄……………

……………………………………收爲荷此致

中國建築雜誌社發行部

……………………………………啓…………年…………月…………日

（查詢雜誌）

逕啓者前於…………年…………月…………日在

貴社訂閱中國建築一份執有………字第………號定單寄……………

……………………………………收查第………卷第………期尚未收到祈卽

查復爲荷此致

中國建築雜誌社發行部

……………………………………啓…………年…………月…………日

中　國　建　築

THE CHINESE ARCHITECT

OFFICE:

ROOM NO. 405, THE SHANGHAI BANK BUILDING,
NINGPO ROAD, SHANGHAI.

中國建築第二卷第八期

出版	中國建築師學會
編輯	中國建築雜誌社
發行人	楊錫鏐
地址	上海寧波路上海銀行大樓四百零五號
印刷者	美華書館 上海愛而近路二七八號 電話四二七二六號

中華民國二十三年八月出版

中國建築定價

零售		每册大洋七角
預定	半年	六册大洋四元
	全年	十二册大洋七元
郵費		國外每册加一角六分 國內預定者不加郵費

廣告索引

I. C. S.

The International Correspondence Schools, the largest institution in the world devoted to spare-time training, offer you:—

1. A Course of Instruction in any branch of Engineering Science or Practice.
2. A comprehensive series of thorough up-to-date Instruction Papers, specially compiled for correspondence tuition and arranged to suit the requirements of the man who is able to study in his spare time only.
3. The services of fully qualified instructors who are entirely familiar with the practice as well as the theory of the subjects they teach.

Write for information on any of the Courses listed below. There is no charge.

INTERNATIONAL CORRESPONDENCE SCHOOLS

Dept. 17. 132 Nanking Road, Shanghai

Architecture	Architectural Engineering
Architectural Drawing & Designing	Building Estimator's
Building Contractor's	Civil Engineering
Concrete Engineering	Structural Engineering
Surveying	Electrical Engineering
Plumbing and Heating	Air Conditioning

P. S. The I. C. S. have over 400 Courses if, therefore, the subject that interests you is not mentioned, write to us.

MEI HUA PRESS, LIMITED

278, ELGIN ROAD, SHANGHAI

42726, TELEPHONE

美華書館

印刷股份有限公司

◀此雜誌由本館承印▶

本館精印中西書報圖畫雜誌證券單據各種文件銀行簿册五彩石印中西名片精鑄銅模鉛字銅版鋅版鉛版花邊及鉛字器具等印刷精美出品迅速定期不誤有口皆碑蓋本館由來迄今已有八十餘年之久設備新穎經驗豐富允爲專家洵非自誇如蒙賜顧竭誠歡迎

地址　愛而近路二七八號

電話　四二七二六號

IDEAL HEATING
... for cottage or skyscraper
Guaranteed Products
of the
AMERICAN RADIATOR & STANDARD
SANITARY CORPORATION
Sole Agent in China
ANDERSEN MEYER & CO. LTD.
Shanghai & Outports

公勤鐵廠股份有限公司

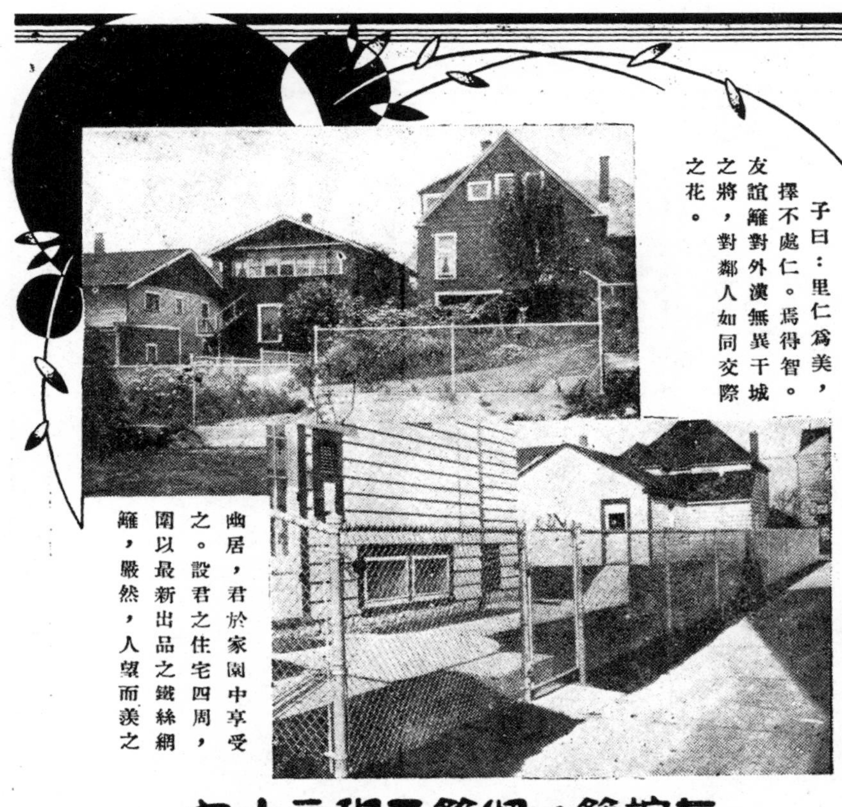
子曰：里仁爲美，
擇不處仁。焉得智。
友誼籬對外漠無異干城
之將，對鄰人如同交際
之花。
幽居，君於家園中享受
之。設君之住宅四周，
圍以最新出品之鐵絲網
籬，嚴然，入望而美之

友誼籬：網籬工程之十九

鐵絲網籬之

優點

（一）以鐵網築園適合鋼鐵時代之真精神。
（二）能自然的拒絕一切招貼。無須標示「禁止」或「毋許」等事樣。
（三）絲面鍍以鉡屬金類。經久不銹。
（四）絲質堅韌。饒富彈性。雖經狂風暴雨。絕不爲所摧毀於萬一。
（五）價比磚石較廉。用比磚石耐久。
（六）壯觀瞻。保秩序。防掘竊。三種功效。兼而有之。

用途

住宅　飛機場　鐵路車站　公園　游泳池　公共館舍
工廠　動物園　公路護網　學校　網球場　私有業地
醫院　體育場　畜牧農場　公墓　跑馬場　各種球場
陵園　堆棧　電氣變壓所
輪渡　山莊　湖畔　電氣開關室　等等均適用之。
承索樣頁。立刻郵奉。供給材料。並代裝置。

最近承辦網籬工程

上海
市中心區第一公園之園籬
市政府工務局隄塘園籬

南京
國立中央研究院天文研究所
紫金山天文臺外園

蘇州
太湖水利委員會在蘇州王府基
公園設立之氣候測驗所全園

總公司　上海楊樹浦路臨青路五十三號
電報掛號　二〇六〇
電話　五〇二一四
分廠　廣州河南南華中路第六十六號
電報掛號　四五五七
電話　五〇四一二

最近完工之北四川路崇明路口之協成公寓

SLOANE·BLABON

司隆百拉彭

印花油毛氈毯

此爲美國名廠之出品。今歸秀登第公司獨家行銷。中國經理則爲敝行。特設一部。專門爲客計劃估價及鋪設。備有大宗現貨。花樣顏色。種類甚多。尺寸大小不一。司隆百拉彭印花油毛氈毯。質細堅久。終年光潔。既省費。又美觀。室內鋪用。遠勝毛織地毯。

美商 美和洋行

上海江西路二六一號

桂正昌鋼鐵廠

本廠專製建築五金鋼鐵出品堅固耐久且價格低廉交貨迅速素爲各大建築公司營造廠家所讚許推爲鋼鐵界上乘如蒙賜顧竭誠歡迎

註册商標

廠址 盧家灣南魯班路中

電話 南市電話二三〇六三

註册商標 註册商標

富麗偉大之建築請配置

中國鋼鐵工廠出品

精美 **國貨鋼窗** 相得益彰

葉揆初先生住宅

本廠創辦于民國十四年爲國貨鋼窗界之最先製造者歷年出品成績優良爲各界所樂用茲刊左圖以資證明

總辦事處

上海甯波路四〇號

電話一四三九一號

電報挂號一〇一三號

開灤礦務局

地址上海外灘十二號　　電話一一〇七〇號

開灤硬磚

□此種硬磚歷久不壞□

載重底基、船塢，橋樑，及各種建築工程，採用此種硬磚，最爲相宜，

K. M. A. CLINKERS.

A BRICK THAT WILL LAST FOR CENTURIES

SUITABLE FOR HEAVY FOUNDATION WORKS, DOCK BUILDING, BRIDGES, BUILDINGS & FLOORING.

RECENT TESTS

COMPRESSION STRENGTH

7715 lbs per square inch.

ABSORPTION 1.54%

THE KAILAN MINING ADMINISTRATION

12 THE BUND　　TELEPHONE 11070

益中福記機器瓷電公司

建築師及業主營造廠應請儘量採用全國獨家出品——

益中國貨釉面牆磚

面積平整；色澤美麗；品質堅固

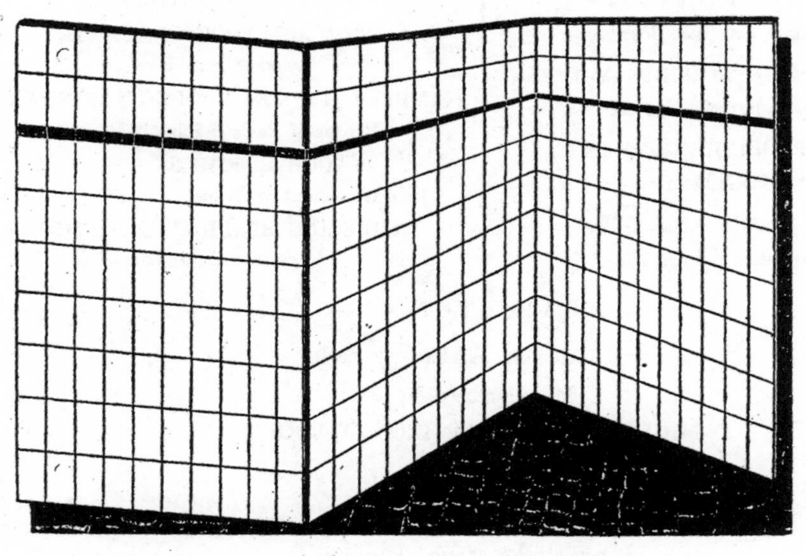

採用本公司出品釉牆磚一部份工程如下

四行儲蓄會靜安寺路大廈——南京交通部

南京郵政總局——愚園路愚谷村

其他各式瑪賽克瓷磚鋼精踏步磚無不應有盡有欲知詳情

請向……本事務所漢口路一一〇號

電話 一四四〇八 一六七〇六接洽

Chinese National Electric & Pottery Co.

Office: No. 110 Hankow Road, Shanghai Tel.—14408—16706 Cable: Chinateng

中國近代建築史料匯編（第一輯）

中國建築

第二卷 第九—十期

THE CHINESE ARCHITECT

中國建築

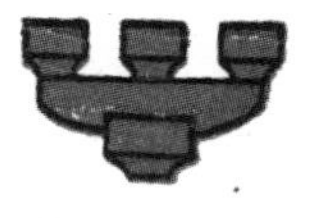

内政部登記證警字第二九五五號
中華郵政特准掛號認爲新聞紙類

民國二十三年十月份
中華建築師學會出版

第二卷第[illegible]期

益中福記機器瓷電公司

建築師及業主營造廠應請儘量採用全國獨家出品

益中國貨釉面牆磚

面積平整；色澤美麗；品質堅固

採用本公司出品釉牆磚一部份工程如下

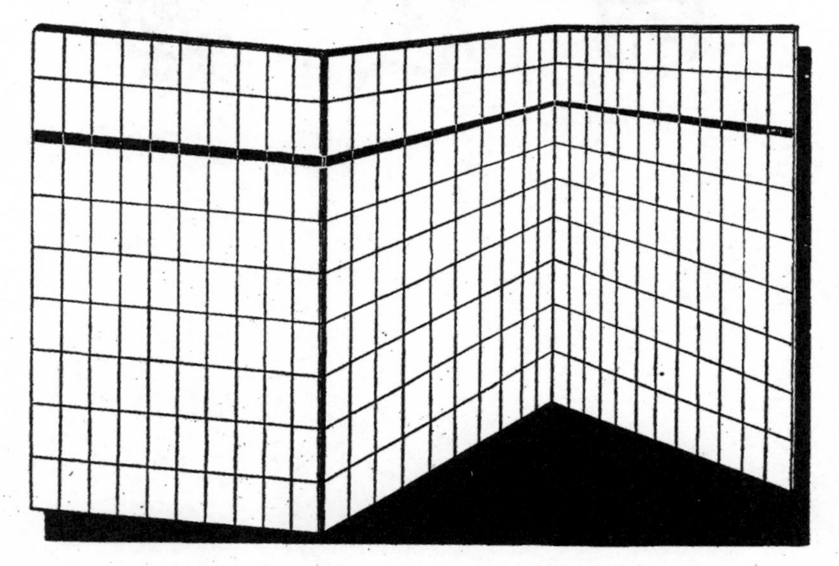

四行儲蓄會靜安寺路大廈——南京交通部

南京郵政總局——愚園路愚谷村

其他各式瑪賽克瓷磚鋼精踏步磚無不應有盡有欲知詳情

請向……本事務所漢口路一一〇號

電話 一四四〇八 一六七〇六接洽

Chinese National Electric & Pottery Co.

Office: No. 110 Hankow Road, Shanghai   Tel.—14408—16706 Cable: Chinateng

WATER PROOFING

is a necessity in building construction; a damp structure is annoying and unsanitary. The new building of the Bank of Canton is waterproofed with YALI products, which have successfully rendered hundreds of buildings watertight during the past three years.

YALI SPECIALTIES:—

"YALI-PASTE"—(Integral Waterproofing)
"CEMENTITE"—(Waterproofing Powder)
"ASPHALTITE"—(Waterproofing Paint Applicable to all Surfaces)
"PLASTIC"—(Leakproofer; Elastic Caulking Compound)
"DAMPROOFER"—(Dampproofing: Plaster Bonding)
"SURFASEAL"—(Transparent Waterproofing)
"COLLOID"—(For Waterproofing Virgin Concrete Roofs)
"PRESERCRETE"—(Concrete Preservative & Hardner Dustproofer)
"ACCELCRETE"—(Accelerator Frostproofer)
"QUIKA"—(Sets Cement in a Few Seconds)
"BLAKOTE"—(Universal Black Paint)
"PRESERWOOD"—(Strong Wood Preservative)

YALI ENGINEERING DEPT. contract for waterproofing leaky roofs, basements, water tanks, lift pits and damp walls, etc., under any conditions.

Descriptive literature on application

YALI CHEMICAL WORKS

612 Continental Emporium Tel. 90051

本廠工程部承辦各種避水避潮建築工程。舉凡一切漏水屋頂，地坑，水塔，水池，墻垣等。本廠均可負責修理。並給保單。經本廠承辦之工程有花旗銀行，美國學堂，大陸商場等不下二百餘處。

雅禮

本廠之出品如下：

避水漿——能使一切水泥建築避水，避潮，耐久
避水漆——為修理各種白鐵或水泥屋面之聖品
膠珞油——能使水泥屋面之微孔填塞而省去油毛毡
紙筋漆——專嵌各種裂縫及修補銹爛之白鐵用
透明漆——可使墻垣避水而不變原有之色澤
避水粉——能使一切水泥建築避水，避潮，耐久
保木油——能使木料免蛀防腐
保地精——能使鬆脆之水泥地面堅硬耐久
萬用漆——可用於任何鐵器而使之防銹耐久
避潮漆——新水泥建築用，專使墻垣避免潮氣
快燥精——能使普通水泥快燥一倍，冬季可免冰凍
特快精——即『快加』能使水泥於數秒鐘內堅結

大陸商場六樓
雅禮製造廠
電話九○○五一號

中國建築

第二卷　　第九十期

民國二十三年十月出版

目　次

著　述

插　圖

卷頭弁語

社會的不景氣，影響到工商業，影響到人生，影響到萬事萬物，漸漸焉就影響到我們的雜誌「中國建築」。　我們辦理中國建築，雖在一二八事變之後，可是當時社會的不景氣，還不如此露骨，所以我們的刊物，是一月一月的發行着，雖然印刷費是那樣的高，可是以廣告和發行兩部的收入來相抵，尚堪維持現狀，近日來，訂戶們是一天一天的加增了，足見讀者諸君對於此項刊物，是感覺有興趣，滿期的訂戶，差不多都繼續預訂了，這更可以看到本刊的應用，這都是我們雜誌的好現象。　我們感覺着不安的，是訂戶們從第八期起，總未見第九期出版，當然質問的信是一天一天的雪片飛來，這一點我們同人是一百二十分的抱歉。　這種脫期的原因，主要是廣告戶的不守信用，這所謂受了社會不景氣的影響，波及了我們這小小的月刊。

現在我們約定了幾個人材，對於廣告兜攬，加以注意；並且以後就是出入不相抵，也要按月出版，以全信譽。　好在現在不發生稿荒，材料方面可無問題，這是稍可慶慰的。

唐璞君抱病日久，屢候房屋聲學稿件，未能寄來，祇好俟唐君痊癒後，多刊數頁，以酬愛讀諸君之雅意，尚望見原是幸。

本期材料主要的是廣東銀行，其次有新華一村的新式住宅建築，盧毓駿先生的城市計劃學，爲建築學術上極大之供獻，讀者其注意及之，編者並於此向盧君深致謝意焉。

編者謹識

中國建築

民國廿三年九月　　第二卷第九期

上海廣東銀行落成記

沿黃浦而西，頭頂四川路，介於南京路北京路之間，即海上之甯波路也。 沿是路也，銀行錢莊，鱗次櫛比，握全市金融之樞紐，素有中國華爾街之譽。 近又有聳立雲表之建築完成，即廣東銀行新廈也。 該廈位於寧波路江西路之交隅，占地畝餘，門首高塔矗立，達於雲表，雄峙南北大道，益壯觀瞻。 正門雄偉如虎踞，花柵秀美似錦紋，外表足以炫異爭奇，內容更稱切合實用。 底層與擱樓層，歸廣東銀行自用，其餘皆爲租用公事房。 銀行內部之裝飾地板，用十二吋粉紅大理石，而以黑色大理石鑲邊，深淺相映，華美絕倫。 天花板作成金黃色，用反射燈光相映，更覺悅目怡心。 建築費裝置費總計約二十萬元，由李錦沛建築師設計製圖，張裕泰營造廠承造，暖氣衛生，由源利公司安裝，電氣部分由羅森德洋行包作、五金工程由慎昌洋行承裝。 於本年二月間興工，費時約八月，即完部告成，可云美速兼收矣，是爲記。

廣東銀行立視圖

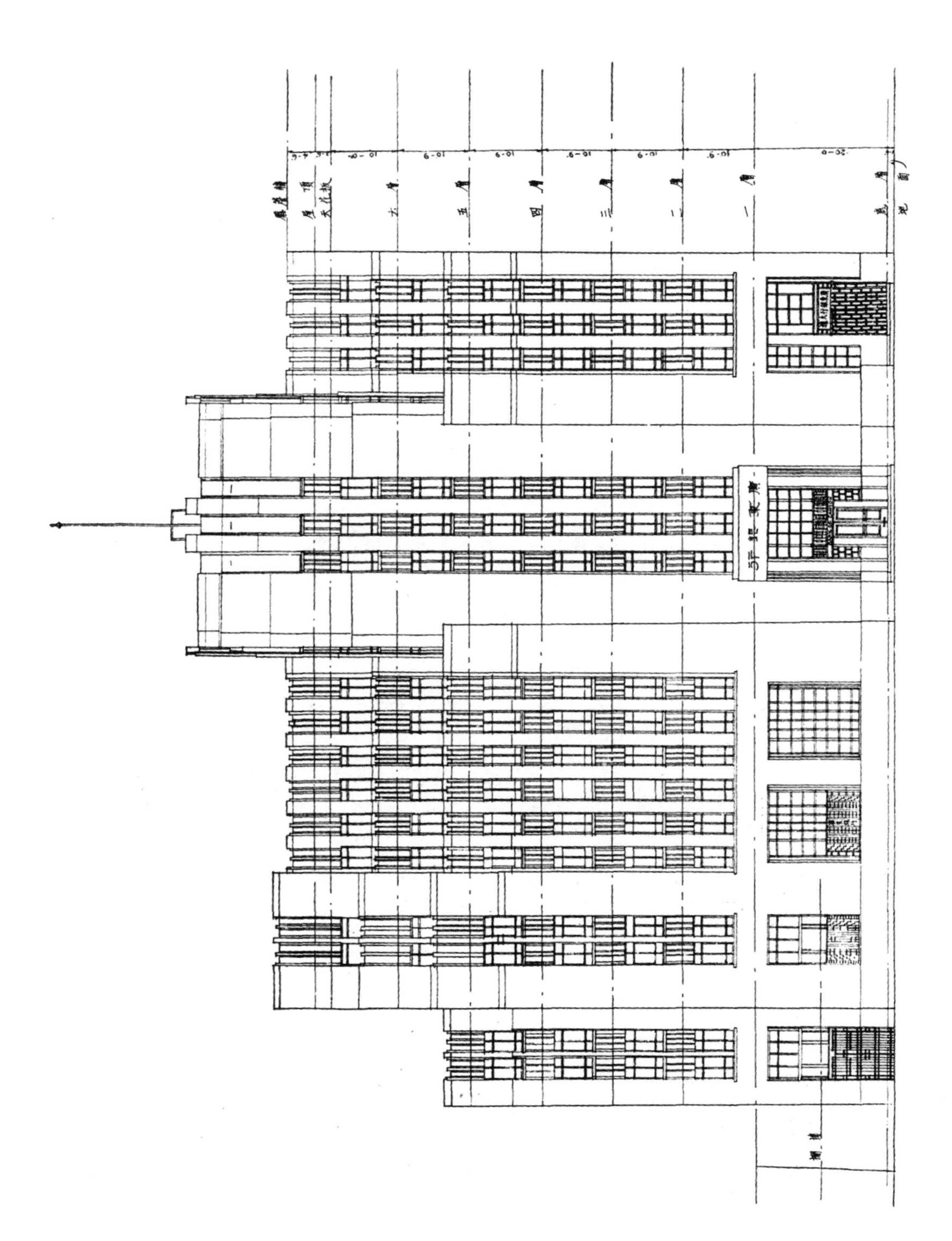

高而不危，

華而不浮；

鐵柵有入眼爲安之妙，

門面有瑰巍玲瓏之觀；

非經驗有素，

曷克臻此！

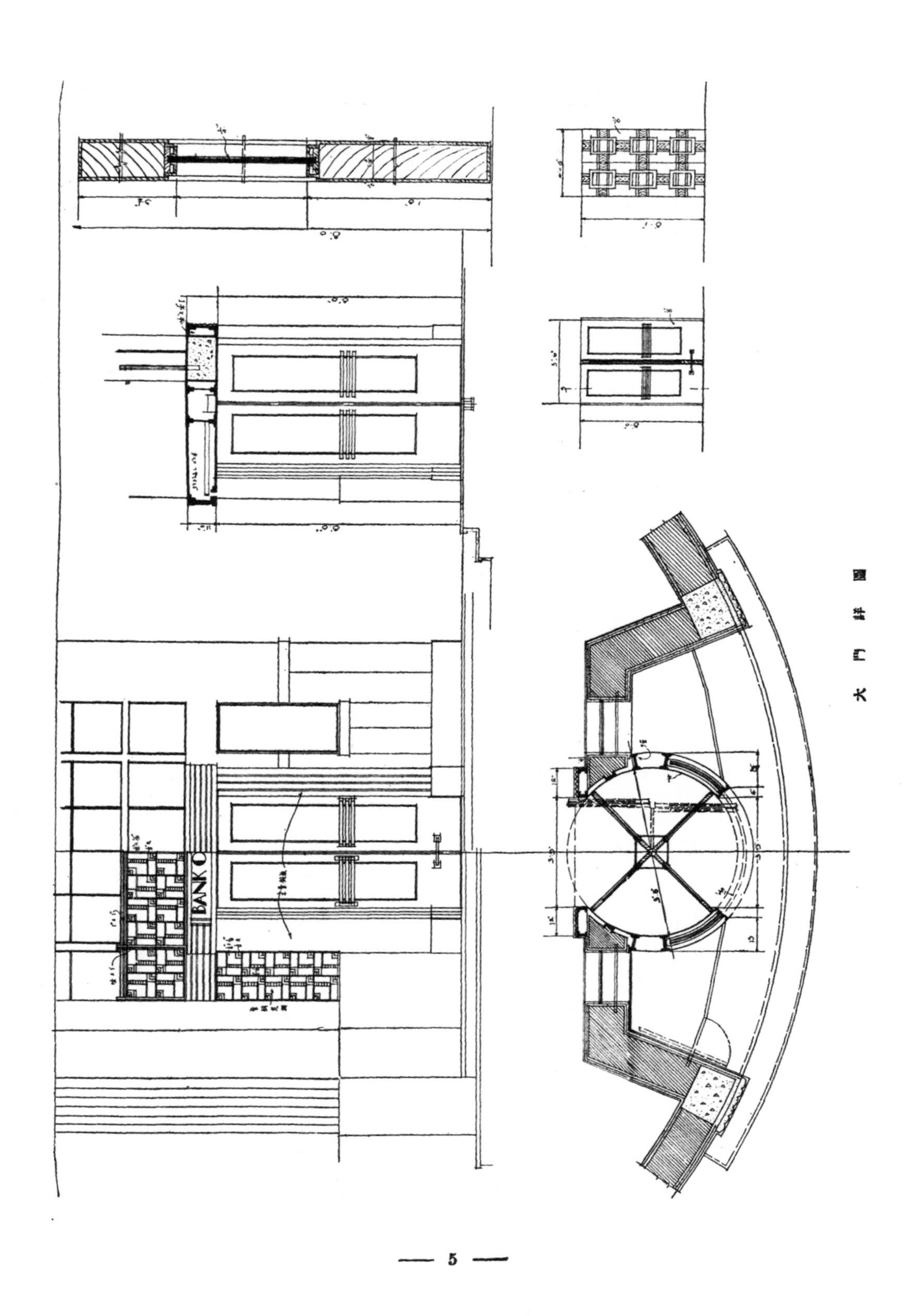
BANK O
大門詳圖

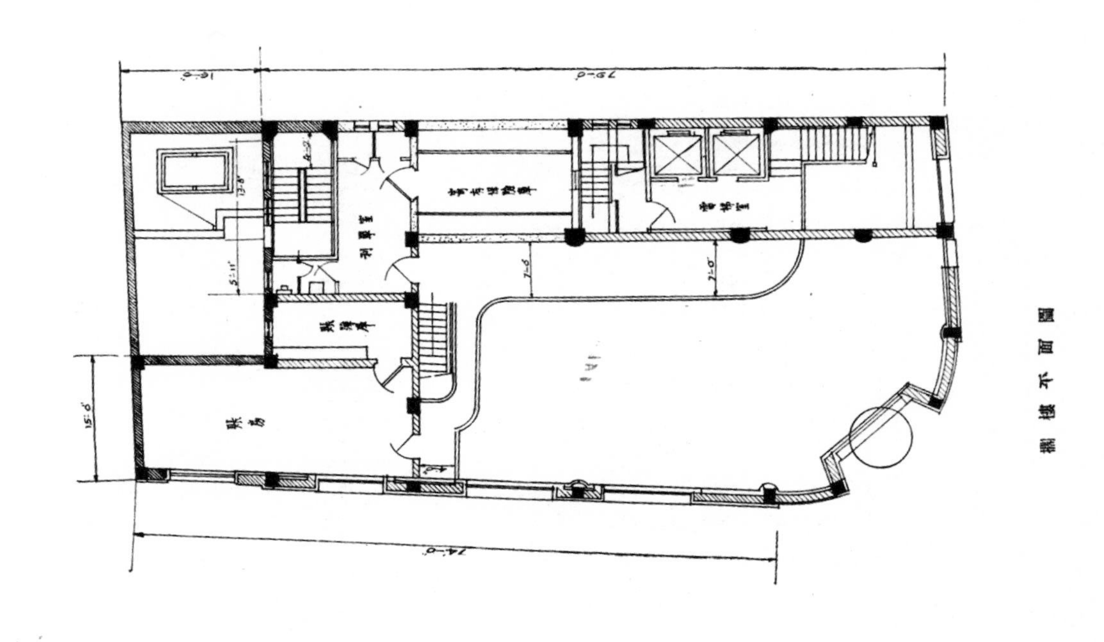

二層樓平面圖

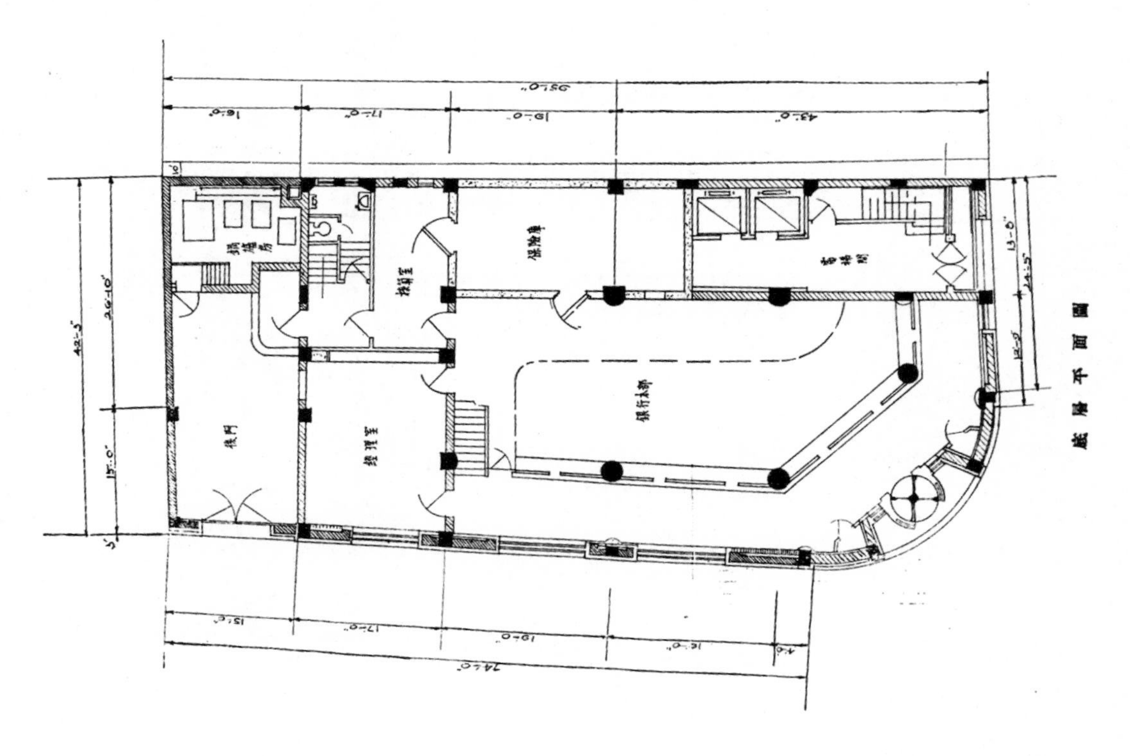

底層平面圖

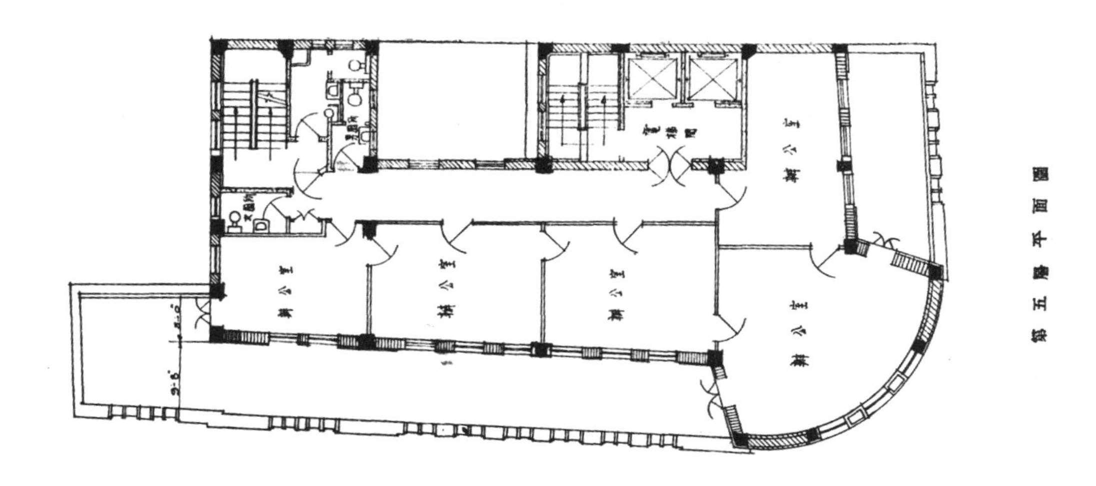

第五層平面圖

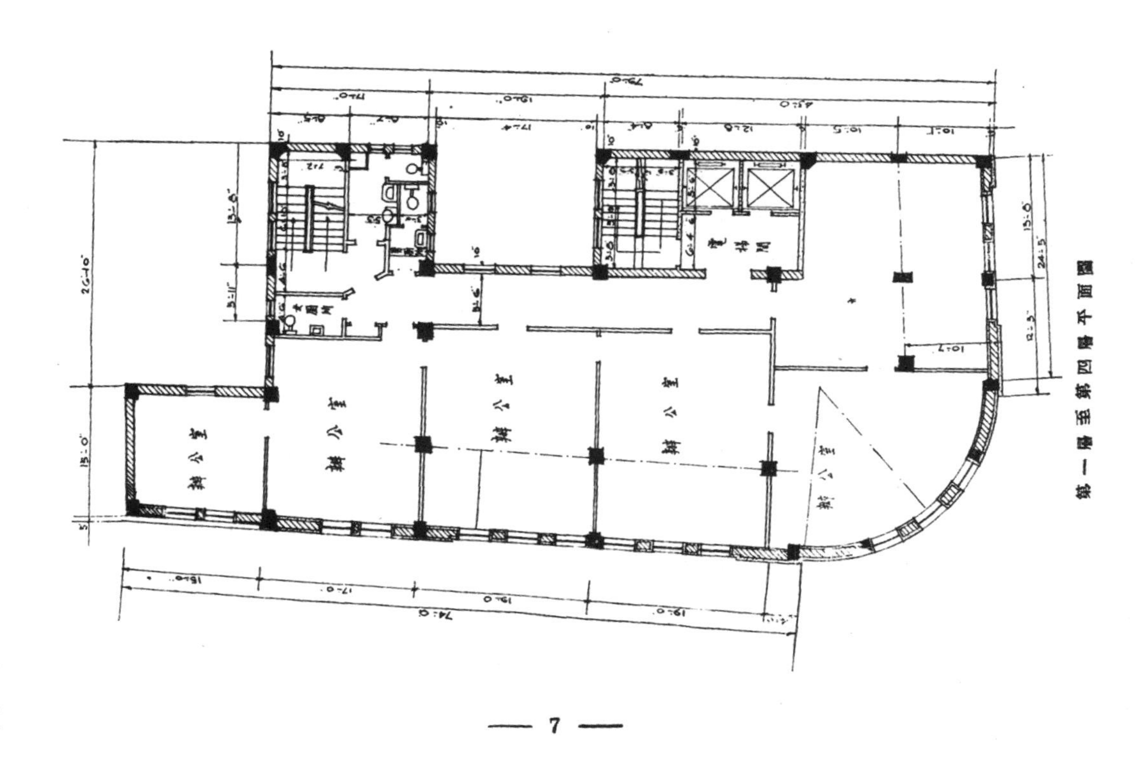

第一層至第四層平面圖

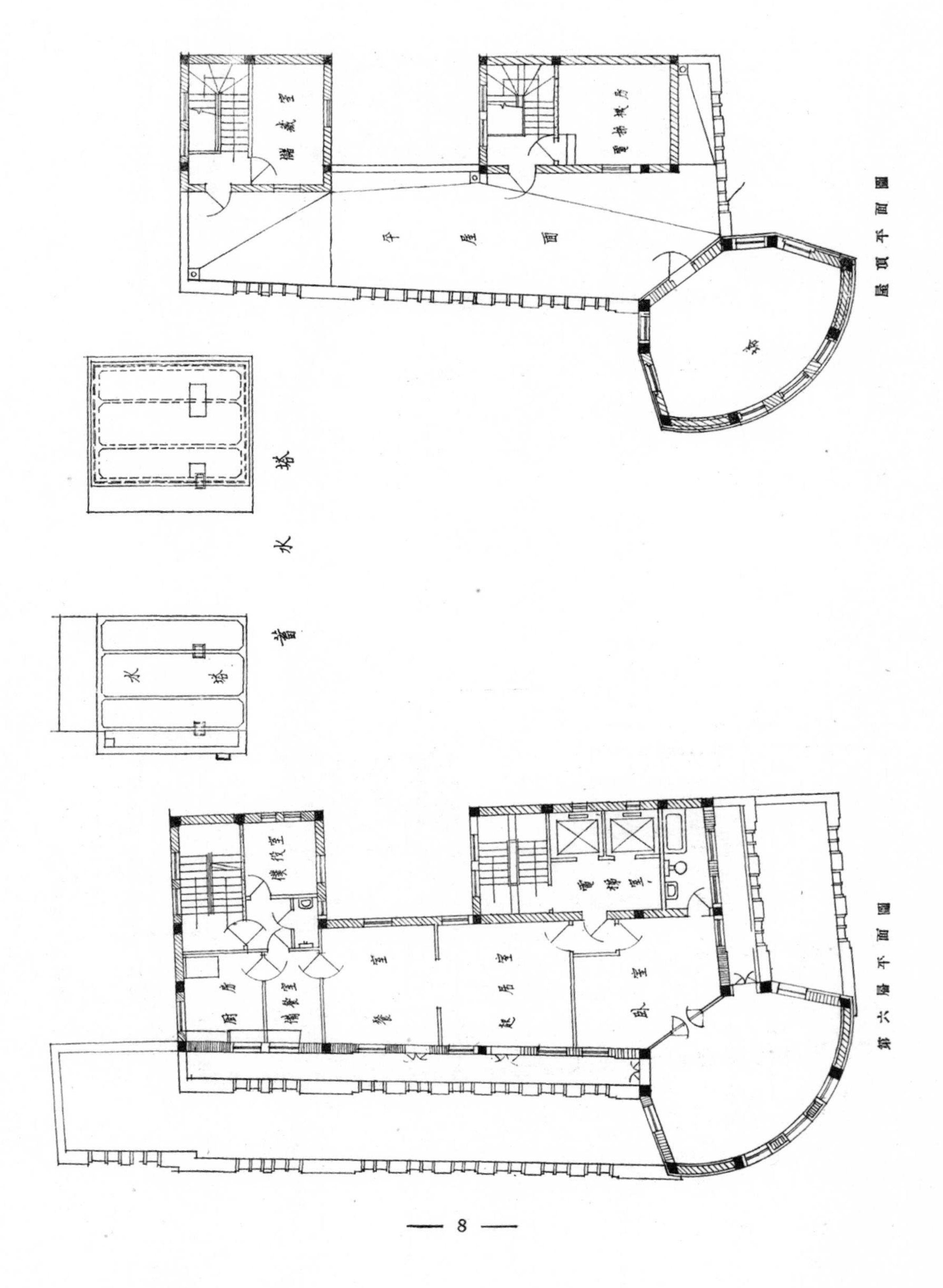
屋頂平面圖
蓄水塔
第六層平面圖
平屋面
起居室
餐室
臥室

上海新式住宅新華一村興建始末

編　　者

長安米貴，居大不易，當年雅謔之談，已成今日讖語矣。 滬上情形，微有不同，人口增加無窮，隙地截留有限，通商大埠，如蹈一轍。 以致房租昂貴，地價日增；然則長安米貴，可與海上住難同日語也。 進年來滬市不景氣之象迫於眉宇，百業凋敝，民生日蹙。 而房租一項，則多一仍舊慣，弗行減低，以致多數居民，租房一項，卽耗月入三分之一以上，尙難望其舒適於萬一。 自己購地造屋，尤非中產階級所堪勝任。 於是新華銀行，乃有儲蓄制度之新式住宅建築，訂名新華一村，用意至爲良善。 該村坐落，在西體育會路之中段，爲赴上海市中心區之要衝，佔地面積五百餘畝，酌量地形之大小，分成甲乙丙丁戊己六種房屋。 購置者有一次付款及分期付款兩種：分期付款法，祇須於簽訂合同時先付總價十分之三，餘款由訂購人擇定年限，按月歸還，若干年後，卽可取得房屋地產所有權。 移重就輕，收效極易，猶之衆擎易舉也。 房屋式樣，有荷蘭式，有英國式，亦有國際式，形勢雖未足盡善盡美，但以用意良佳，一方可利民生，一方可發揚市中心區光大於無限，故誌之，以待其他企業家之效尤焉。

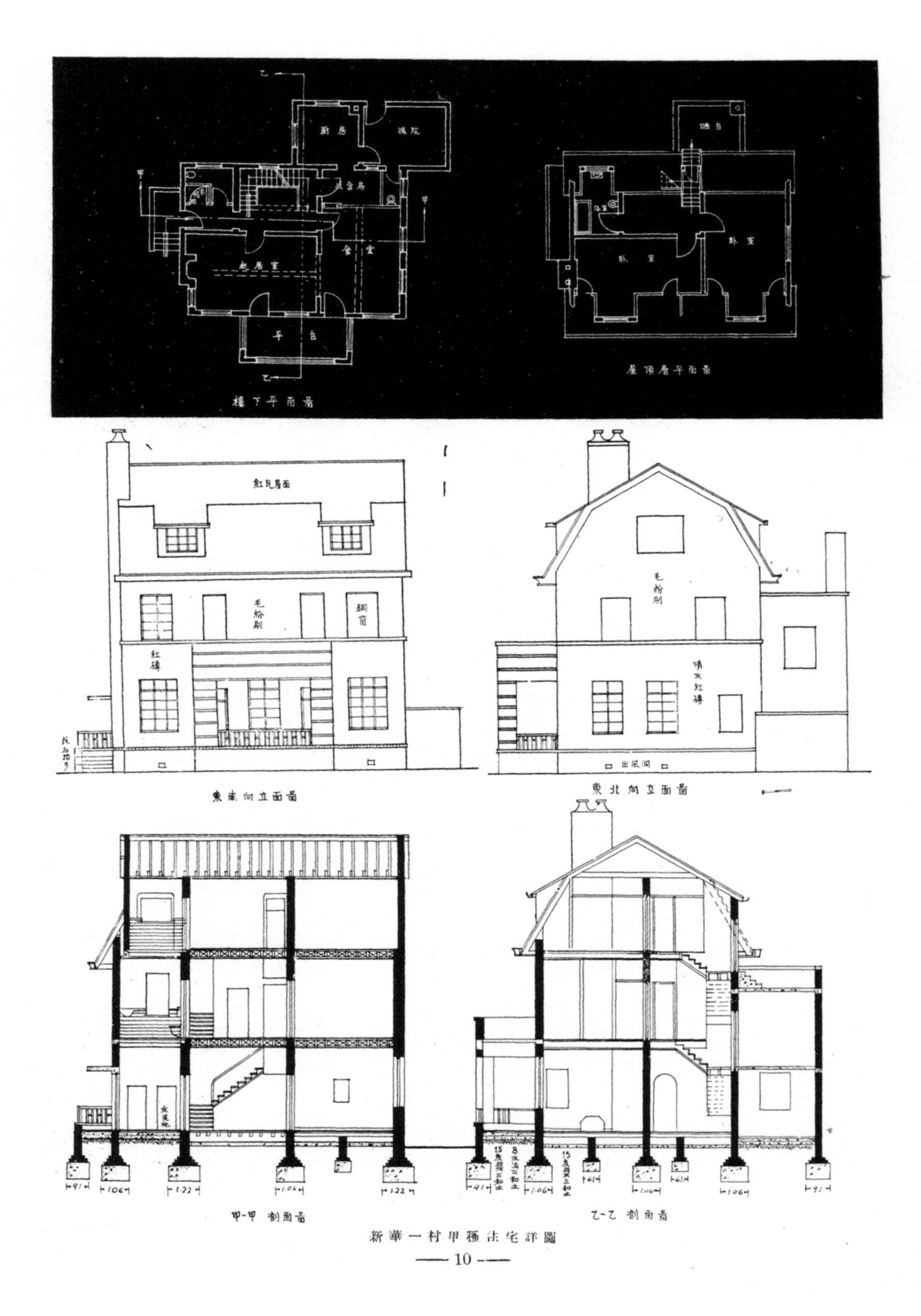

廚房
後院
起居室
食堂
平台
樓下平面圖
晒台
浴室
臥室
臥室
屋頂層平面圖
紅瓦屋面
毛粉刷
鋼窗
紅磚
東南向立面圖
毛粉刷
清水紅磚
出風洞
東北向立面圖
甲-甲 剖面圖
乙-乙 剖面圖

新華一村甲種住宅詳圖

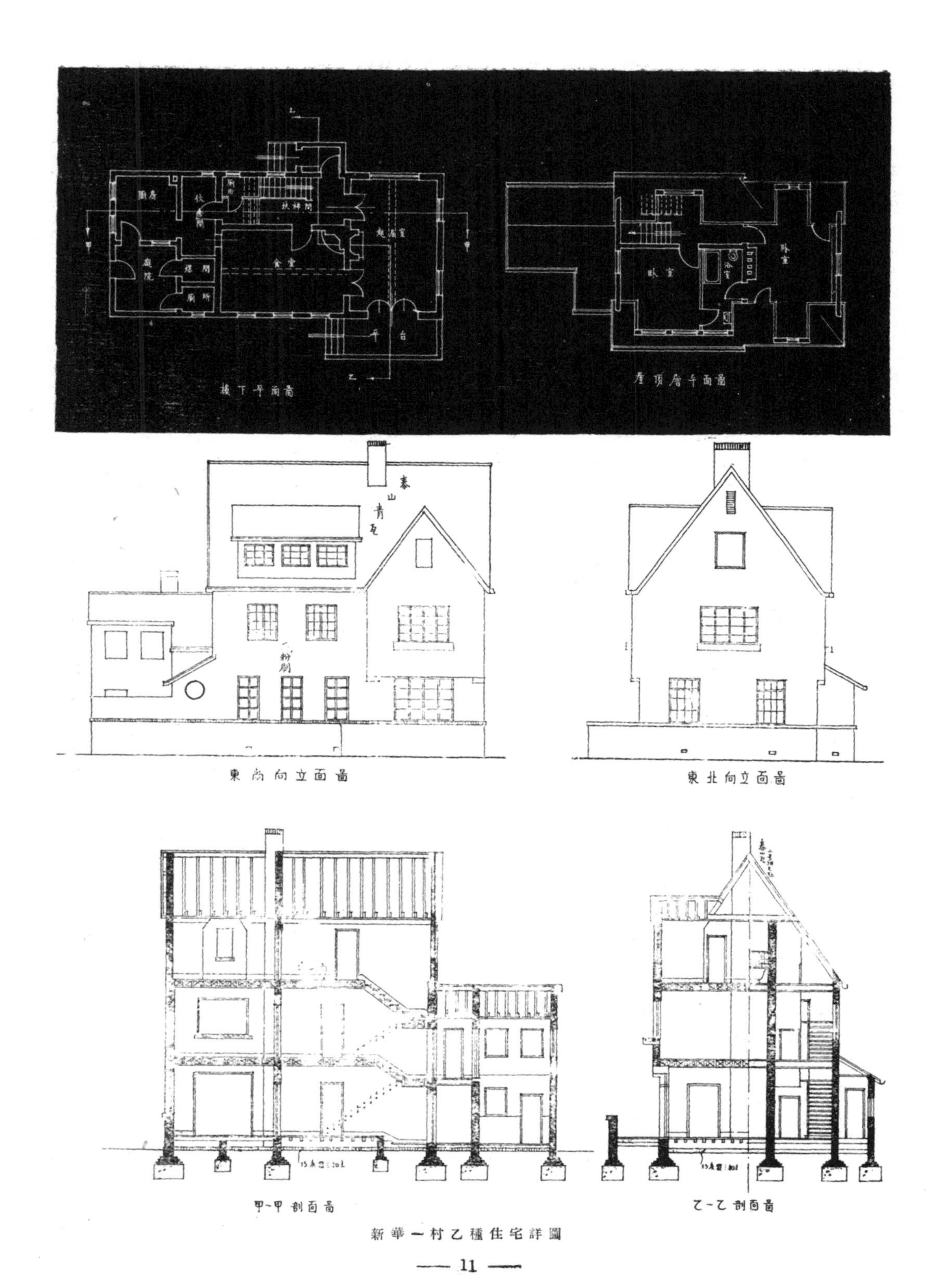
廚房
佚間
廁所
扶梯間
起居室
庭院
煤間
餐室
廁所
平台
甲
乙
樓下平面圖
臥室
浴室
臥室
屋頂層平面圖
泰山青瓦
粉刷
東南向立面圖
東北向立面圖
甲~甲 剖面圖
乙~乙 剖面圖

新華一村乙種住宅詳圖

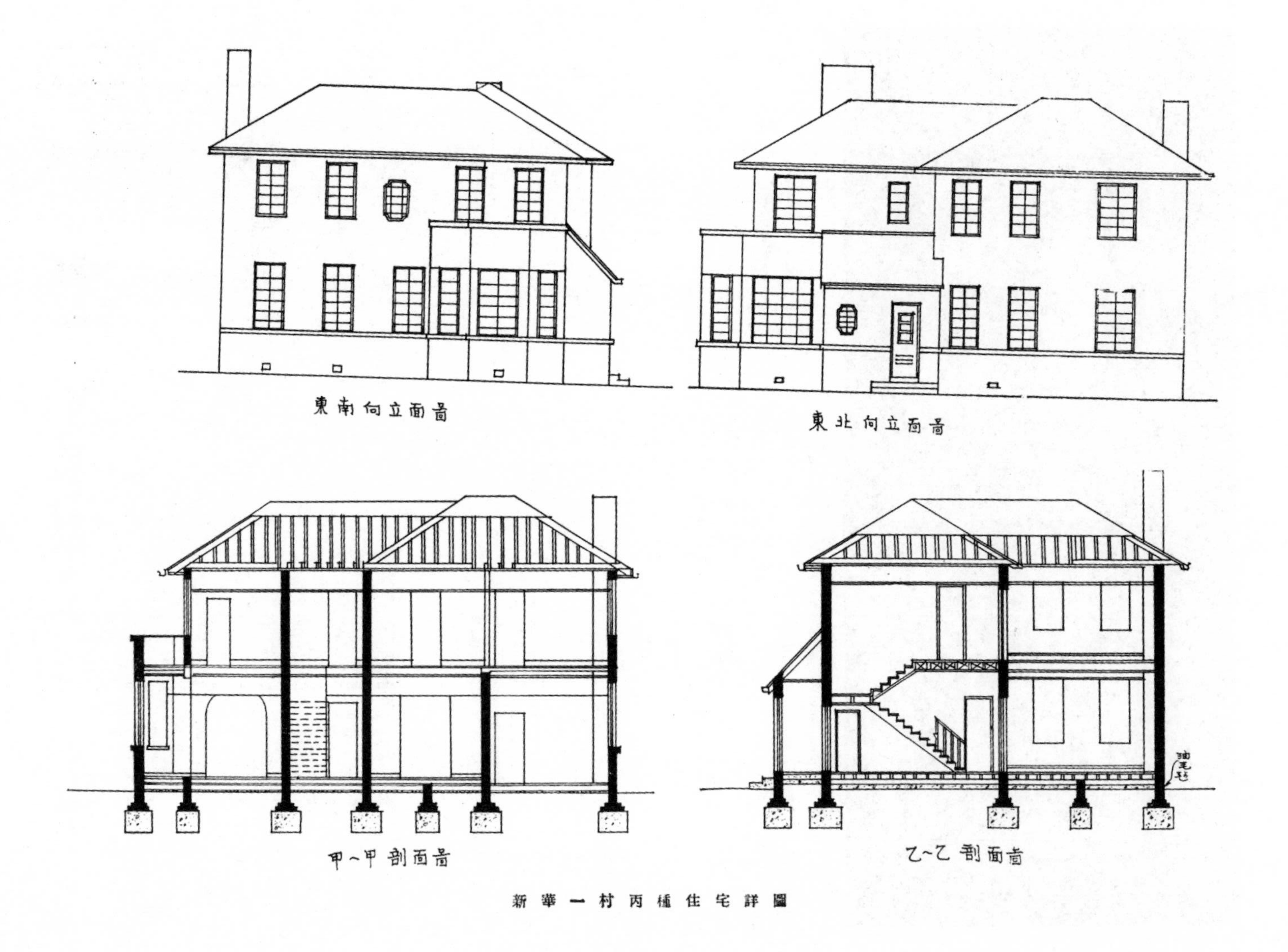

新華一村丙種住宅詳圖

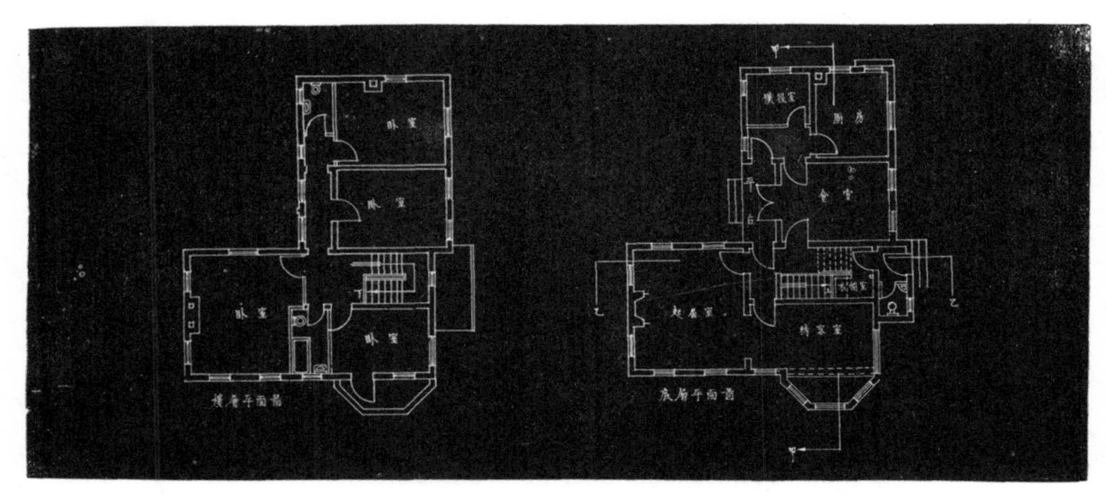

新華一村丙種住宅平面圖

新華一村各種住宅攝影之一→

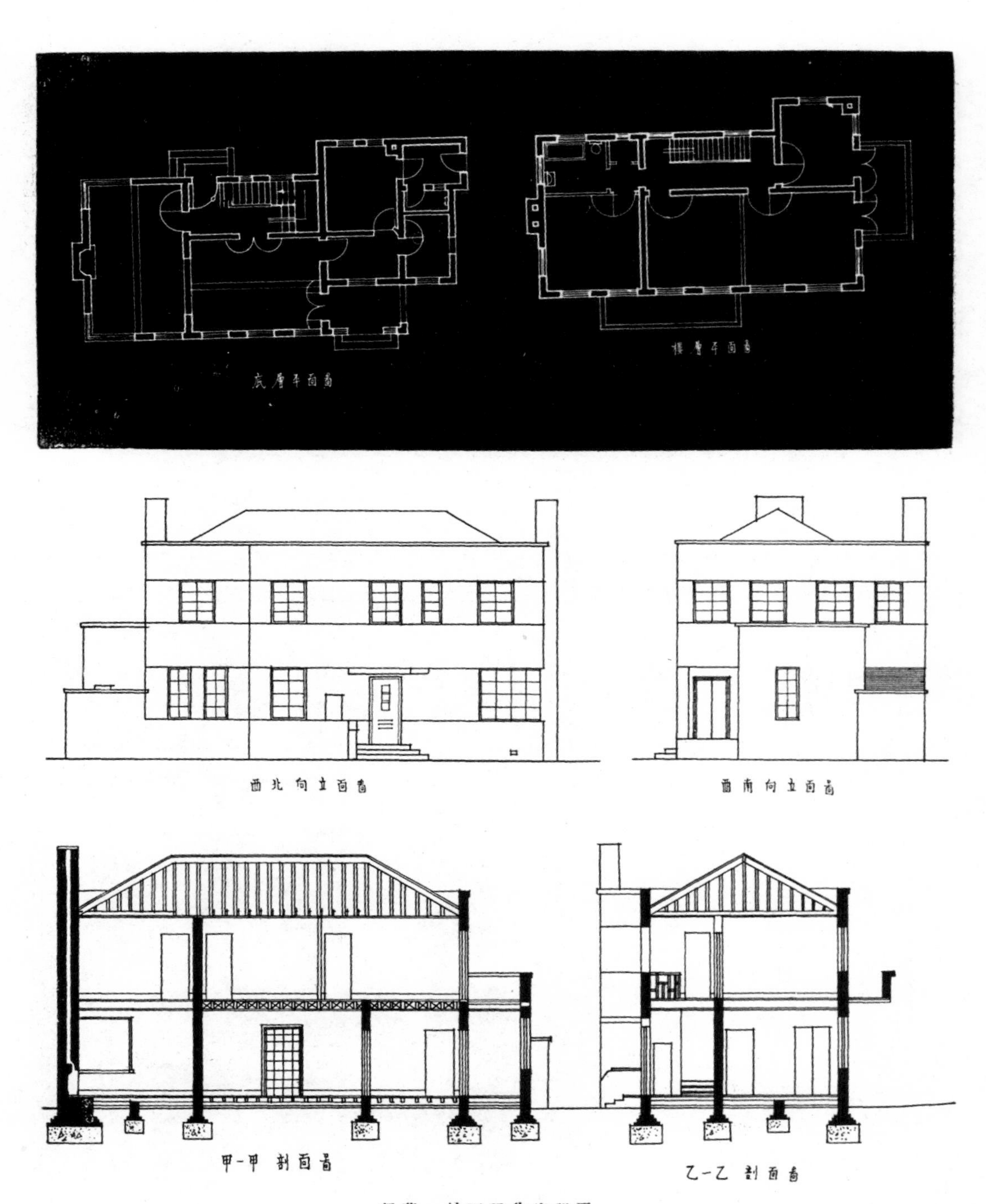
底層平面圖
樓層平面圖
西北向立面圖
西南向立面圖
甲-甲 剖面圖
乙-乙 剖面圖

新華一村丁種住宅詳圖

新華一村各種住宅攝影之二

新華一村各種住宅攝影之三

新華一村各種住宅攝影之四→

←新華一村各種住宅攝影之五

中央大學建築系學生成績

博物館

某城擬建博物館一所，以紀念某收藏家，建築物面積，至多不得超過25,000平方呎，立面採取古式。前面牆壁上須附設濆泉與精雋之雕刻，以壯觀瞻。建築上所需要條件如下：——

（一）大廳一間

（二）穿堂

（三）陳列室二間

（四）管理室一間

（五）董事室一間

（六）衣帽間廁所扶梯等均為本題所需要

中央大學建築系張開濟繪博物館立面圖

中央大學建築系王同章繪博物館立面圖

中央大學建築系王同章繪博物館斷面圖

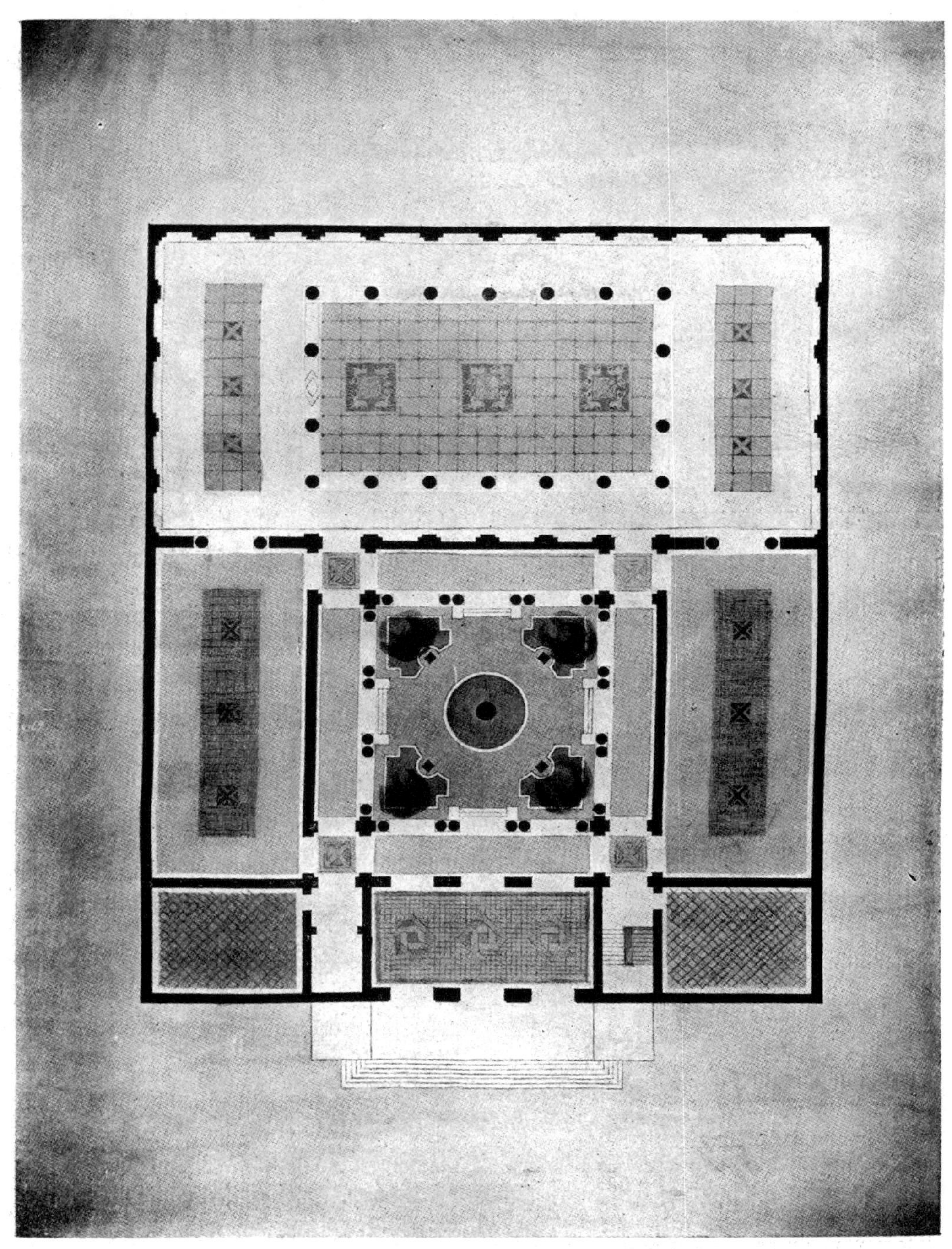

中央大學建築系王同章繪博物館平面圖

中央大學建築系王蕙英繪博物館正面平面圖

東北大學建築系學生成績

中學校

某私人擬以所有資財之一部，於離都會較遠地方，興辦中學一所，以造就本地人材爲宗旨，範圍不甚廣，約招生三百人爲限。 計容三百人禮堂一大間，教室十餘間，進門廳，廁所，盥漱室，扶梯之佈置，均隨作者之便。

東北大學建築系李興唐繪中學校立面圖

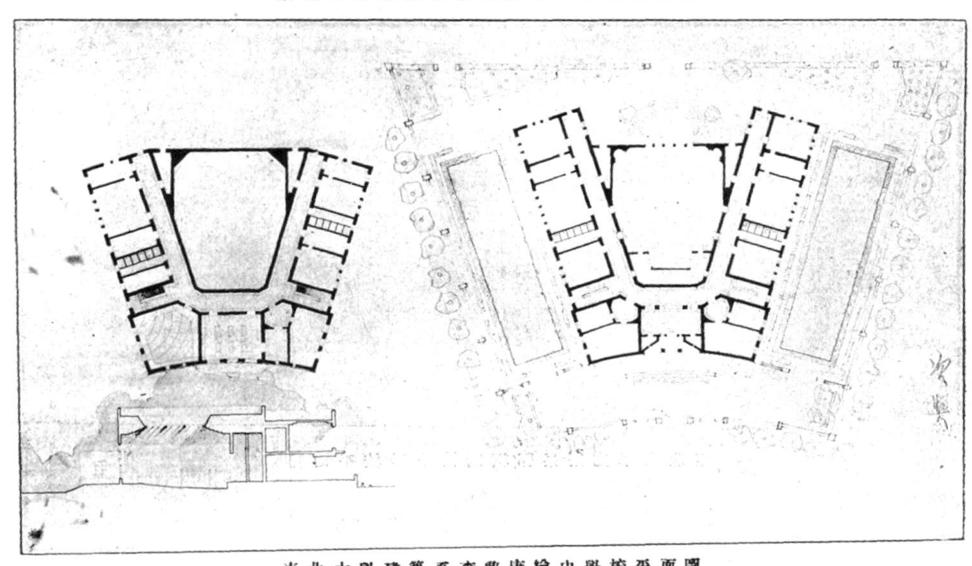

東北大學建築系李興唐繪中學校平面圖

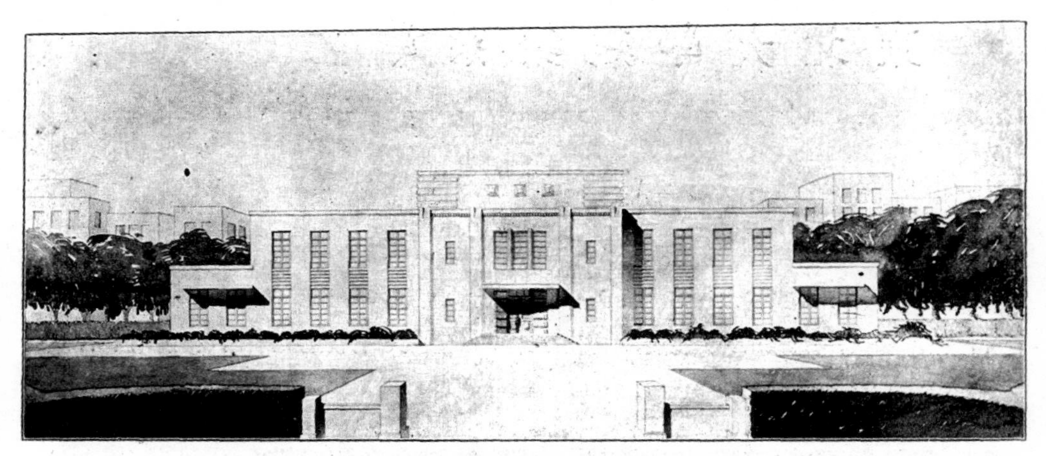

東北大學築建系郭毓麟繪中學校立面圖

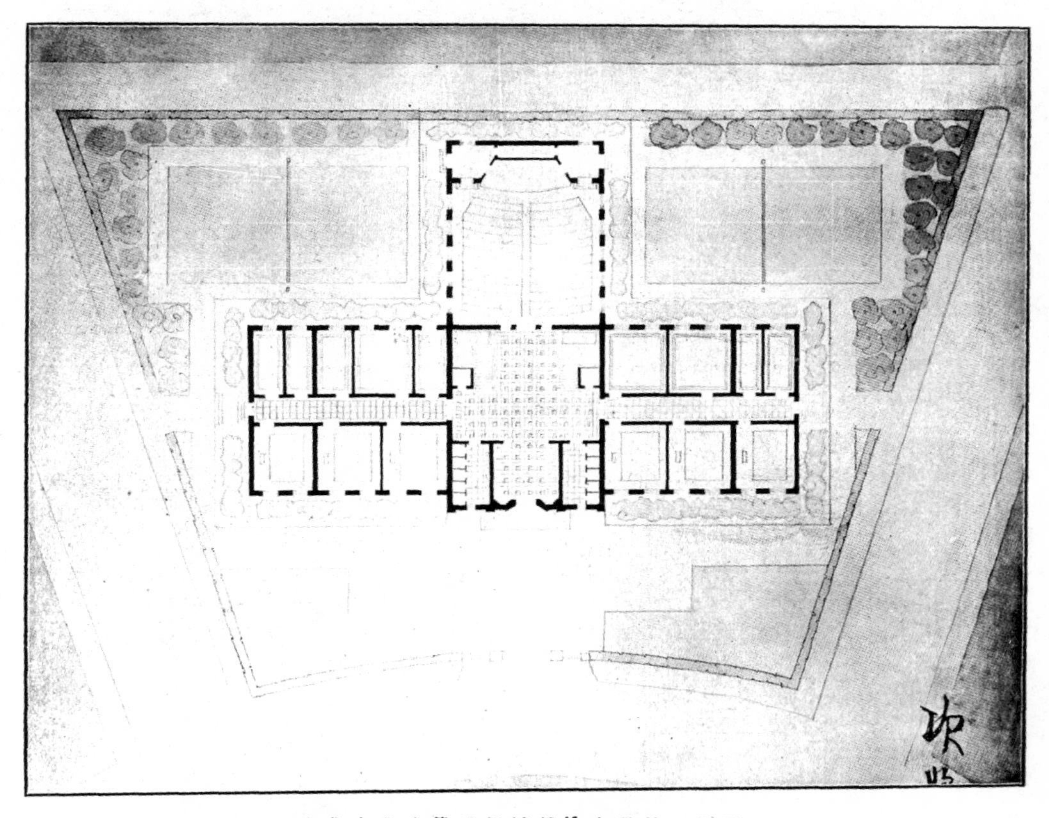

東北大學建築系郭毓麟繪中學校平面圖

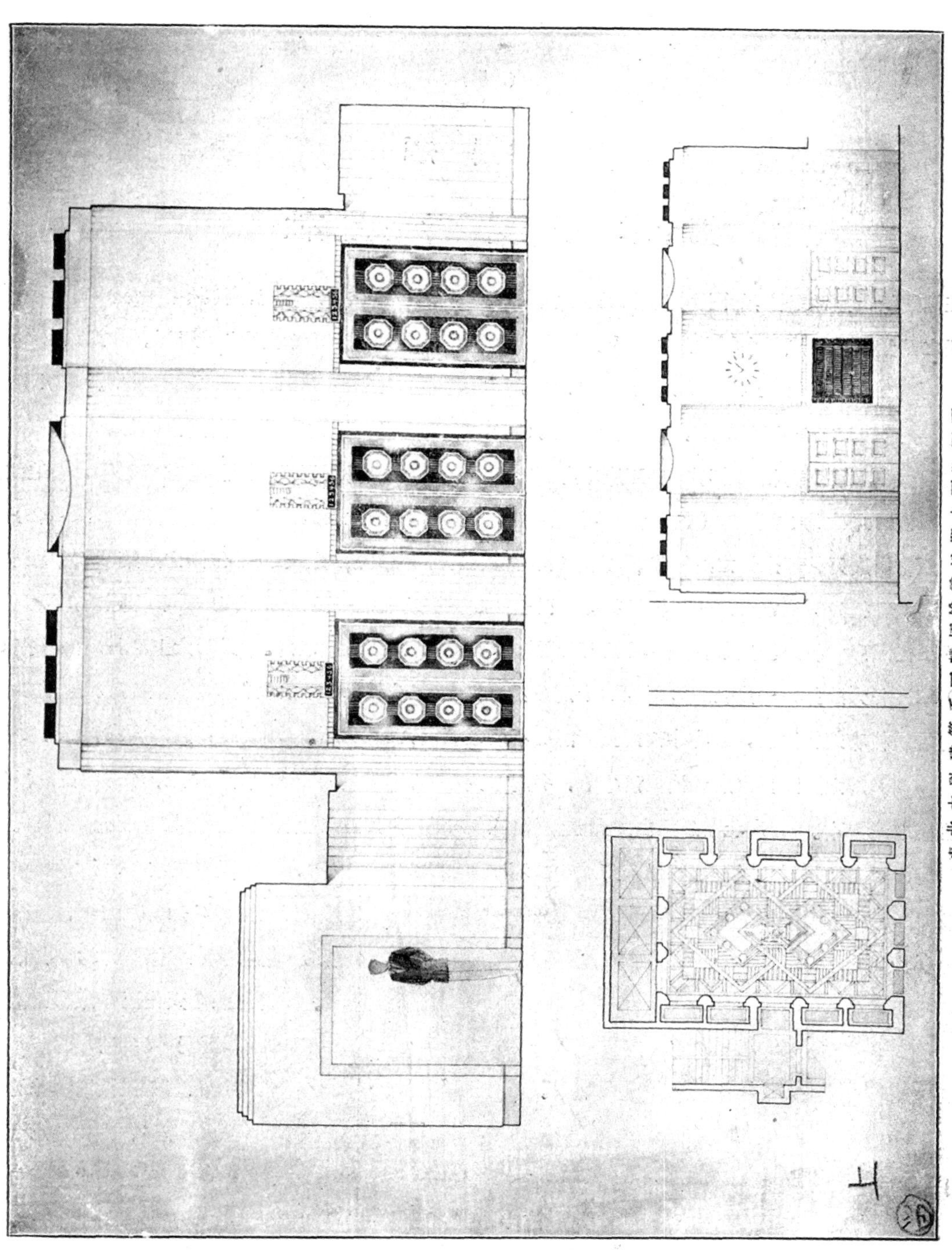

東北大學建築系石麟炳繪電梯門立面斷面圖

建築正軌

（續）

石麟炳

第十章　平面圖設計法及其性質

在簡單的建築設計上，如門面之裝修，碑亭濆泉等設計，均需要立面之壯觀，對於平面則甚從略。致於包括複雜之建築如辦公廳及各種共衆設計上，則立面反可易於解決，所難者在平面之布局耳。設題目如一官辦工廠，我們必須先注意到各種需要，然後着手設計，始不致管理上發生困難與廠房之不適用度。工廠主要部分，最好分成三部：(一)工廠本身，(二)辦公各室，(三)指導室。因工廠本身機聲囂攘，故不能與辦公各室相毗連，又以指導便利關係，指導室不能與工廠本身距離太遠，此即須設計者斟酌情形細心處理以達美滿地位。參考海伯德設計之公共毛氈工廠（圖六十）可作極好借鏡。工廠本身之前爲一空曠廣場並闢花園；稍進爲一出品陳列館及會客廳乃帶紀念性之建築也。左邊爲職員辦公室右邊爲指導室中間被包圍之建築即爲工廠本身，用單純之磚牆結構光線異常充足但以機構震動以防安全起見窗均開於一面內部採商店形勢之陳設，後面爲小住宅並闢小花園以多得鮮潔空氣，是項平面布置最適合規模宏大之工廠式設計。又如大上海行政區計劃（圖六十一）萃集各大建築於一處，市府本身也，各局分列也，圖書館也博物館也，運動場也其他如學校醫院及其他公共建築星羅棋布規模寬宏，果非事前計劃周詳勢必參差紊亂，漫無次緒。該行政區設計方式，採十字形位於南北及東西大道之進點，市府大樓位於中央，各局分列左右，而將各公共建築分布於十字形內更有橋拱池沿作爲點綴以重觀瞻。市府北面爲中山紀念堂堂前建豎總理銅像，此種建築，一望而知帶有紀念色彩也。

在平面圖上，看一個建築物的性質，最主要是看室內鋪設的地板花紋。有機械花紋者，可預知爲工廠類，有成行座位者可知爲戲院類。辦公室之桌椅餐廳會客廳之陳設，均有特色顯而易明。宴會廳之天花扳多採彩色粉刷或花紋雕飾，此則更屬易辨也。

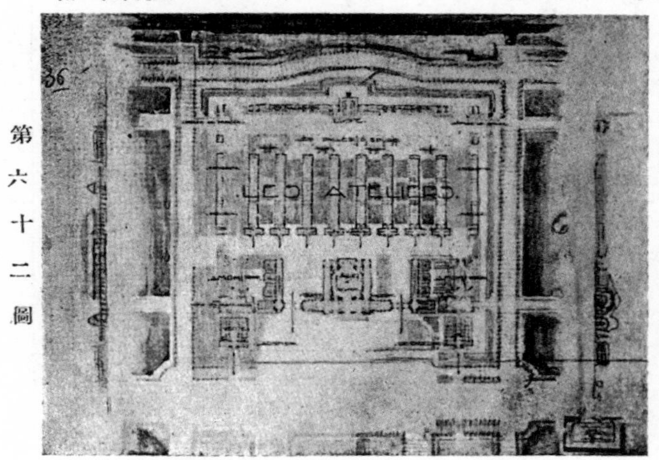

第六十二圖

平常時於判斷兩個性質懸殊的建築，既在草圖已極易辨別。如圖六十二及圖六十三均爲時間短促繪出之草圖前者爲一公使館後者爲一大城市之職業學校二者雖均爲草圖其性質迥異。在職業學校的圖案上，中間之工廠後面之發電室及其烟囱

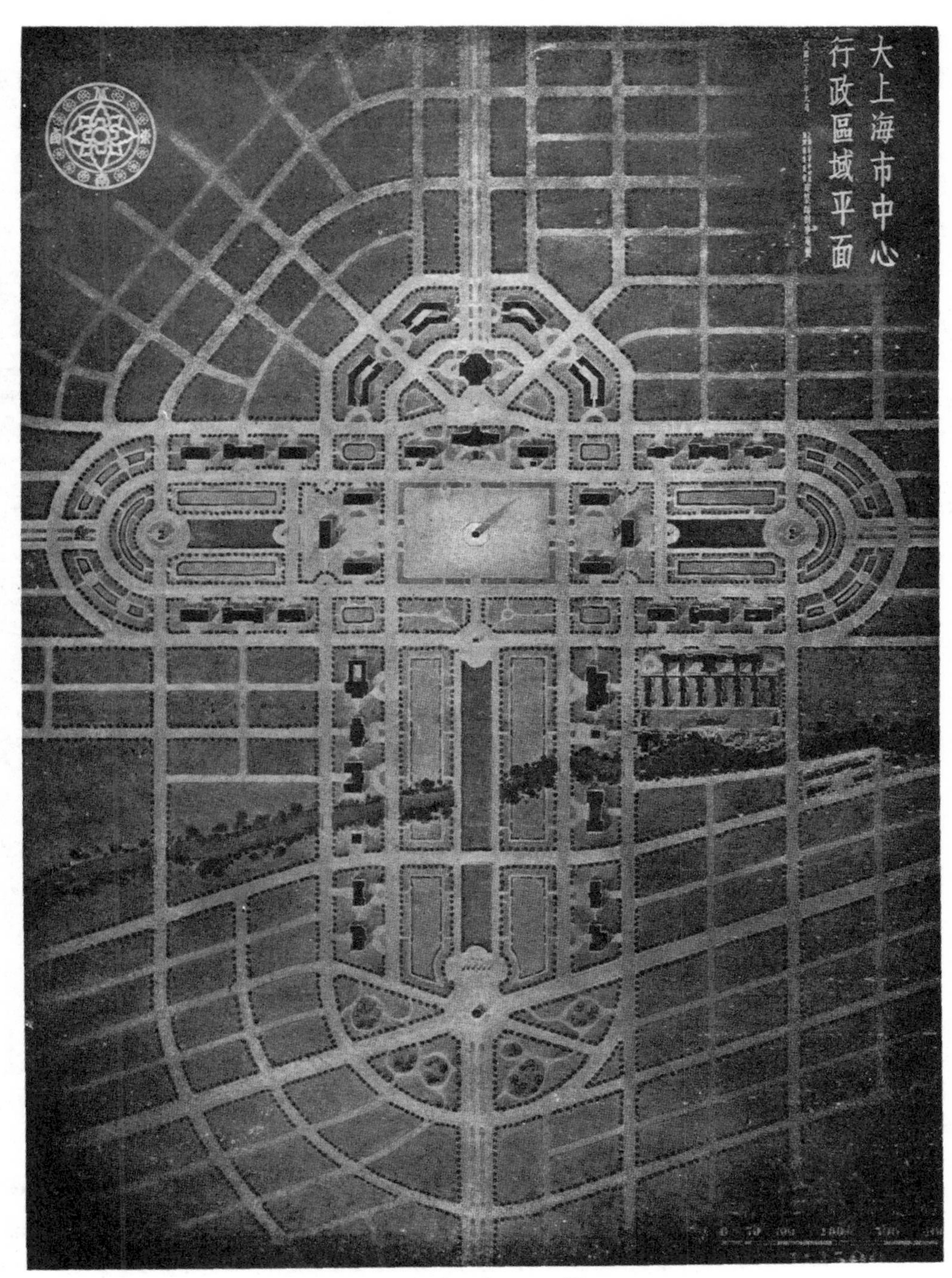

第六十一圖

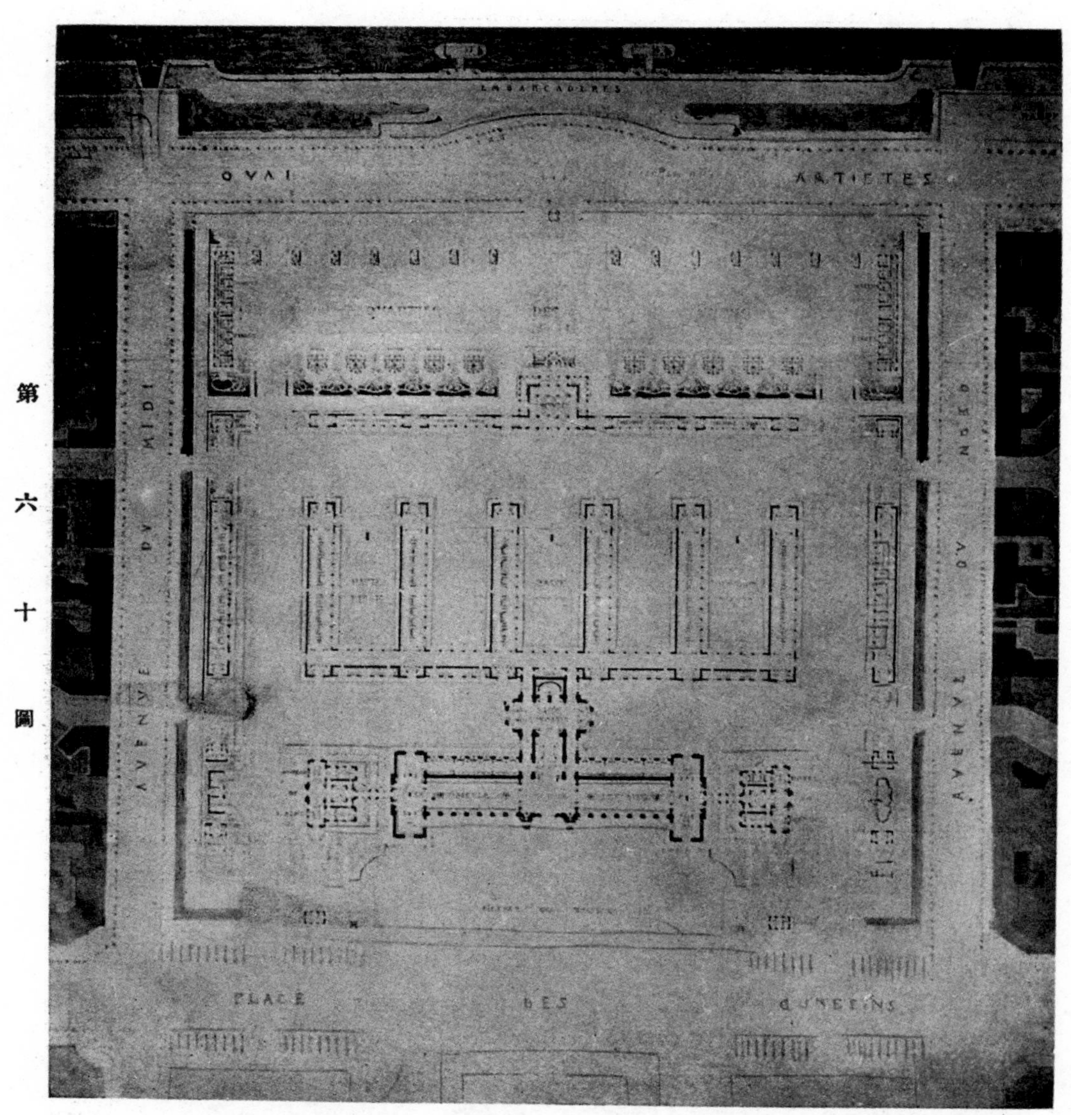

第六十圖

均帶職業色彩。 至於公使館設計，望之異常舒適，對於招待賓客，頓生光榮尊寵之感，設計者參觀此二圖對於性質上之判辨，當更有深刻之印象也。

平面圖性質，亦可藉牆柱走廊等表明。 如圖六十三走廊用雙行柱式排列，可斷定其室非宴會室即跳舞廳。

以上數項均足以表現某種建築之性質，至於主要表現某種建築之法則，仍在建築上之組織，果能設計適當，則地板花紋雖不標明，亦可知其為某種建築。房屋大小之分配形勢之採取以及僕役室之安排並光線空隙之設施均於建築性質有相當關係例。 如展覽室之設計，需適合陳列品之大小勿使過與不及，則於美觀上定可獲得圓滿。 戲劇院，講演堂，聚會廳，各種設計方式，幾不分軒輊，但在特殊情形之下，有時發生異外形勢。 此類房屋

第六十三圖

多布置於全部建築之中央，對於天然光線並不十分需要。　而於設計繪圖室，技術室，學校教室，工廠等則天然光線十分重要，設計時當異常注意也。

人羣萃集之建築——如車站，如法廳，如市府等——與私人之建築物，雖可於面積之大小判定，但最易辨別之處為交通上之設計。在公共建築上，過道簡而直，寬而明。在私人建築上，以主人房屋於下人房屋界線必須劃清，尚須有聯屬關係以求呼應便利，則交通上之設計，與前者逈乎不同，不待地板花紋之指示，亦可涇渭分明也。

建築投影畫法

顧亞秋

第一節　投影總論

1. 投影畫(Projection drawing)是用器畫的一種,用以表現某一種的物體,在某一定的位置上。就是將物體的形狀,大小,尺寸,投影在平面上,作成正確比例的圖形。故凡工業上各種工程圖(Working drawing),都用投影圖表示。例如第一圖。雖然很能夠表明是一個墨水瓶,但是却不能知道它正確的尺寸和相當的比例。在第二圖也是同樣地表示這個墨水瓶,可是能夠看出它的大小和比例來。(a)是側形(Side View),普通叫立面圖(Elevation),就是垂直面上的正投影。(b)是頂形(Top view),普通叫平面圖(Plan),就是水平面上的正投影。在立面圖上,直線ab是代表瓶口的上邊,但是看不出是方,是圓,是平,在平面圖上便可以看出a' b'是圓的了。

第一圖

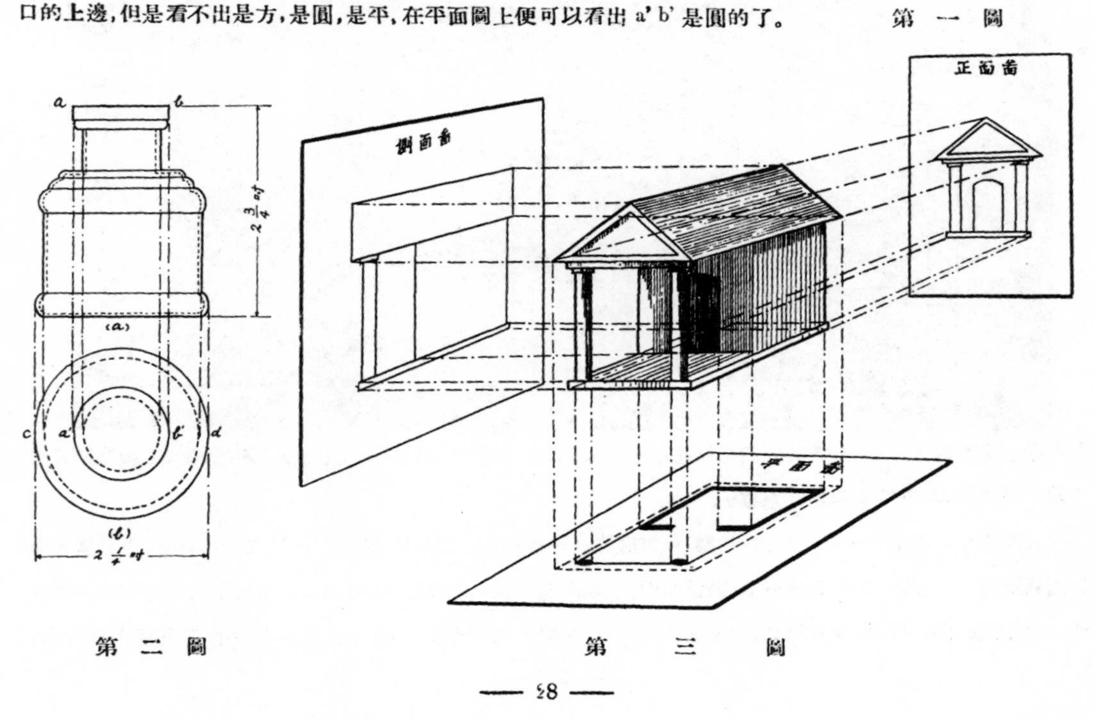

第二圖　　第三圖

瓶底大小，就看平面圖上的大圈cd。瓶頸部分是凹進的，在平面圖上就用虛線表示。 此外如瓶的厚度在立面圖上也用虛線表示。 在這個簡單的例上，就可以顯明投影畫的原理，所以物體的投影，無論是線，是面，是立體，都可以用二三個圖，表示它的側面，正面，上面，底面等形狀。

投影畫的作法，以眼的視線改變物體的對象，無論平視，俯視，仰視都能表明物體的某一定部分，例如第三圖是一所簡單的房屋，從各方面的觀察，畫成三張不同的投影圖。 正面圖，側面圖，平面圖。

第一節　簡易的投影

2. 第四圖是個圓面的投影圖如銅圓，銀圓之類。 平面圖用 cd 圓表示，它的立面圖，祇有一直線ab. 作法：先作一平面圖，用$1\frac{1}{4}$"長的半徑，立面圖與平面圖的距離，任用 $\frac{1}{4}$"長，那末 ab 就表那圓面的立面圖，而 cd 表平面圖。

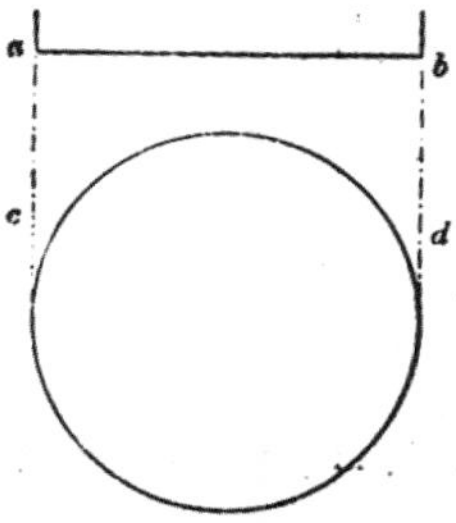

a b c d

第 四 圖

3. 第五圖的平面圖，完全和第四圖的正面圖相同，不過立面圖，從表面上看來，似乎是個高$3\frac{1}{4}$"的長方形，但是和平面圖聯合起來，就看出是一個高$3\frac{1}{4}$"的圓柱體。

4. 第六圖的立面圖，是一直線，似乎和第四圖的立面圖相同，但是它的平面圖是個每邊$2\frac{1}{2}$"長的正方形，因此這投影圖的表示，却和第四圖不同。是個平面的方形，如一片銅，一張紙，一個信封，一張卡片之類。

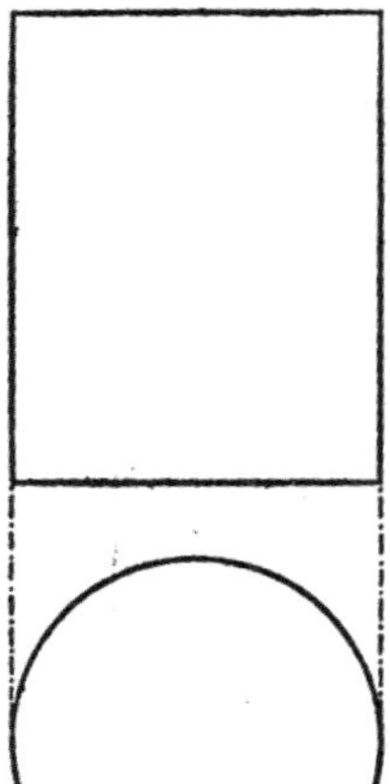

第 六 圖

5. 第七圖的平面圖和第六圖的平面圖相同，而它的立面圖又和第五圖的立面圖相同，這物體就是表示一個正方柱。

綜上四種投影圖的作法，是最簡單的 但學者於此，就能領會它的原理，例如四五兩圖，有相同的平面圖，不同的立面圖，（或可謂不同的厚度），所以一爲圓面，一爲圓柱體；六七兩圖亦因立面圖的不同，一爲正方面，一爲方柱體。 又四和六五和七有同樣的立面圖，不同的平面圖，而所表示的物體，亦各不相同，所以觀察投影圖，須聯合平面和立面等圖，才能明瞭物體的原形如何。

第 五 圖

6. 第八圖的平面圖是個 $1\frac{1}{4}$"長半徑的圓，與四五兩圖相同，這圖的立面圖，雖然似乎是個兩等邊三角形，但是在實際上却表示一個圓錐體，這圓錐體的高與第五圖圓柱體的高相同，就是高$3\frac{1}{4}$"。

7. 第九圖的立面圖和第八圖的立面圖完全相同，但是它的底面是個有對角線的正方形，所以表示方錐體，至於其他多角形的柱體或錐體，都是同樣的表示。

8. 第十圖是個立於水平投影面上的正六角柱，底面的一邊長$1\frac{1}{4}$"，高$3\frac{1}{4}$"。 六角柱的一面和垂直投影面成20°。 先作 ab 長$1\frac{1}{4}$"和XY成20°，（XY代表垂直水平兩投影

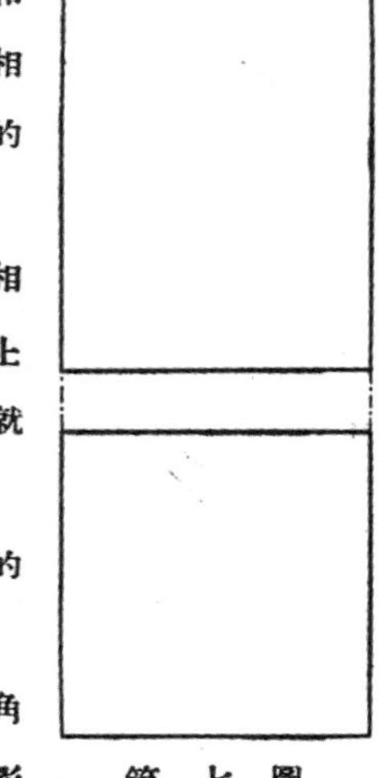

第 七 圖

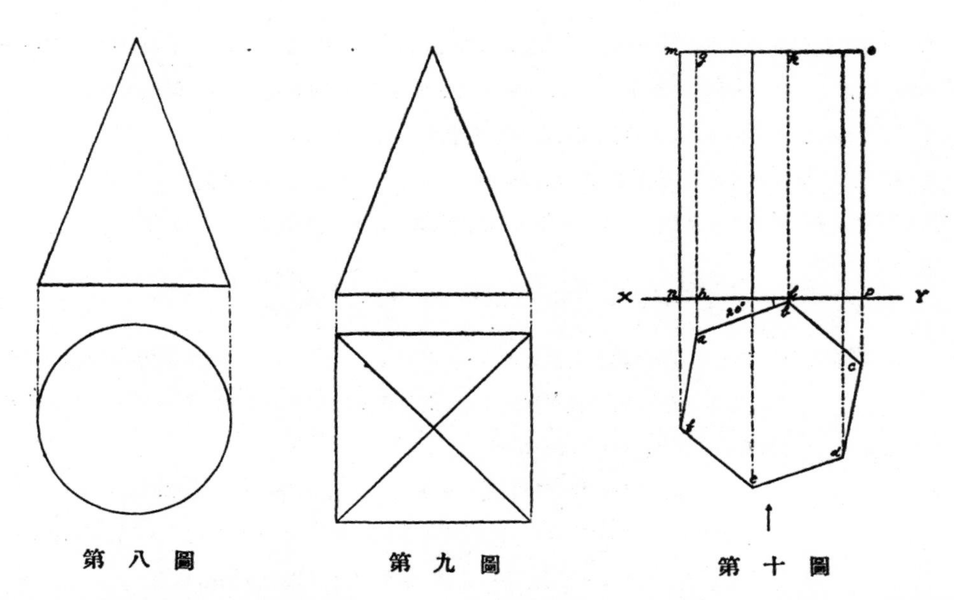

第八圖　　第九圖　　第十圖

面的交線）依此邊作平面圖——正六角形abcdef。從平面圖上的各角點，作XY的正交線如fm等線，截取mn長$3\frac{1}{4}$"從m，n作UY的平行線如mo，np。mnop就是這六角柱的立面圖。從箭頭方向觀察，ab是不能看見的，所以gh，kl都用虛線表示。

9. 第十一圖是個正五角錐，高$3\frac{1}{4}$"底面的邊長$1\frac{1}{2}$"，其中一邊和垂直投影面成45°，錐的底面和水平投影面平行，而且高出$\frac{1}{2}$"。先作正五角形，邊長$1\frac{1}{2}$"使ab和XY成45°。從中心點V聯接各角點，就是這五角錐的平面圖。從V點作XY的正交線，取PO等於$\frac{1}{2}$"，OV'等於$3\frac{1}{4}$"。過O點作XY的平行線。再從

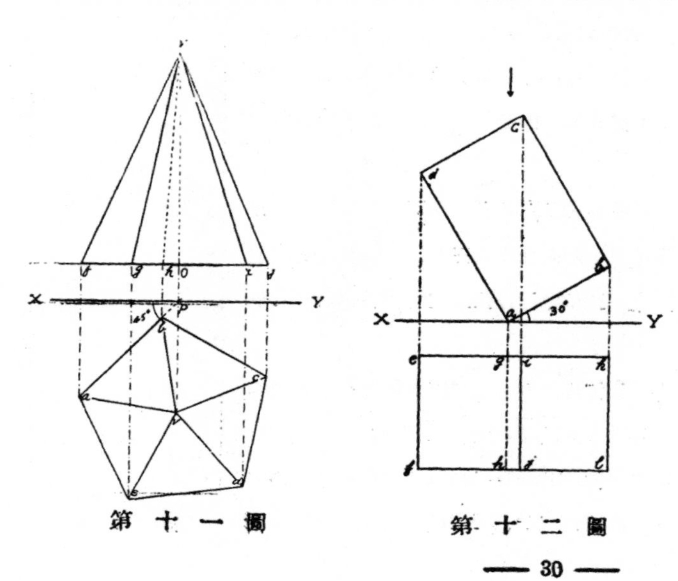

第十一圖　　第十二圖

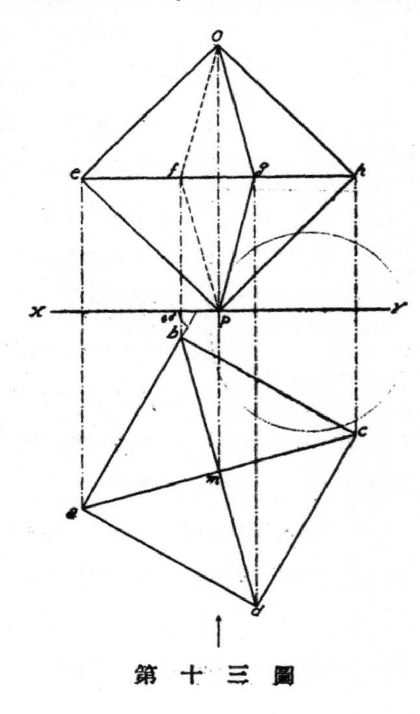

第十三圖

各角點作XV的正交線和O線交於 g, f, h 等點，聯接 V'f, V'g, V' h等線，就成立面圖 V'fj。

10. 第十二圖是一個正方柱，邊長$2\frac{1}{2}$"高$3\frac{1}{4}$"。 它的一邊如a和水平投影面相接，底面如 ab 和水平投影面成30°角。 柱的一面，如 abcd 和垂直投影面平行，因爲 abcd 和垂直投影面平行，所以柱的立面圖是個長$3\frac{1}{4}$"闊$2\frac{1}{2}$"的長方形，一面 ab傾斜30°。 從 abcd 各點作XY的正交線 df, ah 等線，取ef 等於$2\frac{1}{2}$"。 並從 e, f 起作 XY 的平行線，如ek, fl。 ef, kl，就是它的平面圖。 又從箭頭方向觀察，a 是不能觀察的，所以 gh 用虛線表示，O 是看見的，所以ij 是實線。

11. 第十三圖是個正八面體，每稜長$2\frac{1}{2}$"內中一軸如 OP和水平投影成垂直。 內中一稜如 ef 和垂直投影面成60°。 先作平面圖abcd，每邊長$2\frac{1}{2}$"使 ab 和 XY 成角60°，聯接acbd得m，從m，作 XY的正交線mo，截取PO等於ac 或hd，過PC的中心，作 XY的平行線，如eh，再從 a, b, c, d 各角點，作XY的正交線和 eh 交於 e, f, g, h 各點聯接Pe, eo, Pf, fo, Pg, go等線，就成這八面體的立面圖。 從箭頭方向觀察，b 是不能看見的，所以Pf, fo用虛線表示。

實用簡要 城市計劃學

盧毓駿

都市計劃之基本調查

凡新市之計劃，與舊市之改良，須有精密之預備工作，由此預備工作所得之精確程度，則又視研究之資料爲如何。城市計劃若無統籌全局之規劃，則其工作必不良。計劃城市之先務，須預備許多參考資料，所謂都市計劃之基本調查是也。

茲列舉城市計劃之緊要資料，分述如次：

1. 地質調查　欲識地層之性質，與所可採得之建築材料，非先有地質調查不可。

都市計劃，須認識所計劃城市之地面，與地下之情形如何，其計劃目的，往往隨地下之爲花崗石或砂石而異，此易知也。

地層爲岩石，爲可開採或爲無用之礦層，或爲多穴，計劃城市地盤者，不可不詳加注意。欲知此種綱要，可參考地質圖，將所需要之資料，分載於應設計之市區，並着顏色，以供研究。

2. 水文資料　此種資料，所以示地下泉，滲透層與不滲透層，水流狀況及方向，洪水區等，計劃城市而不知當地之水文不可，尤以設計下水道，關係甚大也。此種調查所得資料，亦可於圖上着色以資鑑別。

3. 氣象調查　此項資料包括氣象水高度之統計，最大最小之常年平均，與每季平均，暴雨之時期，與最大暴雨之久暫，及其雨量高度。霧之歷時，恆風方向與暴風雨方向，各季空氣之溫度，均須詳細記載。如在寒帶，須知雪之最高度。溫度圖　，亦屬必要用以記載每季之平均溫度與最高溫度。並須知該地有無地震；若有地震須知最大之擺度。

4. 地理調查　地形可就已有之地圖得之，但通常地圖不能盡詳，可就預備所研究之地帶，製爲草圖，照印若干份，以爲都市計劃各種調查之預備。此外並須預備設計草圖，以便測量者依據，以爲城市計劃測量與水平。

5. 建築方位與向陽方位之調查　於地圖上，繪出陽光不及之地帶，以便禁止建築；因日光不足，與衛生有礙。若地方爲平坦，此種平面圖自無需要。

在其他平面地圖上，繪所有將來城市方位之地面之特別性質。——最美觀之地位，並攝影附於調查報告書中。以便在凡平面與照片上，決定應予保留之天然風景區。

吾人重視此種保留城市之天然景緻與風物資料，因天工往往勝於人力。多數城市，因對於天然景緻不加注意，而大肆雕琢，而計劃之錯誤致失該城市之特性，與失該城市之靈魂無異也。設計者其注意及之。

6 歷史調查　藉知都市發達之沿革，及各時代人口分佈之狀況，並澈底明瞭前賢之努力。　須定城市各核心之關係，以為將來設計之參考。　此等學識，將於下章論都市之沿革時，細述之。

7. 衞生調查　可由市政統計而晝城市中不潔之區，作成有色圖，可以認識應講衞生之區，並可同鑑識所以不衞生之原因而加以改善。

8. 人口及住宅宅調查　應照市政統計，製為極清醒之圖表，第一，人口進步與退步之總圖，次為各區或各地帶人口之分佈。

次則製備一生死婚嫁統計圖表，依此供給資料，可以推測未來戶口趨向。　亦須檢討在圖表上劇變之原因。利用此圖表，可以研究在時間上與空間上人口之變動，吾人知在大城市中人口屢次受離心運動與向心運動，須細究此原因而消除之。

9. 城市分區調查　都市計劃，須將全市面積細加研究，就城市全圖上將各種工業，大小商業，住宅區等，劃分區域，作適當分佈區于圖上。　將所規劃之各區，分別着色，以為決定市區之標準。

更應注意者，即所計劃者如為一舊城市，則目前某種事業，集中之地帶，將具日後發展之可能性；非遇特殊情形，決無消滅之可能，亦無消滅之道理，須善為保存之。

10. 交通調查　在都市計劃上，占最重之地位。　以道路能達到城市生存之表示。　故首先分別地方交通路與地域交通路，分成大中小等交通道路。　以利市政之發展。　依交通之重要性，有主要幹路，次要幹路等，而以粗細等色綫表之。　此圖須極清醒，人人均能知，(1)市中各處之交通狀況，(2)交通擁擠之地點。

此圖須加繪鐵道與其出入口，航道與港口。　若有特別快汽車公路，或航空站，(Aerogares) 均須一一載明之。

此圖所以改良舊市或擴大市區幹路計劃之用，其最後目的則使市中心人口不膨脹。　人口過于集中，此為今日大城市之通病也。

11. 地下工程之調查　於圖上繪明地下工程，如陰溝，自來水管，煤氣管，電纜管，地下鐵道等，均註明之。以供路綫設計參考之用。

12. 經濟調查　經濟調查，亦屬重要。　須知市內地價，與市郊地價。　於地圖上將地價相似之地帶，設以同一之色彩。並造一歷來各區地價增漲之曲線統計圖。

至於該市工業發達狀況，亦須製成統計圖表。　其他統計圖表特別注重於該市受機器工業之影響者，亦須明標。

次則整個城市，亦有歷史地理等性質之不同，而規劃宜各異。　風景秀麗之區，宜築別墅者，規劃成為高等住宅城市。　交通衝繁，商業輻輳，宜規劃為商業區。　工業發達者，宜闢為工業區。　他如宜於闢商埠宜於消暑宜於遊覽等，均須加以鑑別，確定方針，於編製都市計劃之基本調查時，在報告書中，須申述之。

計劃一城市，不可主觀太重，須于都市計劃之基本調查上下功夫，方可得良好結果也。

接連梁彎冪係數

(COEFFICIENTS OF SUPPORT MOMENTS IN CONTINUOUS BEAMS)

王　進

(一)二個跨度之接連梁：

(甲)通用係數——跨度不相等

a. LOADED　NOT LOADED

A　l　B　$k_1 l$　C

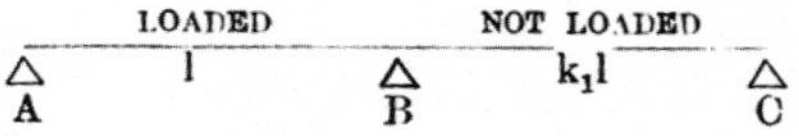

$$M_B=\frac{1}{2(1+k_1)}C_{AB}$$

式中　C_{AB} 之值如下：

(1) 均佈載重(UNIFORM LOAD)——$C_{AB}=-\frac{wl^2}{4}$

$$\therefore\ M_B=-\frac{wl^2}{8(1+k_1)}$$

(2) 中心集中載重(POINT LOAD AT CENTER)——$C_{AB}=-\frac{3}{8}Pl$

$$\therefore\ M_B=-\frac{3Pl}{16(1+k_1)}$$

(3) 第三點集中載重(POINT LOADS AT THIRD POINTS)——$C_{AB}=-\frac{2}{3}Pl$

$$\therefore\ M_B=-\frac{Pl}{3(1+k_1)}$$

b. NOT LOADED　LOADED

A　l　B　$k_1 l$　C

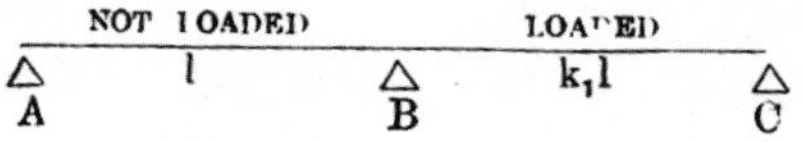

$$M_B=\frac{1}{2(1+k_1)}C_{BC}$$

式中　C_{BC} 之值如下：

(1) 均佈載重———— $C_{BC}=-\frac{wk_1^2l^2}{4}$

(2) 中心集中載重——— $C_{BC}=-\frac{3}{8}Pk_1l$

(3) 第三點集中載重—— $C_{BC}=-\frac{2}{3}Pk_1l$

(乙)通用係數——跨度相等

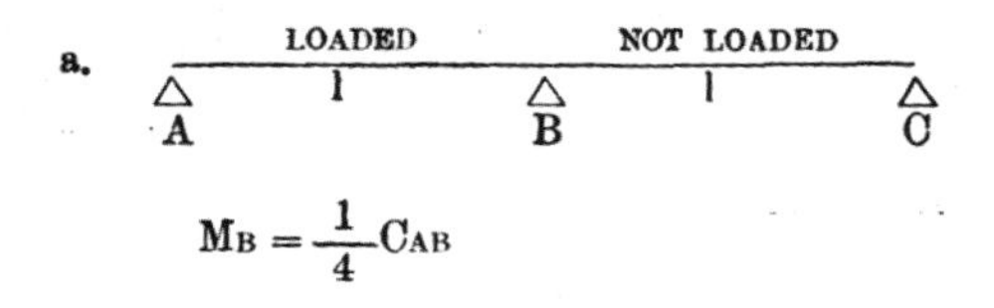

$M_B=\frac{1}{4}C_{AB}$

式中 C_{AB} 之值視載重之如何而定故:——

(1) 均佈載重

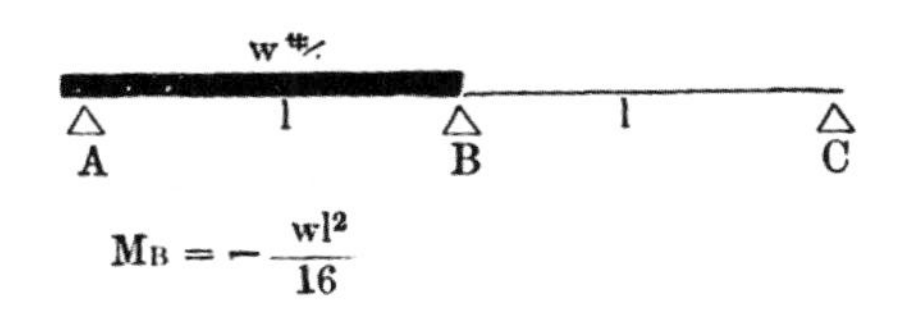

$M_B=-\frac{wl^2}{16}$

(2) 中心集中載重

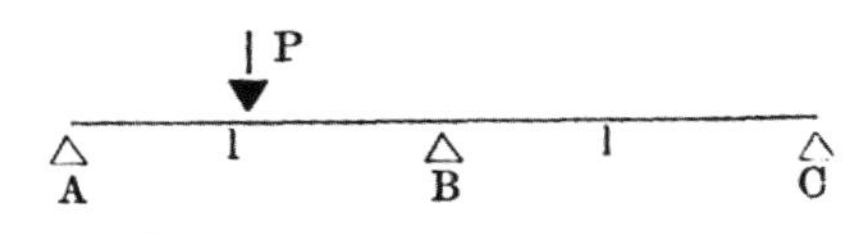

$M_B=-\frac{3}{32}Pl$

(3) 第三點集中載重

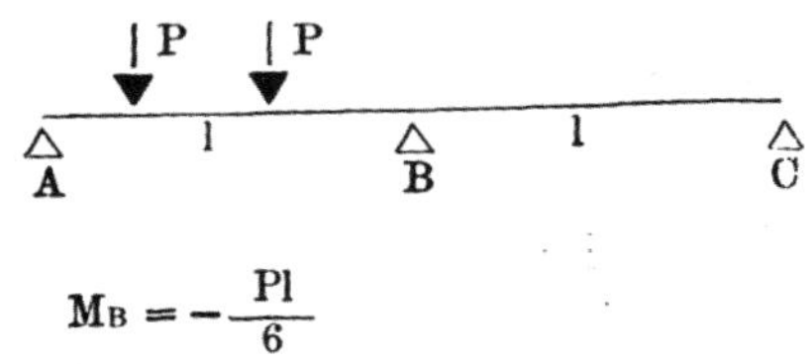

$M_B=-\frac{Pl}{6}$

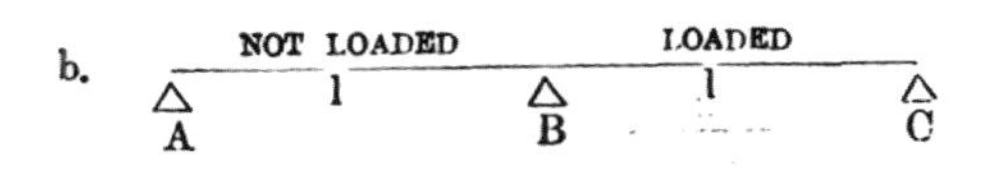

此處所有係數悉與(a)相等

(二)三個跨度之接連梁:

(甲)通用係數——跨度不相等

a

LOADED

$\triangle$ A　l　$\triangle$ C　$k_1 l$　$\triangle$ C　$k_2 l$　$\triangle$ D

$$M_B = \frac{1}{2(1+k_1)-\frac{k_1^2}{2(k_1+k_2)}} C_{AB}$$

$$M_C = \frac{-k_1}{2(k_1+k_2)} M_B$$

式中　C_{AB} 之值視 AB 跨度上載重情形之如何而定故假令 $\frac{1}{2(1+k_1)-\frac{k_1^2}{2(k_1+k_2)}} = Q$ 則：

（1）均佈載重　$M_B = -\frac{Qwl^2}{4}$

（2）中心集中載重　$M_B = -\frac{3QPl}{8}$

（3）第三點集中載重　$M_B = -\frac{2QPl}{3}$

b.

LOADED

$\triangle$ A　l　$\triangle$ B　$k_1 l$　$\triangle$ C　$k_2 l$　$\triangle$ D

$$M_B = \frac{1-\frac{k_1}{2(k_1+k_2)}}{2(1+k_1)-\frac{k_1^2}{2(k_1+k_2)}} C_{BC}$$

$$M_C = \frac{1-\frac{k_1}{2(1+k_1)}}{2(k_1+k_2)-\frac{k_1^2}{2(1+k_1)}} C_{BC}$$

式中　C_{BC} 之值視 BC 跨度上載重情形而定故假令 $\frac{1-\frac{k_1}{2(k_1+k_2)}}{2(1+k_1)-\frac{k_1^2}{2(k_1+k_2)}} = Q'_B$；

$$\frac{1-\frac{k_1}{2(1+k_1)}}{2(k_1+k_2)-\frac{k_1^2}{2(1+k_1)}} = Q'_C$$；則

（1）均佈載重　$M_B = -\frac{Q'_B w k_1^2 l^2}{4}$

$M_C = -\frac{Q'_C w k_1^2 l^2}{4}$

（2）中心集中載重　$M_B = -\frac{3Q'_B P k_1 l}{8}$

$M_C = -\frac{3Q'_C P k_1 l}{8}$

（3）第三點集中載重　$M_B = -\frac{2Q'_B P k_1 l}{3}$

$$M_C = -\frac{2Q'_C P k_1 l}{3}$$

c. A △ — l — △ B — $k_1 l$ — △ C — $k_2 l$ (LOADED) — △ D

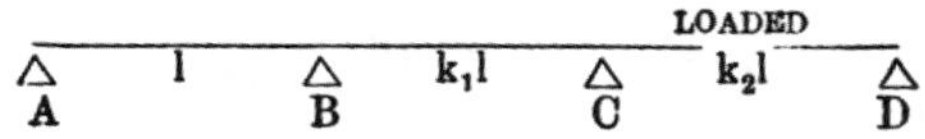

$$M_B = \frac{-k_1}{2(1+k_1)} M_C \left(\text{or} \ \frac{1-\dfrac{k_1}{2(k_1+k_2)}}{2(1+k_1)-\dfrac{k_1^2}{2(k_1+k_2)}} C_{CD} \right)$$

$$M_C = \frac{1}{2(k_1+k_2)-\dfrac{k_1^2}{2(1+k_1)}} C_{CD} \left(\text{or} \ \frac{-2(1+k_1)}{k_1} M_B \right)$$

假令 $\dfrac{1}{2(k_1+k_2)-\dfrac{k_1^2}{2(1+k_1)}} = Q''_C$;

$$\frac{1-\dfrac{k_1}{2(k_1+k_2)}}{2(1+k_1)-\dfrac{k_1^2}{2(k_1+k_2)}} = Q''_B$$

(1) 均佈載重 $M_B = -\dfrac{k_1}{2(1+k_1)} M_C \left(\text{or} \ -\dfrac{Q''_B w k_2^2 l^2}{4} \right)$

$$M_C = -\frac{Q''_C w k_2^2 l^2}{4} \left(\text{or} \ -\frac{2(1+k_1)}{k_1} M_B \right)$$

(2) 中心集中載重 $M_B = -\dfrac{k_1}{2(1+k_1)} M_C \left(\text{or} \ -\dfrac{3Q''_B P k_2 l}{8} \right)$

$$M_C = -\frac{3Q''_C P k_2 l}{8} \left(\text{or} \ -\frac{2(1+k_1)}{k_1} M_B \right)$$

(3) 第三點集中載重 $M_B = -\dfrac{k_1}{2(1+k_1)} M_C \left(\text{or} \ -\dfrac{2Q''_B P k_2 l}{3} \right)$

$$M_C = -\frac{2Q''_C P k_2 l}{3} \left(\text{or} \ -\frac{2(1+k_1)}{k_1} M_B \right)$$

(乙)通用係數——跨度相等

a. A △ — l (LOADED) — △ B — l — △ C — l — △ D

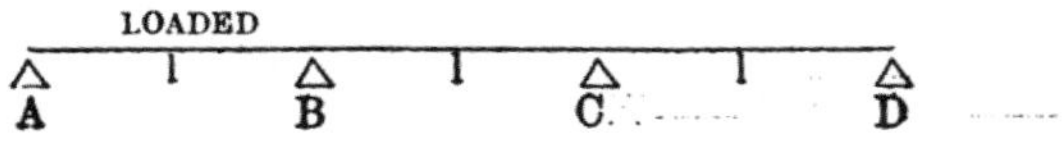

$$M_B = \frac{4}{15} C_{AB}$$

$$M_C = -\frac{1}{4} M_B = -\frac{1}{15} C_{AB}$$

式中 C_{AB} 之值視 AB 跨度載重之情形如何而定故:

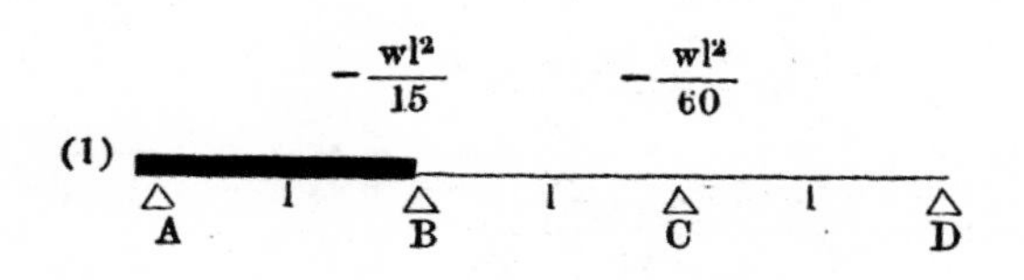

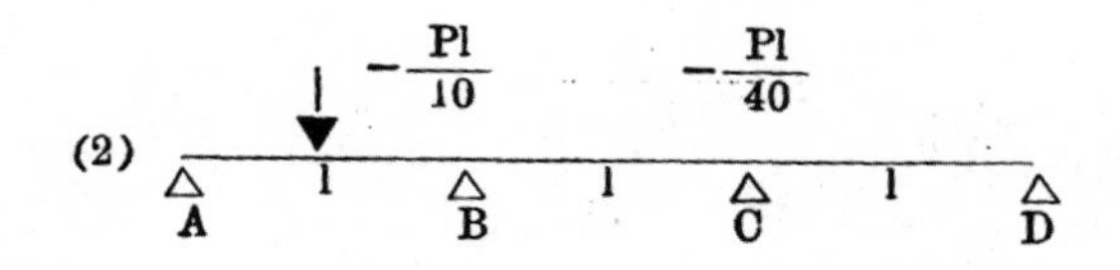

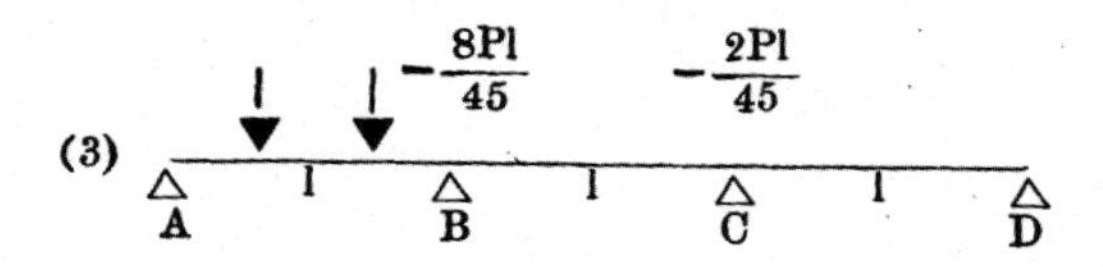

b.

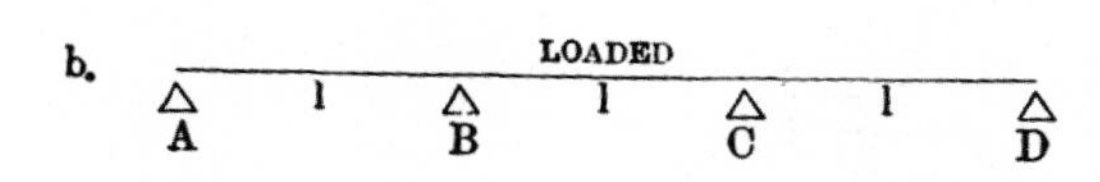

$$M_B = \frac{1}{5} C_{BC}$$

$$M_C = \frac{1}{5} C_{BC}$$

式中 C_{BC} 之值視 BC 跨度載重之情形如何而定故：

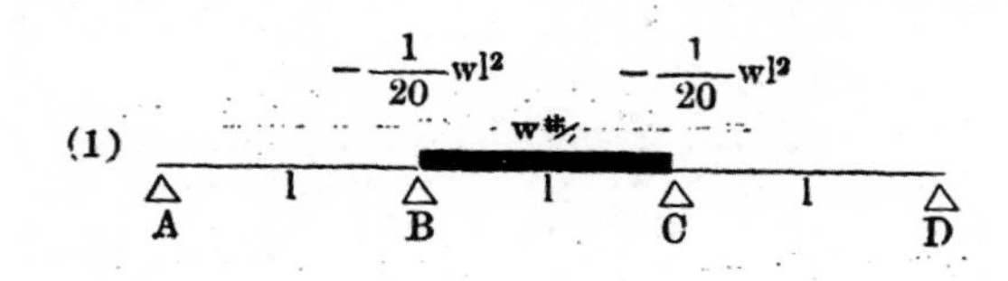

(2) $-\frac{3}{40}Pl$ P $-\frac{3}{40}Pl$

(3) $-\frac{2}{15}Pl$ P P $-\frac{2}{15}Pl$

c.

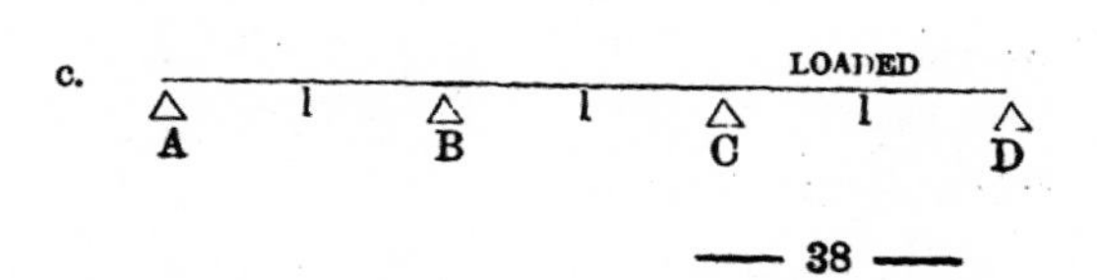

仝 (a)

(三)四個跨度之接連梁

(甲)通用係數——跨度不相等

a. LOADED (A–B)

A —— l —— B —— k_1l —— C —— k_2l —— D —— k_3l —— E

$$\left[\frac{C_{AB}}{2(1+k_1)-\dfrac{k_1^2}{2(k_1+k_2)-\dfrac{k_2^2}{2(k_2+k_3)}}}\right]\quad\left[\frac{-k_1M_B}{2(k_1+k_2)-\dfrac{k_2^2}{2(k_2+k_3)}}\right]\quad\left[\frac{-k_2M_C}{2(k_2+k_3)}\right]$$

b. LOADED (B–C)

A —— l —— B —— k_1l —— C —— k_2l —— D —— k_3l —— E

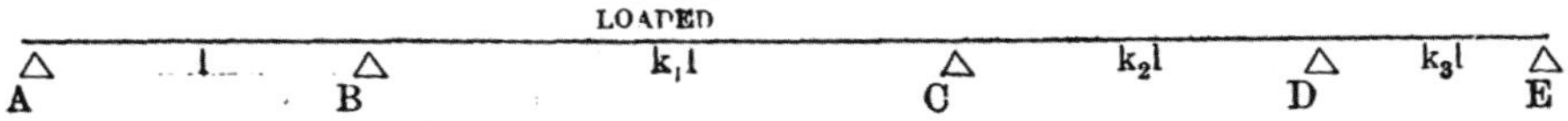

$$\left[\frac{1-\dfrac{k_1}{2(k_1+k_2)-\dfrac{k_2^2}{2(k_2+k_3)}}}{2(1+k_1)-\dfrac{k_1^2}{2(k_1+k_2)-\dfrac{k_2^2}{2(k_2+k_3)}}}\right]C_{BC}\quad\left[\frac{C_{BC}-k_1M_B}{2(k_1+k_2)-\dfrac{k_2^2}{2(k_2+k_3)}}\right]\quad\left[\frac{-k_2M_C}{2(k_2+k_3)}\right]$$

c. LOADED (C–D)

A —— l —— B —— k_1l —— C —— k_2l —— D —— k_3l —— E

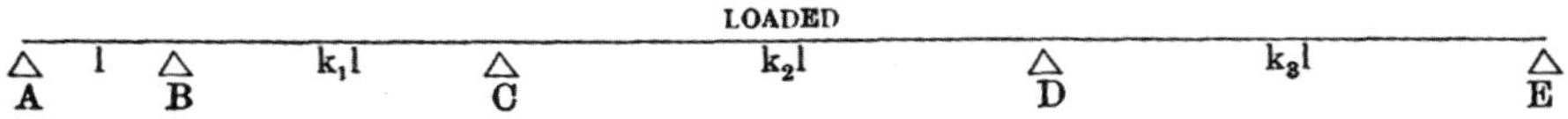

$$\left[\frac{-k_1M_C}{2(1+k_1)}\right]\quad\left[\frac{C_{BC}-k_2M_D}{2(k_1+k_2)-\dfrac{k_1^2}{2(1+k_1)}}\right]\quad\left[\frac{1-\dfrac{k_2}{2(k_1+k_2)-\dfrac{k_2^2}{2(1+k_1)}}}{2(k_2+k_3)-\dfrac{k_2^2}{2(k_1+k_2)-\dfrac{k_1^2}{2(1+k_1)}}}\right]C_{CD}$$

d. LOADED (D–E)

A —— l —— B —— k_1l —— C —— k_2l —— D —— k_3l —— E

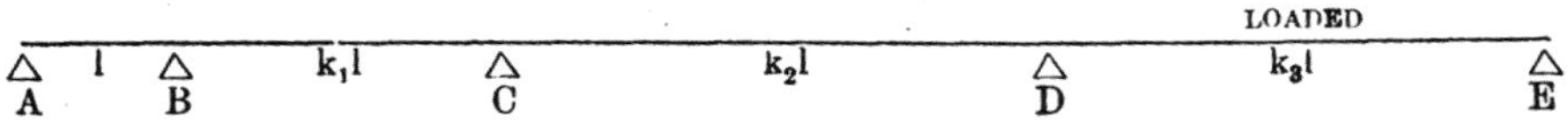

$$\left[\frac{-k_1M_C}{2(1+k_1)}\right]\quad\left[\frac{-k_2M_D}{2(k_1+k_2)-\dfrac{k_1^2}{2(1+k_1)}}\right]\quad\left[\frac{C_{DE}}{2(k_2+k_3)-\dfrac{k_2^2}{2(k_1+k_2)-\dfrac{k_1^2}{2(1+k_1)}}}\right]$$

(乙)通用係數——跨度相等

$$\frac{15C_{AB}}{56}\qquad -\frac{1}{14}C_{AB}\qquad \frac{1}{56}C_{AB}$$

a. LOADED (A–B)

A —— l —— B —— l —— C —— l —— D —— l —— E

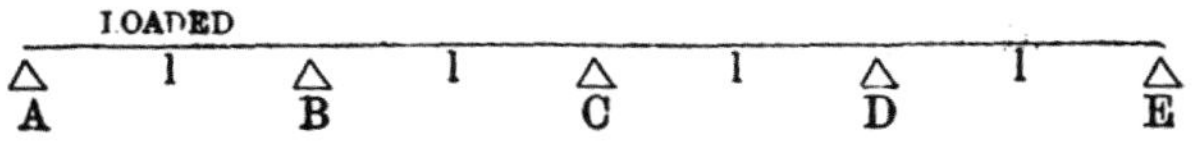

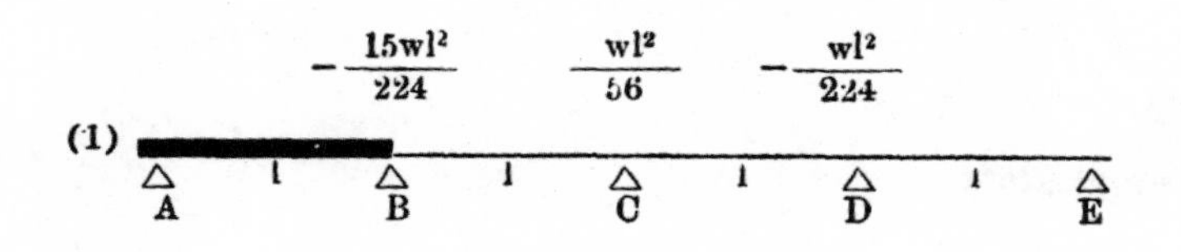

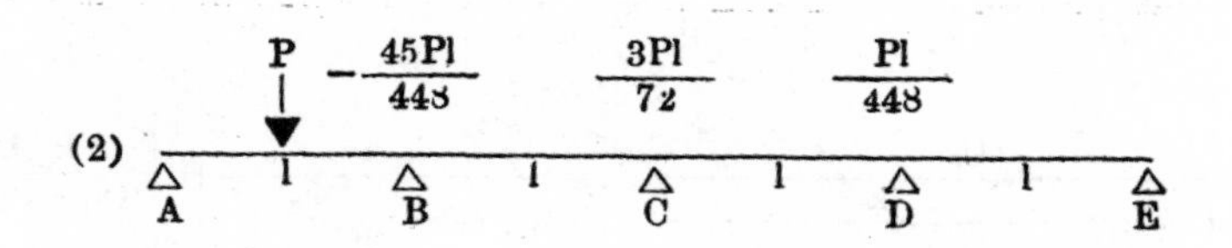

$-\frac{5Pl}{28}$　$\frac{Pl}{21}$　$-\frac{Pl}{84}$

(3) P P

A l B l C l D l E

$\frac{11}{56}C_{BC}$　$\frac{3}{14}C_{BC}$　$-\frac{3}{56}C_{BC}$

LOADED

A l B l C l D l E

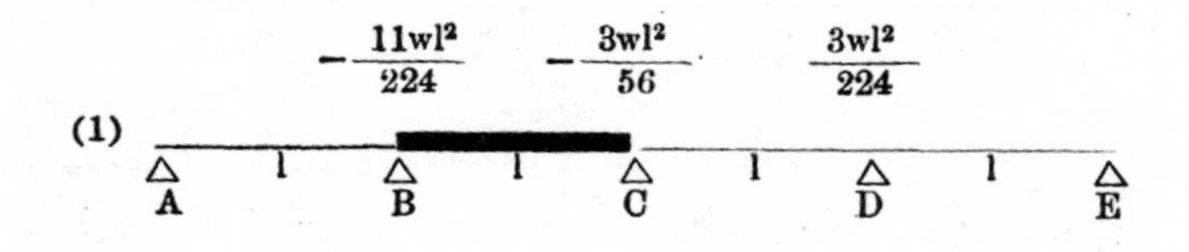

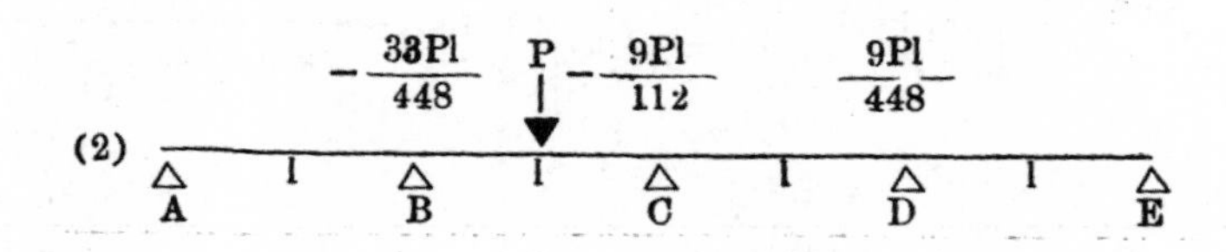

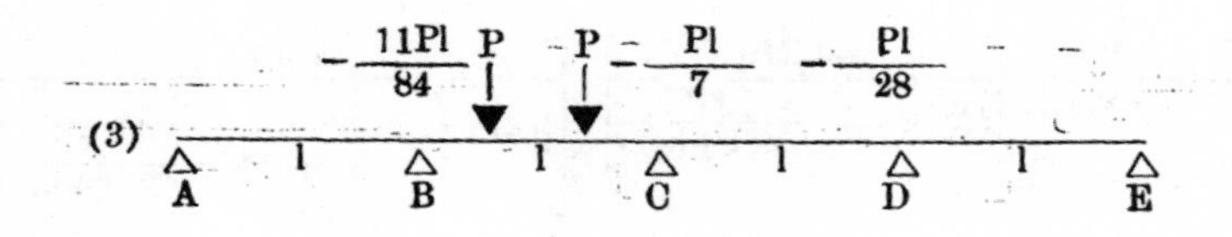

(c)　同　(b)

(d)　同——(a)

(四)五個跨度之接連梁

(甲)通用係數——跨度不相等

a.

LOADED

A l B k_1l C k_2l D k_3l E k_4l F

$$M_B=\cfrac{1}{2(1+k_1)-\cfrac{k_1^2}{2(k_1+k_2)-\cfrac{k_2^2}{2(k_2+k_3)-\cfrac{k_3^2}{2(k_3+k_4)}}}}C_{AB}$$

$$M_C=\cfrac{-k_1}{2(k_1+k_2)-\cfrac{k_2^2}{2(k_2+k_3)-\cfrac{k_3^2}{2(k_3+k_4)}}}M_B$$

$$M_D=\cfrac{-k_2}{2(k_2+k_3)-\cfrac{k_3^2}{2(k_3+k_4)}}M_C$$

$$M_E=\frac{-k_3}{2(k_3+k_4)}M_D$$

b.

LOADED

A l B k_1l C k_2l D k_3l E k_4l F

$$M_B=\cfrac{1-\cfrac{k_1}{2(k_1+k_2)-\cfrac{k_2^2}{2(k_2+k_3)-\cfrac{k_3^2}{2(k_3+k_4)}}}}{2(1+k_1)-\cfrac{k_1^2}{2(k_1+k_2)-\cfrac{k_2^2}{2(k_2+k_3)-\cfrac{k_3^2}{2(k_3+k_4)}}}}C_{BC}$$

$$M_C=\cfrac{C_{BC}-k_1M_B}{2(k_1+k_2)-\cfrac{k_2^2}{2(k_3+k_4)-\cfrac{k_3^2}{2(k_3+k_4)}}}$$

$$M_D=\cfrac{-k_2M_C}{2(k_2+k_3)-\cfrac{k^2}{2(k_3+k_4)}}$$

$$M_E=\frac{-k_3M_D}{2(k_3+k_4)}$$

c.

LOADED

A l B k_1l C k_2l D k_3l E k_4l F

$$M_B = \frac{-k_1}{2(1-k_1)} M_C$$

$$M_C = \frac{2(k_2+k_3) - \frac{k_3^2}{2(k_3+k_4)} - k_2}{\left[2(k_1+k_2) - \frac{k_1^2}{2(1+k_1)}\right]\left[2(k_2+k_3) - \frac{k_3^2}{2(k_3+k_4)}\right] - k_2^2} D_{CD}$$

$$M_C = \frac{C_{CD}}{k_2} - \frac{2(k_1+k_2) - \frac{k_1^2}{2(1+k_1)}}{k_2} M_C$$

$$M_E = \frac{-k_3}{(k_3+k_4)} M_E$$

d.

LOADED

A l B $k_1 l$ C $k_2 l$ D $k_3 l$ E $k_4 l$ F

$$M_B = \frac{-k_1}{2(1-k_1)} M_C$$

$$M_C = \frac{-k_2}{2(k_1+k_2) - \frac{k_1^2}{2(1+k_1)}} M_D$$

$$M_D = \frac{C_{DC} - k_3 M_E}{2(k_2+k_3) - \frac{k_2^2}{2(k_1+k_2) - \frac{k_1^2}{2(1+k_1)}}}$$

$$M_E = \frac{1 - \frac{k_3}{2(k_2+k_3) - \frac{k_2^2}{2(k_1+k_2) - \frac{k_1^2}{2(1+k_2)}}}}{2(k_3+k_4) - \frac{k_3^2}{2(k_2+k_3) - \frac{k_3^2}{2(k_1+k_2) - \frac{k_1^2}{2(1+k_1)}}}}$$

e.

LOADED

A l B $k_1 l$ C $k_2 l$ D $k_3 l$ E $k_4 l$ F

$$M_B = \frac{-k_1}{2(1+k_1)} M_C$$

$$M_C = \frac{-k_2}{2(k_1+k_2) - \frac{k_1^2}{2(1\pm k_1)}} M_D$$

$$M_D = \frac{-k_3}{2(k_2+k\ ) - \frac{k_2^2}{2(k_1+k_2) - \frac{k_1^2}{2(1+k_1)}}} M_E$$

$$M_E = \cfrac{C_{EF}}{2(k_3+k_4) - \cfrac{k_3^2}{2(k_2+k_3) - \cfrac{k_2^2}{2(k_1+k_2) - \cfrac{k_1^2}{2(1+k_1)}}}}$$

(乙)通用係數——跨度相等

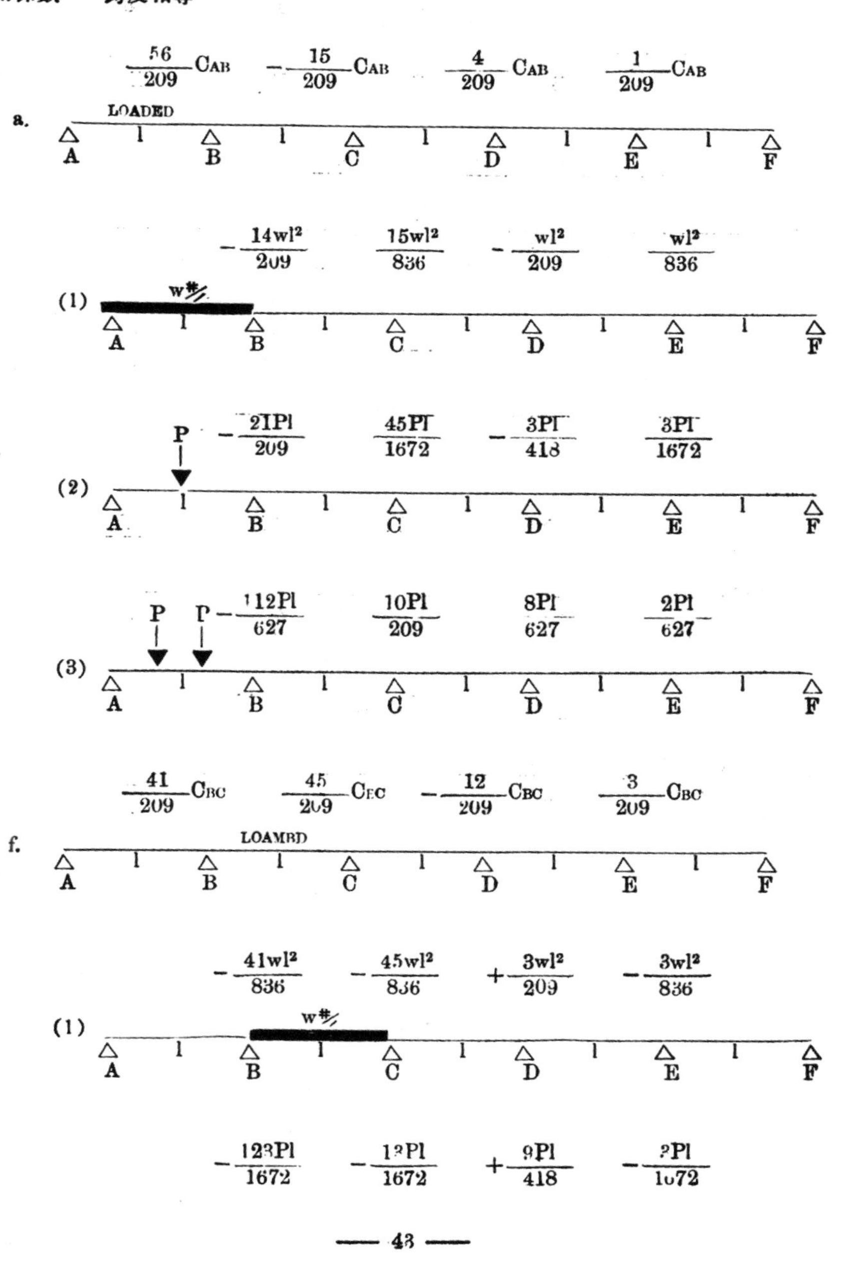

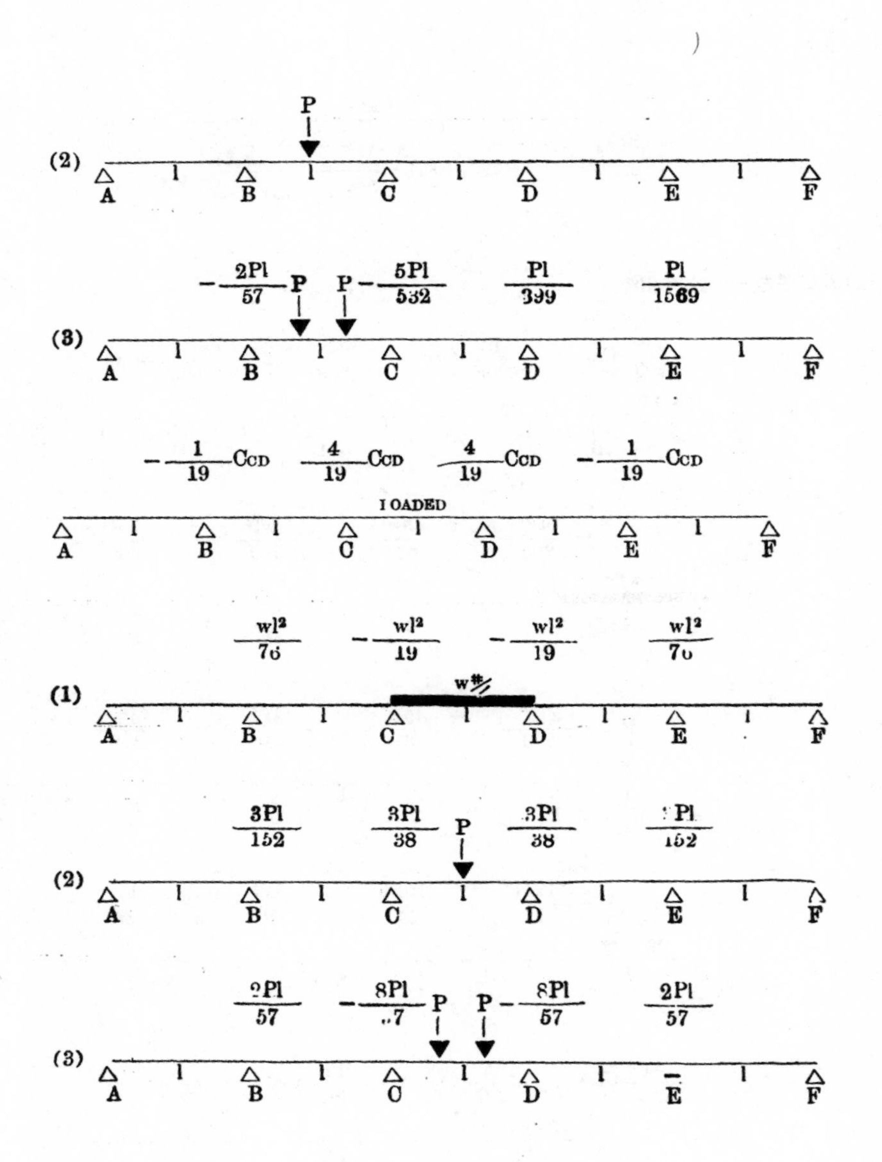
(2)
P
A B C D E F
(3)
2Pl/57
5Pl/532
Pl/399
Pl/1569
1/19 Ccd
4/19 Ccd
LOADED
(1)
wl²/76
wl²/19
(2)
3Pl/152
3Pl/38
(3)
2Pl/57
8Pl/57

各大城市建築規則之比較

王進 石麟炳 合集

(一) 房屋高度

上海市	青島市	南京市	杭州市	天津市	上海工部局
(一)沿公路建築物之高度不得超過該路寬度之一倍半（即路寬與建築物高度成一與一五之比）	(一)仝上市海	(一)沿公路建築物之高度不得超過該路之寬度	(一)仝上海市		(一)仝上海市
(二)高度逾上項規定時應將上層建築依一與一·五之比逐層收進	(二)仝上海市	(二)高度逾上項規定時應將上層建築依一比一之斜度逐層縮進	(二)仝上海市		
(三)轉角處建築物沿狹路方面之建築高度得以較寬之公路爲標準其門面長度得與沿較寬公路門面相等但不得超過二十公尺（六十五呎） 註、（屋面上另有附屬建築物超過全屋面積十分之二者則該項建築物之高度應以此項附屬建築物爲準）	(三)轉角處建築物如兩面臨路門面相等者其高度得以較寬之公路爲準 註、（屋面上另有附屬建築物超過全屋面十分之三者則該建築之高度應自屋外地平量至該附屬建物之頂爲准）	(三)轉角處建築高度得以較寬之路面爲準如附有鐘樓或其他建築物面積在全屋十分之一以下者不在此限	(三)仝上海市但沿狹路門面長度不得過十五公尺		(三)仝上海市但沿較狹公路門面之長度不得超得八十呎
	(四)如公路一邊不能建築房屋時其他邊房屋之高度不因公路之廣狹而加以限制				
	(五)房屋之臨公路而縮進者其高度當以不超過路寬加收進之尺寸再乘一·五爲限				
			(六)在未展寬或未建馬路之街巷其兩傍建築物之高度得依據計劃寬度定之		
					(七)各種房屋（教室除外）之高度不得高過八十四尺但如該項建築之一邊有永久空地寬過一百五十呎者不在此例

屋房高度（接前頁）

上海市	青島市	南京市	杭州市	天津市	上海工部局
(八)建築物高度以路面至屋簷爲準（參閱第七項註）	(八)仝上海市	(八)仝上海市	(八)仝上海市	(八)仝上海市	(八)仝上海市
(九)用木柱載重之舊式房屋高度不得過十一公尺（或卅六呎）並不得造四層樓	(九)用木柱載重之房屋高度不得過七公尺半並不得造三層樓（頂樓不計）	(九)用木柱載重之舊式房屋其高度不得過七公尺	(九)仝上海市	(九)仝上海市	
(十)四周用磚牆實砌之房屋其內部之建築材料不足以防火者高度不得過十八公尺	(十)仝上海市	(十)凡未用防火材料建築之房屋其高度不得超過十公尺	(十)四周用磚牆實砌之房屋其內部之材料不足以防火者其高度不得過十五公尺	(十)仝上海市	(十)非用避火材料建造之建築其高度不得過六十呎
(十一)建築物之用鋼鐵鋼骨水泥或規定之防火材料構　者高度不得過廿五公尺（八十二呎）如遇特殊情形或建築物前面空地進深在四十五公尺（或一百五十尺）以上者得呈請工務局特予增加高度	(十一)建築物之用鋼鐵鋼骨水泥三和土或規定之防火材料構造者高度不得過四十公尺但遇有特別情形者工務局得酌量增減之		(十一)仝上海市	(十一)仝上海市	

附廣州市

廣州市以來稿較遲未能列入茲附註於此

(一)街寬不及三公尺者，建築物高度不得超過九公尺街寬三公尺至八公尺者，建築物高度不得超過十二公尺八公尺以上者，高度不得超過街寬之一倍半。

(二)仝上海市

(三)轉角處之建築物及前後兩面臨街者其高度得以較寬之街道爲標準。

(二) 建築面積

	上海市	青島市	南京市	杭州市	天津市	上海工部局
(一)二層以下 (二)三層以上	不得過基地面積百分之六十 不得過基地面積百分之五十	不得過基地面積百分之七十五 不得過基地面積百分之六十但在商業區域得酌加然不得過百分之七十五	(層數未有規定) 甲、住宅用建築物不得過基地面積百分之五十 乙、商業用建築物不得過基地面積百分之七十 丙、工業用建配物不得過基地面積百分之七十	(層未有規定) 一切建築物之建築面積不得過基地面積百分之五十		
(三)沿公路之基地	其沿路深入六公尺（或二十呎）以內之部份除里弄外得全部作爲建築面積六公尺以外之地仍照一二兩項辦理 沿公 基地之用以建築公衆房屋者（規例第六七章兩條之所規定）如遇特殊情形經局核准後其建築面積得酌予變通	仝上	沿公路基地其深度在路面寬度二分之一以下者得全部作用建築面積	沿公路基地其深度在七公尺以內者得全部作爲建築面積		
(四)屋頂內假樓	二層樓屋頂內假樓如屋面斜度在四十五度以下樓板面不低於簷口者得按二層樓辦惟此項假樓不得爲居住之用	基地上除規定之建築面積外所剩餘之地得作爲園院便路之用不得添造任何建築物		仝上海市		
(五)餘地	基地上除建築面積外所剩出之餘地應平均分佈作爲天井里弄之用除圍牆外不得添搭任何建築物凡挑出之洋台平台及天井上玻璃天棚等其所佔之空間面積應作建築面積論惟天井上玻璃天棚之裝有搖窗其所佔之面積在天井面積三分之一以上者得酌予變通					

公衆房屋或貨棧牆身厚度

		牆身厚度	牆身長度	第一層	第二層	第三層	第四層	第五層
平房		千公尺以下	11公尺以下 11—18公尺 18公尺	25(10) 25(10) 38(15)				
二層高	上海市	7•5公尺(25')以下	11公尺(35')以下 11公尺(35')以上	38(15) 38(15)	25(10) 38(15)			
	杭州	仝上	仝上	仝上	仝上			
	青島	仝上	仝上	仝上	仝上			
	南京	9公尺以下	10公尺以下 15公尺以下 15公尺以上	38(15) 38(15) 50(20)	25(10) 38(15) 38(15)			
	天津	7•5公尺以下	11公尺以下 11公尺以上	三 三 }進磚	三 三 }進磚			
	工部局	25公尺以下 25'—30	長度不拘 45'以下 45'以上	13" 13" 17½"	13" 13" 13"			
三層高	上海市	7•5—12公尺(25'—40')	11公尺(35')以下 11—14公尺(35'—45') 14公尺(45')以上	38(15) 50(20) 63(25)	38(15) 50(20) 50(20)	38(15) 38(15) 38(15)		
	杭州	仝上	仝上	仝上	仝上	仝上		
	青島	仝上	仝上	50(20) 50(20) 63(25)	仝上	仝上		
	南京	9—12公尺	10公尺以下 10—15公尺 15公尺以上	38(15) 50(20) 63(25)	仝上	仝上		
	天津	7•5—12公尺	11公尺以下 11—14公尺 14公尺以上	三 四 五 }進磚	三 四 四 }進磚	三 三 三 }進磚		
	工部局	30'—40'	35'以下 35'—45' 45'以上	13" 17½" 21½"	13" 17½" 17½"	13" 13" 13"		
四層高	上海市	12—15公尺(40'—50')	11公尺(35')以下 11—14公尺(35'—45') 14公尺以上	50(20) 63(25) 76(30)	50(20) 50(20) 63(25)	38(15) 50(20) 50(20)	38(15) 38(15) 38(15)	
	杭州	仝上	仝上	仝上	仝上	仝上	仝上	
	青島	仝上	仝上	仝上	仝上	仝上	仝上	
	南京	仝上	9公尺以下 9—15公尺 15公尺以上	仝上	仝上	50(20) 50(20) 50(20)	仝上	
	天津	12—15公尺	11公尺以下 11—14公尺 14公尺以上	四 五 六 }進磚	四 四 五 }進磚	四 四 }進磚	三 三 三 }進磚	
	工部局	40'—50'	30公尺以下 30'—45' 45'以上	17½" 21½" 26"	17½" 21½" 21½"	17½" 17½" 17½"	13" 13" 13"	
五層高	上海市	15—18公尺(50'—60')	14公尺(45')以下 14公尺(45')以上	63(25) 76(30)	63(25) 63(25)	50(20) 50(20)	50(20) 50(20)	38(15) 38(15)
	杭州	仝上	仝上	仝上	仝上	仝上	仝上	仝上
	青島	仝上	仝上	仝上	仝上	仝上	仝上	仝上
	南京	仝上	15公尺以下 15公尺以上	仝上	仝上	仝上	仝上	仝上
	天津	仝上	14公尺以下 14公尺以上	五 六 }進磚	五 五 }進磚	四 四 }進磚	四 四 }進磚	三 三 }進磚
	工部局	50'—60'	45'以下 45'以上	21½" 26"	21½" 21½"	17½" 17½"	17½" 17½"	13" 13"

普通房屋牆身厚度

		牆身高度	牆身長度	第一層	第二層	第三層	第四層	第五層
平房		千公尺以下	11公尺以下 11—18公尺 18公尺以上	25(10) 25(10) 38(15)				
二層高	上海市	7•5公尺以下(25')	11公尺以下(35') 11—18公尺(35'—60') 18公尺以上(60')	25(10) 38(15) 38(15)	25(10) 25(10) 38(15)			
	青島市	仝上	仝上	38(15) 38(15) 38(15)	25(10) 25(10) 38(15)			
	杭州	仝上	仝上	仝上海市	仝上海市			
	南京	仝上	10公尺以下 10公尺以上	25 38	25 38			
	天津	仝上	11公尺以下 11公尺以上	二進磚 三進磚	二進磚 三進磚			
	工部局	25'	30以下 30以上	8½' 13"	8½' 8½"			
三層高	上海市	7•5—12•0公尺(25'—40')	11公尺以下(35') 11—18公尺(35'—60') 18公尺以上(60')	38(15) 50(20) 50(20)	38(15) 38(15) 38(15)	25(10) 25(10) 38(15)		
	青島市	仝上	仝上	仝上	仝上	仝上		
	杭州	仝上	仝上	仝上	仝上	仝上		
	南京	仝上	10公尺以下 10公尺以上	38 50	38 38	25 25		
	天津	仝上	11公尺以下 11公尺以上	三進磚 四進磚	三進磚 三進磚	二進磚 二進磚		
	工部局	25'—40'	25'以下 35'以上	13" 17½"	13" 13"	8½" 8½"		
四層高	上海市	12•0—15•0公尺(40'—50')	11公尺以下(35') 11—14公尺(35'—45') 14公尺(45')	50(20) 50(20) 63(25)	38(15) 50(20) 50(20)	38(15) 38(15) 38(15)	25(10) 38(15) 38(15)	
	青島市	仝上	仝上	仝上	仝上	仝上	仝上	
	杭州	仝上	仝上	仝上	仝上	仝上	仝上	
	南京	仝上	10公尺以下 10—15公尺 15公尺以上	50 50 63	38 50 50	38 38 38	25 38 38	
	天津	仝上	11公尺以下 11—14公尺 14公尺以上	四 四 進磚 五	三 四 進磚 四	三 三 進磚 三	三 三 進磚 三	
	工部局	40'—50'	30以下 30'—45' 45'以上	17½" 17½" 21½"	17" 17½" 17½"	13" 13" 13"	8½" 13" 13"	
五層高	上海市	15•0—18•0公尺(50'—60')	14公尺(45')以下 14公尺(45')以上	50(20) 63(25)	50(20) 50(20)	38(15) 50(20)	38(15) 38(15)	38(15) 38(15)
	青島市	仝上	仝上	仝上	仝上	仝上	仝上	仝上
	杭州	仝上	仝上	仝上	仝上	仝上	仝上	仝上
	南京	仝上	15公尺以下 15公尺以上	50 63	50 50	38 50	38 38	38 38
	天津	仝上	14公尺以下 14公尺以上	四 五 進磚	四 四 進磚	三 四 進磚	三 三 磚進	三 三 進磚
	工部局	50'—60'	45以下 45'以上	17½" 21½"	17" 17½"	13" 17½"	13" 13"	13" 13"

材料重量

		天津市		青島市		南京市		杭州市		上海市		上海工部局	
		公斤／立方公尺	井／口'										
金屬	生鐵	7,200	450	7.00	450	7200	450	7200	450	7,200	450		
	熟鐵	7,680	475										
	鍊鋼	7,850	490	7850	490	7900	490*	8000	490	8,000	490*		
木料	松木	560—720	35—45	600—700	35—45*	500—700	30—50	·00—700	35—45	600—700	35—45*		
	硬木	800—1,440	50—90	800	50	800	50	800	50	800	50		
磚石	黃砂石灰砌磚牆	1,8?0	114	1750	110	機製磚 1900	120	1750	110	1750	110		112
	黃砂水泥砌磚牆	1,790	112	1750	110	土窰磚 1600	100	1750	110	1750	110		112
	花崗石	2,640	165	2640	165	2600	165	:600	165	2600	165		165
	砂石	2,500	155	2500	155	2500	155	2500	155	2500	155		155
	石板	2,560—·,880	160—180										
	青石					2550	160						
三和土	鋼筋三和土	2,400	150	2400	150	2400	150	2400	150	2,400	150		150
	水泥三和土	2,250	140	2250	140	2300	140	2250	140	2,250	140		140
	灰漿三和土	1,750	110	1750	110	1750	110	1750	110				
	煤屑三和土	1,450	90	1450	90	1450	90	1450	90	1450	90		95
泥土		1600—2100	100—130	1600—2100	100—130	1600—1900	100—120	1600—2100	100—130	1600—2100	100—130		110
砂		15 0—'920	95—120										
地瀝青		2190	137										
玻璃皮		2690	168										
水泥						1500	95						

樓板載重比較

	上海市		青島市		杭州市		天津市		南京市		上海工部局	
	公斤／立方公尺	井／口										
住宅	300	60	300	60	300	60	300	60	300	60		70
市房（無貨物堆置者）	300	60	340	70	300	60	300	60	300	60		
旅館內臥室	300	60	340	70	300	60	300	60	300	60		75
醫院病房	300	60	340	70	300	60	300	60	300	60		75
辦公室	400	80	400	80	400	80	400	80	400	80		100
茶坊酒肆	400	80	400	80	400	80			400	80		
學校教室	400	80	540	110	400	80	490	100	400	80		112
公衆集會所	540	110			540	110	490	100	550	110		112
戲院	540	110	540	110	540	110			550	110		112
商店（貨物堆置者）	540	110			540	110	540	110	500	100		112
工作場所	580	1:0	580	120	580	120			600	120		
運動室	730	150	7.0	150	730	150	750	155	700	140		
跳舞廳	730	150	730	150	730	150	750	155	700	140		150
戲台	730	150	730	150			750	155	700	140		
工廠	730	150	730	150	7.0	150			600—700	120—140		
拍賣室	1,100	220	1,100	2.0	1100	2.0	1000	:05	1100	2.0		224
藏書樓	1,100	220	1100	220	1100	220	1000	205	1100	220		224
博物館	1,100	220	1100	220	1100	220			1100	220		224
貨棧	1350—2,000	270—400	1,000—2,000	200—400	1350—2000	70—400	1000—		1250—2000	270—400		300
比武台			980	200								
騎馬學校			1,250	250								
體操房			1,250	250								150
汽車間									500	100		150
美術展覽室												112
教室												112
圖書館閱書室												112

樓梯及走廊等之載重比較

	上海市		青島市		杭州市		天津市		南京市		上海工部局	
	公斤/平方公尺	磅/平方呎										
住宅市房等	300	60	840	70	300	60	300	60	300	60		100
公共房屋等	730	150	730	150	730	150	370—500	75—100	700	140		200
貨棧等至少	1,450	300	1500	300	1450	300	1000	200	1450	300		300

（定閱雜誌）

茲定閱貴會出版之中國建築自第……卷第……期起至第……

卷第……期止計大洋……元……角……分按數匯上請將

貴雜誌按期寄下爲荷此致

中國建築雜誌發行部

……啓……年……月……日

地址……

（更改地址）

逕啓者前於……年……月……日在

貴社訂閱中國建築一份執有……字第……號定單原寄……

……收現因地址遷移請即改寄……

……收爲荷此致

中國建築雜誌發行部

……啓……年……月……日

（查詢雜誌）

逕啓者前於……年……月……日在

貴社訂閱中國建築一份執有……字第……號定單寄……

……收查第……卷第……期尚未收到祈即

查復爲荷此致

中國建築雜誌發行部

……啓……年……月……日

中國建築

THE CHINESE ARCHITECT

OFFICE:

ROOM NO. 405, THE SHANGHAI BANK BUILDING,
NINGPO ROAD, SHANGHAI.

中國建築第二卷第九十期

出版	中國建築師學會
編輯	中國建築雜誌社
發行人	楊錫鏐
地址	上海寧波路上海銀行大樓四百零五號
印刷者	美華書館 上海愛而近路二七八號 電話四二七二六號

中華民國二十三年十月出版

中國建築定價

零售		每册大洋七角
預定	半年	六册大洋四元
	全年	十二册大洋七元
郵費		國外每册加一角六分 國內預定者不加郵費

廣告索引

仁昌營造廠

本廠專門營造銀行公寓堆棧住宅學校以及其他大小工程無不工作迅捷經驗宏富

本期刊登之新華一村各種房屋均爲本廠承修工程誠實可靠如蒙 委託承造無任歡迎

廠址 同孚路三一五弄廿五號

電話 三五三八九號

1935
公勤鐵廠股份有限公司之新貢獻
園藝佈置
美化住宅之園藝佈置
十二之程工籬網
園藝籬：網籬工程之二十
吾國習俗，通常富有之家，對於園藝一道，幾乎沒有一家不歡喜去講究的。假使吾們肯深入社會去看看一般清寒人家的園藝佈置，除掉了寸金田地的大上海限制使能從容點綴外，他們也有他們的辦法。
要證明上項說數之非虛，少不了要來一回鑑古論今的老調兒。
春秋時代——樊遲請學稼，子曰，吾不如老農。請學圃，子曰，吾不如老圃」。（晉論）
東　晉——「歸去來兮，田園將蕪胡不歸」。（陶淵明）
總之，凡是有藝術頭腦的人們，他的思想，言論，以及一切行動，處處蓄含着藝術意味。你看陶淵明的戀念家園及其憑空虛構之桃花源洞記，他的思想言論是多麼美麗啊！
那位孔二先生，只因懷恨着當時大道之不行，一切學問功夫，都有卷而藏之之意，所以他也無心將園藝獨得之祕，授給他的門徒了。這來抑是苦壞了樊遲的腦子——要想學，不得學這種今之所謂園藝學。（按美國西北省有數處大學設有此 Landscape (Gordening 專科)
上圖係一幅私人住宅園藝佈置之攝眞。所植花草，圍以網籬，因此種網籬，既不阻礙空氣之流通，復不遮掩陽光之射入，花木之滋長發育，蒸然向榮，其理以此。每屆花朝，屋主人偕其賢伉儷，蹀踱名葩芳草間，爭看百花怒放，悟及造物意旨時，試問他倆彼此心坎中作如何想？
總廠　上海楊樹浦臨青路　電話　五〇二一四
分廠　廣州河南南華中路　　　　五〇四一二
總廠上海楊樹浦臨青路
分廠廣州河南南華中路
電話五〇二一四
電話五〇一六七

瑞昌工廠
銅鐵
五金
承辦建築一切銅鐵工程
常備大批新式異樣堅固門鎖
漢口路二五九號 三六一號
電話九四四六〇
靜安寺路六六七號
電話三一九六七號
工廠
同孚路二四三號

ELGIN AVENUE BRITISH CONCESSION
TIENTSIN
SURFACED WITH K.M.A. PAVING BRICKS

大中機製磚瓦股份有限公司

製造廠浦東南匯縣下沙鎮

本公司因鑒於建築事業日新月異材料選擇尤關重要特聘專門技師購置德國最新式機器精製各種青紅磚瓦及空心磚等品質堅靭色澤鮮明自應銷以來已蒙各界推爲上乘業予採購茲略舉一二以資參攷其他惠顧諸君因限於篇幅不克一一備載諸希鑒諒是幸

大中磚瓦公司附啓

曾經購用敝公司出品各戶台銜列后

本埠

工部局巡捕房	新蓀記承造	平涼路
國立中央實驗館	和興公司承造	兆豐花園
四行儲蓄會	陶馥記承造	英大馬路
墾業銀行	趙新泰承造	北京路
南京飯店	新金記祥號承造	山西路
開成造酸公司	王銳記承造	軍工路
景雲大廈	惠記興承造	北京路
麵粉交易所	元和長記承造	民國路
業廣公司	陳馨記承造	歐嘉路
法教堂	吳仁記承造	勞神父路
七層公寓	吳仁記承造	霞飛路
百老匯大廈	新仁記承造	百老匯路
錦興大廈	新森泰承造	河南路
雷斯德工藝學院	久泰錦記承造	熙華德路
揚子飯店	潘榮記承造	雲南路
申新第九廠	協盛承造	東京路
南成都路工部局	新蓀記承造	南成都路

外埠

中央飯店	新金記承造	南京
金陵大學	利源建築公司承造	南京
航空學校	新金記康號承造	杭州
太古堆棧	嘯蘭治港公司	廈門
中國銀行	錦生記承造	青島

所出各品儲有大批現貨以備各界採用如蒙定製各色異樣磚瓦亦可照辦備有樣品如蒙索閱即當送奉

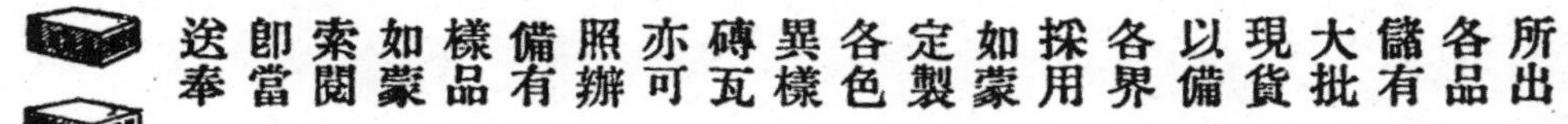

駐滬批發所

英租界牛莊路德興里四號　電話九〇三一一

DAH CHUNG TILE & BRICK MAN'F WORKS.

Sales Dept. 4 Tuh Shing Lee, Newchwang Road, Shanghai.

TELEPHONE 90311

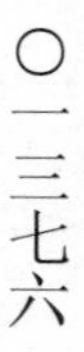

中華民國[illegible]年三月二日收到

中國近代建築史料匯編（第一輯）

中國建築

第二卷　第十一—十二期

THE CHINESE ARCHITECT

中國建築

內政部登記證警字第二九五五號
中華郵政特准掛號認為新聞紙類

民國廿三年十一月份
中華建築師學會出版

瑞昌
銅鐵
五金
工廠
承辦建築一切銅鐵工程
常備大批
新式異樣
堅固門鎖
漢口路三五九號 三六一號
電話九四四六〇
靜安寺路六六七號
電話三一九六七號
工廠
同孚路二四三號

中國建築

第二卷　　第十一 十二期

民國二十三年十一月出版

目　次

著　述

插　圖

卷頭弁語

現在建築界多數同志們所感覺需要的，不是平面的佈置，不是立面的形勢，而是如何解决建築上一切的結構，與夫各種大樣詳圖的作法。本刊在前幾期，因爲限於各種困難，除一卷三期和二卷一期外，都感覺到詳圖之不足。近來美國出版的 ARCHITECTURE 和 ARCHITECTURAL FORUM 都實行與本刊交換，所以此後我們對於傳東方建築道統的中國建築，是要多供獻一點。希望全國的建築家，對於中國新舊式的各種設計，常常惠賜一二，藉以宣傳東方建築文化，是不僅個人之光，亦國家之榮也。

本期因爲搜集全套的中國式建築，曾費過很多的時間，請求過好幾個建築專家，但不是詳圖不全，即是鉛筆線難以製版，後來基泰工程司允賜予南京勵志社及南京中央黨部史料陳列館全部圖樣，又因一部份底稿寄存南京，時間匆迫，一時不易輯全，最後與基泰工程司周折商洽，始由關頌聲建築師惠賜擬建之南京外交賓館全部圖樣。按此部圖樣，設計於一二八事變以前，後經一二八事變，遽而中止建築，全部圖樣，遂致屏棄弗用，經本社同人審核之餘，覺全部圖樣十分完全，確經苦心孤詣，本刊以宣傳學術爲宗旨，特製版刊登，或於建築學術上不無小補也。並於此向基泰工程司深致謝意焉。

本期蒙楊哲明先生贈洛陽都市建築之沿革一文，考證深切，爲歷史上最好資料，喜歡研究中國建築史諸君，其注意及之。

此外趙國華先生贈國產木材之實用計算表及說明一稿，對於提倡國產木材有深切之研究，有提倡方法，而不僅空談，是有關國家建築前途之作品，固不容頑忽視之也。

編者謹識

中國建築

民國廿三年十一月　　第二卷第十一十二期

爲中國建築師進一言

編　者

近年來建築事業異常發達，建築方式，亦日新而月異。 論中國沿傳之宮殿式建築，其堅固，其美觀，均不後人；但以近來世界不景氣之情形視之，經濟上損失過鉅，爲一最大缺點。 德國發明國際式建築，不雕刻，不修飾，其原因不外節省費用，以求挽救建築上損失。 俄國近來竭力提倡經濟建築。 西洋古典派建築，雖盛行於當時，近來已在屏棄之例，均足以表現趨向經濟建築之象徵。 近來中國各大埠，鑒於普通民衆，無相當住宅，頗有建築平民小住宅之呼聲，其目的亦無非使其省費合用；是經濟一項，在建築上已成要素之一。 中國皇宮式建築，在歷史上佔有極高位置，此時屏棄不顧，不特無以對我歷史上發明家，且捨己之長，取人之短，智者所不爲也。 故改造中國皇宮式建築使之經濟合用，而不失東方建築色彩，爲中國建築師之當前急務。 欲成一著名大師亦非由此入手不可。 若能依據舊式，採取新法，使中國式建築，因時制宜，永不落伍，則建築師之名將與此建築永垂不朽矣。

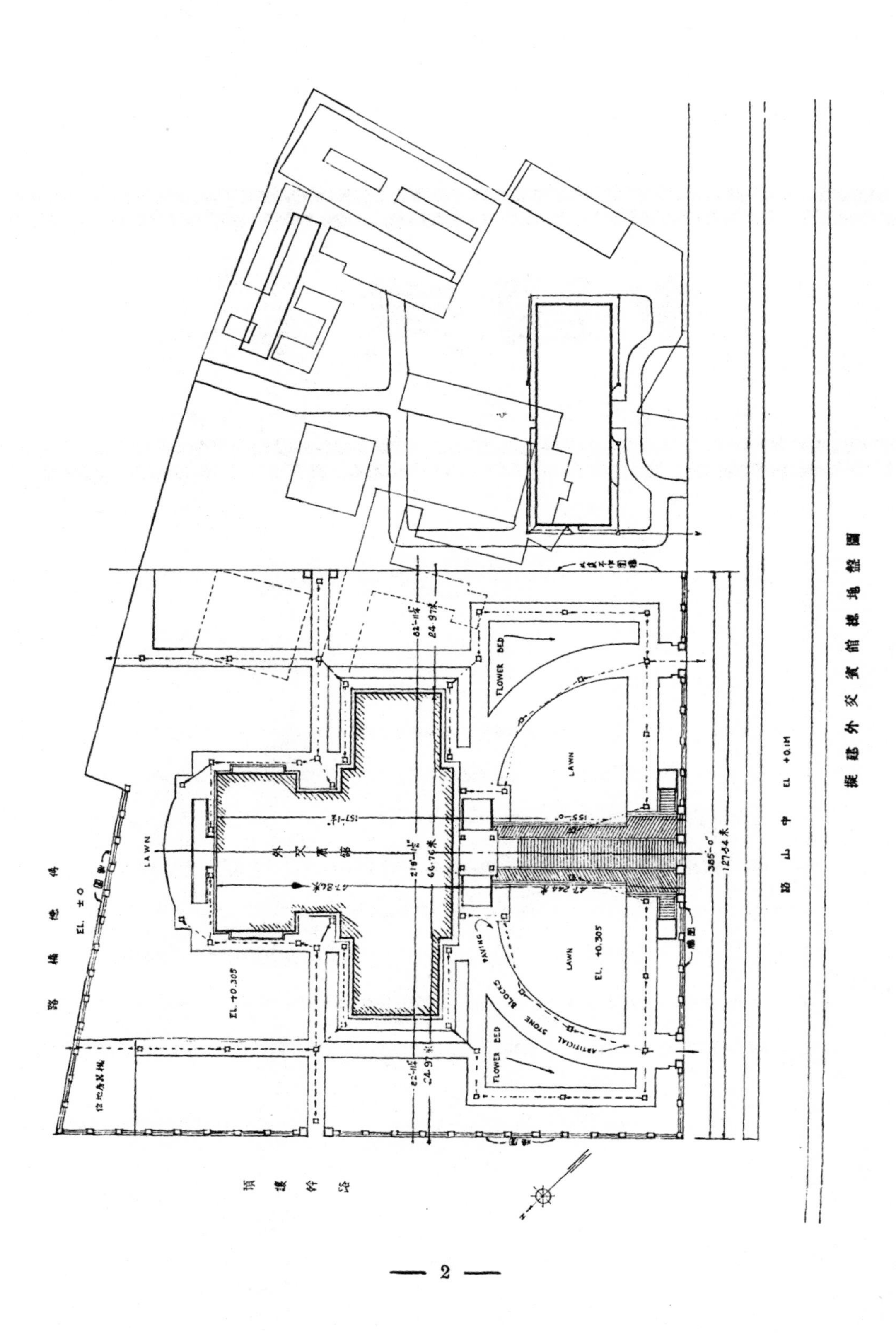
FLOWER BED
LAWN
LAWN
LAWN
EL. +0.305
EL. +0.305
EL. ±0
ARTIFICIAL STONE BLOCKS PAVING
FLOWER BED
218'-11½"
66.76米
385'-0"
127.34米
82'-11½"
24.97米
EL +0.1M
中山路

擬建外交賓館總地盤圖

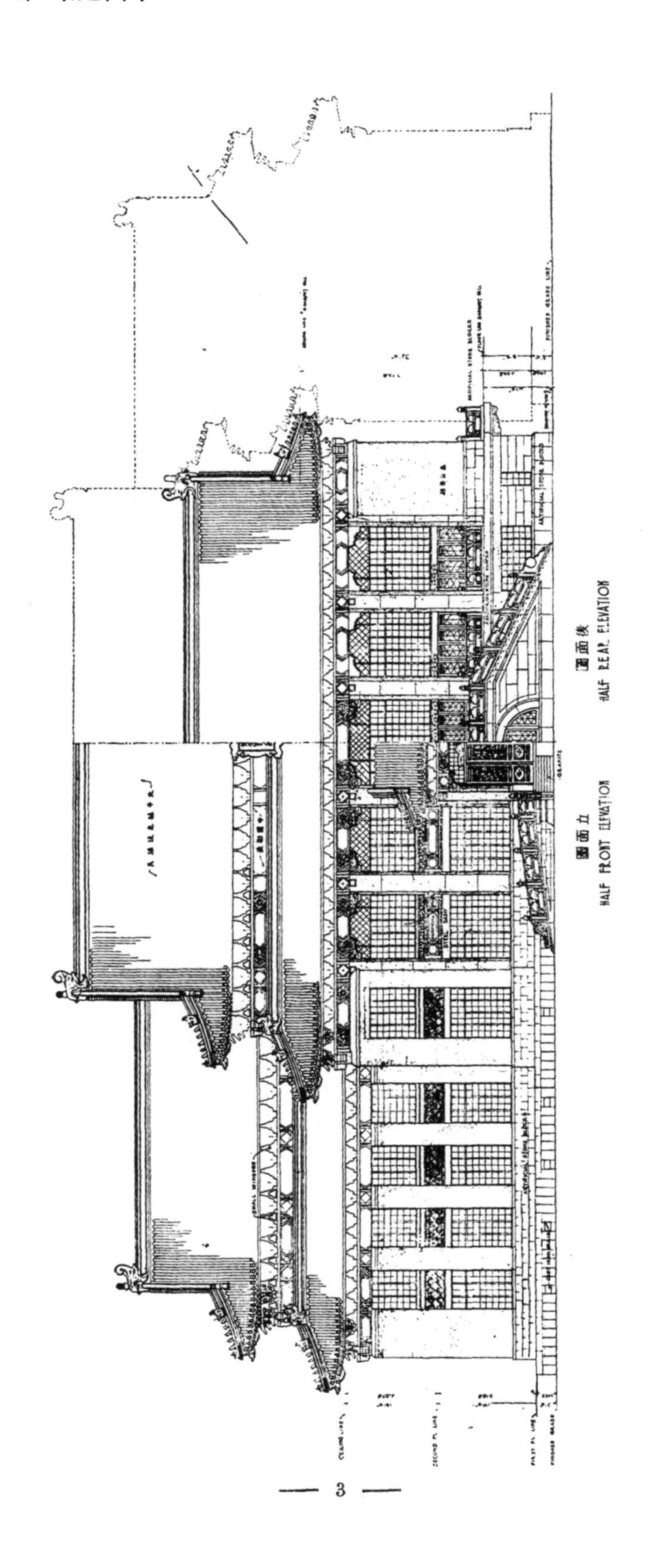
後面圖
HALF REAR ELEVATION
立面圖
HALF FRONT ELEVATION

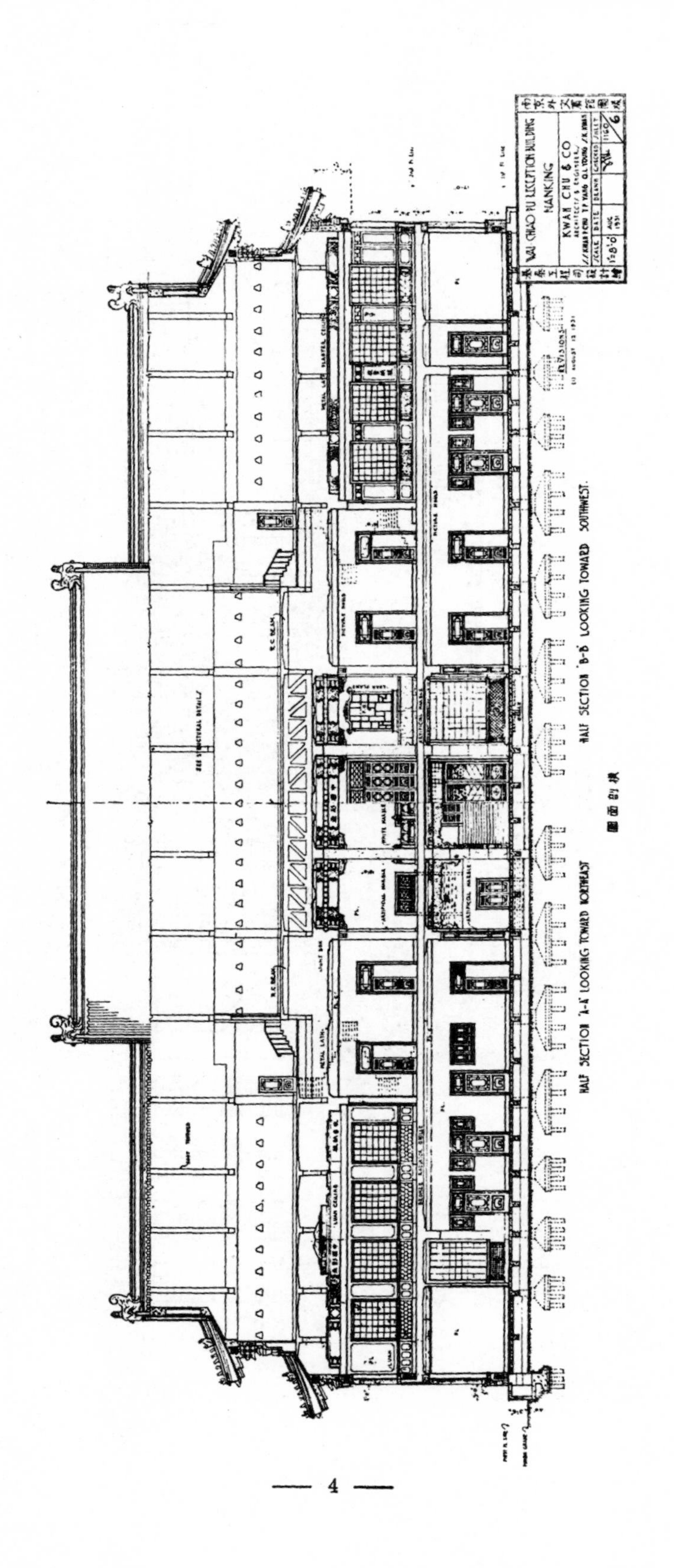
HALF SECTION 'A-A' LOOKING TOWARD NORTHEAST
HALF SECTION 'B-B' LOOKING TOWARD SOUTHWEST
剖面圖
NANKING
KWAN CHU & CO

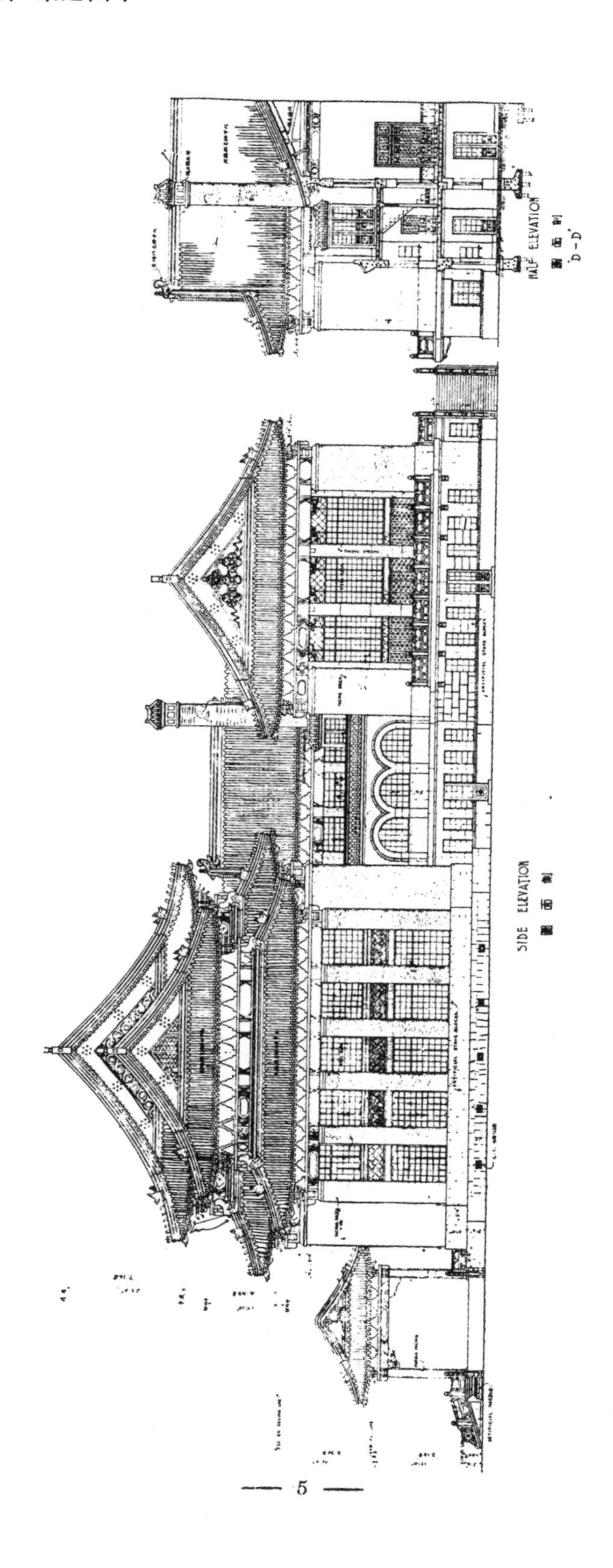
HALF ELEVATION
D-D'
SIDE ELEVATION

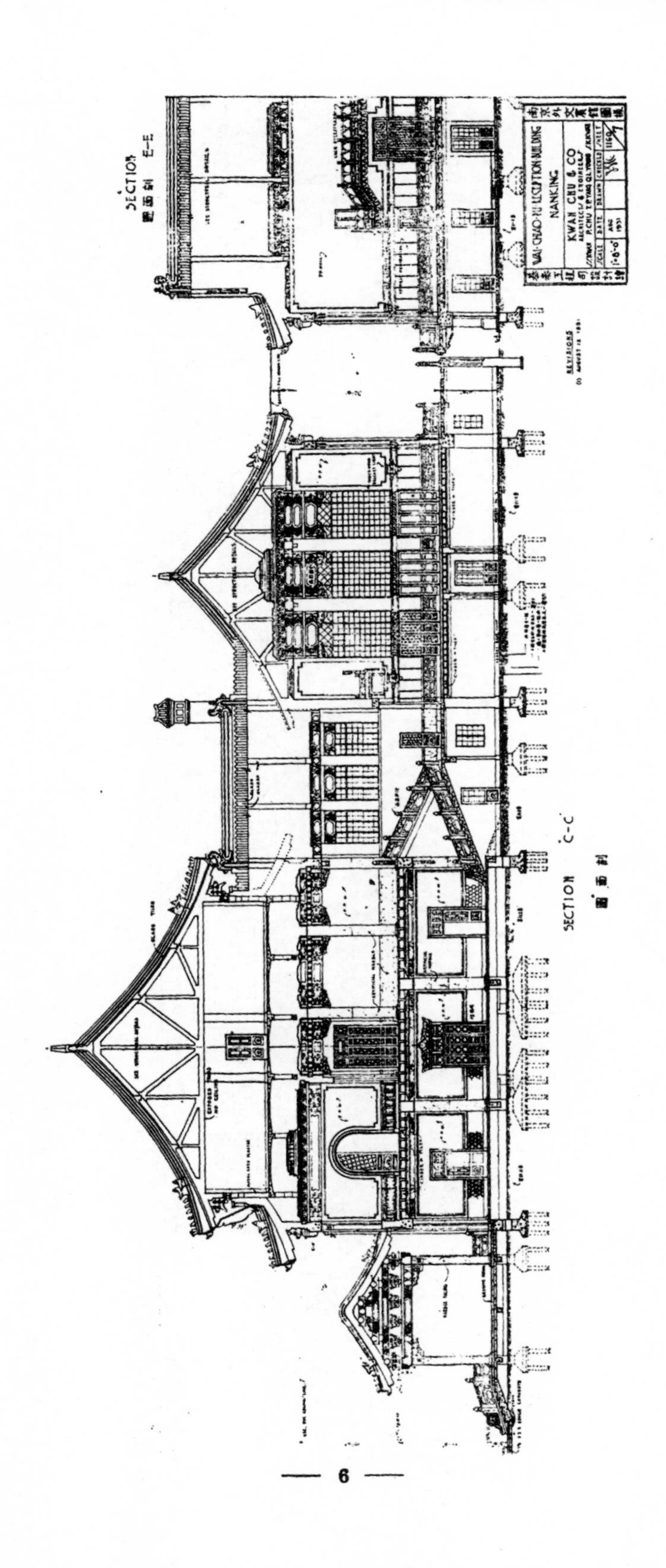
SECTION E-E
剖面圖
SECTION C-C
剖面圖
WAI CHIAO PU RECEPTION BUILDING
NANKING
KWAN CHU & CO

— 6 —

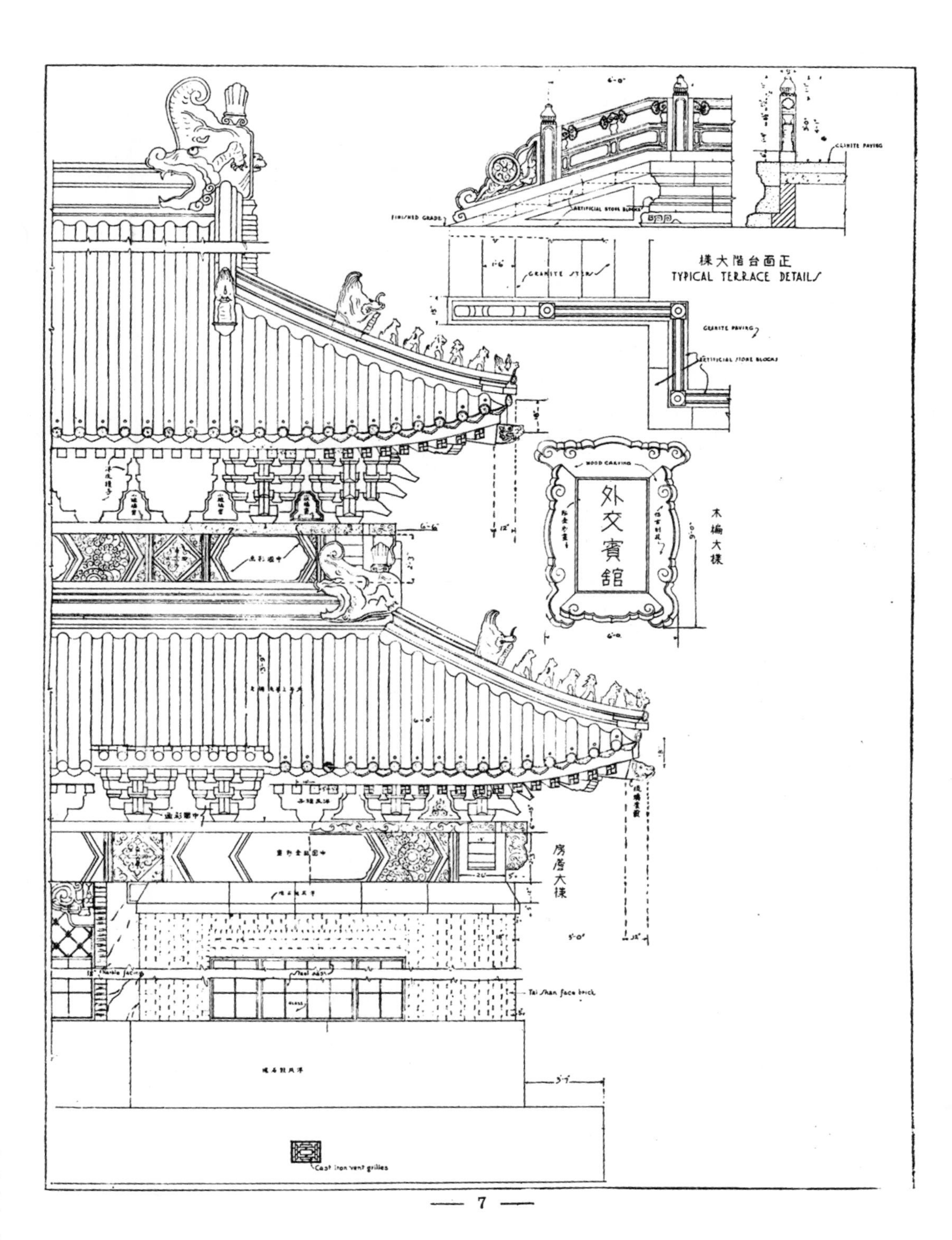

正面台階大樣
TYPICAL TERRACE DETAILS
FINISHED GRADE
ARTIFICIAL STONE BLOCKS
GRANITE PAVING
GRANITE STEPS
WOOD CARVING
外交賓館
木匾大樣
房簷大樣
Marble facing
Steel sash
GLASS
Tai Shan face brick
Cast iron vent grilles

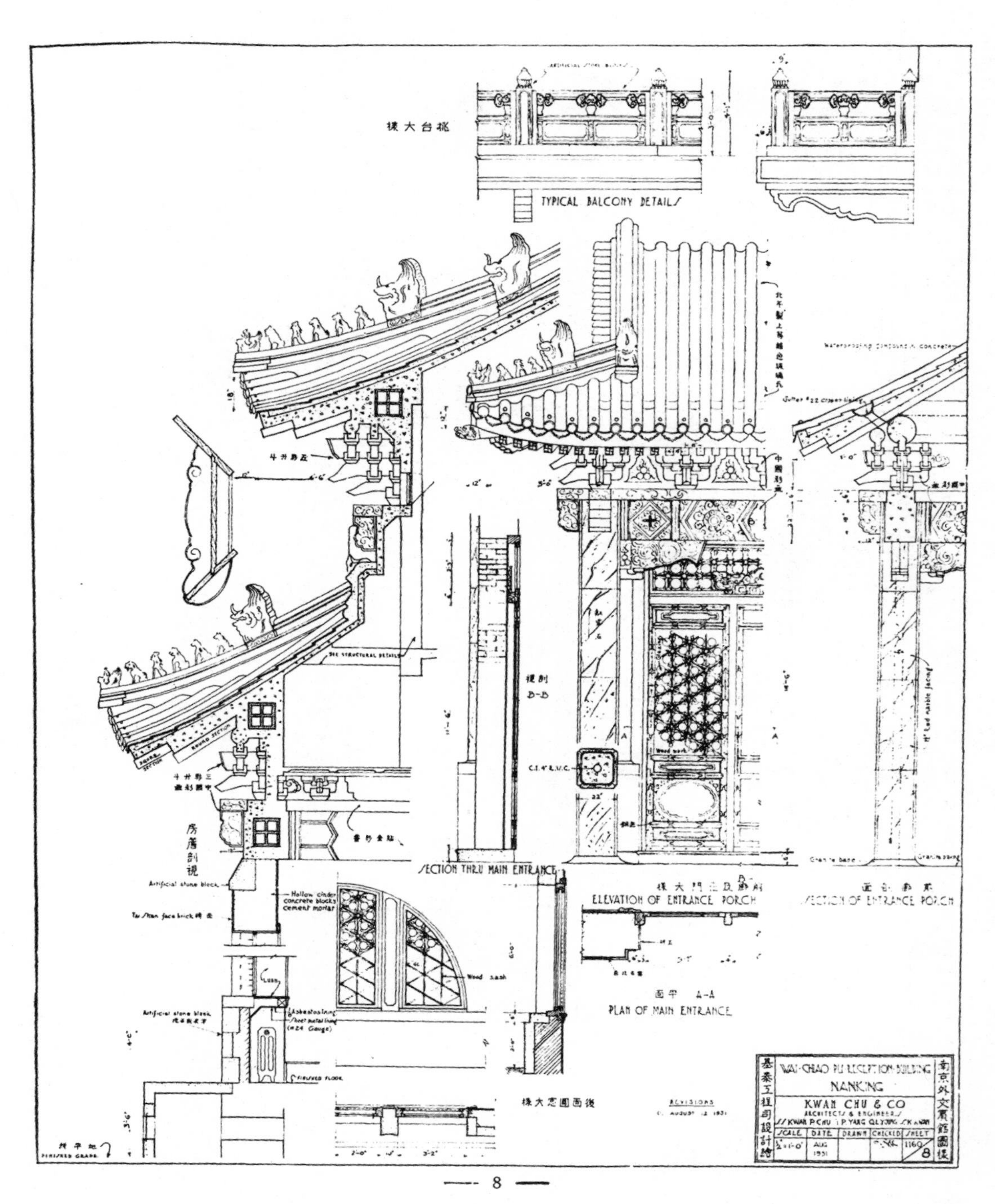
挑台大樣
TYPICAL BALCONY DETAILS
SEE STRUCTURAL DETAILS
房簷剖視
Artificial stone block
Hollow cinder concrete blocks cement mortar
Wood sash
SECTION THRU MAIN ENTRANCE
ELEVATION OF ENTRANCE PORCH
SECTION OF ENTRANCE PORCH
平面 A-A
PLAN OF MAIN ENTRANCE
Granite base
後面圓窗大樣
FINISHED FLOOR
FINISHED GRADE
REVISIONS
WAI-CHAO PU RECEPTION BUILDING
NANKING
KWAN CHU & CO
ARCHITECTS & ENGINEERS
南京外交部圖樣
基泰工程司設計繪
SCALE
DATE
DRAWN
CHECKED
SHEET
AUG 1931
8

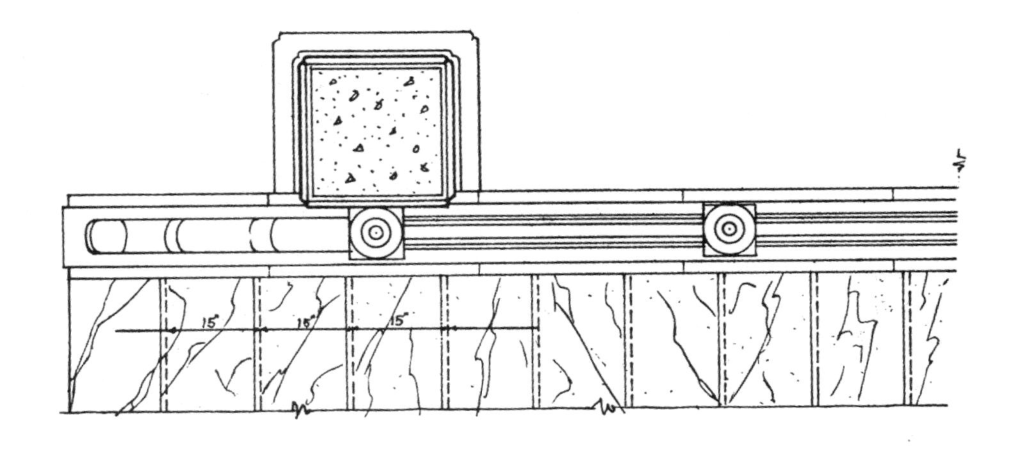

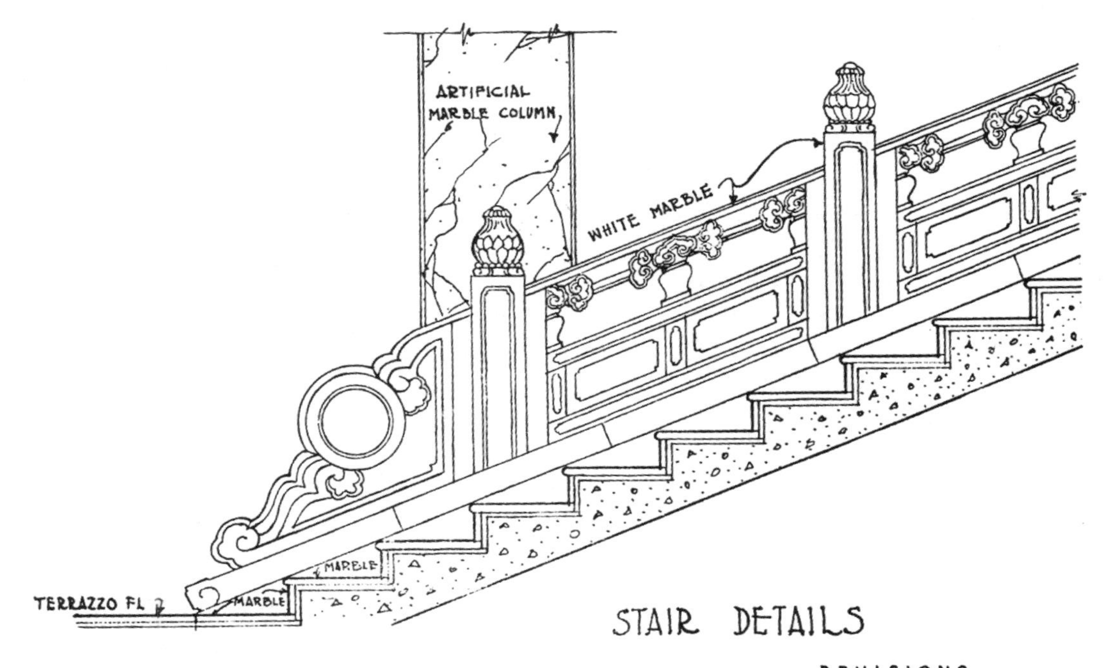

STAIR DETAILS

REVISIONS

(1) AUGUST 12 1931

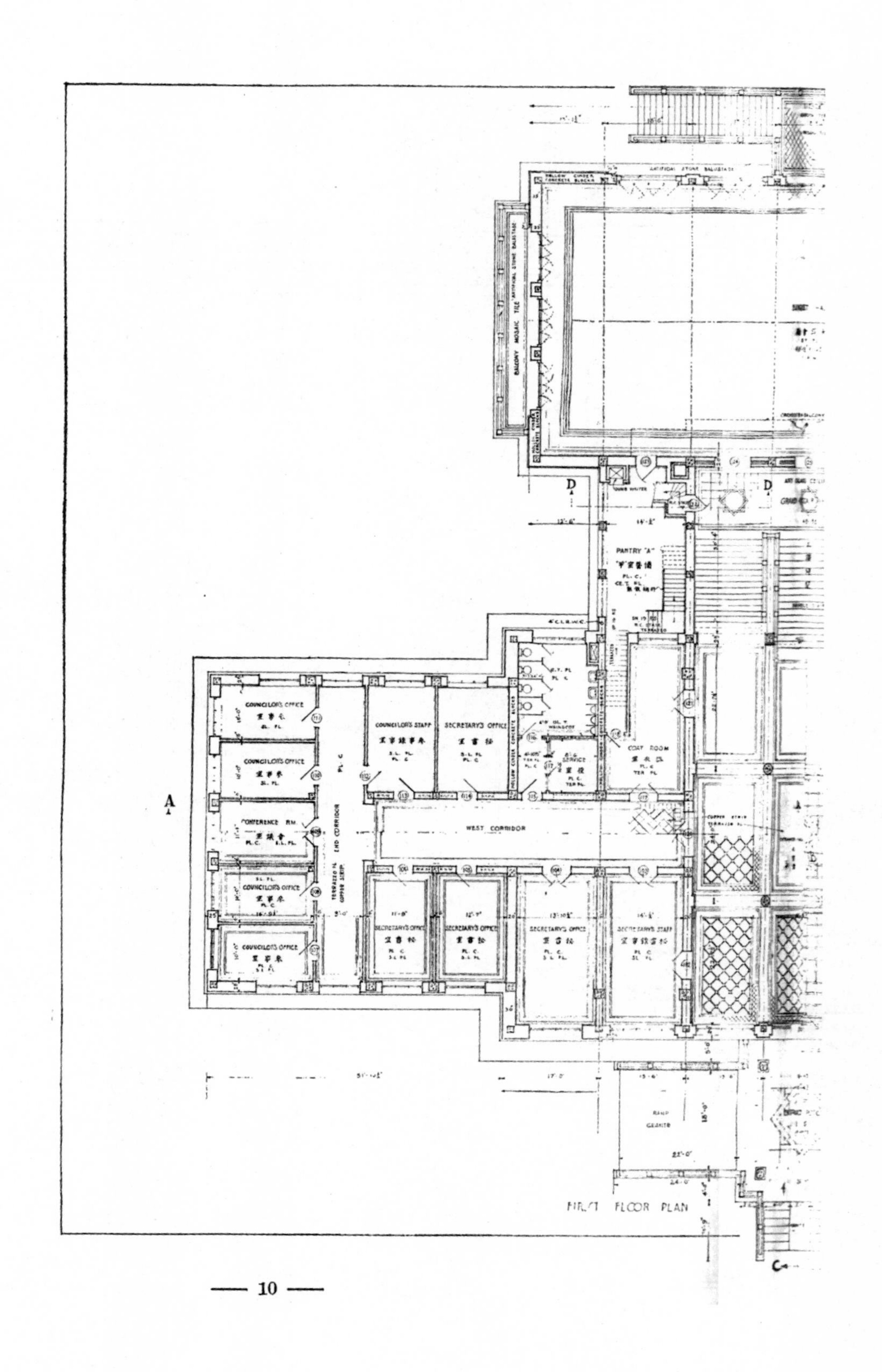
COUNCILLOR'S OFFICE
CONFERENCE RM.
WEST CORRIDOR
END CORRIDOR
COUNCILLOR'S STAFF
SECRETARY'S OFFICE
SECRETARY'S STAFF
PANTRY "A"
COAT ROOM
SERVICE
BALCONY MOSAIC TILE
FIRST FLOOR PLAN

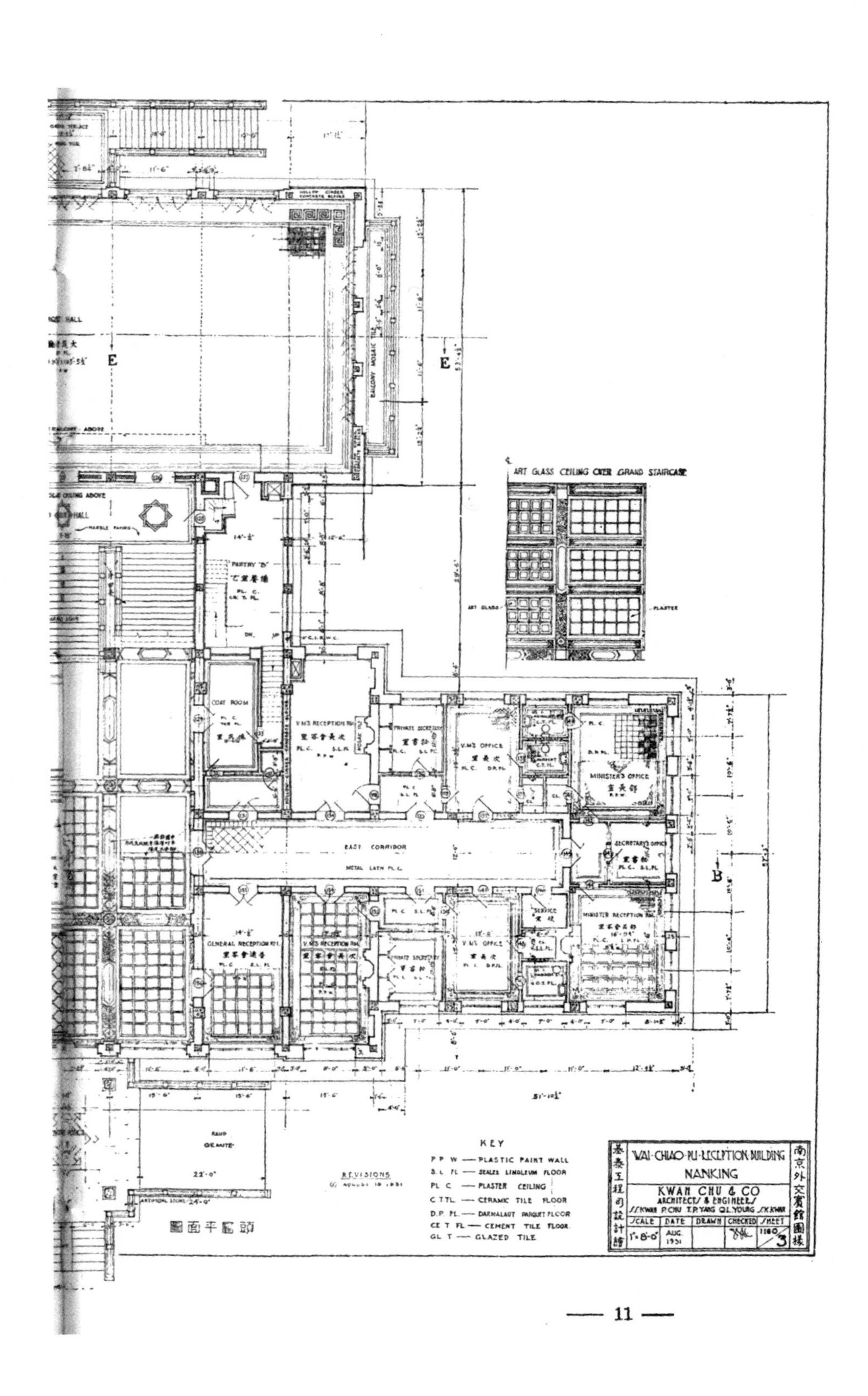
ART GLASS CEILING OVER GRAND STAIRCASE
EAST CORRIDOR
METAL LATH PL. C.
COAT ROOM
PANTRY "B"
V.M.'S RECEPTION RM.
PRIVATE SECRETARY
V.M.'S OFFICE
MINISTER'S OFFICE
SECRETARY'S OFFICE
MINISTER RECEPTION RM.
GENERAL RECEPTION RM.
SERVICE
KEY
P. P. W. — PLASTIC PAINT WALL
S. L. FL. — SEALEX LINOLEUM FLOOR
PL. C. — PLASTER CEILING
C.T.FL. — CERAMIC TILE FLOOR
D. P. FL. — DARNALAUT PARQUET FLOOR
CE. T. FL. — CEMENT TILE FLOOR
GL. T. — GLAZED TILE
REVISIONS
RAMP
GRANITE
WAI-CHIAO-PU-RECEPTION-BUILDING
NANKING
KWAN CHU & CO
ARCHITECTS & ENGINEERS
J.J. KWAN P. CHU T.P. YANG Q.L. YOUNG S.K. KWAN
SCALE DATE DRAWN CHECKED SHEET
1" = 8'-0" AUG. 1931
基泰工程司設計
南京外交賓館圖樣

部區平面圖

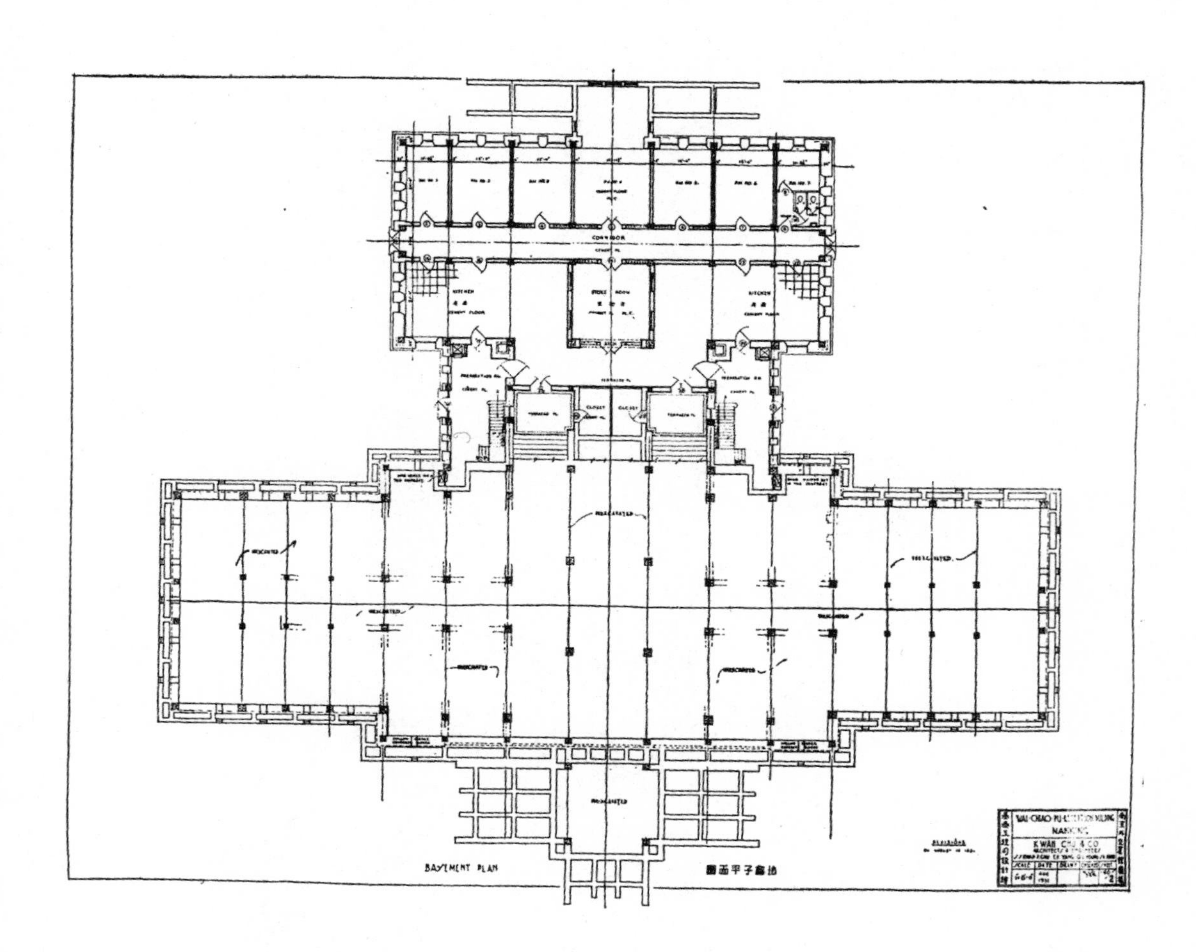
CORRIDOR
KITCHEN
STORE ROOM
KITCHEN
CLOSET
CLOSET
KWAN CHU & CO
BASEMENT PLAN
地窖子平面圖

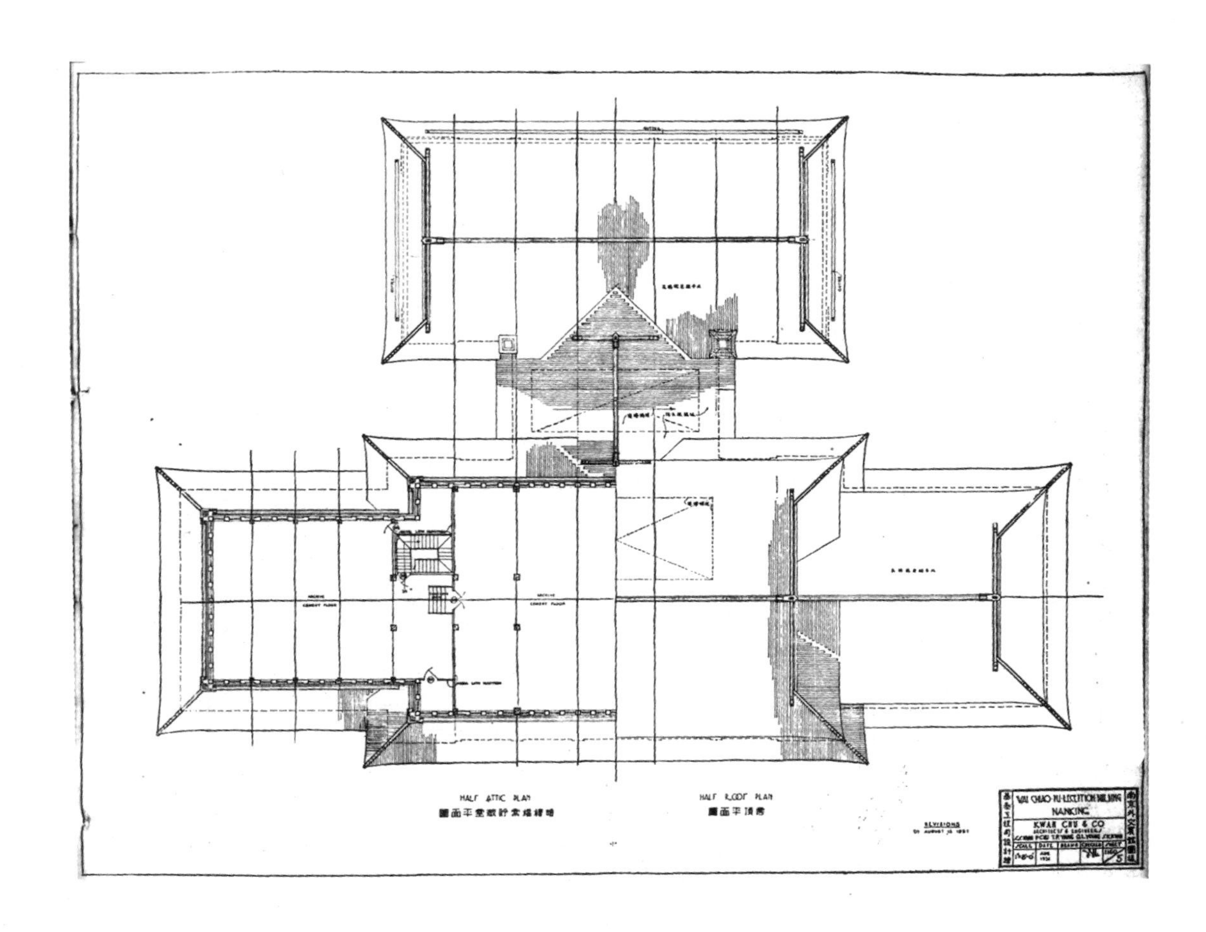
HALF ATTIC PLAN
HALF ROOF PLAN
屋頂平面圖
REVISIONS
NANKING
KWAN CHU & CO
ARCHITECTS & ENGINEERS

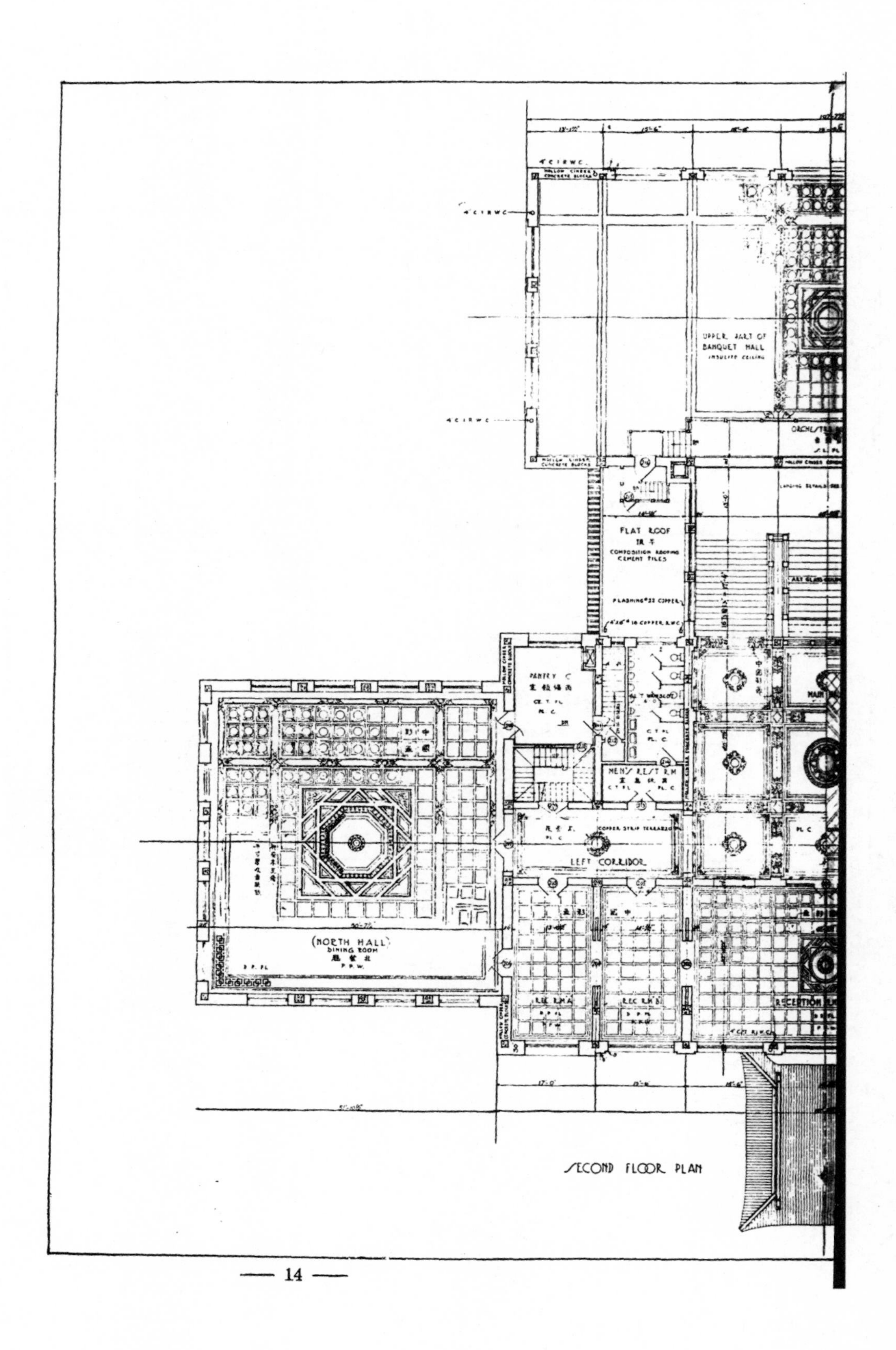
UPPER PART OF
BANQUET HALL
FLAT ROOF
COMPOSITION ROOFING
CEMENT TILES
PANTRY
MEN'S REST RM
LEFT CORRIDOR
NORTH HALL
DINING ROOM
REC. RM. A
REC. RM. B
RECEPTION
SECOND FLOOR PLAN

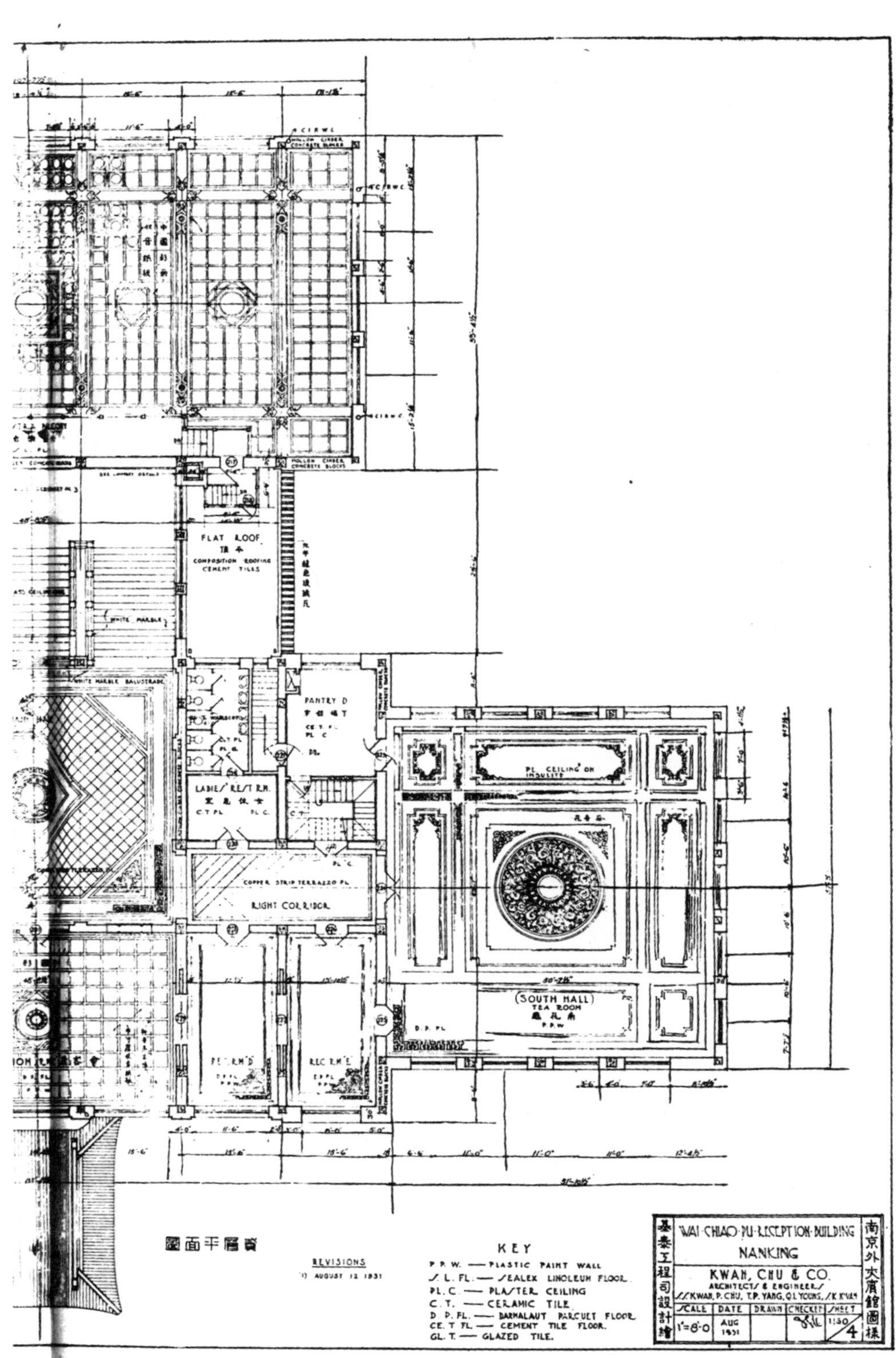
FLAT ROOF
頂平
COMPOSITION ROOFING
CEMENT TILES
WHITE MARBLE
WHITE MARBLE BALUSTRADE
PANTRY D
LADIES' REST RM.
COPPER STRIP TERRAZZO FL.
RIGHT CORRIDOR
PL. CEILING ON INSULITE
(SOUTH HALL)
TEA ROOM
廳花南
P.P.W.
D. P. FL.
REC. RM. D
REC. RM. E
圖面平層首
REVISIONS
(1) AUGUST 12 1931
KEY
P. P. W. — PLASTIC PAINT WALL
S. L. FL. — SEALEX LINOLEUM FLOOR
PL. C. — PLASTER CEILING
C. T. — CERAMIC TILE
D. P. FL. — DARNALAUT PARQUET FLOOR
CE. T. FL. — CEMENT TILE FLOOR
GL. T. — GLAZED TILE
基泰工程司設計繪
WAI-CHIAO-PU-RECEPTION-BUILDING
NANKING
KWAN, CHU & CO.
ARCHITECTS & ENGINEERS
S.S. KWAN, P. CHU, T.P. YANG, Q.L. YOUNG, S.K. KWAN
SCALE
DATE
DRAWN
CHECKED
SHEET
1"=8'-0
AUG 1931
1:50
4
南京外交賓館圖樣

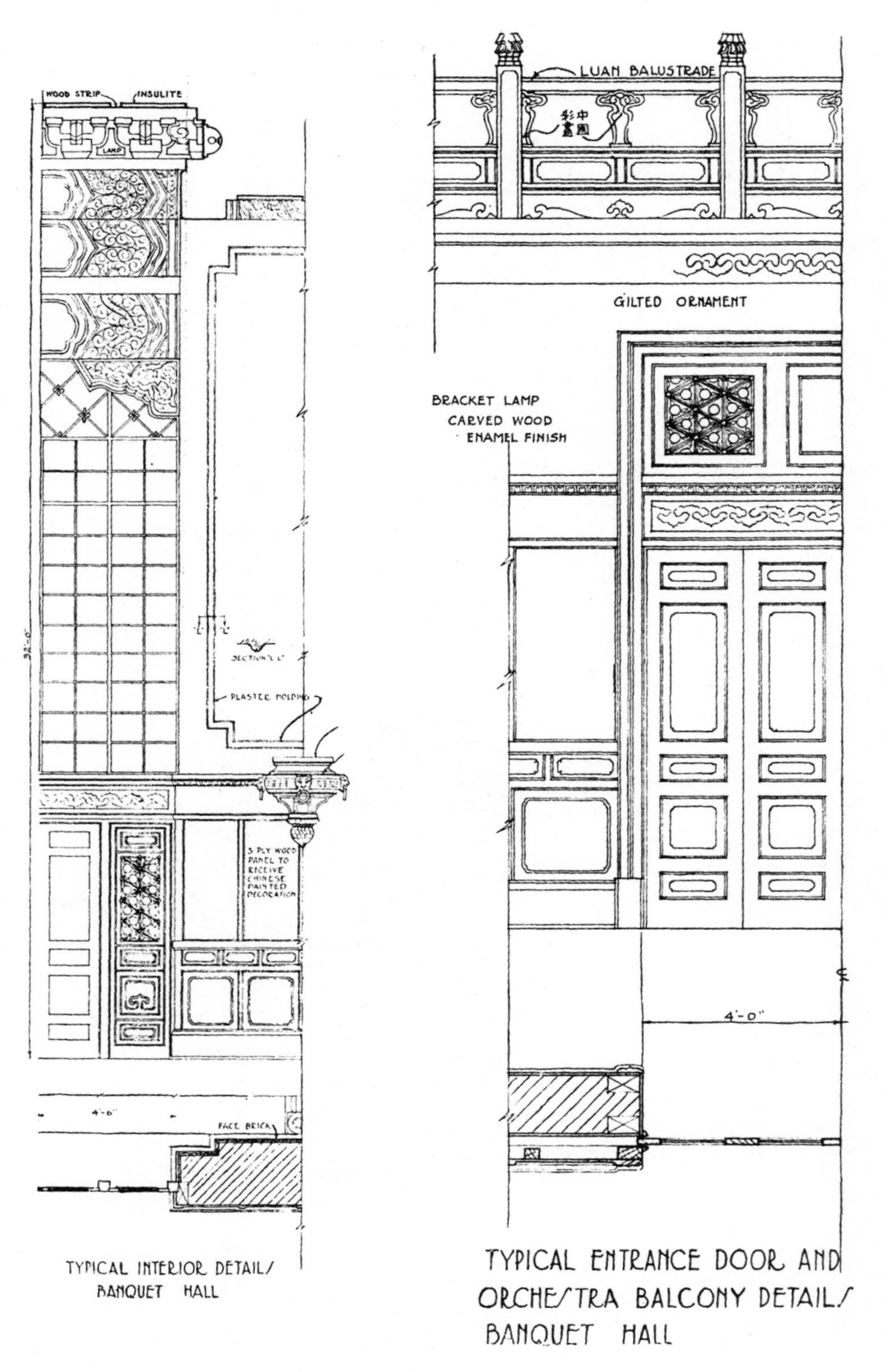

TYPICAL INTERIOR DETAIL/ BANQUET HALL

TYPICAL ENTRANCE DOOR AND ORCHESTRA BALCONY DETAIL/ BANQUET HALL

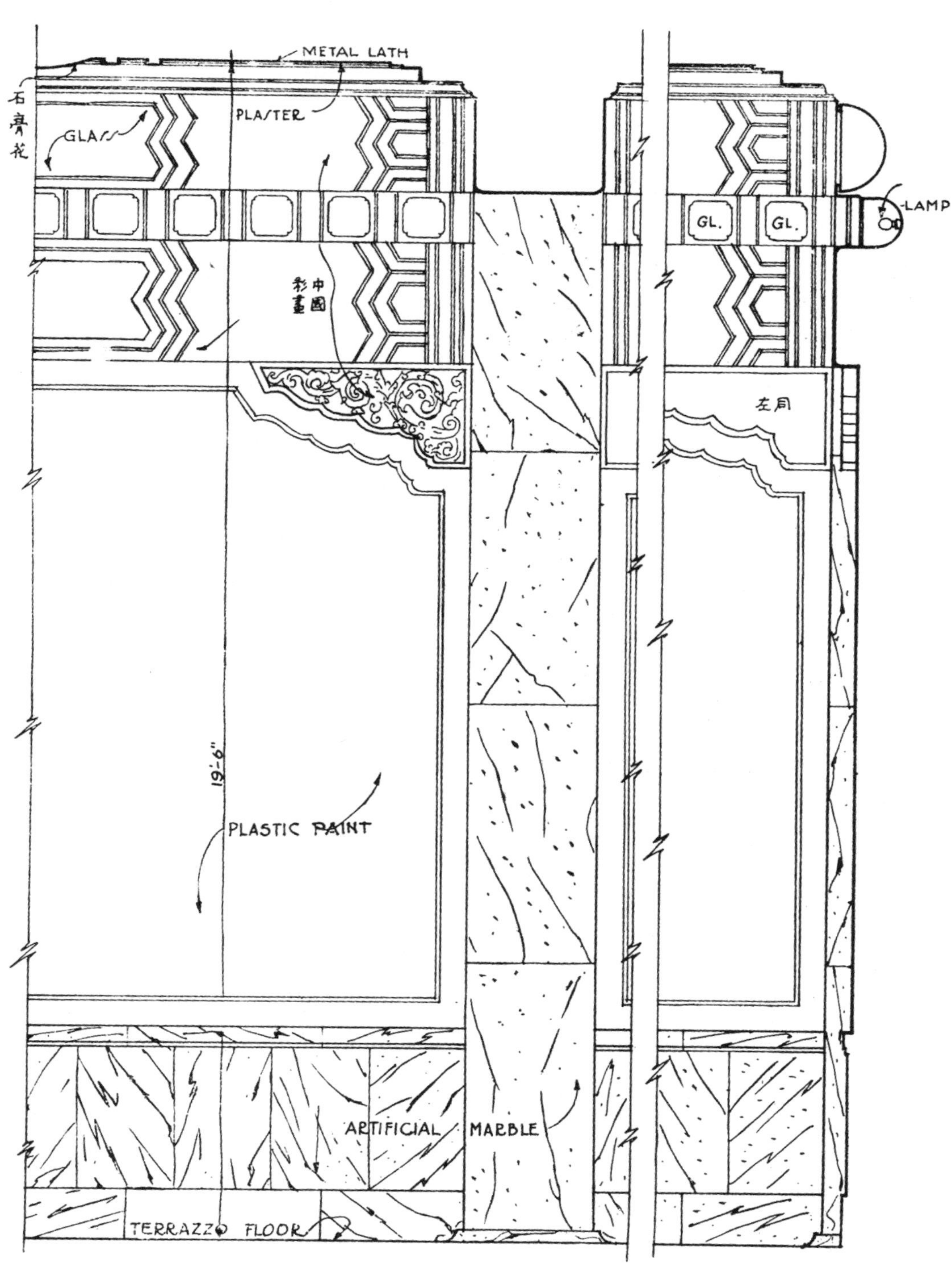

TYPICAL DETAILS GRAND HALL SECOND FLOOR

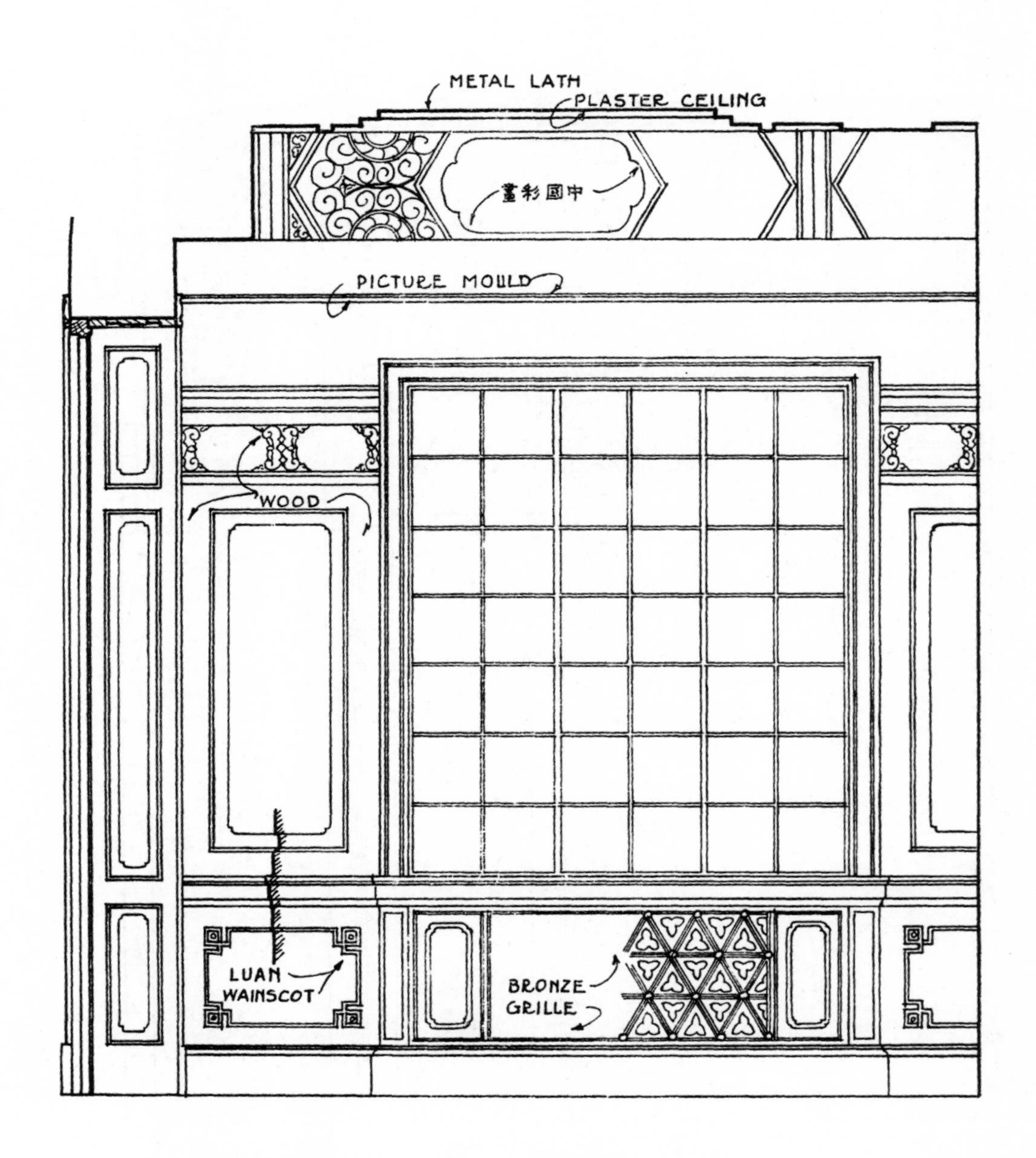

TYPICAL DETAILS FOR TEA ROOM

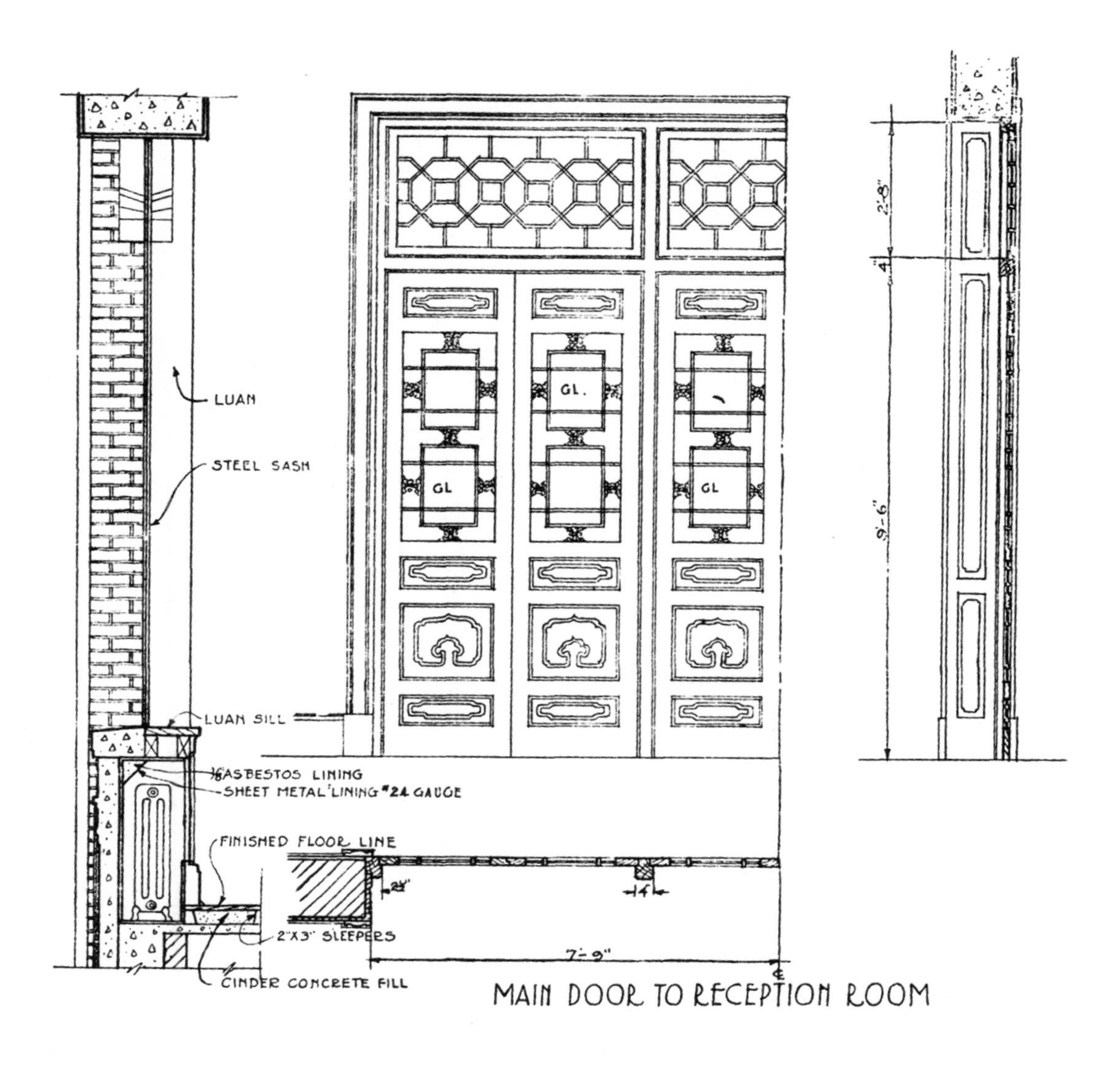

MAIN DOOR TO RECEPTION ROOM

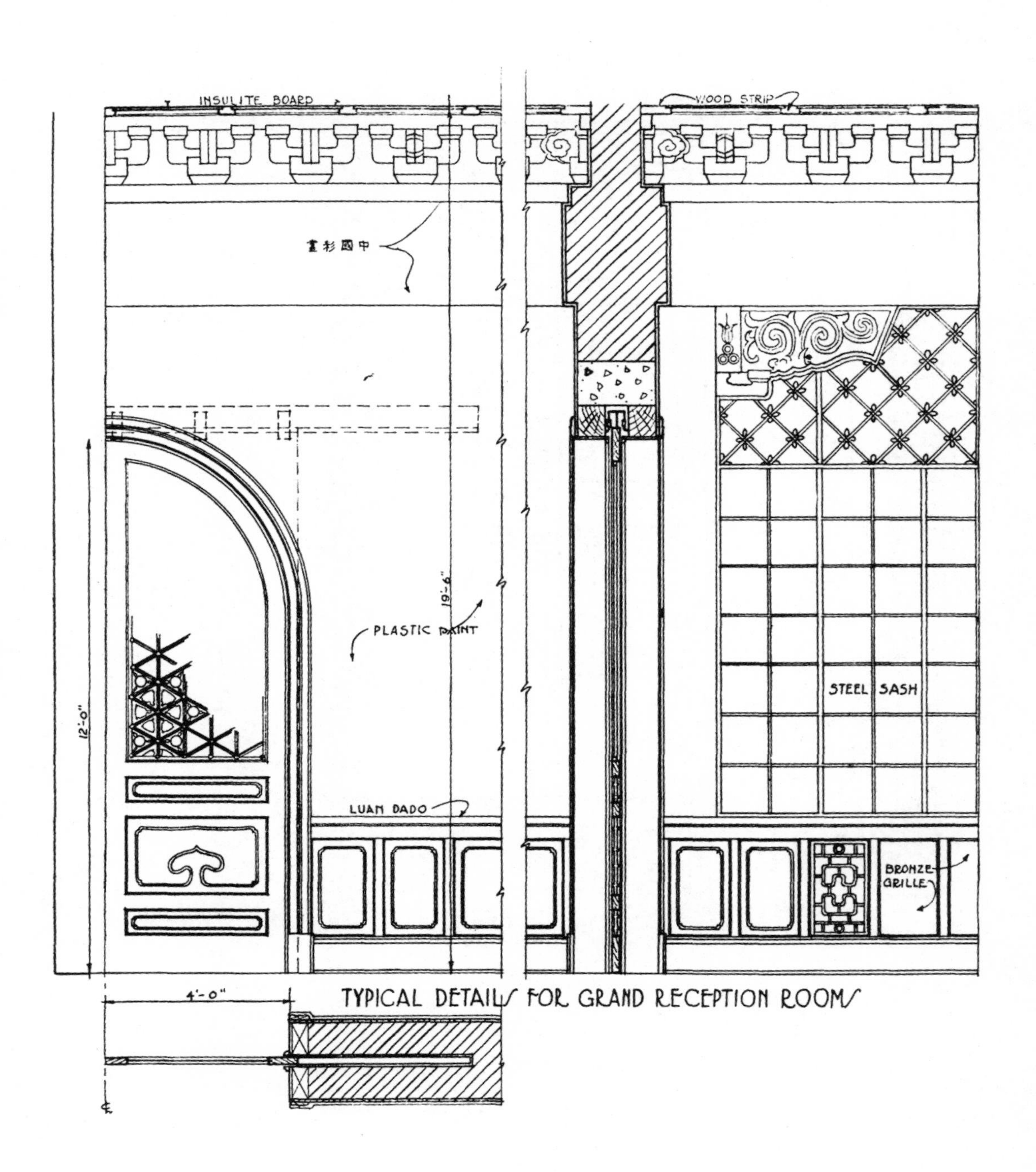

TYPICAL DETAILS FOR GRAND RECEPTION ROOMS

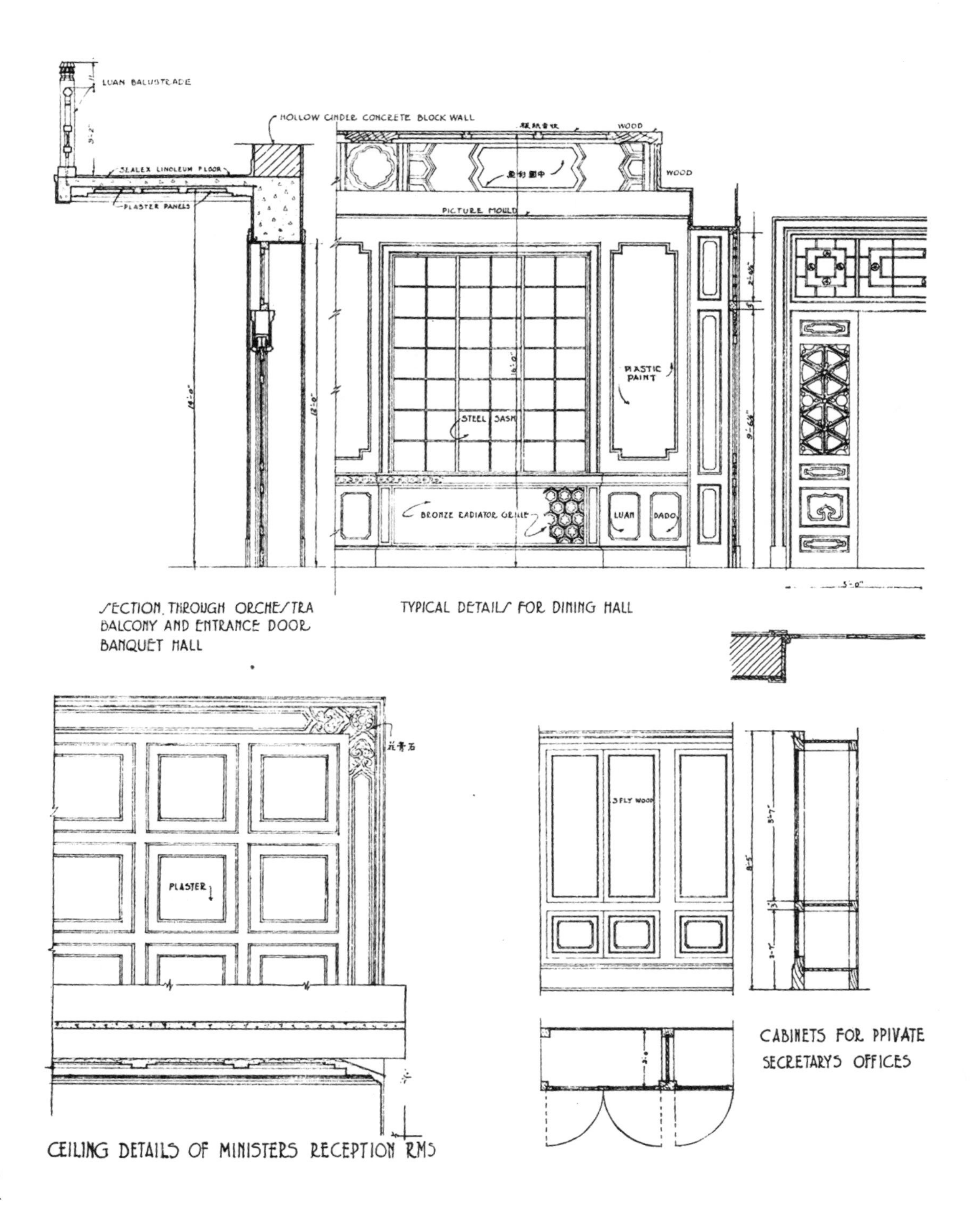
LUAN BALUSTRADE
HOLLOW CINDER CONCRETE BLOCK WALL
WOOD
WOOD
SEALEX LINOLEUM FLOOR
PLASTER PANELS
PICTURE MOULD
STEEL SASH
PLASTIC PAINT
BRONZE RADIATOR GRILLE
LUAN
DADO
SECTION THROUGH ORCHESTRA BALCONY AND ENTRANCE DOOR BANQUET HALL
TYPICAL DETAILS FOR DINING HALL
PLASTER
3 PLY WOOD
CABINETS FOR PPIVATE SECRETARYS OFFICES
CEILING DETAILS OF MINISTERS RECEPTION RMS

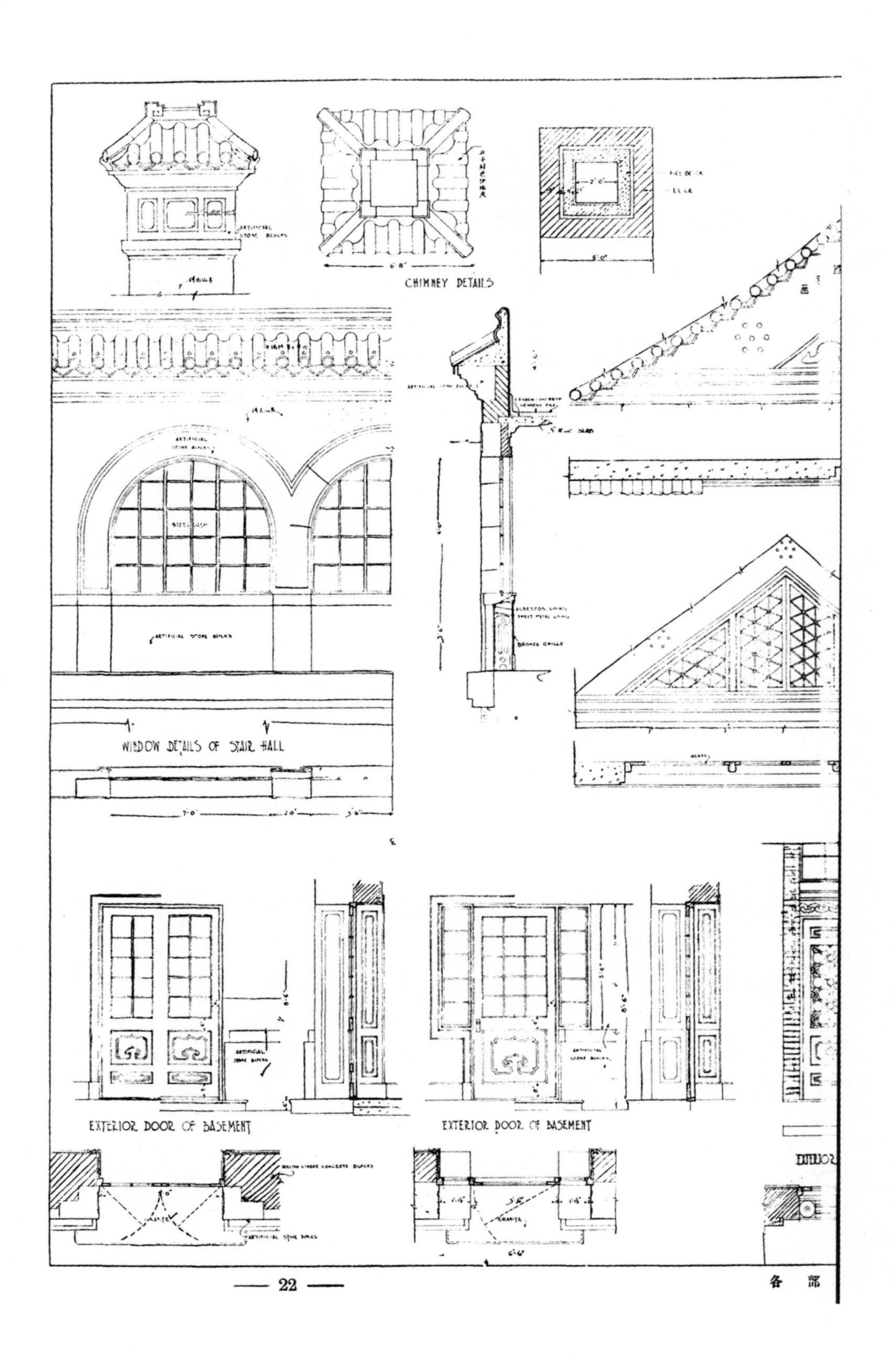
ARTIFICIAL STONE BLOCKS
6'8"
5'0"
CHIMNEY DETAILS
ARTIFICIAL STONE BLOCKS
STEEL SASH
ARTIFICIAL STONE BLOCKS
BRONZE GRILLE
WINDOW DETAILS OF STAIR HALL
7'0"
2'0"
3'6"
ARTIFICIAL STONE BLOCKS
ARTIFICIAL STONE BLOCKS
EXTERIOR DOOR OF BASEMENT
EXTERIOR DOOR OF BASEMENT
HOLLOW CINDER CONCRETE BLOCKS
GRANITE
ARTIFICIAL STONE BLOCKS
GRANITE
6'6"
EXTERIOR

各部

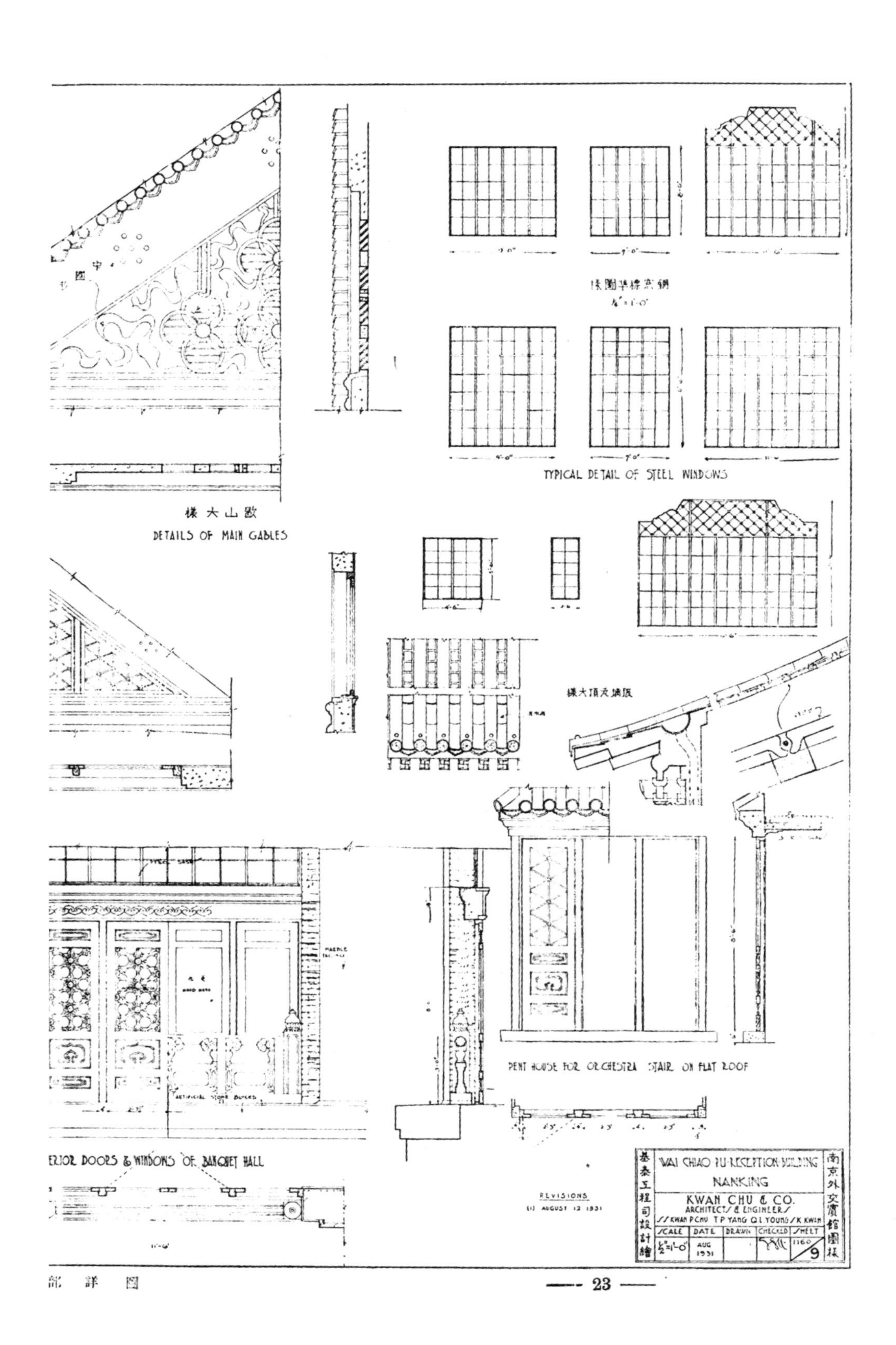
DETAILS OF MAIN GABLES
TYPICAL DETAIL OF STEEL WINDOWS
PENT HOUSE FOR ORCHESTRA STAIR ON FLAT ROOF
ERIOR DOORS & WINDOWS OF BANQUET HALL
ARTIFICIAL STONE BLOCKS
REVISIONS
(1) AUGUST 12 1931
WAI CHIAO PU RECEPTION BUILDING
NANKING
南京外交賓館圖樣
基泰工程司設計繪
KWAN CHU & CO.
ARCHITECTS & ENGINEERS
SCALE
DATE
DRAWN
CHECKED
SHEET
AUG 1931
1160
9

部 詳 圖

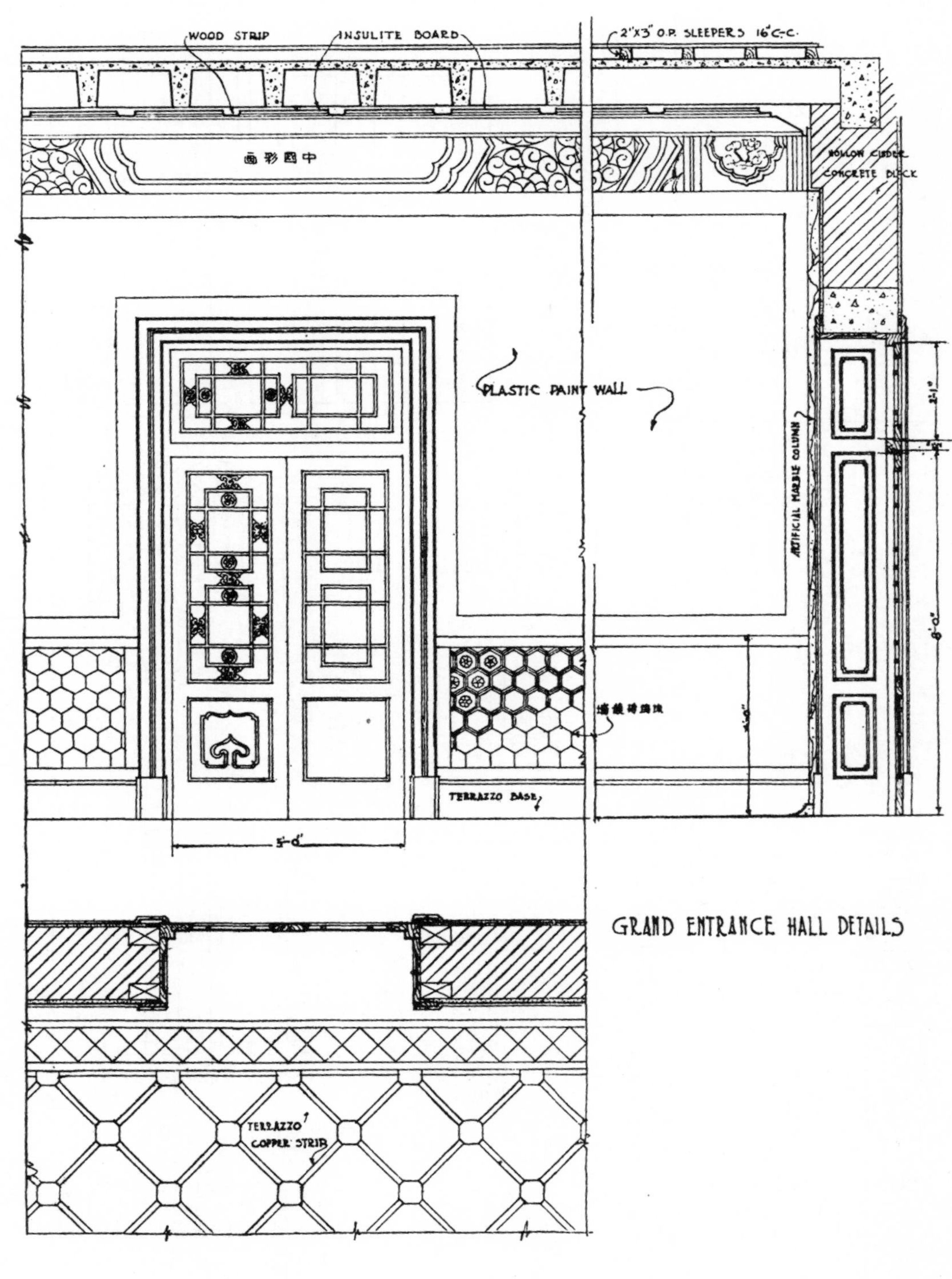

GRAND ENTRANCE HALL DETAILS

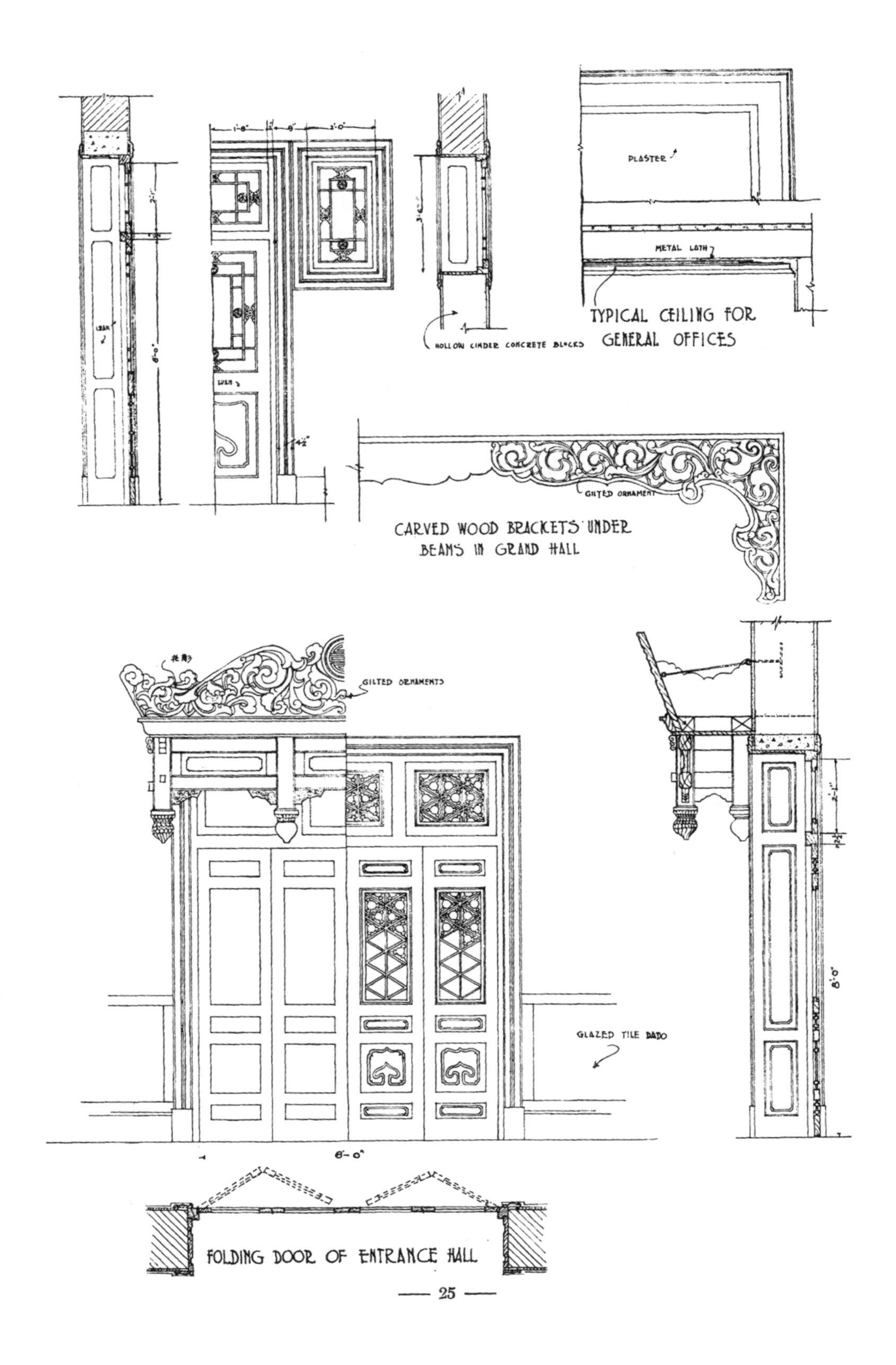
PLASTER
METAL LATH
TYPICAL CEILING FOR GENERAL OFFICES
HOLLOW CINDER CONCRETE BLOCKS
GILTED ORNAMENT
CARVED WOOD BRACKETS UNDER BEAMS IN GRAND HALL
GILTED ORNAMENTS
GLAZED TILE DADO
6'-0"
8'-0"
FOLDING DOOR OF ENTRANCE HALL

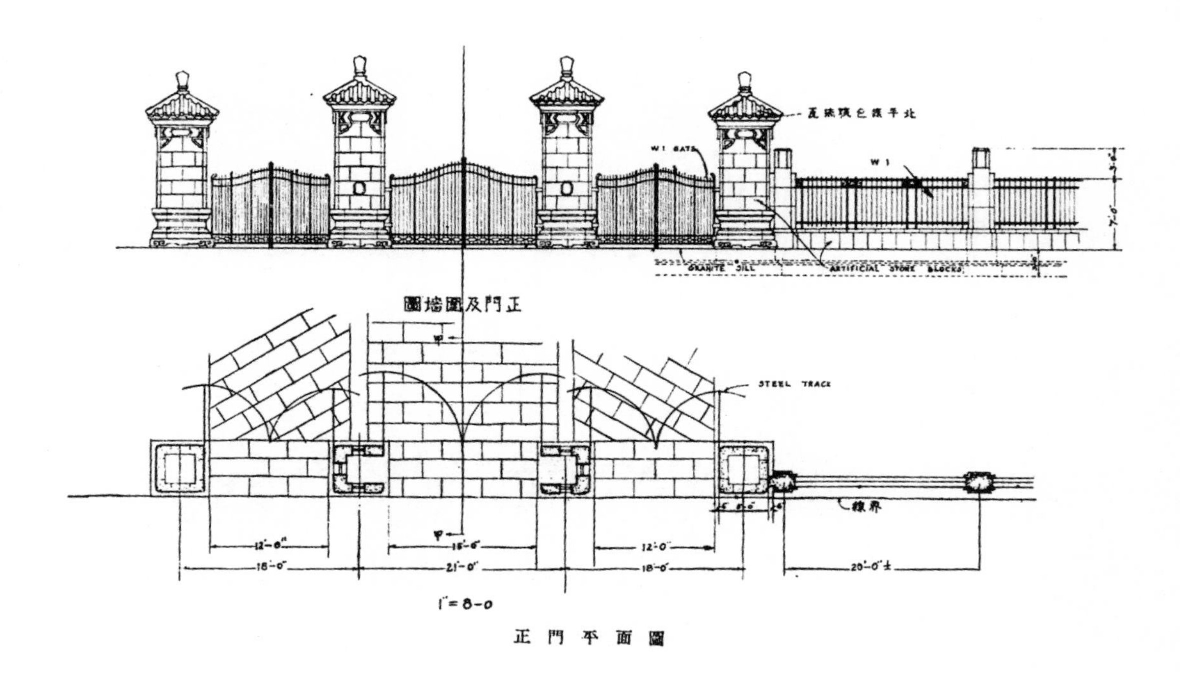
北平綠色琉璃瓦
W 1 GATE
W 1
3'-6"
7'-0"
GRANITE SILL
ARTIFICIAL STONE BLOCKS
正門及圍墻圖
STEEL TRACK
界線
12'-0"
15'-0"
12'-0"
18'-0"
21'-0"
18'-0"
20'-0"±
1" = 8-0
正門平面圖

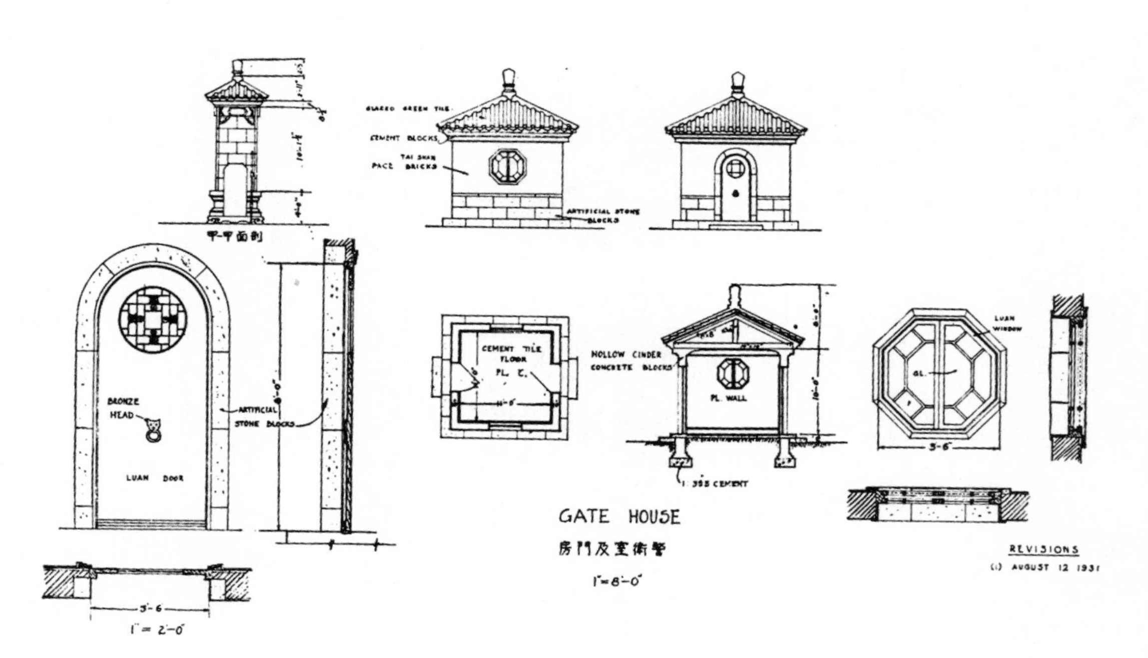
剖面甲—甲
GLAZED GREEN TILE
CEMENT BLOCKS
TAI SHAN FACE BRICKS
ARTIFICIAL STONE BLOCKS
BRONZE HEAD
LUAN DOOR
ARTIFICIAL STONE BLOCKS
3'-6
1" = 2'-0
CEMENT TILE FLOOR
PL. C.
HOLLOW CINDER CONCRETE BLOCKS
PL. WALL
1:3:6 CEMENT
LUAN WINDOW
GL.
3'-6"
GATE HOUSE
警衛室及門房
1"=8'-0"
REVISIONS
(1) AUGUST 12 1931

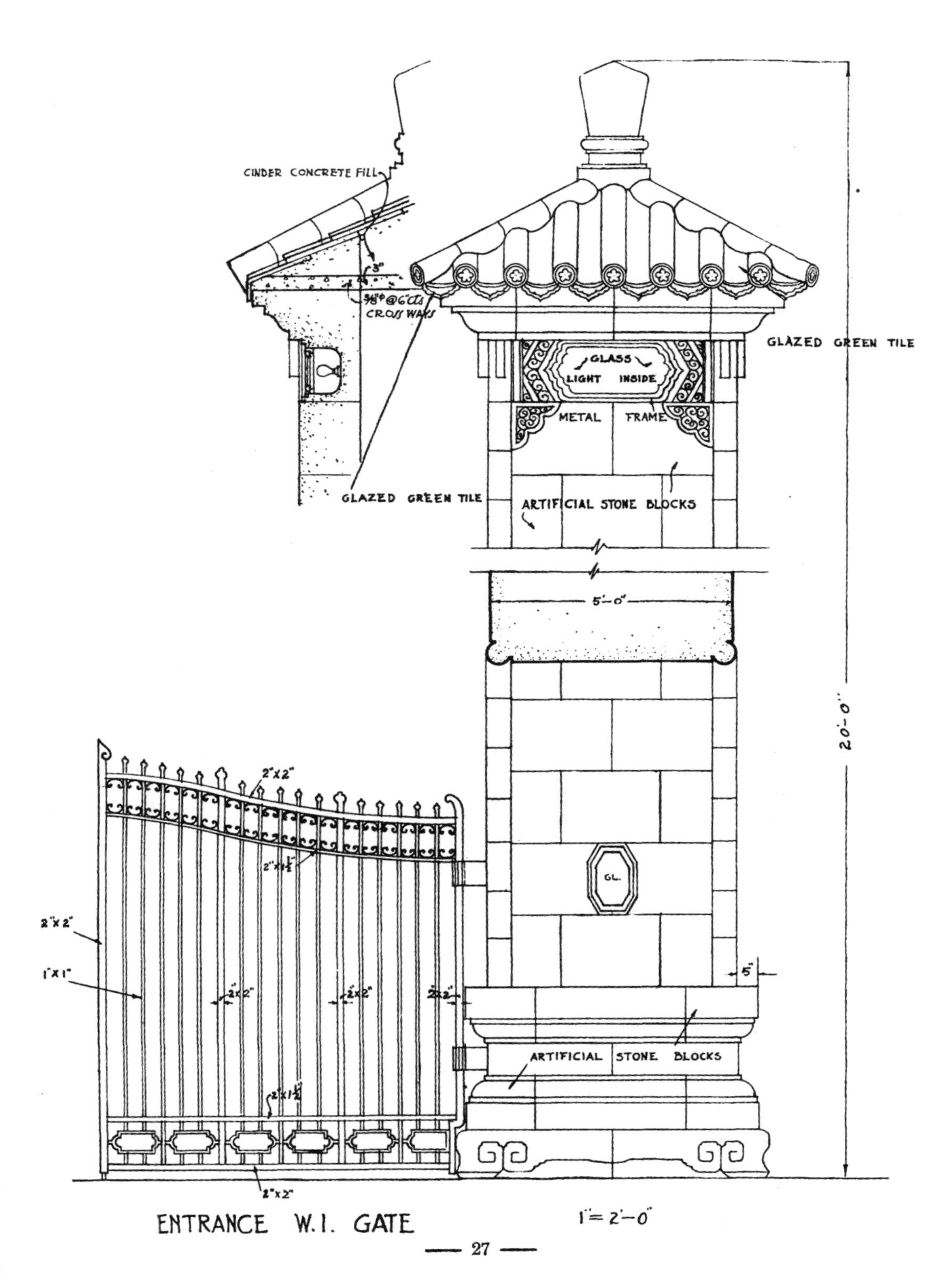
CINDER CONCRETE FILL
3"
3/8"φ @ 6" cts
CROSS WAYS
GLAZED GREEN TILE
GLASS
LIGHT INSIDE
METAL FRAME
GLAZED GREEN TILE
ARTIFICIAL STONE BLOCKS
5'-0"
20'-0"
GL.
2"x2"
2"x1½"
2"x2"
1"x1"
2"x2"
2"x2"
2"x2"
5"
ARTIFICIAL STONE BLOCKS
2"x1½"
2"x2"
ENTRANCE W.I. GATE
1" = 2'-0"

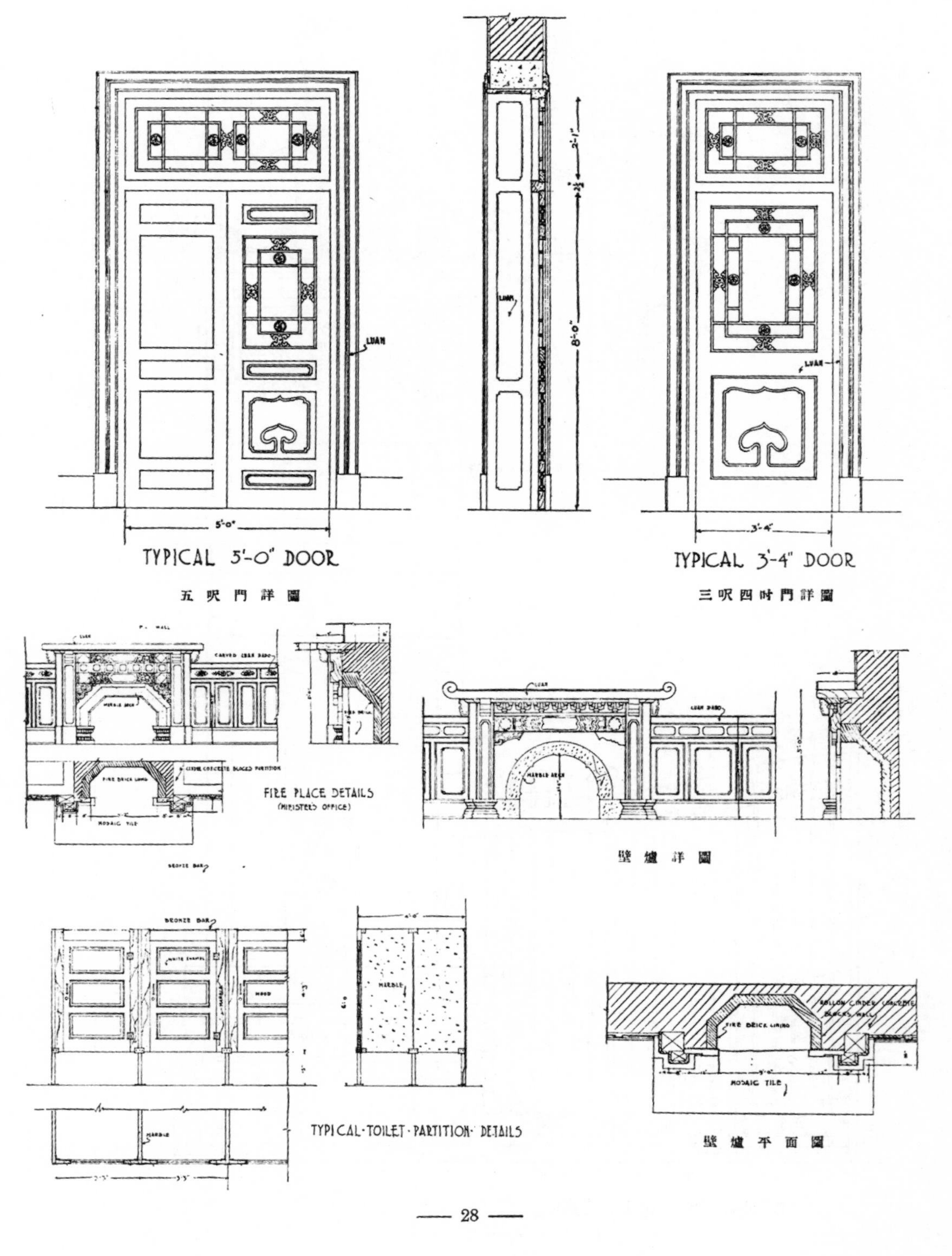
LUAN
5'-0"
8'-0"
3'-4"
TYPICAL 5'-0" DOOR
五呎門詳圖
TYPICAL 3'-4" DOOR
三呎四吋門詳圖
FIRE PLACE DETAILS
(MINISTER'S OFFICE)
MOSAIC TILE
壁爐詳圖
BRONZE BAR
MARBLE
TYPICAL·TOILET·PARTITION·DETAILS
FIRE BRICK LINING
壁爐平面圖

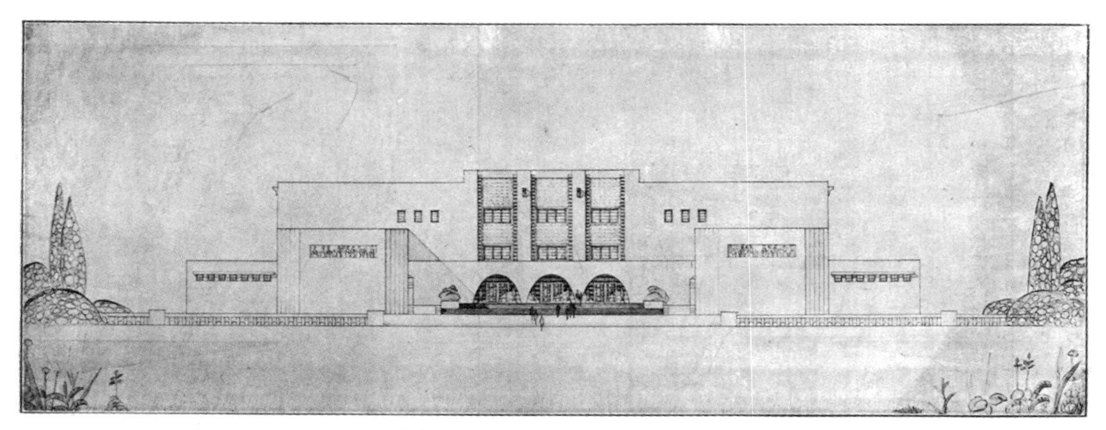

東北大學建築系劉致平繪美術學校

臨時劇院習題

某大都市擬於舉行勝大博覽會之際,建築規模宏大之臨時劇院一所,式樣務求華麗,使觀衆注意,以增加遊覽人之興趣。

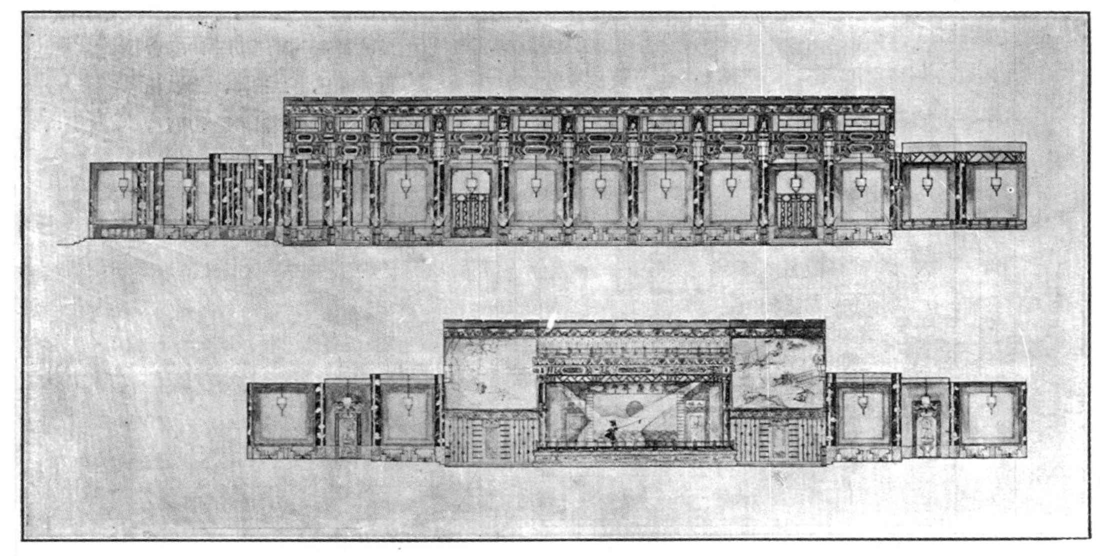

東北大學建築系劉致平繪臨時劇院縱橫剖面圖

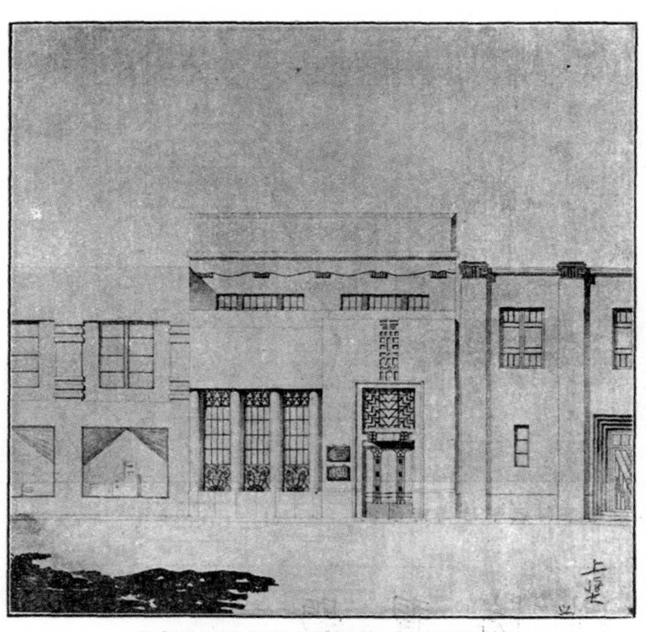

東北大學建築系丁鳳翎繪小銀行正面圖

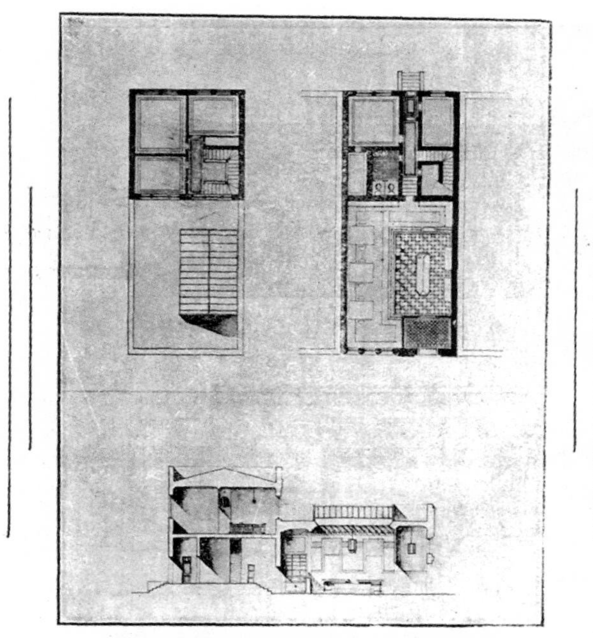

東北大學建築系丁鳳翎繪小銀行平斷面圖

小銀行習題

某企業家擬於某城市之商業中心區域，設立小銀行一所，計需辦公室一大間，經理室一間，會計室一間，庫房一間，宿舍設於樓上，計二三間，其餘扶梯廁所等，均由設計者隨意處置。

建築正軌

（續）

石麟炳

建築之權衡

在建築設計上，全體布局，是極感重要。 無論那一類的建築，僅注意到一部份，而不顧全大體，是不會得圓滿效果；因爲一部份建築，無論如何卓絕，美麗，合理，在全局映照起來，也許不相稱，這所謂失了權衡。 按權衡之布置無一定法規，而以各建築師之意志爲轉移。 在一個小小的建築上，每個建築師也都有他自己的設計方式，顯然有不同的作用風，權衡上也常常互相歧異。 譬如圖六十四及六十五，二者都是重疊式建築之一部，六十四爲羅馬之瑪賽拉劇院（Theatre of marcellus）建於羅馬大帝時代。 六十五爲羅馬之凡尼斯宮（Farnese palace）建於意大利文藝復興時代。二者之權衡互相不同，並均稱名作。祇其設計方式，兩柱之中距，均爲16'—3"，在第一層同爲環拱式，用二個半隱陶立克柱（Doric columns）相陪襯，上面加柱壓； 到第二層仍爲環拱式，用二個半隱式盎尼克柱（Ionic columns）相陪襯，上面加柱壓。 按此二種以裝飾看來，絕對不分軒輊；但個人都可以看出二者的不同，此所謂權衡上發生之差異耳。 我們試從環拱上研究之，A之高爲寬之2—$\frac{2}{5}$倍，B之高則爲寬之二倍，C則不到二倍，至於D則僅1—$\frac{3}{5}$倍而已。

使權衡改變之方式有多種，梁柱大小之變遷，影響於權衡實鉅。二柱間之距離，常隨楣梁石之大小而轉移。在歷史上的建築師，建築高大之柱爲易，得一長大之楣梁石爲難，故有時欲作一莊嚴偉大之建築物，則完全由柱上着想。 譬如羅馬之瑪司神壇（Temple of Mars the Avenger）（圖六十六）二柱間之距離僅爲柱徑之1—$\frac{2}{5}$倍，柱之高爲56呎10吋，直徑爲5呎9吋，果將此種比例施之於半徑20"之柱上，而兩柱間之距離亦按1—$\frac{2}{5}$倍，則中間之空地不過27"耳，行人立感狹隘也。

在同一情形之下，如蟠雪院（Parthenon 圖六十七左）柱高爲37呎，直徑爲6呎2吋，柱與柱間之過道約爲8呎五吋，柱心至柱心之楣梁至少須13呎10吋； 按此種比例施之於古力（Cori）之較小寺院（圖六十七右）則過道之寬不滿3呎，實在該寺之過道爲5呎5吋耳。

更如羅馬之奧克台維亞走廊（Portico of octavius 圖六十八）爲一古典式樣。 正間及兩廊用兩種大小不同之柱裝成，兩廊之柱僅爲中間柱高三之二，但柱與柱之中心距離則幾乎相同，致成兩廊之道寬而正間之道窄。以此與蟠雪院相較，過道之寬度爲不及；以之與古力寺相較，則寬度過之，故按普通情勢論之，梁柱之結構，兩柱之實距愈大，則權衡上愈顯其微小。 反之，實距愈小，則權衡上愈顯龐大也。

柱數目之多寡，亦可使權衡上發生變遷，普通設計方式，多用二柱四柱六柱八柱或十柱等。 柱之數目愈增加，則柱間之距離愈狹隘，（圖六十九）蓋以柱之數目愈多則交通上可以任意出入；若僅用二柱式，則祇有一路

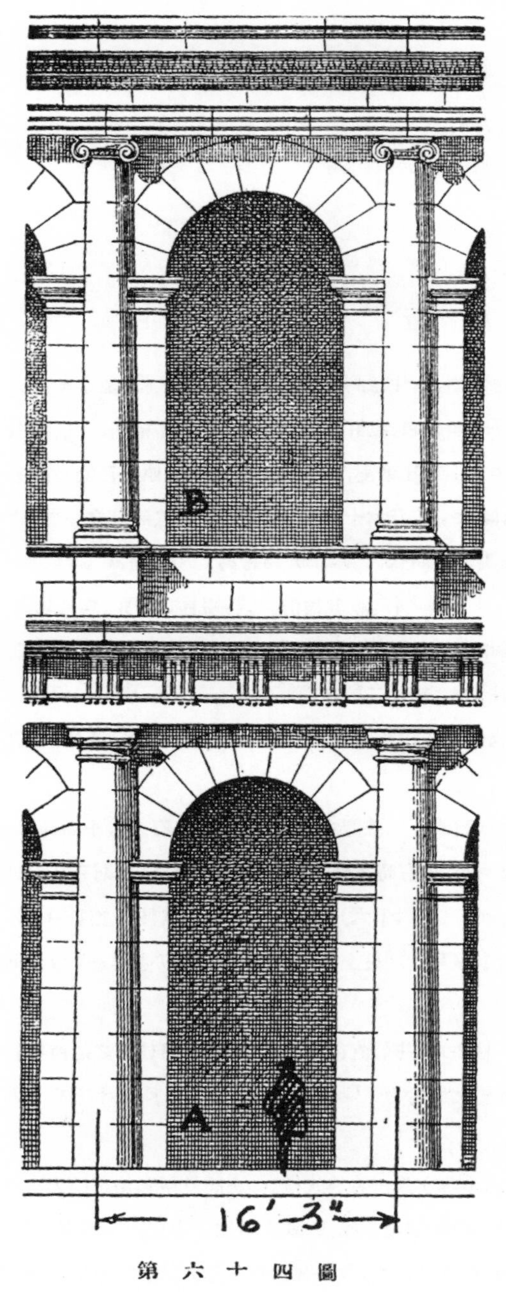

第六十四圖

第六十五圖

第六十六圖

可通，中間距離不得不額外加寬，以免行人之出入擁擠耳。

雙柱並列式與單柱支撐式權衡上稍有不同，因雙柱之支點，亦在一單獨位置上，中距可以較單柱加寬。 巴黎之魯佛宮柱廊(Colonnade of the palace of the Louvre 圖七十）即用雙柱並列式，柱間之距離，幾爲柱徑之三倍。 此柱廊總長共 565 呎，爲五部築建法，互相對稱。 中部長19呎，兩端部各長 1呎3吋，兩端與中部相夾之部長156呎。 分七間，每間約 22 呎。 巴黎之另一剛果宮柱廊（Colonnade of the palace de la Concorde 圖七十一）總長爲302呎，爲三部築建法互相對稱，兩端各長65呎9吋中部長 158 呎，分十一間每間均13呎8吋。 魯佛宮築建方式，爲剛果宮端部與瑪德林教堂二者之混

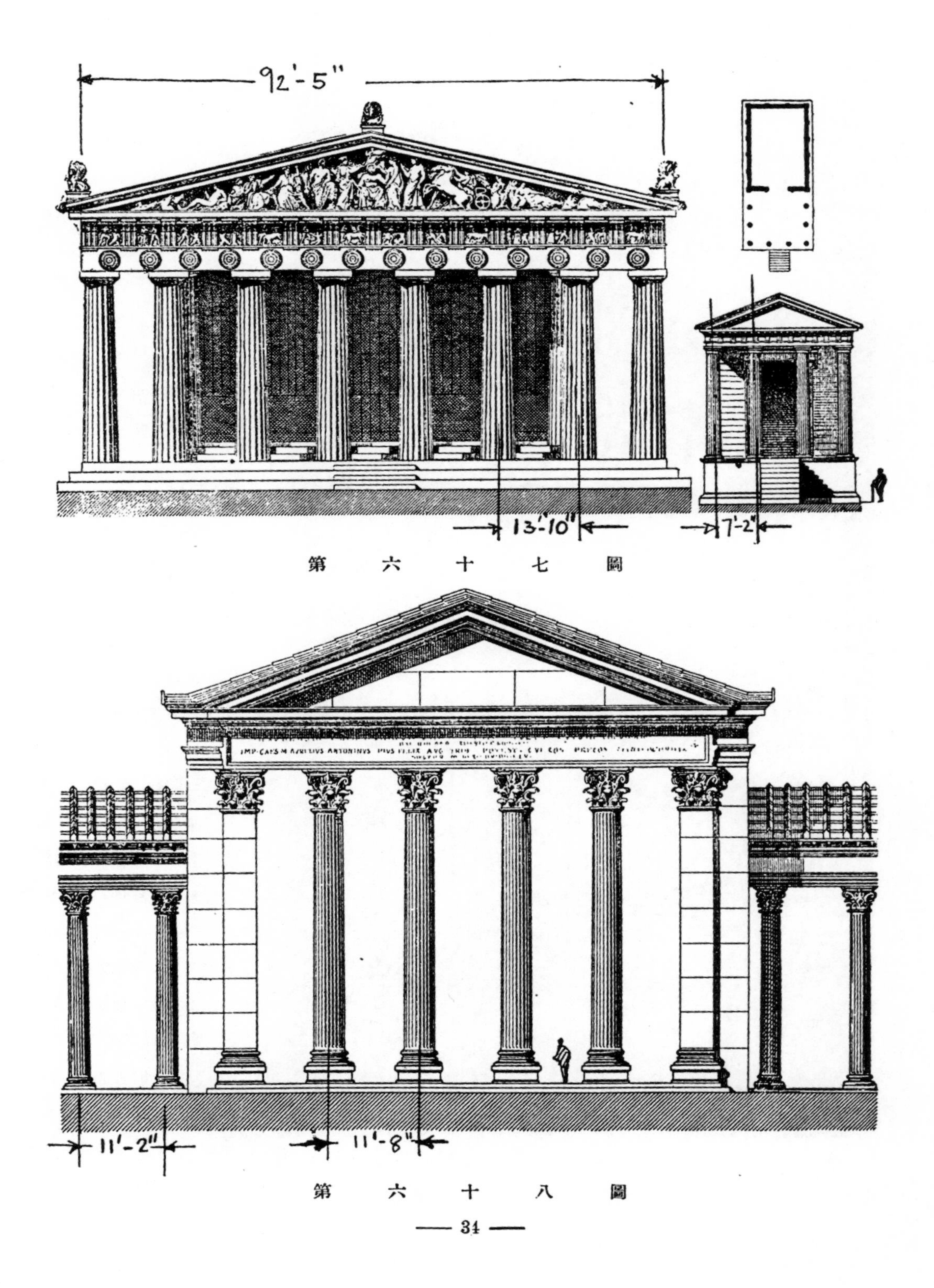

第六十七圖

第六十八圖

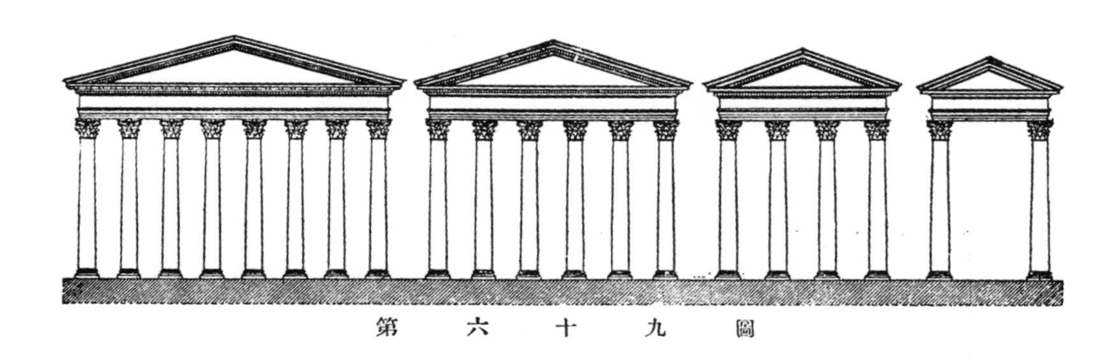

第六十九圖

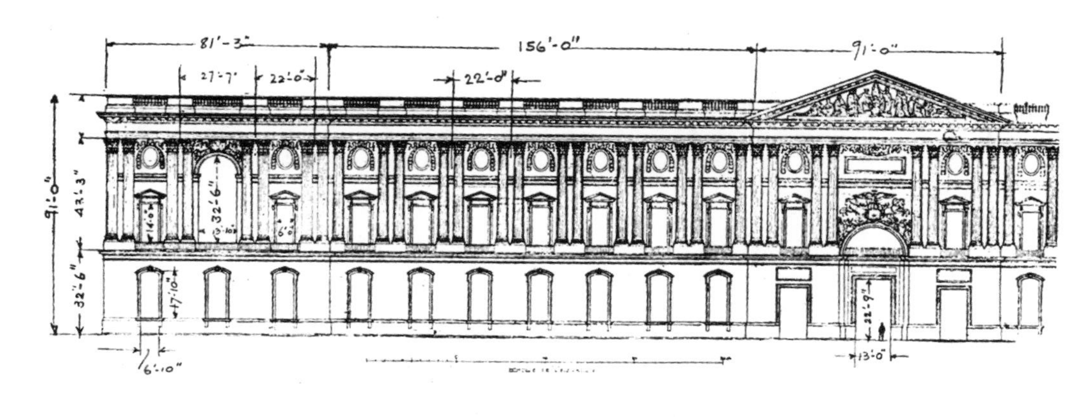

第七十圖

合結晶，此二種楣梁，非單獨之石而以多數石砌成扁拱，此秤辦法，跨度可盡量加大，較用單石楣梁爲便，此亦權衡上之進展也。

茲爲便利讀者對於權衡上有所依據起見將魯佛宮與剛果宮之各項長度，列表如下以供參考：——

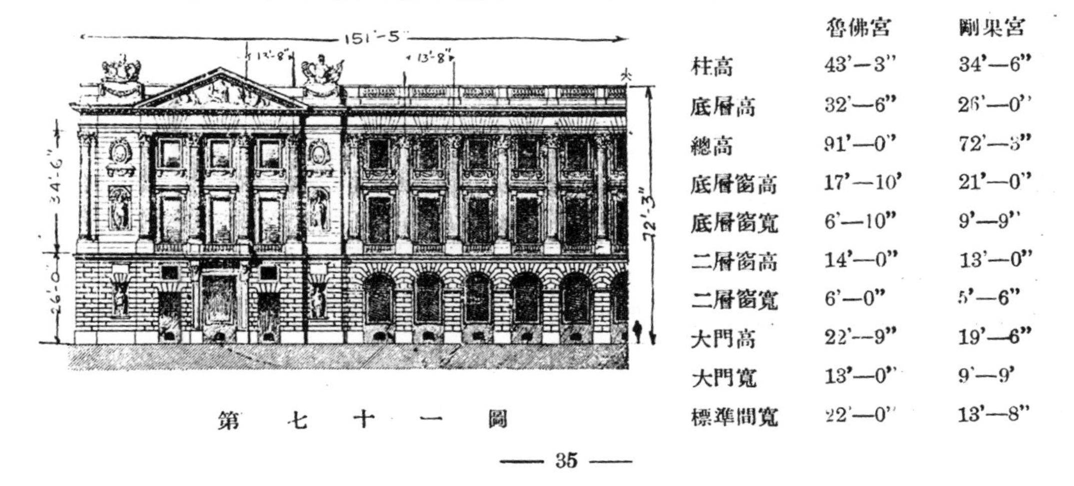

第七十一圖

	魯佛宮	剛果宮
柱高	43'—3"	34'—6"
底層高	32'—6"	26'—0"
總高	91'—0"	72'—3"
底層窗高	17'—10'	21'—0"
底層窗寬	6'—10"	9'—9"
二層窗高	14'—0"	13'—0"
二層窗寬	6'—0"	5'—6"
大門高	22'—9"	19'—6"
大門寬	13'—0"	9'—9'
標準間寬	22'—0"	13'—8"

建築投影畫法
（續）

顧亞秋

第三節　投影面位置的轉變

12. 第十四圖是個立於水平投影面上的正方柱，大小和第十二圖相同。它的一邊 cd 和垂直投影面成30°角，這投影圖的立面圖有兩個——正面圖和側面圖，作法和上述幾個圖形相差無幾。先作平面圖 a cd，再從各頂點作 XY 的正交線，而得正面圖；圖內箭頭，就是表示觀察立面圖的方向，例如箭頭 (a)所示的，就是正面圖 hkfl。因爲 c 不能看到的，所以ng是虛線；另外一個 rost 側面圖，就是 (b)箭頭所示的方向。這個畫法，先將c，d，b，a 四點，作 XY 的平行線，至 pl 或其他任意適當的垂直線，於是用 l 做圓心作弧，從 c'到o，d'到 q，b到u，p到t。各作垂直線ro，wq等線。延長hf 和kl作rs，ot兩線。就成方柱的側面圖rost。從箭頭 (b) 觀察，b 是不能看到的，所以 xu 是虛線。

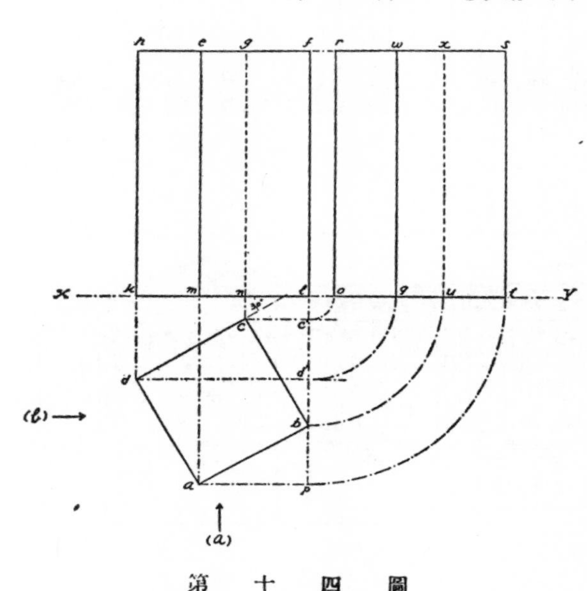

第十四圖

在這裏正面圖和側面圖是完全相同，所以側面圖似乎不一定需要表示，的確，可是一個不整齊的立體就需兩個以上的立面圖，才能表明物體的形狀。

13. 第十五圖所示的方柱體和第十四圖的方柱體完全相同。不過它的正面圖有傾斜的現象（如圖）。方柱的一面 abcd 和垂直投影面平行。這問題的主要點，就是要知道它的側形如何。

先作正面圖 abcb，da，cb 兩邊各和 XY 傾斜60°，再作平面圖上的 ef 長 1⅛"，f點準對 a 點之下，更作 fg 和 eh 兩平行線，截於 c 點的垂直線上的 h 和 g。在平面圖上的

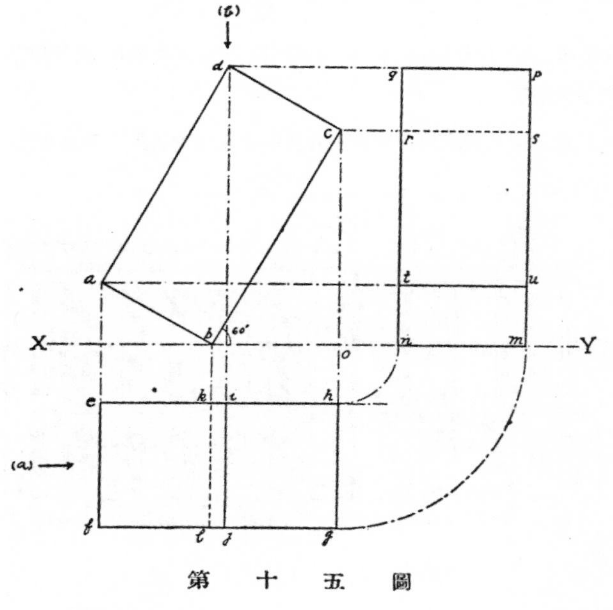

第十五圖

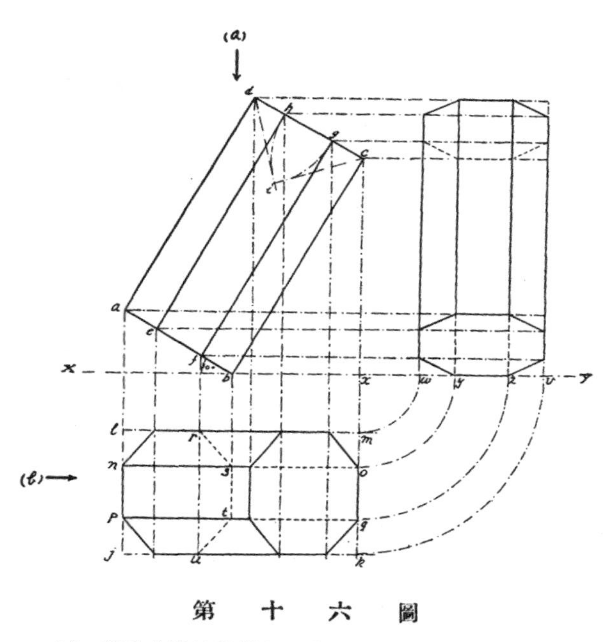

第　十　六　圖

eh是表明方柱體傾斜的現象，從d點起作垂直線表示方柱體的頂面，所以從箭頭(b)俯視方柱體，就看出 hijg 是頂面。 b是看不見的，因此kl用虛線表示。

再從b至m作水平線和ch相交於o，用o做圓心，作hn和gm兩弧，從nm作垂直線mp和nq表示方柱的高。 側面圖是從箭頭(a)觀察，則c是不能看見的。 所以rs是虛線，a是可以看見的，所以tu用實線表示。

在十五圖內所表示的三個圖形，是三個簡單的立體形，聯合起來，不但能表示它的形狀如何，且能看出它正確的位置。 不過三圖之中，至少要有兩圖是已知的。 無論是正面圖，側面圖，平面圖那末就可求這物體的位置和第三圖。

14. 第十六圖的性質和第十五圖相差無幾，不過方柱變爲八角柱罷了。 柱身的傾斜也是60°，柱的直徑也是$1\frac{5}{8}''$。 先作abcd也照上圖作法，至於fg和eh可照幾何畫的作法，先從e,h兩點作45°的對角線相交於i，用c和d做圓心，ci的長做半徑，截cd線於h和g，從h,g作he和gf兩平行線這是八角柱的正面圖。 從a,e,f,b和d,h,g,c各點作XY的正交線，同抵於jk線上，截取jp等於ae，pn等於ef，nl等於fb。 從j,p,n,l各點作XY的平行線lm,no,pq,jk各和a,e,f,b和d,h,g,c的垂直線相交，而成柱的頂面和底面。 從箭頭(a)觀察平面圖，從f到b的部分是不能看見，所以rstu用虛線表示。 用ck和bv的交點x做圓心，作mw,oy,qz等弧過w,y,z等點作XY的正交線，表示柱的側面圖。 從箭頭(b)觀察，柱的闊度如w至y至z至v仍舊不減它的眞長，惟它的高度已比眞長縮短了，因爲正面圖有傾斜現象。 所以大概物體的面爲了傾斜而使它的投影縮短眞長的，叫做縮形(Foreshortened View)，例如第十五圖，ih短於dc，pu短於da。 因此八角柱的頂面和底面，在平面和側面圖上所示的，非正八角形。

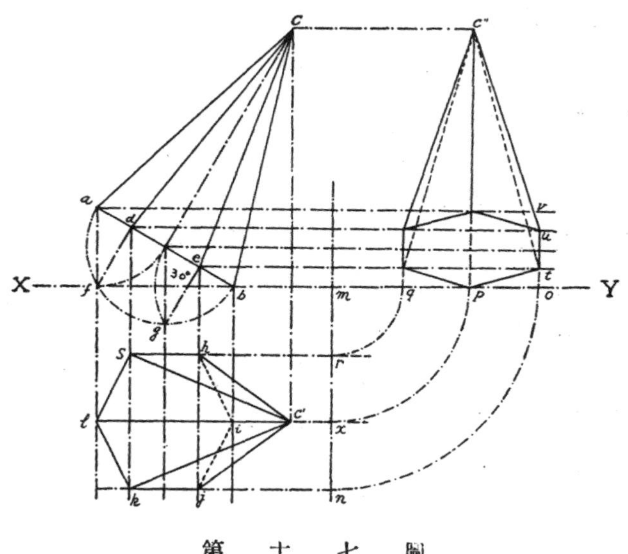

第　十　七　圖

15. 第十七面是個六角錐，底圖和XY

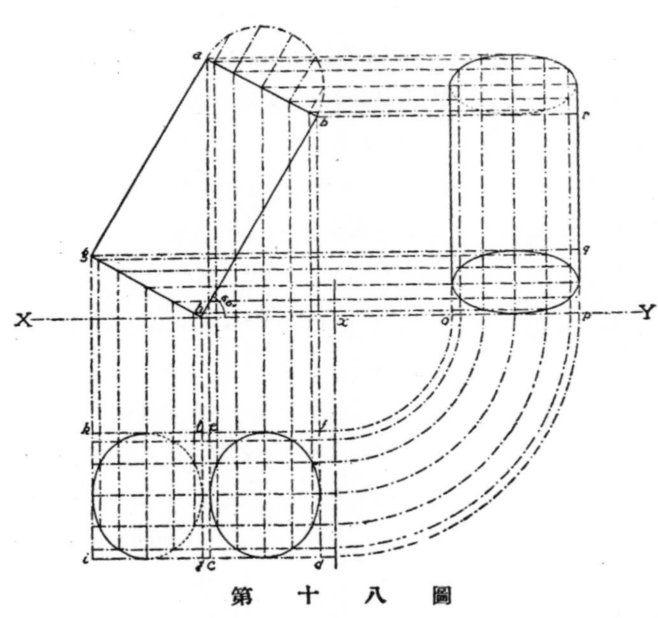

第 十 八 圖

成30°，底面的一端 b 立於水平投影面上。底面外切圓的直徑ab闊 2″，錐的高爲 $3\frac{1}{4}$″。要定 dc,ec 的位置，先將 ab做直徑作半圓，再用 a，b 做圓心，$\frac{1}{2}$ab 做半徑，截半圓周於 g 和 f。從g，f 作 ab的垂直線，得 d，e兩點，過 a，d，e，b四點，作 XY 的正交線，即得 hijkls 爲錐體底面的平面圖。再從頂點 c 作 XY 的正交線，得 c′ 點，聯接 c′h，c′i 等線，即得平面圖。從俯視 e 至 b 的部分，不能看見，所以 hij 用虛線表示。其餘用實線表示。圖內 li 的長，是這六角形的外切圓直徑的縮影。然後作 mn垂直線和 XY 相交於 m，用 m做圓心，作弧 nq，xp，no 和 XY 相交於 q，p，o 三點。這三點的距離，取自平面圖是眞長。o，t，u，v的距離，取自正面圖，因爲正面圖是傾斜的，所以較眞長縮短。c″取自 c，用丁字尺從 c 點作 XY 的平行線，聯接 c″u，c′ t 等線，就成這六角錐的側圖面。

16. 第十八圖和第十六圖相仿，不過將八角柱改爲圓柱。這圓柱體高3″，直徑$1\frac{5}{8}$″傾斜60°。這問題的主要點，在於觀察柱的頂面，所以先從ab作 XY 的正交線ac和bp，cd的距離，就是圓柱直徑的縮形。從 d 截取df 長 $1\frac{5}{8}$″，爲圓柱直徑的眞長。在dcfe長方形內，作橢圓形。（按幾何畫作法）這橢圓形便是圓柱頂面的縮形。仿此，從 g，h 作垂直線至 i 和 j，在 jikl 內作相同的橢圓形。側面圖 op 表示柱的闊，投影線gq 和 br 是限止圓柱體頂面和底面的闊度，因此下面的橢圓形表示底面。用實線表示，上面的橢圓形是表示頂面，虛線就是表示不能看見的部分。

17. 第十九圖是一個傾斜的圓錐體，底面的直徑長$1\frac{5}{8}$″，錐高3″，它的一角 p 和 XY 相交，傾斜的角度是任意的。這圖的構造線，根據了第十七十八面圖的作法，是不難解決的。

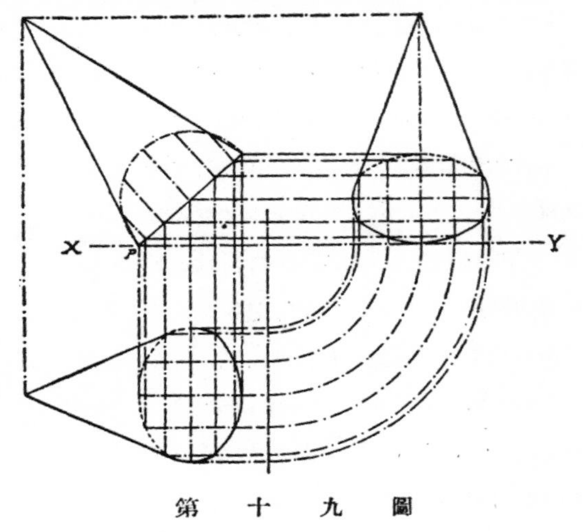

第 十 九 圖

實用簡要 城市計劃學

（續）

盧毓駿

第二節　都市測量

都市計劃之基本調查既畢，其第一步工作，即預備 $^1/_{1000}$ 或 $^1/_{2000}$ 之城市全圖。至於五千分之一，則吾國多數城市，尚無此種比例之正確測量圖，故須另行詳細測量有關規劃之地帶。

城市計劃師最好能隨測量師同出，以決定多角網及其頂點之佈置，水準點之地位，及應細測之地點；並須監視圖根點（即多角及頂點）之釘固，以爲將來規定路中綫之依據。

要而言之，城市計劃者，能兼諳測量，則可以省許多無謂之測量工作。

第三節　航空測量

歐洲大戰之後，航空測量極形進步；時至今日，可謂完全成功而常爲市政計劃師所樂採用。航空測量較普通測量優點甚多，舉其大者即迅速，經濟與正確。查航空測量之方法及所用之儀器皆極精密，其製圖所需時間，僅及普通測量之一小部份，至其經費，亦較普通測量可減省三分之二或四分之三。

中國城市，街道狹隘，且多迂曲，施測頗難迅速與精確。吾人試以所有城市舊圖與航測新圖相較，舊圖之精度去新圖遠甚，蓋舊圖於測量時，大多約而不詳，辦理市政者，常有計劃實施困難之感。

航攝傾斜照片於市政設計頗有價值。如設立特殊建築物及其他重要工程與公園等，其位置不難按圖確定，即非工程專家，亦可賴此項照片了然一切，其清晰程度實非普通工程圖案所能表現者也（參考圖一圖二圖三）

查航測城市圖精度之優劣，須視三角點之準確與否，及攝影機與製圖器械鏡頭之有無歪曲差而定，航測照片上，高程差在十公尺以上，可用立體製圖機，繪製優良之立體地圖，其精度如下：——

平均位置誤差　±0，1至±0，2 m/m（以圖之縮尺爲標準）

平均高度誤差　±0,03至±0,05m/m（以圖之縮尺爲標準）

欲製達到此項精度之地圖，應將照片上縮呎，等於或大於所需之地圖縮尺，影片縮尺較地圖縮尺愈大，則其

第一圖　參謀本部航空測量隊特許轉印

精度亦愈高。凡房屋渺小街道狹隘，如我國常有之情形，即可採用立體製圖方法，蓋既可確定庭園屋舍位置，又可表示高程狀態也。

純由照片構成立面，因無高程點，故其精度稍遜，用立體方法所製之圖，其誤差限度，可以測點之平均位置誤差士 0.3 m/m 按圖之縮尺計算之，同時須詳細顧及照像紙類之收縮程度。

法國規定之測點位置許可誤差限度如下：——

五千分一　誤差限度一公尺
0·005D

二千分一　誤差限度 0·5 公尺
0·005D

一千分一　誤差限度 0·2 公尺
0·005D

第二圖　參謀本部航空測量隊特許轉印

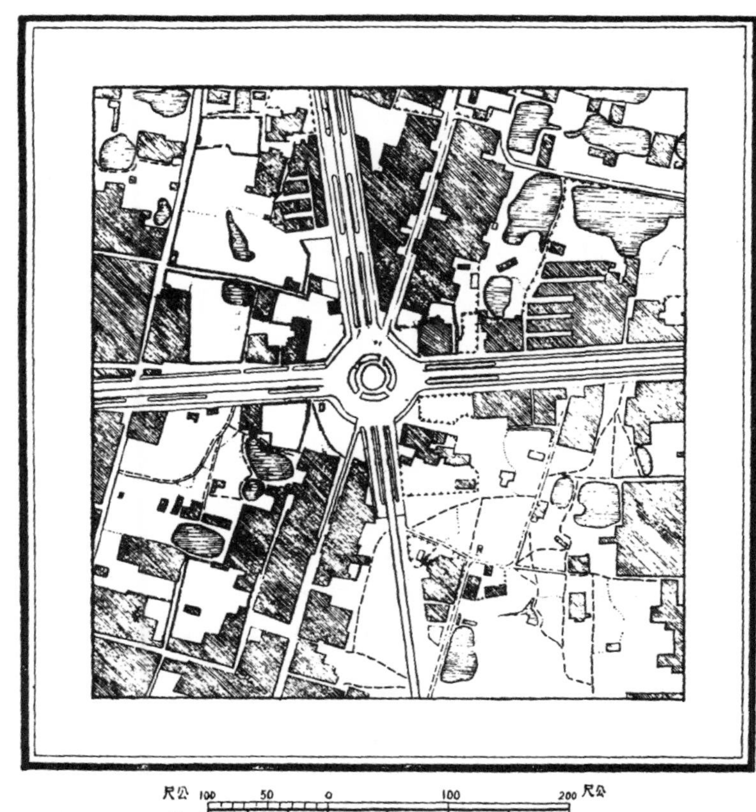

第三圖　南京新街口平面設計

D爲二點間之距離，上列之誤差限度，如能用優良儀器及謹愼工作，尙可減小之。

攝製照片圖之工作程序如下：——

假如底片於攝影時在水平位置，則被攝地面之各部分，理應正確投影於影片之上；但事實上底片決不能得水平位置，故攝就之影片，尙須另用特種構造之儀器，將因傾斜而生之誤差糾正。　其法在實地用經緯儀，擇影片上易於辨認之處，測控制點四點，以改正其縮尺，然後將已糾正之影片，按此項控制點彙接成圖，再經描繪，卽成普通之平均地圖。

飛機高度，須隨攝影機之焦距及所需影片縮尺而異，惟在城市中攝影，其高度大多在七百至二千公尺之間，攝影器械須用專供測量之攝影機，其快門及鏡頭須構造精密，備垂簾式快門之攝影機，不適於用。　影片之須製立體圖者，應有百分之六十之重疊。　僅須製照片圖者，則重疊百分之三十已足應用。至用何種方法製圖，當於計劃時先行決定。

用航空測量法測製地圖，仍須以普通測量爲之助，但範圍甚小，僅於地面上安設一小三角網，再施以導線測量，用前方或後方交會法補點。　所測之控制點，以於影片上易於辨認者爲主，如屋角園角顯明之建築物橋樑等處是。　點之選擇可視地方情形而定。　街道之不易測量者，則用前方交會法按屋頂電桿等目標定之。

吾國多數城市地圖，尙付缺如，市政建設何從着手？故於短時間內欲求建設之實現，航空測量城市，實應予以充分提倡也。

附啓　此節資料爲余友李君景潞所供給，李君在參謀本部主持航空測量有年，孤心苦詣，成績甚佳，私衷欽佩，於此致謝。

洛陽都市建築之沿革

楊哲明

左傳云:『武王克商,遷九鼎於洛邑』,此爲洛陽奠都之始。 自武王以後,歷代帝王之奠都洛陽者,亦不乏其人。 據中國古今地名大辭典所載:『周之成周,戰國時更名洛陽。 秦滅東周,置三川郡,封呂不韋爲文信侯,食河南洛陽十萬戶。 漢高帝卽位,初都洛陽,置雒陽縣。 尋西都長安。 以縣爲河南郡治。 世祖又都之。故城在今河南洛陽縣東北二十里。 晉曰洛陽縣。 石勒以洛陽爲南都。 後魏太和間亦定都之。 隋自故洛城西移十八里,置新都,仍曰洛陽縣。 唐權治大理寺。 徙治金墉 城。又移治都內之毓惪坊,卽今治。 明淸皆爲河南河南府治。 今爲河南河洛道治。 隴秦豫海鐵路經之。 (按卽隴海鐵路)其地北負邙山,南臨澗洛。古來有事中原者,皆以此爲樞 紐。城垣舊極廣。 隋唐時尙周六十九里三百二十步。 今城僅八里有奇』。(顧炎武肇域記)。 從此可知洛陽在歷史曾數度爲帝都之所在,但惟其如此,而牠所罹的浩刼亦深,班固在東都賦中曾云:『往者王莽作逆,漢祚中缺』。 天人所誅,六合相絕。 于時之亂,生人幾亡,鬼神泯滅,壑無完柩,郛罔遺室。 原野厭人之肉,川谷流人之血。 秦項之災,猶不克半。 書契以來,未之或紀』。 當時洛陽爲兵家所必爭的重地,所以遭受了極慘重的犧牲。 從班固的文字中,可知洛陽所罹災難之慘。酷光武中興以後,王莽誅滅,遂棄洛陽而遷都 而當時的一班臣民,仍有戀戀不忘洛陽之趨勢,可知洛陽在漢代已成爲中國極重要的都市特將洛陽都市建築之沿革,作詳細之考察。

洛陽縣志卷之六,土地記上,曰:

東漢舊京,在今洛陽城東三十里。 洛陽縣舊治,更北舊京城東三里,北倚鳳凰嶺,南對萬安雙峯。 東抵黑石關七十里,西抵穀水亦七十里。 西南抵伊闕五十里,東南抵轘闕亦五十里,北拒大河(指黃河)二十里。依邙山爲屏藩。 洛陽居天地之中,此城更居洛川之中,在周爲成周舊址』。

同書又曰:

『大城東西七里,南北十餘里,洛河穿城中,南宮在河陰,北宮在河陽,相去七里。爲複道三:中道鸞御,旁兩道,列侍衛儀仗。漢高祖于複道上,見諸將在沙上偶語』。

根據上述的兩段文字,洛陽城在周漢兩代的大小互異,周城倚西北,漢城則展至東南。故漢城有南北兩宮,南宮在洛川之南,北宮在洛川之北,兩宮隔川相望。於洛川上連絡兩宮間之交通利器,卽爲複道。 可知複道兩字之應用，在漢高祖時代已常見了。

同書又曰：

『南宮門曰南端門，崇賢門，九龍門，內嘉德殿，後長樂宮，前嘉德門。又有嘉德署，陽明殿，宣德殿，卻非殿。有御非正殿，爲崇德殿，魏改建曰太極殿。又有丙署殿。西有金商門，廣德殿，亦曰廣室，玉堂，前後殿。又有揚安殿，照臨臺，雲臺，東觀，承風觀，冰室，青鎖門』。

『北宮正門，曰端門，亦曰鐵柱門，東曰東掖門，西曰西掖門。又有鴻都門，雲龍門，敬法門，四闕門。南曰朱雀闕，東曰倉龍闕，西曰白虎闕，北曰元武闕。正殿曰德陽殿，在崇元門內，殿後含章門，門內章德殿，温德殿，華光殿，承祿署，在中藏府。翔平署，在後掖庭。永巷署在東掖庭。白虎觀之外，金馬門，增喜觀，東明觀，宣曲觀，觀外司馬門，百尺觀，鞠室，東北有盛饌閣，門侍中寺』。

『北門曰平朔門，宮門亦有上東門，閶闔門，更北有千秋門。魏有凌霄闕，昭陽殿，顯陽殿，崇華殿，更名九至殿，仁壽殿，清涼殿，觀德殿，芙蓉殿，九華殿，承光殿，式乾殿，元魏有疑閒堂，清徽堂，茅茨堂，光極堂，皇信堂（五堂元魏建，然茅茨魏已有之）。又有胡桃宮，青龍宮，長秋宮，池陽宮，東宮，宮門曰重華門。』

『南城三門，中曰平城門，魏晉曰平昌門；東曰開陽門，魏晉同；西曰津陽門。亦曰小苑門，魏晉曰宣陽門。』

『平陽門內，通紫禁御道，南北兩宮門外，四會道中，東西有大尉司徒兩坊，坊間列二銅駝，謂之銅駝街。』

『平陽門外，直南七里，有漢南郊，近二里所有明堂，在御道東；靈臺在御道西。辟雍在明堂北三百步，水周於外。又北有宣德亭，極南有委粟山（曹魏，元魏丘均在此）圜直南伊水之陽（元魏改營圜丘於此）。開陽門內，御道北，通廣莫門東，有景林寺。寺北，御道西有左衞府，府南，司徒府，再南國子學，學前宗正寺，寺南，卽太廟。廟前，護軍府，府南爲衣冠里』。

『開陽門外，三里，御道東，有元魏報德寺，再東有漢國子學堂，堂前，石經二十五碑，元魏孝文帝題爲勸學里。里西南，漢靈臺舊址，雖頹廢，猶高五丈。東延賢里，里有正覺寺，承光寺，又有龍華寺，追聖寺。並在報德寺之東，又有雙女寺，開臨洛水寺，東爲魏武所立辟雍。元魏正光間，又造明堂於魏辟雍西南，南更有漢東畢圭苑，苑中有魚梁臺』。

『津陽門內，御道北通大夏門宮前，御道西有永寧寺，東右衞府，府東大尉府府西永康里，南界昭元曹署，北鄰御史臺，南匠作曹，曹南九級府，府南太社，社南有凌陰里，卽晉藏冰處也』。

『津陽門外，御道東，有景明寺，又有大統寺，在景明寺西，利民里中。又南四里，至洛水，作浮橋，所謂冰橋也。南北兩岸，各各有華表，高二十丈。永橋南，漢曰槀街，諸番邸第，元魏立四夷館。道東四館：曰金陵，燕然，扶桑，崦嵫。道西四里：曰歸正，歸德，慕義，慕化。凡歸順者及貢使至，皆隨其方(位)處之。洛水南，又立四通市，以居胡商販客。永橋南道東，又有白象獅子二坊。再南有漢畢圭苑。

『東城三門，中曰東中門，魏晉曰東陽門。北曰上東門，魏晉曰建春門。南曰望京門，魏晉曰清明門。元魏曰青陽門。

『東中門內，御道，直通蒼龍闕門道。南有昭儀寺，寺內方池，趙逸云：此地石崇舊宅，宅內池上有綠珠樓。池西更有願會寺』。

『東中門外，御道北，有莊嚴寺，在東安里中，北臨租場，再東二里餘，暉文里，有秦太上寺，傍有劉禪，孫皓故宅。道南，敬義里內，有正始寺，張華宅在焉。去城二十里南，鴻池陂，穀水東注於中，周圍有歷代諸王名公邸第，又有鴻德苑』。

『上東門內，有司農寺，在御道南，道北爲晉太倉舊址，有古翟泉，北卽河南尹署。於晉時爲步廣里，泉西接華林園，園東，平望觀，魏改爲聽訟觀』。

『上東門外，有元魏明縣尼寺，東爲晉滿倉，孝文曾爲租場，天下貢賦所畜。龍華寺內，有土臺，高三丈，上作二精舍。趙逸云：此臺，是晉時旗亭也。上有二層樓，懸鼓繫之，以罷市。又有建陽里，爲晉時白社地，里東有綏民里，內有洛陽縣治，門臨陽渠，東有石橋，穀水自西穿城，又北逶城，至建春門外，會於陽渠，渠上故有石橋，橋四柱，元魏孝昌三年，大雨衝頹止剩道北二柱。石橋西南，有晉馬市，所謂東市。市在岡上。再東，崇義里內有京兆杜子休宅，地形顯敞，門臨御道。趙逸云：此晉時太康寺，王濬平吳後所造，子休捨宅爲寺。崇義里東又有七里橋，以石爲之，乃杜預之荆出頓之所也。橋東一里餘，有郭門，開三道，時人號爲三門，京師送別，多於此地』。

『望京門外，御道北，孝敬里，有平等寺』。

『望京門東，三里餘，有景寧里，里有景寧寺，北有孝義里，里西有蘇秦塚，塚旁更有寶明寺』。

『北城二門，東曰穀門，魏晉曰廣莫門，西曰大夏門，魏晉同』。

『穀門內，御道東，卽廣步里，河南尹署，太倉舊地，道西芳林園，後改華林園，園門南，對北宮後門曰千秋門，園東引翟泉，西通穀水，注園內大海中，中卽漢時天淵池。魏築九華臺，章臺觀，各高十餘丈。元魏孝文於臺上作清涼殿』。

『穀門外一里，御道東有凝圓寺，寺在永平里，寺東北卽秦漢間上商里，殷頑民所居，高祖賜名聞義里』。

大夏門內，御道東，卽華林園。園西北陬際城，魏明帝使公卿負土所起土山，名景陽山，南對千秋門，西有金市。市東有總章觀，高十丈餘，置翔鳳其上，亦臨大夏門，御道之西，卽漢西園，園有萬金堂，更有裸遊館，千間園，門內有八校尉署』。

大夏門外，有萬壽亭，亭東宣武場，每歲農隙，甲士習戰，千乘萬騎，胥會於此。場西卽賈充故宅，東北有光風園，園苜蓿。又邙山駱駝嶺，去城四里，嶺前卽古方澤地，歷代率不相遠。

西城四門：南中曰雍門，魏晉元魏曰西陽門；南曰廣陽曰，魏同，晉元魏曰西明門，北中曰上西門。魏晉曰閶闔門 再北魏曰承明門。

雍門內御道，直通司清門銅駝街。御道北有建中寺，長秋寺，俱在延年里，又晉時金市地也。

雍門外一里，御道南有宣忠寺，又西道北乃漢明帝所立白馬寺，寺爲中原釋教發源處。寺東南有九級寶塔，唐時所建，塔西一里餘，道南舊有洛陽大市，周圍八里。南有皇女臺，元魏景明年立靈仙寺於其上。市東有通商達貨二里，市南有調音樂律二里，西有退酤治觴二里，北有慈孝奉終二里，別有準財金市二里，凡此十餘里，皆工商所處。自退酤以西，張方橋東南臨洛水，北達邙山，其間東西二里，南北十五里，並名爲壽邱里，皇宗所居民間呼爲王子房，順帝西苑在其西。

廣陽門外，西南卽濯龍園，園內有濯龍殿，又有濯龍池，再南連津陽門，界有高陽寺，後改崇虛寺爲魏高陽王雍故宅。

上西門內，御道北有瑤光寺，寺北卽魏明帝時所築凌雲臺，御道東，通大夏門街，御道西有景樂寺，與永寧寺相當。

上西門外，御道南有融覺寺，寺西一里許，有大覺寺。又西三里，渠北有平樂苑，亦曰平樂觀。西北有上林苑。又西七里爲晉所建長分橋，以穀水注城下，分流入洛而名。惠帝，河間王顒使張方將兵犯闕，駐兵於此，又名張方橋。朝貴送別，多於此處，卽漢之夕陽亭也。又西七里餘有千金堰，亦爲穀水入京城築也。進京穀水渠，在上西門南里許，遶城穀水渠，又自西三里外而東北行，經大夏門，穀門，而東至城東又折而東南入陽渠。

承明門內，御道北卽西園，東連禁掖，出北門，依大城行半里許，卽金墉城 有元魏所建光極門，城內有光極殿，城東有芳蔬園。

大城（外廓）周圍七十三里，一百五十步。西距王城，東越瀍水，南跨洛川，北逾邙坂。

宮城高四十七尺，東西五里，二百步。南北七里。城南，東西各兩重（指二重廓）北三重。

南臨洛水，開大道曰端門街，闊一百步。自端門至建國門，南北九里，中爲御道。宮南正門，卽名端門重樓，上重名太微觀，臨大街，街南過天津橋，去端門八里，道西政化里內，有河南縣署，直南二十里，正當龍門。

出端門，有唐天后所鑄天樞（北斗之第一星），高五百尺。

南百步有黃道渠，渠闊二十步上有黃道橋，三道過築二百步，有唐洛城宮，至洛水有天津浮橋。跨水長一百三十步。橋南北有重樓四所，各高百餘丈。過洛二百步，又疏洛水，爲重津渠，闊四十步，上有浮橋樓船，出入苑中，隨時開舍。

重津南百步，有大堤，堤南有民坊，各周四里，開四門，臨街並爲重樓，飾以丹粉。洛南有九十六坊，洛北有三十坊。大街小陌，縱橫相對。

自重津南行，盡各坊，有建國門，卽羅城南正門也。門外有四方館，以待朝貢之使。

門南二里有甘泉渠，疏洛入伊，渠上有通仙橋五道，時人亦謂之五橋，南北有華表，長四丈，各高百餘尺。（長橋之長可知）

門西二里，有白虎門。再西二里至苑城，傍城行三里，有天經宮，南二里有仙都宮，並置先帝廟堂。

門東五里有長夏門，南二里至丹水，渠南五里至伊水，東北流十餘里入洛。

端門西一里，有右掖門，門西有麗景門，北曰宣耀門，唐天后置獄於此』。

根據上述的各節引證，洛陽城之建築規模，已可於字裏行間得其梗概。長安洛陽，爲古來之兩大帝都。試觀洛陽城中宮殿築建之宏敞，街道建築之整齊，市里坊等建築之配置等等，規模之大，可想而知。無怪其爲後漢，西晉，北魏隋唐二代之東都也。至於洛陽都市之盛況，則有班固所著之東都賦可以覆按。（二十三年十月）

最大正負彎冪之決定

王　進

接連梁上所受靜載重爲固定的，故該項靜載重對於接連梁各個跨度上所生之正負彎冪皆一定不變，但活載重則不然蓋接連梁各梁並非久荷活載重者，有時一梁荷活載重而他梁皆無之，或一梁無載重而他梁皆有之，或數梁有之，數梁無之，或隔梁有之，或兩毘連梁同時有之，種類之都猶如代數中之變互法（PERMUTATION）因載重之不同，故對於各梁所生之正負彎冪亦以之不一，但梁之設計應以安全爲首換言之，梁之各斷面應能勝任各種外加載重而後可否則拆裂立見矣，是以設計每梁之斷面時，應於各種載重情形對於各梁所生之彎冪中擇其最大者而定之，此所以欲求最大彎冪之主旨也，但活載重之變互既如是其多究竟在何情形下某斷面之正彎冪爲最大。 在何種情形下，某斷面之負彎冪爲最大，倘欲將各種載重所生之彎冪一一演出，而比較之則雖非事實所不許，豈乃設計上所可應用晚今學者，對於此點有特殊之發明，最著者如定點法（FIXED POINT METHOD）費氏係數（Faber's Coefficient）等皆法至簡便裨益省時不少，今試概述之如下：——

（A）最大正彎冪

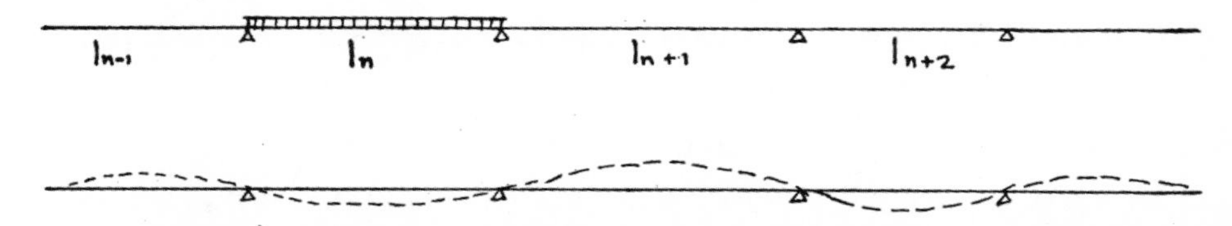

上圖爲某一接連梁之一部，其中 l_n 跨度上負均佈載每呎 w磅，其他跨度則皆無之，則該均佈載重對於各梁所生撓度（DEFLECTION）如上圖曲綫所示卽 l_n 跨度中部所生者爲正彎冪左右 l_{n-1} 及 l_{n+1} 兩跨度中部所生之彎冪爲負彎冪，換言之卽自左端數起逢單之跨度上者，皆爲正彎冪逢雙者，皆爲負彎冪各跨度上所生正彎冪之強度以負荷載重之跨度（此處卽 l_n）爲最大，然後向左右兩邊逐漸減少，離負重跨度愈遠，則彎冪之強度則亦愈小，一如聲浪之震幅以發聲處爲最密，逐漸向外稀減而終至寂滅，今設於另於單數跨度上負同樣之均佈載重，則該跨度及其他單數跨度上仍生正彎冪而雙數跨度上仍生負彎冪，換言之卽每單數跨度上加一載重，則各個單數跨度上正彎冪，亦因之各爲加大一次，反之若於任一雙數跨度加一載重則雙數跨度上皆生正彎冪，而單數跨度上反生負彎冪，故每雙數跨度上加一載重，卽單數跨度上正彎冪各爲減少一次，綜此言之，則欲求每一雙

數梁上之最大正彎冪，則該接梁中各雙數跨度均須負荷載重而，欲求每一單數跨度之最大正彎冪，則該接連梁中各單數跨度上均須負荷載重，此乃求最大正彎冪之要訣宜切記之。

(B)最大負彎冪。

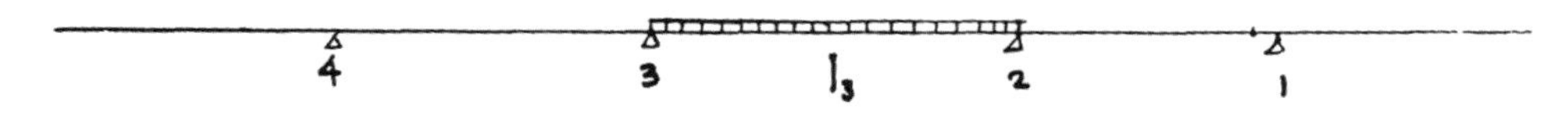

上圖彎冪圖所示負載重之跨度 l_3 其兩端支持處皆生負彎冪向外之二支持2，5，處皆生正彎冪而再向外之二支持1，6，兩處則又交替而生負彎冪換言之卽載重跨度 l_3 左邊各單梁支持處皆生負彎冪各雙數處皆生正彎冪而左邊各支持之彎冪則反之卽右邊各單數支持處皆生正彎冪各雙數支持處皆生負彎冪如下圖所示今設於 l_3 兩邊之任之雙數跨度 l_4 上加載重則 l_4 兩端支持處皆生負彎冪其左邊所有雙數支持處皆生負彎冪單梁支持處皆生正彎冪而右邊之彎冪則反之綜上所言支持4 處之彎冪前後皆爲負而其他各支持處皆正負相消同樣將各跨度先後加載重而以所生之彎冪列出

	1		2		3		4		5		6		7		8		9	
	△	l_1	△	l_2	△	l_3	△	l_4	△	l_5	△	l_6	△	l_7	△	l_8	△	l_9
1. l_1荷載重	−		−		+		−		+		−		+		−		+	
2. l_2荷載重	+		−		−		+		−		+		−		+		−	
3. l_3荷載重	−		+		−		−		+		−		−		+		−	
4. l_4荷載重	+		−		+		−		−		+		−		+		−	
5. l_5荷載重	−		+		−		+		−		−		+		−		+	
6. l_6荷載重	+		−		+		−		+		−		−		+		−	
7. l_7荷載重	−		+		−		+		−		+		−		−		+	
8. l_8荷載重	+		−		+		−		+		−		+		−		−	

………………………………………………………………………………………………

由上圖觀之可以歸納出下列數點：——

(1) 欲支持 2 處生負彎冪則 { l_1，l_2，l_4，l_6，l_8……荷 載 重
l_3，l_5，l_7……………不荷載重 }

蓋 l_4，l_6，l_8 ……荷載重時對於支持 2 皆生負彎冪

而 l_3，l_5，l_7 ……荷載重時對於支持 2 皆生正彎冪

(2) 欲支持 3 處生負彎冪則 { l_2，l_3，l_5，l_7 ………荷 載 重
l_1，l_6，l_8………………不荷載重 }

………………………………………………………………………………………………

故欲支持 n 處生最大負彎冪則除 n 支持兩邊之二跨度 l_{n-1} 及 l_n 必須荷載重外其餘 l_{n-3}，l_{n-5}……及 l_{n+2} l_{n+4} ……皆須荷載重而 l_{n-1}，l_{n-2}，l_{-4}……及 l_{n+1}，l_{n+3}……皆不荷載重

彎冪與撓角之關係

王　　進

（一） B端固着（END B FIXED）

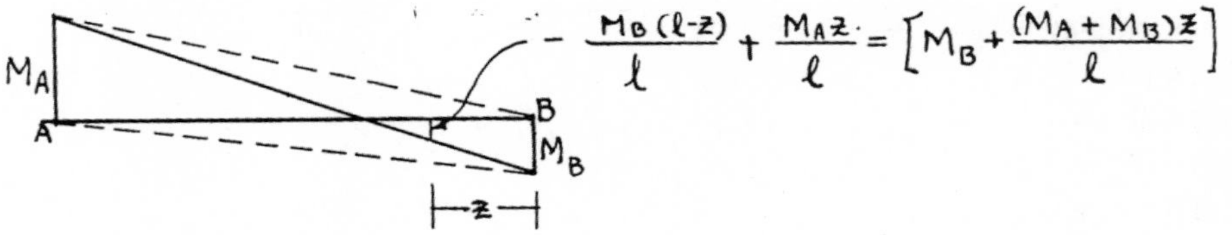

$$-\frac{M_B(l-z)}{l}+\frac{M_A z}{l}=\left[M_B+\frac{(M_A+M_B)z}{l}\right]$$

$$EI\ \frac{d^2y}{dz^2}=\int_B^A\left[-\frac{M_B(l-z)}{l}+\frac{M_A z}{l}\right]dz$$

$$EI\ \frac{dy}{dz}=-\ M_B z\ +\frac{(M_A+M_B)z^2}{2l}+[C^1=0]$$

$$EIy\ =-\ M_B z^2\ +\frac{(M_A+M_B)z^3}{6l}+[C^{11}=0]$$

$$EIl\theta_B=-\frac{M_B l^2}{2}+\frac{M_A l^2}{6}+\frac{M_B l^2}{6}$$

$$=\frac{M_A l^2}{6}-\frac{M_B l^2}{3}$$

$$\theta_B=\frac{l}{EI}\left(\frac{M_A}{6}-\frac{M_B}{3}\right)=0$$

$$\therefore M_B=\frac{M_A}{2}$$

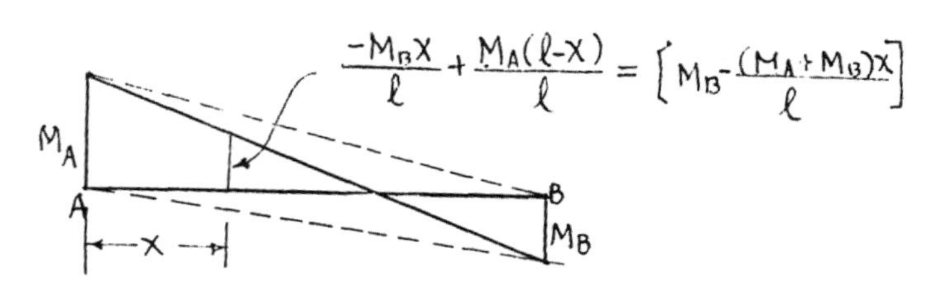

$$EI\frac{dy^2}{dx^2}=\int_A^B\left[M_B-\frac{(M_A+M_B)x}{l}\right]dx$$

$$EI\frac{dy}{dx}=M_Bx-\frac{(M_A+M_B)x^2}{2l}+C_1$$

When $x=l$ $\frac{dy}{dx}=0$ $\therefore C_1=\frac{(M_A+M_B)l}{2}-M_Bl$

$$\therefore EI\frac{dy}{dx}=M_Bx-\frac{(M_A+M_B)x^2}{2l}+\frac{(M_A+M_B)l}{2}-M_Bl$$

$$EIy=\frac{M_Bx^2}{2}-\frac{(M_A+M_B)x^3}{6l}+\frac{(M_A+M_B)lx}{2}-M_Bl\,x+[C_2=0]$$

When $X=l$, $EI\,\theta_A=\frac{M_Bl}{2}-\frac{M_Al}{6}-\frac{M_Bl^2}{6}+\frac{M_Al^2}{2}+\frac{M_Bl^2}{2}-M_Bl^2$

$$=-\frac{M_Bl^2}{6}+\frac{M_Al^2}{3}$$

$$\therefore\theta_A=\frac{l}{EI}\left(\frac{M_A}{3}-\frac{M_B}{6}\right)=\frac{l}{EI}\left(\frac{M_A}{3}-\frac{M_A}{12}\right)=\frac{lM_A}{4EI}$$

When $M_A=1$, $\theta_A=\frac{l}{4EI}$

（二）B端單支

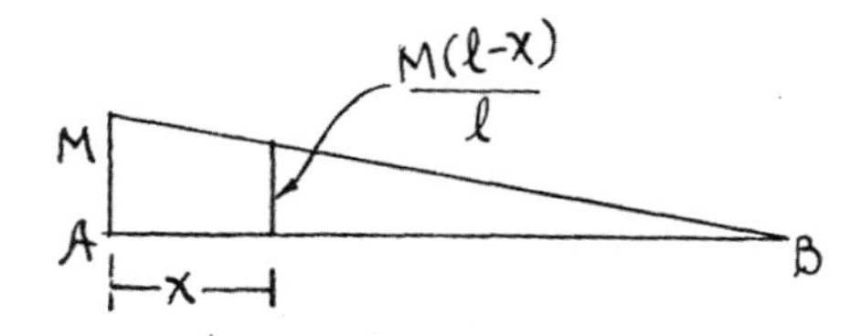

$$EI\frac{d^2y}{dx^2}=\int_A^B\frac{M(l-x)}{l}dx\cdots\cdots(1)$$

$$EI\frac{dy}{dx}=Mx-\frac{Mx^2}{2l}+C^1\cdots\cdots(2)$$

$$EIy=\frac{Mx^2}{2}-\frac{Mx^3}{6l}+C^1x\,[+C^{11}=0]\cdots\cdots(3)$$

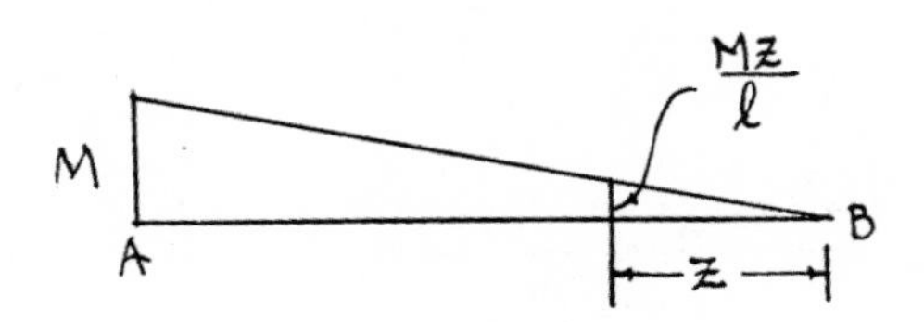

$$EI\frac{d^2y}{dz^2}=\int_B^A\frac{Mz}{l}dz\cdots\cdots\cdots(A)$$

$$EI\frac{dy}{dz}=\frac{Mz^2}{2l}+C_1\cdots\cdots\cdots(B)$$

$$EIy=\frac{Mz^3}{6l}+C_1z[+C_2=0]=\cdots\cdots(C)$$

當 $z=l-x$, $(C)=(3)$

代入 (C) $EIy=\frac{M(l-x)^3}{6l}+C_1(l-x)$

$$=\frac{Ml^2}{6}-\frac{Mlx}{2}+\frac{Mx^2}{2}-\frac{Mz^3}{6l}+C_1(l-x)\cdots\cdots(D)$$

以 $(C)=(3)$ $\frac{Mx^2}{2}-\frac{Mx^3}{6l}+C^1x=\frac{Ml^2}{6}-\frac{Mlx}{2}+\frac{Mx^2}{z}-\frac{Mx^3}{6l}+C_1(l-x)$

$$C^1=\frac{Ml^2}{6x}-\frac{Ml}{2}+\frac{C_1(l-x)}{X}$$

代入 (2) $E1\frac{dy}{dx}=Mx-\frac{Mx^2}{2l}+\frac{Ml^2}{6x}-\frac{Ml}{2}+\frac{C_1(l-x)}{x}\cdots\cdots(4)$

當以 $z=l-x$ 代入(B) $(B)=-(4)$

$$El\frac{dy}{dx}=\frac{Ml}{2}-Mx+\frac{Mx^2}{2l}+C_1\cdots\cdots(E)$$

以 $(E)=(4)$

$$\frac{Ml}{2}-Mx+\frac{Mx^2}{2l}+C_1=-Mx+\frac{Mx^2}{2l}-\frac{Ml^2}{6x}-\frac{Ml}{2}-\frac{C_1(l-x)}{x}$$

$$C_1+\frac{C_1l}{x}-C_1=-\frac{Ml^2}{6x}$$

$$C_1=-\frac{Ml}{6}$$

$$\therefore\ EI\frac{dy}{dz}=\frac{Mz^2}{2l}=\frac{Ml}{6}\cdots\cdots(F)$$

(F) 式中　　當 $z=0$

$$\frac{dy}{dz}\theta_B= \qquad \therefore\ EI\theta_B=-\frac{Ml}{6}$$

$$即\ \theta_B=-\frac{Ml}{6EI}$$

當 $z=l$ $\qquad \frac{dy}{dz}=\theta_A$

$$\therefore\ EI\theta_A=\frac{Ml}{2}-\frac{Ml}{6}$$

$$即\ \theta_A=\frac{Ml}{3EI}$$

當 $M=1$

則 $\theta_A=\frac{1}{3EI}$

$\theta_B-\frac{1}{6EI}$

（三） B端半固着（Restrained）

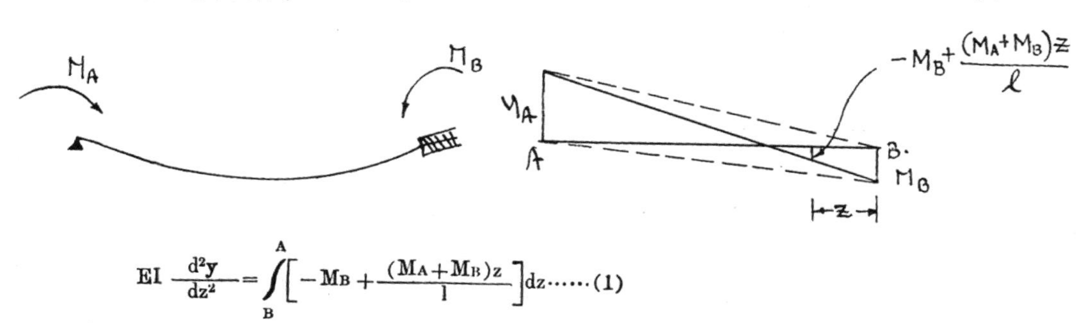

$$EI\frac{d^2y}{dz^2}=\int_B^A\left[-M_B+\frac{(M_A+M_B)z}{l}\right]dz\cdots\cdots(1)$$

$$EI\frac{dy}{dz}=-M_Bz+\frac{(M_A+M_B)z^2}{2l}+C^1\cdots\cdots(2)$$

$$EIy=-\frac{M_Bz^2}{2}+\frac{(M_A+M_B)z^3}{6l}+C^1z\ [+C^{11}=0]\cdots\cdots(3)$$

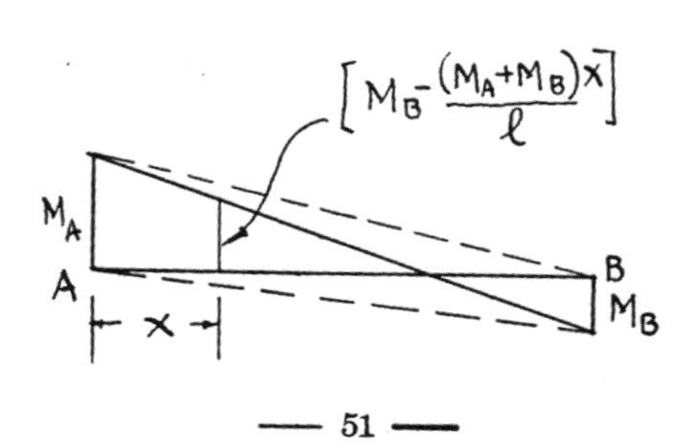

$$EI\frac{d^2y}{dx^2}=\int_A^B\left[M_B-\frac{(M_A+M_B)x}{l}\right]dx\cdots\cdots\cdots(A)$$

$$EI\frac{dy}{dx}=M_Bx-\frac{(M_A+M_B)x^2}{2l}+C_1\cdots\cdots(B)$$

$$EIy=\frac{M_Bx^2}{2}-\frac{(M_A+M_B)x^3}{6l}+C_1x+[C_2=0]\cdots\cdots(C)$$

當 $z=l-x$　　$(C)=(3)$

代入(3) $EIy=-\frac{M_Bl^2}{2}+M_Blx-\frac{M_Bx^2}{2}+\frac{M_Bl^2}{6}-\frac{M_Blx}{2}+\frac{M_Bx^2}{2}-\frac{M_Blx^3}{6l}$

$$+\frac{M_Al^2}{6}-\frac{M_Alx}{2}+\frac{M_Ax^2}{2}-\frac{M_Ax^3}{6l}+C^1(l-x)$$

$$=-\frac{M_Bl^2}{3}+\frac{M_Blx}{2}-\frac{M_Bx^3}{6l}+\frac{M_Al^2}{6}-\frac{M_Alx}{2}+\frac{M_Ax}{2}-\frac{M_Ax^3}{6l}+C^1(l-x)\cdots\cdots(4)$$

以 $(C)=(4)$

$$C^1(l-x)\quad -\frac{M_Bl^2}{3}+\frac{M_Blx}{2}-\frac{M_Bx^3}{6l}+\frac{M_Al^2}{6}-\frac{M_Alx}{2}+\frac{M_Ax^2}{2}-\frac{M_Ax^3}{6l}=\frac{M_Bx^2}{2}-\frac{M_Ax^3}{6l}-\frac{M_Bx^3}{6l}$$

$$+C_1x$$

$$C_1x=-\frac{M_Bl^2}{3}+\frac{M_Blx}{2}-\frac{M_Bx^2}{2}+\frac{M_Al^2}{6}-\frac{M_Alx}{2}+\frac{M_Ax^2}{2}+C^1(l-x)$$

$$C_1=-\frac{M_Bl^2}{3x}+\frac{M_Bl}{2}-\frac{M_Bx}{2}+\frac{M_Al^2}{6x}-\frac{M_Al}{2}+\frac{M_Ax}{2}+\frac{C^1(l-x)}{x}$$

以C_1值代入(B) $EI\frac{dy}{dx}=M_Bx-\frac{M_Ax^2}{2l}-\frac{M_Bx^2}{2l}-\frac{M_Bl^2}{3x}+\frac{M_Bl}{2}-\frac{M_Bx}{2}+\frac{M_Al^2}{6x}-\frac{M_Al}{2}+\frac{M_Ax}{2}+\frac{C^1(l-x)}{x}$

$$=\frac{M_Bx}{2}-\frac{M_Ax^2}{2l}-\frac{M_Bx^2}{2l}-\frac{M_Bl^2}{3x}+\frac{M_Bl}{2}+\frac{M_Al^2}{6x}-\frac{M_Al}{2}+\frac{M_Ax}{2}+\frac{C^1(l-x)}{x}$$

以 $z=l-x$ 代入 (2)

$$EI\frac{dy}{dx}=-M_Bl+M_Bx+\frac{M_Al}{2}-M_Ax+\frac{M_Ax^2}{2l}+\frac{M_Bl}{2}-M_Bx+\frac{M_Bx^2}{2l}+C^1\cdots\cdots(5)$$

以 $(5)=(D)$　$\frac{M_Bx}{2}-\frac{M_Ax^2}{2l}-\frac{M_Bx^2}{2l}-\frac{M_Bl^2}{3x}+\frac{M_Bl}{2}+\frac{M_Bl^2}{6x}-\frac{M_Al}{2}+\frac{M_Ax}{2}+\frac{C^1l}{x}-C^1$

$$=+\frac{M_Bl}{2}-\frac{M_Al}{2}+M_Ax-\frac{M_Ax^2}{2l}-\frac{M_Bx^2}{2l}-C^1$$

$$C^1\frac{l}{x} = M_A x - \frac{M_B x}{2} + \frac{M_B l^2}{3x} - \frac{M_A l^2}{6x} - \frac{M_A x}{2}$$

$$= \frac{M_A x}{2} - \frac{M_B x}{2} + \frac{M_B l^2}{3x} - \frac{M_A l^2}{6x}$$

$$C^1 = \frac{M_A x^2}{2l} - \frac{M_B x^2}{2l} + \frac{M_B l}{3} - \frac{M_A l}{6}$$

代入 (5) $EI\frac{dy}{dx} = -\frac{M_B l}{2} + \frac{M_A l}{2} - M_A x + \frac{M_A x^2}{2l} + \frac{M_B x^2}{2l}$

$$+\frac{M_A x^2}{2l} - \frac{M_B x^2}{2l} + \frac{M_B l}{3} - \frac{M_A l}{6}$$

$$= -\frac{M_B l}{6} + \frac{M_A l}{3} - M_A x + \frac{M_A x^2}{l}$$

當 $X=l$, $EI\theta_B = -\frac{M_B l}{6} + \frac{M_A l}{3} - M_A l + M_A l$

$$= -\frac{M_B l}{6} + \frac{M_A l}{3}$$

$$\theta_B = \frac{1}{EI}\left(\frac{M_A}{3} - \frac{M_B}{6}\right) = \frac{1}{6EI}(2M_A - M_B)$$

When $x=0$, $EI\theta_A = -\frac{M_B l}{6} + \frac{M_A l}{3}$

$$\theta_A = -\frac{1}{EI}\left(\frac{M_A}{3} - \frac{M_B}{6}\right) = -\frac{1}{6EI}(M_B - M_A)$$

$$\therefore \theta_A = -\theta_B$$

建築幾何

(續)

石麟炳譯

十七圖 a 爲一四圓心之 S 形曲線,此種曲線,可與二實線或假想平行線成切線(如 e 與 f)此種曲線在建築上亦常應用,但其各種値之求法則非盡以數學方法所堪勝任,其最簡單而實用之方法如下述之:——

設此種曲線用繪圖法製就,可先擬定 H與W之値,次量 R, B, G, E, 與 g 之長,然後按公式(1)(2)(3)(4)可求得AUVr之値。此種實例在十三圖之(J)圖中已指示矣。按此數値,在圖樣結構上有連帶關係,在第三表色表示十分詳明。

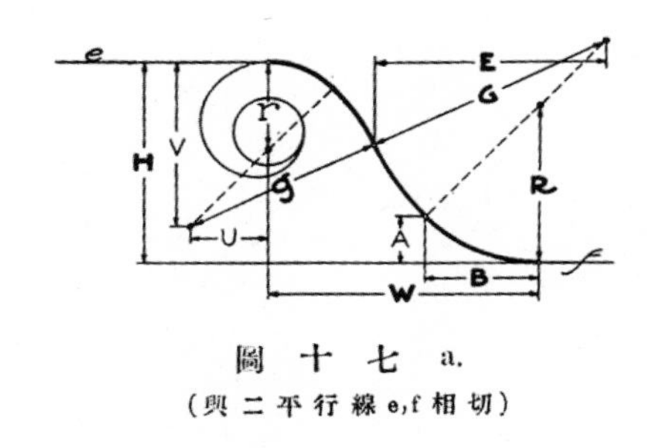

圖十七 a.
(與二平行線 e,f 相切)

W與 H爲已知數

R, B, G, E, 與 g 爲量得數

按普通公式:——

(1) $A = R - \sqrt{R^2 - B^2}$

(2) $U = \left(\frac{g}{G} + 1\right) E - \left(\frac{G}{R} - 1\right) B - W$

(3) $V = H + \left(\frac{g}{G} - 1\right)\sqrt{G^2 - E^2} + \left(\frac{G}{R} - 1\right) A - G$

(4) $r = \frac{g^2 - V^2 - U^2}{2(g - V)}$

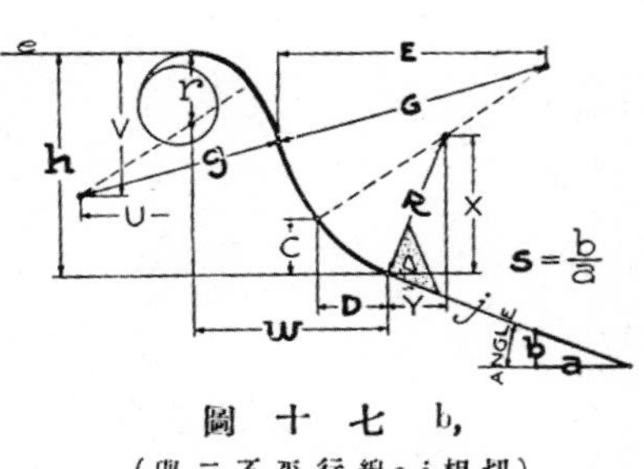

圖十七 b,
(與二不平行線 e,j 相切)

W, h與 S 爲已知數

R, D, G, E與 g 爲量得數

按普通公式:——

(1) $X = \frac{R}{\sqrt{1+S^2}} = R$ (Cosine of angle)

(2) $Y = SX = R$ (Sine of angle)

(3) $C = X - \sqrt{R^2 - (D+Y)^2}$

(4) $U = \left(\frac{g}{G} + 1\right) E - \left(\frac{G}{R} - 1\right)(D+Y) - (W+Y)$

(5) $V = h + R + \left(\frac{g}{G} + 1\right)\sqrt{G^2 - E^2} + \left(\frac{G}{R} - 1\right)$
$(C + R - X) - (G + X)$

(6) $r = \frac{g^2 - V^2 - U^2}{2(g - V)}$

十七圖 b 亦為四圓心之 S 形曲線，但不與二平行線相切，而相切於二不並行之線（如 e 與 f ）此種曲線在第十六 b 圖中已發見不過僅為二圓心耳。應用三角法求得 $S=\frac{d}{a}$ 然後量得半徑 R之值，則行用方程式(1)至(6)可求得 XYGGV 與 r 之值。

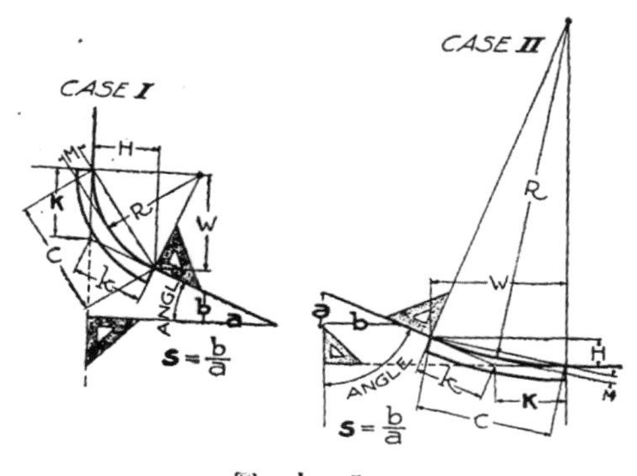

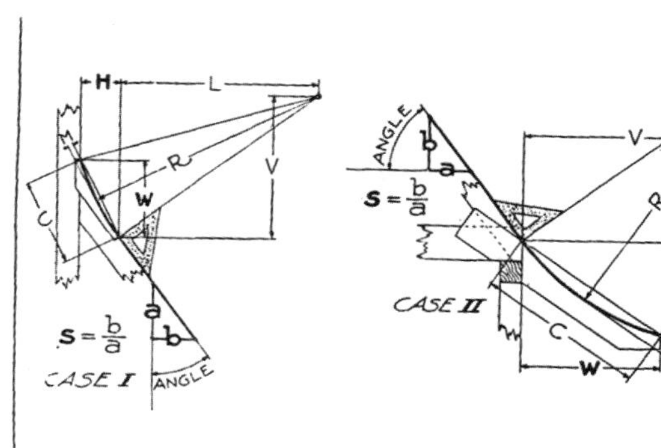

圖十八 a.

(1) $H=\frac{K}{\sqrt{1+S^2}}$

(2) $W= SH + K$

(3) $R=\frac{H^2+W^2}{aH}$

(4) $k = K$

(5) $C=\sqrt{H^2+W^2}$

(6) $M=R-\sqrt{R^2-\left(\frac{c}{2}\right)^2}$

圖十八 b.

(1) $R=\frac{(H^2+W^2)\sqrt{1+S^2}}{2(SW-H)}$

(2) $L=\sqrt{\frac{(WR)^2}{H^2+W^2}-\left(\frac{W}{2}\right)^2-\frac{H}{2}}$

(3) $V=\sqrt{R^2-L^2}$

(4) $C=\sqrt{H^2+W^2}$

(5) $M=R-\sqrt{R^2-\left(\frac{C}{2}\right)^2}$

在研究第十八圖之前須先知十八圖中之 a b 二圖，先知數互相歧異，按圖 a 先知數為距離K，而 b 則為W與H，圖 a 切線作成之角度亦與圖 b 完全不同，均可於圖內表示明白，其中之公式，可迅速解決各項未知值，先求之項目當推半徑 R，以次可求得其他各項之值。

按十九圖與在本刊第七期所刊之第九圖相類，為建築裝飾上常用之圖形，此類圖形之解答，將於下章討論之。

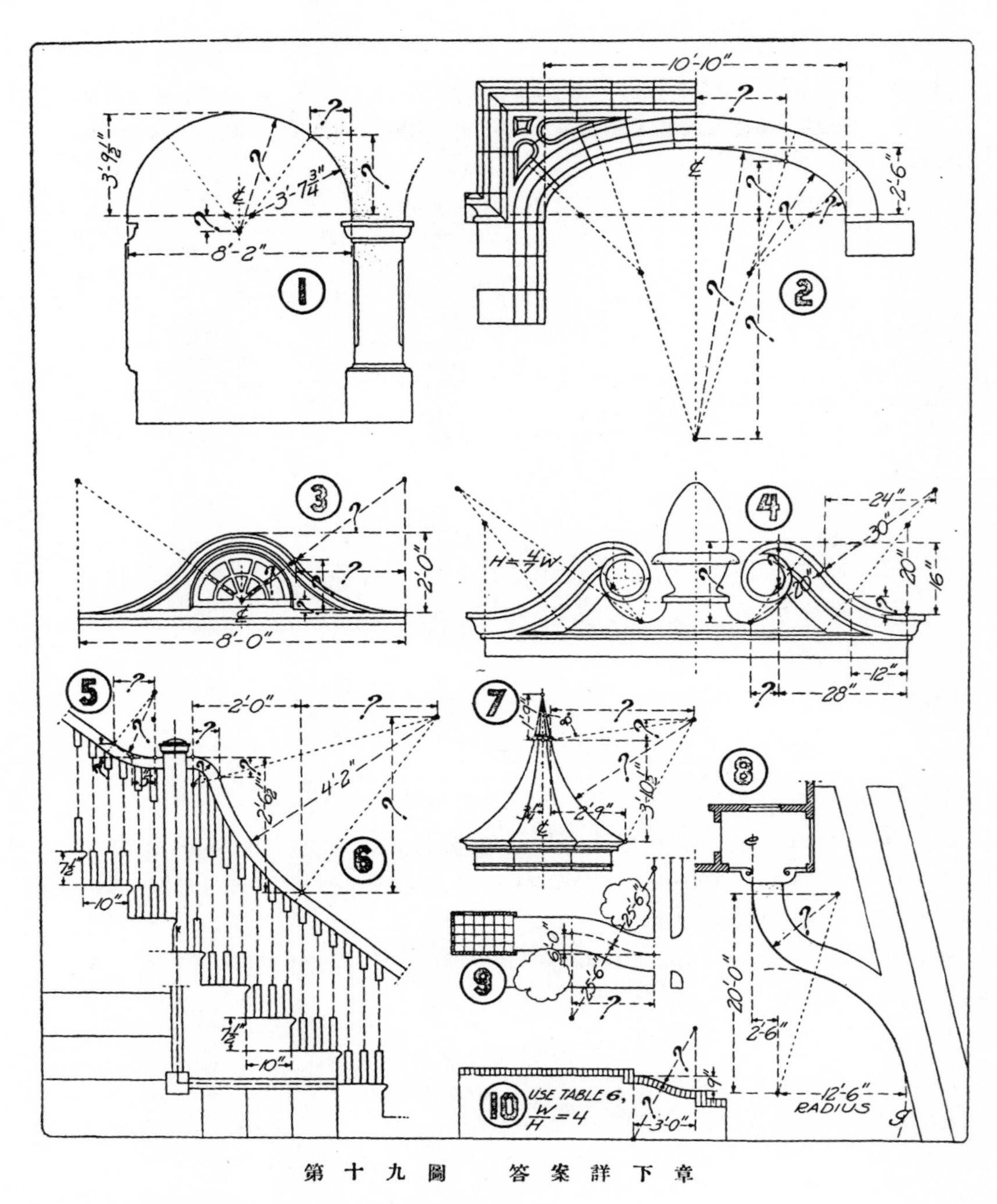

第十九圖　答案詳下章

第一章第九圖答案　（圖樣詳本刊二卷七期62頁）

第一題　求洋臺之寬度：——

按圖，外圓弧之半徑爲（40″+13″）=53″，P點至基線（Spring line）之距離爲(141″−12″−84″)=45″；

則P點至中心之橫距當爲$\sqrt{53^{\square''}-45^{\square''}}=28''$。 自原長$6'-0''$減去此距離,得$3'-8''$即所求洋臺之寬度也。

第二題 求行程線之半徑:——

按圖,行程線之周距爲$200''$,引第一圖第十三公式 $R=\frac{113\times C}{710}=\frac{113\times 200}{710}=31\cdot83''$

我們爲扶梯之舒適及安全起見,從扶梯欄竿至行程線之距離最少需要$18''$,最多亦不過$20''$。 設爲$19\cdot83''$,則欄竿之半徑確爲$12''$。

第三題 求行程線之半徑

按圖行程線之長度爲$91''$,因行成線所成之角度爲$73\cdot5$度, 引第一圖第十九公式 $R=\frac{4068\times L}{71\times a}$

$$=\frac{4068\times 91}{71\times 73\cdot5}=70\ 93''$$

設欄竿至行程線之距離爲$19\cdot93''$,則欄竿之半徑爲$51''$即$4'-3''$

設行程線至外欄竿之距離爲$20\cdot07''$,則外欄竿之半徑爲($70\cdot93''+20\cdot07''$)$=7'-7''$

以此可知二欄竿之中心距爲$3'-4''$

如設計一旋轉扶梯,階步上下均相同,則兩面欄竿之中心距愼勿大於兩倍$20''$,過此卽形危險也。

第四題 求二心圓拱之半徑及H之長度:——

按圖,二心拱之半徑度爲$36''$,基線至弧頂之高爲$48''$,引第八圖 C第一公式, $R=\frac{W^2+H^2}{2W}=\frac{36^2+48^2}{2\times36}=50''$

卽$4'-2''$ 卽所求圓拱之半徑

引第二圖第四公式 $H=R-\sqrt{R^2-W^2}=50''-\sqrt{2500''-196''}=50''-48''=2''$

第五圖 求底弧及頂弧之半徑並頂弧每段之長

按圖,底弧跨度之長爲$50'-0''$,弧高爲$5'-0''$,故S與H之比爲10,查第一表得半徑爲高度之13倍,故可得半徑$13\times5=65'$

頂弧跨度之長亦爲$50'-0''$但高度爲$11'-0''$

引第八圖(A)第一公式 $R=\frac{W^2+H^2}{2H}$

按W爲半徑度$=25'$, H爲高$=11$,

故 $R=\frac{25^2+11^2}{2\times11}=\frac{746}{22}=30\ 10/11'$ 卽$33'—10\ 29/32''$

引第一圖第七公式 $\text{Sine } a=\frac{d}{R}$

命d爲半跨度之長

$\therefore$ $\text{Sine } a=$ 重$25/^{746}/_{22}=\frac{550}{746}=\cdot7372$

按三角對數表,知角度$=47°30'$ 卽$47\cdot5°$

引第一圖第十八公式 $L=\frac{71\times R\times a}{4068}=337\cdot4''$

卽頂弧一半之長

按圖頂弧共分十相同部份

$\therefore$每部之長爲 $337\cdot4$之五分之一 卽$5'—7\ 15/32''$

國產木材之實用計算表及說明

趙 國 華

導 言

吾國南方如閩浙皖贛湘川滇黔各省深山中盛產松杉。 惜以連年備受兵燹苛捐，並受洋松之侵略，以致產消量日益衰微。 近年來木業領袖，羣起策略挽回，當局亦有明令強制採用之舉；此種辦法，僅堪治標。 而目下急需者，乃爲治本辦法。 如厘稅之豁免，尺碼之劃一，材質之攷究，廢材之利用，應用之方法等等，俱有研究之必要。 厘稅之豁免，可使成本降低，易於推銷。 尺碼之劃一，可使購用者得依同一之方法同一之標準，可以比較其價格，則營業有一定之標準，無虛僞之事端發生矣。 材質之攷究，可使用者得明瞭其性質，則在何種情形之下，使用何種木料，卽可瞭如指掌。 廢材之利用，如梢，根，枝，葉，木屑，木皮等，苟能善爲利用，物旣能各盡其用，而成本亦得因之降低。 應用方法之考究，可使銷路日益暢達。 以上種種，皆爲增加本國木材產銷之根本辦法。 不然雖有功令之頒布，實無補於實際。 深望業木諸君，及工程界同志，加以注意。 此種未開闢之境界正多，深望能早日組織此種研究團體，從事於根本治法。 不然常此以往，本國木業之失敗益不知伊於胡底也。

本篇所述僅屬木材應用方法之一部。 但作者深信卽此一小部分之工作，已可將國產木材重行踏入建築土木界之可能。 蓋本國工程師，並非完全受洋化而將國貨棄之不顧。 實緣對於此種無組織無標準之木材，探求勞時費事，在業務迫忙之需要家，在此等情形之下，只得採用洋松以求便利。 常見外商對於商品目錄及說明書，宣傳品之印刷。 雖一釘之微，亦不因化數千百元之費用。其目的卽使應用者，在此種書籍內易於探求其所需之資料，結果非採用其出品不可。 吾國對於此種宣傳方法，除無生產無補實際如化粧品，消耗品等，有大吹大擂之宣傳外，獨於利國利民之事業，皆嚴守陳法，不願稍予變遷。 一若稍染洋化，有失體面。 此種觀念在二十世紀之商場上已無存在之可能性。 本人有感于此，本提倡國貨之宗旨，對於本國木材先作初步之研究，先將一部分之研究結果發表公佈。 一方面希望本國之建築土木工程師，本良心上的主張。 此間旣有比較便利的工具作爲設計施工之助手，請勿再事任情採用外貨。 一方面希望對於此種廣大無垠之處女地，正爲吾儕工程人員找覓研究資料之好場所。 卽就木材應用方法一部份而言，已有不少値得研究而急待解決之問題。 例如木材鋸製法之研究，木材用作鐵道枕木學理上實驗之研究，木材用於西式建築物之研究，木材用於建築橋梁之研究。 樁節木料方法之研究。 增加木樁支持力方法之研究等等，皆待熱心者下定苦功，詳爲推闡，能使少流一分錢到外國，卽少傷一分國家元氣。 同時希望木業領袖與建築界互相連絡，互相遷就，木業前途其庶幾乎。

本篇先從目下本國木商通行之習慣作出發點，並將建築土木工程人員日常在計劃上發生密切關係之事項加以適當之連絡。 如第一表中列有量木習慣用灘尺計値之圍圓，與化成公制之直徑，斷面積，斷面率（Sectiou Modulus）旋徑（Raduis of gyratiou）二次羃（Second Moment）及計算木材價格用之兩碼等同列一表。 旣知其一卽可推求其他。 不但工程人員可以利用此表，卽業木商人亦有甚多用處。 第二表所列爲丈二筒（假頭）丈五筒，丈八筒三種木材，假定應用作柱，樁及梁等三種，在某種情形之下，需用若干尺寸之木料，在表中一索卽得。 此外對於估價上施工上與之有密切關係之打樁支持力表，人工表，筒木重量表一併附入以利應用。有此數表，對於普通所遇之工程設計上，大致可以應付。 惟此種表格所列尺碼及長度，有爲木業中不常用者，亦望着手改正，使之標準化。

本篇所附之表格及說明，歡迎轉載，並希望逐一核對校正及補充以期完璧。

又關於購木時之種種習慣及估算之詳細方法與橋梁建築之應用等等，可由參考作者所編之「木橋」一書。將由全國道路協會出版發行。

第一表 龍泉尺碼及斷面性質對照表

碼子	圍圓（灘尺）	圍圓（公尺）	直徑（公分）	斷面積（公分）²	斷面率（公分）³	旋徑（公分）	二次羃（公分）⁴	兩碼（兩）	碼子
小分	1·00	0·340	10·8	91·6	123·9	2·60	670·3	0·030	小分
	1·05	0·357	11·4	102·0	141·7	2·83	804·8	0·035	
	1·10	0·374	11·9	111·2	165·4	2·98	984·4	0·040	
	1·15	0·391	12·4	120·8	187·2	3·10	1,164·4	0·045	
	1·20	0·408	13·0	132·0	215·7	3·25	1,400·0	0·050	
中分	1·25	0·425	13·5	143·0	241·5	3·38	1,632·5	0·055	中分
	1·30	0·442	14·1	153·9	275·2	3·53	1,934·7	0·06	
	1·35	0·459	14·6	167·4	305·5	3·65	2,230·2	0·065	
大分	1·40	0·476	15·1	179·1	338·0	3·78	2,558·7	0·07	大分
	1·45	0·493	15·7	193·6	380·0	3·93	2,949·2	0·08	
	1·50	0·510	16·2	206·1	417·4	4·05	3,384·7	0·09	
小錢	1·55	0·527	16·8	221·6	465·5	4·20	3,900·9	0·105	小錢
	1·60	0·544	17·3	235·1	508·3	4·33	4,396·8	0·120	
	1·65	0·561	17·8	248·8	553·7	4·45	4,939·0	0·135	
	1·70	0·578	18·4	265·9	611·7	4·60	5,621·6	0·150	
	1·75	0·595	18·9	280·6	662·8	4·73	6,270·1	0·165	
	1·80	0·612	19·5	298·6	728·0	4·88	7,083·4	0·180	

	1·85	0·629	20·0	314·2	785·4	5·00	7,854·0	0·205	
中	1·90	0·646	20·5	330·1	845·8	5·13	8,687·3	0·230	中
	1·95	0·663	21·1	349·7	922·3	5·28	9,721·0	0·255	
	2·00	0·680	21·6	366·4	989·5	5·40	10,696·4	0·280	
	2·05	0·697	22·2	387·1	1,074·1	5·55	11,901·0	0·305	
	2·10	0·714	22·7	401·7	1,148·6	5·68	13,036·6	0·330	
錢	2·15	0·731	23·2	422·7	1,226·0	5·80	14,246·0	0·355	錢
	2·20	0·748	23·8	444·8	1,323·5	5·95	15,736·0	0·380	
	2·25	0·765	24·3	463·8	1,408·9	6·08	17,132·0	0·405	
大	2·30	0·782	24·9	486·9	1,515·7	6·23	18,849·0	0·430	大
	2·35	0·799	25·4	506·7	1,608·9	6·35	20,432·8	0·455	
	2·40	0·8I6	25·9	526·8	1,705·8	6·48	22,124·2	0·480	
	2·45	0·833	26·5	551·5	1,827·1	6·63	24,101·0	0·505	
	2·50	0·850	27·0	572·6	1,923·5	6·75	25,986·3	0·530	
	2·55	0·867	27·6	598·2	2,064·2	6·90	28,444·7	0·580	
	2·60	0·884	28·1	620·2	2,178·4	7·03	30,606·5	0·630	
	2·65	0·901	28·6	642,4	2,296,3	7,15	32,890·0	0·680	
	2·70	0·918	29·2	669,7	2,444,4	7,30	35,683·8	0·780	
	2·75	0·935	29·7	692,8	2,572,3	7,43	3,8225·1	0·780	
	2·80	0·952	30·3	721,0	2,731,2	7,58	41,823·0	0·830	
	2·85	0·969	30·8	745,0	2,868,6	7,70	44,176·4	0·880	
錢	2·90	0·986	31·3	769,4	3,010,6	7,83	47,175·7	0·930	錢
	2·95	1·003	31·9	799,2	3,186,9	7,98	50,798·8	0·980	
	3·00	1·020	32·4	824,5	3,339,3	8,10	54,129·9	1·030	
兩	3·05	1·037	33·0	855,2	3,528,3	8,25	58,186·2	1·130	兩
	3·10	1·054	33·5	881,4	3,691,1	8,38	61,825·9	1·230	
	3·15	1·071	34·5	907,9	3,858,7	8,50	65,675·1	1·330	
	3·20	1·088	34·6	940,2	4,0 6,8	8,65	70,314·7	1·430	
	3·25	1·105	35·1	967,6	4,245,7	8,78	74,554·5	1·530	
	3·30	1·122	35·7	1,001,0	4,467,2	8,93	79,650·2	1·630	
	3·35	1·139	36·2	1,029,0	4,657,5	9,05	84,300·7	1·730	
	3·40	1·156	36·7	1,058,0	4,853,0	9,18	89,149·6	1·830	
	3·45	1·173	37·3	1,093,0	5,095,0	9,33	94,971·0	1·930	
	3·50	1·190	37·8	1,122,0	5,302,7	9,45	100,274·0	2·030	
	3·55	1·207	38·4	1,1 8,0	5,559,2	9,60	106,625·4	2·230	
	3·60	1·224	38·9	1,188,0	5,779,3	9,73	112,412·9	2·480	
	3·65	1·241	39·4	1,219,0	6,005,0	9,85	118,417·5	2·630	
	3·70	1·258	40·0	1,257,0	6,283,5	10,00	125,607·1	2·830	
	3·75	1·275	40·5	1,288,0	6,522,1	10,13	132,137·7	3·030	
	3·80	1·291	41,1	1,326,0	6 816,3	10,28	139,938·3	3 430	

碼子	圍圓（灘尺）	圍圓（公尺）	直徑（公分）	斷面積（公分）²	斷面率（公分）³	旋徑（公分）	二次冪（公分）⁴	兩碼（兩）	碼子
	3·85	1·309	41·6	1,359·0	7,068·1	10·40	147,016·5	3·830	
	3·90	1·326	42·1	1,392·0	7,326·0	10·53	154,358·4	4·230	
碼	3·95	1·343	42·7	1,432·0	7,643·7	10·68	163,116·3	4·630	碼
	3·4)	1·360	43·2	1,466·0	7,915·5	I0·80	171,054·0	5·030	

［說明］本表第一列爲我國木業量木之木碼。 第二列爲木材離牛鼻孔（卽根部所穿之孔）上首量起六灘尺起圍之圓周長度。 以灘尺計。 每一灘尺折合0·34公尺，合市尺爲1·02。 第三列爲化成公制圍圓長。度第四列爲直徑。 第五列爲斷面積。 第六列爲斷面率（Section modulus）。 第七列爲旋徑。（Rodius of gyration）。 第八列爲二次冪（Secoud momeut 或 Mömeut of inertia）。 第九列爲兩碼，用以算定木價之單位。 例如木價每兩行市30實（卽元）大錢碼子2·70尺圍之木材每根需洋0·73×30＝21·9元。

第　二　表

木柱之許可支壓力木椿之許可支持力及木梁之許可負載重對照表

		丈二筒木（全長4,08公尺）			丈五筒木（全長5,10公尺）			丈八筒木（全長6,12公尺）		
碼子	圍圓	柱之許可支壓力	椿之許可支持力	梁之許可負載重	柱之許可支壓力	椿之許可支持力	梁之許可負載重	柱之許可持支力	椿之許可支持力	梁之許可負載重
大	1·00		1·27							
	1·05		1·34							
	1·10		1·41							
	1·15		1·48							
分	1·20		1·55							
中	1·25		1·62							
	1·30		1·69							
分	1·35		1·77							
大	1·40	4·24	1·84			2·32				
	1·45	4·85	1·91			2·41				
分	1·50	5·39	1·99			2·50				
小	1·55	6·05	2·05	0·219	5·23	259			3·13	
	1·60	6·64	2·13	0·23)	5·80	ᒿ68			3·24	
	1·65	7·25	2·20	0·261	6·36	2·78			3·35	
	1·70	8·04	2·28	0·289	7·10	2·86			3·46	
	1·75	8·68	2·35	0·313	7·75	2·96			3·56	
錢	1·80	9·52	2·43	0·344	8·57	3·05			3·66	

中	1·85	10·20		0·372	9·23	3·14	0·221	7·32	3·78	
	1·90	10·95		0·401	9·95	3·24	0·238	7·95	3·89	
	1·95	11·90		0·438	10·85	3·33	0·261	8·82	4·01	
	2·00	12·78		0·471	11·65	3·43	0·280	9·52	4·12	
	2·05	13·61		0·512	12·52	3·53	0·305	10·45	4·23	
	2·10	14·47		0·548	13·35	3·61	0·327	11·20	4·34	
	2·15	15·35		0·585	14·20	3·71	0·350	11·95	4·45	
錢	2·20	16·45		0·632	15·20	3·80	0·378	12·98	4·57	
大	2·25			0·672	16·10		0·402	13·79	4·68	0·264
	2·30			0·724	17·25		0·433	14·85	4·80	0·285
	2·35			0·769	18·20		0·461	15·80	4·92	0·303
	2 40			0·816	19·15		0·489	16·68	5·03	0·322
	2·45			0·872	20·35		0·524	17·80	5·14	0·345
	5·20			0·921	21·40		0·552	18·85	5·26	0·384
	2·55			0·990	22·60		0·594	20·00	5·38	0·391
	2·60			1·044	23·70		0·627	21·00	5·50	0·412
	2·65			1·103	24·80		0·662	22·00	5·61	0·437
	2·70			1·173	26·20		0·704	23·35	5·73	0·465
	2·75			1·235	27·40		0·741	24·40	5·84	0·490
	2·80			1·310	28·65		0·789	25·80	5·97	0·521
	2·85				30·00		0·830	27·00	6·10	0·548
	2·90				31·10		0·872	28·00	6·21	0·576
錢	2·95				32·00		0·922	29·60	6·33	0·610
兩	3·00						0·968			0·640
	3·05						1·023			0·677
	3·10						1·072			0·709
	3·15						1·120			0·742
	3·20						1·180			0·781
	3·25						1·234			0·817
	3·30									0·860
	3·35									0·899
	3·40									0·938
	3·45									0·985
	3·50									1·026
	3·55									1·076
	3·60									1·119
	3·65									1·164
碼	3·70									1·215

[說明]柱之許可支壓力，係由次列公式算出。　$P=fA(1-0\cdot02,\frac{l}{d})$。

上式中之　P 爲柱之許可支壓力(公噸)，　f 爲木材之許可應力$0\cdot06t/m^2$

A 爲木材之平均斷面積(cw^2)，　l 爲柱之長度(=408,510,612,cw)

d 爲柱之平均直徑(cm)。

椿之許可支持力，係由次列公式算出。　$W=\pi d\,(Sl'+u\frac{d}{4})$。

上式中之　W爲椿之許可支持力(公噸)，　l'爲椿之有效長度(=l−0·60m)。

s 爲椿與土間之許可摩擦力($=1t/m^2$)

u 爲地基之許可支托力($=10t/m^2$)。

本表所列之木椿許可支持力，係指潤濕粘土層或純沙層之地基而言。　如爲較燥之粘土層或純砂層，可加算百分之二十。　粘土地層含有沙性質，增百分四十。　深厚之黃土層，可加算百分八十至一百。　如地基詳情認爲不能確切時，可用試椿法測定末次沉陷深度，再由第三表求出其許可支持力。

梁之許可負載重，係由次列公式算出。　$W=6\cdot4\frac{S}{l_1^2}-\frac{A}{20,000}$

上式中之　W爲木材之許可負載重(t/m)。

S 爲木材之平均斷面率(cm^3)。　A 爲木材之平均斷面積。(cm^2)

l_1 爲木材之有效長，卽梁之支點間距離。

計　丈二筒之$l_1=3\cdot60m$，　丈五筒之$l_1=4\cdot60m$，　丈八筒之$l_1=5\cdot60m$。

例　柱長4·08m上負載重9·5公噸時。　查表得小鍰碼子1·80灘尺圍之丈二筒木適可應用。

例　椿受載重5·2公噸時。　查表得大鍰碼子2·5灘尺圍之丈八筒，其許可支持力爲5·26公噸，足敷應用。

例　木梁上每每尺負重455公斤，跨度爲4·6公尺時。　查表得大鍰碼子2·25灘尺圍之丈五筒，其許可負載重每公尺爲461公尺(卽0·461公噸)，足敷應用。

斷面圓形之木梁，恆將上部截去一片，以備擱置橋板或樓板之用。　又有將下部截去一片，以便加釘天花板或望板之用，更有將上下左右四週各截一片，作爲包梁之用，(卽將木板釘在外面，粗視之成一矩形梁)　此等方法甚爲經濟，而簡便，尤宜施於本國所產之木材。　此種截片寬度，不得大於其半徑之長，在直徑二分之一至三分之一之間。　凡木梁在斷面之上部截去一片寬爲直徑三分之一者，將第二表所列之許可載重減去百分之二。　截片寬爲直徑二分之一者，減去百分之七上下二側各截一片寬爲直徑三分之一者，減百分之一。　各寬直徑二分之一者，減百分之三。　四側各截一片寬爲直徑三分之一者 減百分之八，

第三表　木基椿安全支持力表

落差高（公尺）	沉陷深（公厘）	錘重（公斤）							
		150	200	250	·300	350	400	450	500
	8	2·344	3·125	3·906	4·688	5·469	6·250	7·032	7·812
	10	1·875	2·500	3·125	3·750	4·375	5·000	5·626	6·250
1·00	12	1·563	2·083	2·604	3·125	3·646	4·166	4·688	5·208
	14	1·339	1·786	2·232	2·679	3·125	3·572	4·018	4·464
	16	1·172	1·563	1·953	2·344	2·734	3·126	3·516	3·906
	8	3·516	4·688	5·859	7·031	8·203	9·376	11·250	11·718
	10	2·813	3·750	4·688	5·625	6·563	7·500	9·376	9·376
1·50	12	2·344	3·125	3·906	4·688	5·469	6·250	8·036	7·812
	14	2·009	2·679	3·348	4·018	4·688	5·358	7·032	6·696
	16	1·758	2·344	2·930	3·516	4·102	4·688	5·274	5·860
	8	4·688	6·250	7·813	9·375	10·938	12·500	14·062	15·626
	10	3·750	5·000	6·250	7·500	8·750	10·000	11·250	12·500
2·00	12	3·125	4·167	5·208	6·250	7·292	8·334	9·376	10·416
	14	2·679	3·571	4·464	5·357	6·250	7·142	8·036	8·928
	16	2·344	3·125	3·906	4·688	5·469	6·250	7·032	7·812
	8	5·859	7·813	9·766	11·719	13·672	15·626	17·578	18·532
	10	4·688	6·250	7·813	9·375	10·938	12·500	14·062	15·626
2,50	12	3·906	5·208	6·510	7·813	9·115	10·416	11·718	13·020
	14	3·348	4·464	5·580	6·696	7·813	8·928	10·044	11·160
	16	2·930	3·906	4·883	5·859	6·836	7·812	8·790	9·766
	8	7·013	9·375	11·719	14·063	16·406	18·750	21·094	23·438
	10	5·625	7·500	9·875	11·250	13·125	15·000	16·876	19·750
3,00	12	4·688	6·250	7·813	9·375	10·938	12·500	14·062	15·626
	14	4·018	5·357	6·696	8·036	9·875	10·714	12·054	13·392
	16	3·516	4·688	5·859	7·031	8·203	9·375	10·546	11·718

[說明]　本表用 Sander 氏公式算出

$$P = \frac{wh}{8s}$$

上式中　P 爲椿之安全支持力(公噸)，　w 爲錘重(公斤)，　h爲落差(公尺)，

s 爲椿之沉陷量(公厘)。

本表所示之値，係指鐵錘自由落下時之結果，如錘連吊繩同下時，以65%計算之。 凡沉陷量在8公厘以下均作8公厘計算。

例如錘重250公斤，落差高2公尺，沉陷量爲12公厘得椿之安全支持力爲5·208公噸。

第四表

打圓木樁用人工表

碼子類別	打樁入土深度	每根需用人工
小分(平均)	2·0公尺	0·6
	3·0 „ „	0·9
	4·0 „ „	1·5
中大分(平均)	3·0 „ „	2·0
	4·0 „ „	2·5
	5·0 „ „	6·0
小錢(平均)	2·5 „ „	2·0
	3·0 „ „	2·5
	3·5 „ „	3·0
	4·0 „ „	3·5
	5·0 „ „	5·0
	6·0 „ „	7·0
中錢(平均)	2·5 „ „	2·5
	3·0 „ „	3·0
	3·5 „ „	4·0
	4·0 „ „	5·0
	5·0 „ „	7·0
	6·0 „ „	9·0
大錢(平錢)	3·0 „ „	4·0
	3·5 „ „	5·5
	4·0 „ „	7·0
	4·5 „ „	8·5
	5·0 „ „	10·5
	6·0 „ „	13·0

[說明]本表所列之人工數,係指錘打,搭架,開土,等所需一倂在內。 土質係指通常粘土層沙土層而言。 如爲密緻之沙層或礫層適當增加之。

第五表

筒木每根重量表

碼子	圍圓(公尺)	丈二筒(公尺)	丈五筒(公尺)	丈八筒(公尺)
小分	1·00	19		
	1·05	21		
	1·10	23		
	1·15	25		
	1·20	27		
中分	1·25	29		
	1·30	31		
	1·35	34		
大分	1·40	36	46	
	1·45	39	49	
	1·50	42	53	
小錢	1·55	45	57	68
	1·60	48	60	72
	1·65	51	64	76
	1·70	54	68	81
	1·75	57	72	86
	1·80	61	72	91
中錢	1·85	64	80	96
	1·90	67	84	101
	1·95	71	89	107
	2·00	75	93	112
	2·05	79	98	118
	2·10	82	103	124
	2·15	86	108	129
	2·20	91	114	136
大錢	2·25	95	118	142
	2·30	99	124	149
	2·35	103	129	155
	2·40	107	134	161
	2·45	113	141	169
	2·50	117	146	175
	2·55	122	153	183
	2·60	127	158	190
	2·65	131	164	197
	2·70	136	171	205
	2·75	141	177	212
	2·80	147	184	220
	2·85		190	228
	2·90		197	235
	2·95		204	245
兩碼	3·00		211	252
	3·05		218	261
	3·10		225	269
	3·15		232	278
	3·20		240	287
	3·25		248	296
	3·30			306
	3·35			315
	3·40			324
	3·45			334
	3·50			343
	3·55			354
	3·60			364
	3·65			373
	3·70			384

本刊啟事

逕啟者本刊爲提倡學術充實內容起見特於三卷二期起請建築師學會會員逐期分任主編內容當益見精彩也玆將各期主編台銜分列如次

三卷二期　董大酉建築師

三卷三期　趙　深　陳　植　童　寯建築師

三卷四期　關頌聲　朱　彬　楊廷寶建築師

三卷五期　莊　俊　羅邦傑建築師

三卷六期　陸謙受　吳景奇建築師

三卷七期　李錦沛　巫振英建築師

三卷八期　范文照建築師

三卷九期　奚福泉　黃家驊建築師

（定閱雜誌）

茲定閱貴會出版之中國建築自第………卷第………期起至第………卷第………期止計大洋………元………角………分按數匯上請將

貴雜誌按期寄下爲荷此致

中國建築雜誌發行部

……………………………………啓…………年…………月…………日

地址……………………………………………………………………

（更改地址）

逕啓者前於…………年…………月…………日在

貴社訂閱中國建築一份執有……字第………號定單原寄……………

…………………………………………收現因地址遷移請卽改寄……………

…………………………………………收爲荷此致

中國建築雜誌發行部

……………………………啓…………年…………月…………日

（查詢雜誌）

逕啓者前於…………年…………月…………日在

貴社訂閱中國建築一份執有………字第………號定單寄………………

…………………………………………收查第………卷第………期尚未收到祈卽

查復爲荷此致

中國建築雜誌發行部

……………………………………啓…………年…………月…………日

中 國 建 築

THE CHINESE ARCHITECT

OFFICE:

ROOM NO. 405, THE SHANGHAI BANK BUILDING,
NINGPO ROAD, SHANGHAI.

廣告價目表

底外面全頁	每期一百元
封面裏頁	每期八十元
卷首全頁	每期八十元
底裏面全頁	每期六十元
普通全頁	每期四十五元
普通半頁	每期二十五元
普通四分之一頁	每期十五元
製版費另加	彩色價目面議
連登多期	價目從廉

Advertising Rates Per Issue

Back cover	$100.00
Inside front cover	$ 80.00
Page before contents	$ 80.00
Inside back cover	$ 60.00
Ordinary full page	$ 45.00
Ordinary half page	$ 25.00
Ordinary quarter page	$ 15.00

All blocks, cuts, etc., to be supplied by advertisers and any special color printing will be charged for extra.

中國建築第二卷第十一十二期

出版　中國建築師學會

編輯　中國建築雜誌社

發行人　楊錫鏐

地址　上海寧波路上海銀行大樓四百零五號

印刷者　美華書館
上海愛而近路二七八號
電話四二七二六號

中華民國二十三年十一月出版

中國建築定價

零售		每册大洋七角
預定	半年	六册大洋四元
	全年	十二册大洋七元
郵費		國外每册加一角六分 國內預定者不加郵費

廣 告 索 引

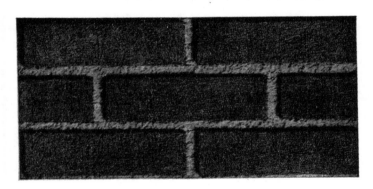

美化住宅之園藝佈置
1935
公勤鐵廠股份有限公司之新貢獻
園藝籬：網籬工程之二十
吾國習俗，通常富有之家，對於園藝一道，幾乎沒有一家不歡喜去講究的。假使吾們肯深入社會去看看一般清寒人家的園藝佈置，除掉了寸金田地的大上海限制使能從容點綴外，他們也有他們的辦法。
要證明上項說數之非虛，少不了要來一回鑑古論今的老調兒。
春秋時代——「樊遲請學稼，子曰，吾不如老農。請學圃，子曰，吾不如老圃」。（魯論）
東　晉——「歸去來兮，田園將蕪胡不歸」。（陶淵明）
總之，凡是有藝術頭腦的人們，他的思想，言論，以及一切行動，處處滿含着藝術意味，你看陶淵明的戀念家園及其憑空虛構之桃花源洞記，他的思想言論是多麼美麗啊！
那位孔二先生，只因懷恨着當時大道之不行，一切學問功夫，都有卷而藏之之意，所以他也無心將園藝獨得之秘，授給他的門徒了。這來卻是苦懊了樊遲的腦子——要想學，不得學這種今之所謂園藝學。（按美國西北省有數處大學設有此Landscape Gordening專科）
上圖係一幅私人住宅園藝佈置之攝真。所植花草，圍以網籬，因此種網籬，既不阻礙空氣之流通，復不遮掩陽光之射入，花木之滋長發育，蒸然向榮，其理以此，每屆花朝，屋主人偕其賢伉儷，躑躅名葩芳草間，爭看百花怒放，悟及造物意旨時，試問他倆彼此心坎中作如何想？
總廠 上海楊樹浦臨青路 電話 五〇二一四
分廠 廣州河南南華中路 五〇四一二
總廠 上海楊樹浦臨青路 電話 五〇二一四
分廠 廣州河南南華中路 五〇一六七

長城機製磚瓦
股份有限公司
註冊商標
TRADE MARK
價比普通磚廉
質品較任何機器磚高
總公司 製造廠 騰越路一四四號 電話五一二七九
事務所 牛莊路七四二號 電話九〇九八〇
出品
堅韌硬磚
輕硬空心磚
瀉水瓦片
如蒙垂詢價格及索閱貨樣請電話通知即當送奉
証明
壓力、吸水量、耐久性均經上海工部局詳細化驗負責証明成績超越一切磚瓦
合作五金
股份有限公司
出品
優點
精確 美觀 堅固 價廉
出品
門鎖 抽屜鎖 拉手 文具 鉸鏈
註冊商標
TRADE MARK
K.T.O.M.C.
MARCH
製造廠 江蘇嘉定縣合作路
總務處 上海塘山路七九六
發行所 上海牛莊路七四二
電報掛號九六〇二 電話九〇八九〇

信利工程公司

——包辦建築銅鐵五金工程——

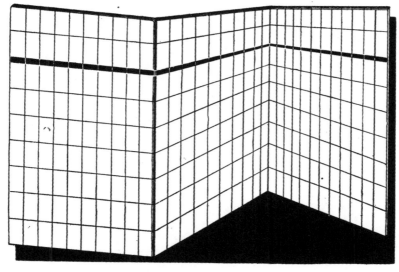

"Standard"

KIDDERS-PARKER:

ARCHITECTS' AND BUILDERS' HANDBOOK

此書爲建築師，土木工程師，營造人員，公路建設人員及鐵路工程人員所必備，敝社業已翻印出版，爲第十八版最新之增訂本，較之以前舊版增加肆百餘頁，內容更爲豐富，原價約合國幣叁拾餘元，茲爲服務各界起見，定價祇售拾肆元，存書無多，欲購請速。

又敝社代定歐美書報及各種雜誌，手續迅速，取價低廉。

中國通藝社圖書部謹啓

上海北京路三七八號

電話 九五二七七號

"Standard"

TAKES ANOTHER STEP FORWARD

with the New, easily installed

CORNER MODEL

NEO-ANGLE BATH

★

Every desirable feature of the Neo-Angle Bath is in this new model. Its beauty, its comfort, its roominess and safety. Here also, are the conveniences of the two corner seats. . . . and the striking new beauty that in a few short months made the Neo-Angle the most talked of bath all over the world.

Standard Sanitary Mfg. Co.
PITTSBURGH, P.

"Standard"
Plumbing Fixtures cost no more than others

On Display at its Sole Agent in China:

ANDERSEN, MEYER & CO., LTD.

SHANGHAI AND OUTPORTS

本廠承造之國立上海商學院

陸根記營造廠

最近承造工程一覽

中國銀行行員宿舍 造價洋陸拾陸萬元
- 建築地址 上海極司非而路
- 業主 中國銀行
- 建築師 陸[illegible]受君

百樂門大飯店及舞廳 造價洋叁拾五萬元
- 建築地址 上海愚園路角
- 業主 顧聯承君
- 建築師 楊錫鏐君

大同公寓 造價洋貳拾壹萬元
- 建築地址 上海西摩路大同里
- 業主 李伯勤君
- 建築師 周春壽君

中南銀行行員宿舍 造價洋叁拾壹萬元
- 建築地址 上海愚園路鎮寧路角
- 業主 中南銀行
- 建築師 李英年君

上海市立醫院及衛生試驗所 造價洋貳拾捌萬元
- 建築地址 上海市中心區
- 業主 上海市工務局
- 建築師 上海市中心區建設委員會辦事處

上海國立商學院 造價洋壹拾五萬元
- 建築地址 上海江灣西體育會路
- 業主 上海商學院
- 建築師 楊錫鏐君

南京蠶桑改良試驗所 造價洋壹拾貳萬元
- 建築地址 南京中華門小行鎮
- 業主 全國經濟會員會
- 建築師 經委會工程處

南昌省立醫院 造價洋貳拾萬元
- 建築地址 南昌民德東路
- 業主 全國經濟委員會
- 建築師 基泰工程司

事務所 上海江西路三五三號 廣東銀行大樓

電話 一三七五六號

分廠 南京 杭州 南昌